U0395091

国家出版基金项目
NATIONAL PUBLICATION FOUNDATION

现代农业科技专著大系

英国皇家园艺学会
名优花卉手册

RHS GOOD PLANT GUIDE

韦三立　李丽虹　韦　铱　译

韦三立　校

中国农业出版社

英国皇家园艺学会
名优花卉手册

多林·金德斯利

伦敦·纽约·悉尼

www.dk.com

图书在版编目（CIP）数据

名优花卉手册 / 英国皇家园艺学会编；韦三立，李丽虹，韦铱译. —北京：中国农业出版社，2011.12
ISBN 978-7-109-15688-3

Ⅰ. ①名… Ⅱ. ①英… ②韦… ③李… ④韦… Ⅲ. ①花卉—观赏园艺—手册 Ⅳ. ①S68-62

中国版本图书馆CIP数据核字（2011）第093042号

A Dorling Kindersley Book
www.dk.com

GOOD PLANT GUIDE
Copyright © 1998, 2000, 2004, 2011 Dorling Kindersley Limited, London

著作权合同登记号：图字 01-2012-1546 号

中国农业出版社出版
（北京市朝阳区农展馆北路2号）
（邮政编码 100125）

策划编辑　舒　薇　杨金妹　贺志清
文字编辑　廖　宁

北京华联印刷有限公司印刷　新华书店北京发行所发行
2013年12月第1版　2013年12月北京第1次印刷

开本：889mm×1194mm　1/64　印张：10.5
字数：380千字
定价：75.00元
（凡本版图书出现印刷、装订错误，请向出版社发行部调换）

目　录

绪论

今天，栽培者在购买花卉时已经有了很多的选择。不仅由于植物育种家能够不断地培育出令人兴奋的新品种，而且在花卉流通目前有了更为广阔的途径，例如通过园艺中心、苗圃、家庭花卉公司、超级市场，及零散地点进行销售。然而与此同时，相关的栽培信息和建议却不容易得到。难怪有时花卉栽培者感到选择理想的植物是一件令人困惑的事情。

尽管有些栽培者具有一定的专业水平与管理经验，但是阅读《英国皇家园艺学会名优花卉手册》依然有助于他们选择出使自己的花园显得与众不同，且易于管理的植物。由于本书介绍的植物均为英国皇家园艺学会（RHS）所推荐——其中大多数获得过栽培者梦寐以求的园艺贡献奖（参阅10～12页），因此即使你不谙花卉栽培技术者所使用，也能够帮助他们正确地从植物专栏中选择出合适的种类。

然而，这些建议仅涉及花卉本身的特点，而并不涉及它们的栽培者，因此不可能保证那些苗圃、园艺中心或商店所出售植物的品质。

此时，栽培者必须具备一定的种植常识和良好的判断能力，以便确保所选择的花卉在买回家后能够茁壮生长。下面的内容介绍怎样识别健壮、生长良好的植株，以及球根花卉，并且如何将它们顺利地带回家，从而使其有一个良好的开端。

为花园选择植物

选择适合你场地与土壤的植物是最为基础的工作，在按字母A～Z排序的每种获奖植物中，对这些方面均有详细介绍。整地、施肥，在干燥条件下的早期灌水对于多数健康的植物来说都十分重要（虽然在手册中你会发现植物能够在贫瘠土壤或干燥之地生长）。在按字母A～Z排序的条目中包括相关植物的基本管理，连同在修剪和对耐寒性不确定植物进行冬季保护方面的提示和技巧。

根据这条建议，从皇家园艺学会精选花卉手册中选择使用的植物，无论是作为花园装饰或作物栽培来说都是十分完美的，被皇家园艺学会推荐的植物有希望获得园艺贡献奖。

◀ **新奇植物遴选**
舶来花卉，像大花绿绒蒿（*Meconopsis grandis*），能够吸引花卉栽培者，但是在购买前需要了解有关信息。

本手册的使用方法

《英国皇家园艺学会名优花卉手册》为帮助你选择植物设计了两种不同的查询方法。

按字母A～Z排序的获奖植物

在本书中所包括的1 000余种植物，均具有完整的条目，与附有注解的图片。不管是在标签上，还是从杂志文摘里、电视或广播电台中，看到花卉的名字，你就可以把它记下来。本书将告诉这些植物是什么类型，如何栽种，观赏特点是什么，应种植在何处，最佳的观赏效果，以及对其如何养护。为了便于快速查阅，采用符号（见右侧）对它们的主要管理特点进行总结。

种植指导

这部分提供了适合于各种用途的植物之"购物名单"——是否实用呢？比如适合潮湿、荫蔽之地，或以种植为主题的一组植物——例如，可以将鸟举吸引到花园里的多种植物。水果和蔬菜也是被推荐的品种。本书索引提供了植物条目与相应图片。

▶ 精彩亮相（参阅对面页）花卉展览，比切尔西所提供的机会，以便能够了解新的种类。

在本手册中所使用的符号

♀ 皇家园艺学会园艺贡献奖

土壤湿度参数选择／耐湿程度
◇ 土壤排水良好
◗ 土壤湿润
◆ 土壤潮湿

日照／遮荫参数／耐阴程度
☼ 全日照
◑ 疏荫：间有荫蔽之地或非全日的荫蔽之地
● 全荫

在同一类型里出现的两种符号NB，是指适合植物生长的范围和条件。

耐寒级别
（与皇家园艺学会联合提供，并为标有园艺贡献奖符号的获奖植物加注）

❀ 花卉为在温暖、终年无霜害气候的条件下，必须有加热装置的温室里栽种的植物，在英国作为室内花卉使用。在实际应用中，有些种类可以于夏季作为花坛或盆栽植物在室外栽培。

❋ 花卉为需要种植在无加热装置的冷室（或没有加热的玻璃温室保护）中的植物；有些种类能在夏季置于室外栽种。

❊ 花卉为耐寒植物，在一些地区、适宜的场地或那些处于温带的国家可室外越冬，通常在夏季时于室外进行栽种，除在冬季无霜冻地区需要进行覆盖保护之外（例如大丽花）。

❊❊❊ 花卉为十分耐寒的植物。

❀❀❀ 花卉为在易受霜冻的气候条件下，能在夏季移至室外的温室植物。

在本手册中的植物

《英国皇家园艺学会名优花卉手册》，囊括了超过2 000种的植物，其特点是对精心挑选的不同类型之植物，提供了适合的栽种环境，及最佳的管理方案。由于所有这些翔实的信息均来自于英国，因此其他国家的园艺工作者无需费力就能寻找到所需植物。所涉及的植物多数曾获得皇家园艺学会园艺贡献奖，当它们在苗圃目录、植物标签和各种园艺刊物上被介绍时均能看到带有包括英国之外的国家所认可的"英国标准协会商标"质量标记。

有关园艺贡献奖

皇家园艺学会园艺贡献奖于1992年重新设立，用来授与具有突出优点的植物，无论它们栽种在露天里还是在温室中。该奖项涉及面广，几乎囊括了所有的观赏植物，以及水果与蔬菜。任何类型的植物，包括极其矮小的高山植物至雄伟高大的乔木，均可参加评奖。

此外，园艺贡献制度的宗旨是给予植物最高的嘉奖，这样对普通栽培者有实用途，能够帮助他们从目前所提供的数千种植物中进行选择。在遴选获奖植物时，园艺工作者可参照下列标准：

• 无论在露天花园里，还是在温室中均具有最佳的观赏效果。

• 应该具有良好的外形。

• 在园艺市场上可以买到，或至少能够买到供繁殖的材料。

• 特别不易受到病虫害的侵袭。

• 除为典型花卉或相关的个别植物

'克什米尔白'克拉克老鹳草
（*G.clarkei* 'Kashmir White'）
具有多种用途且栽培容易的植物，
因其价值极高而获得园艺贡献奖。

'布利加敦'威廉斯山茶
（*Camellia* × *williamsii* 'Brigadoon'）
为授奖计划所认可的观花植物
选择形式。

'阿尔托纳'八仙花
（*Hydrangea macrophylla*
'Altona'）
为许多花园的最佳选择。

提供适当的条件(例如，需要不含石灰的土壤)外，无须特别的管理。

● 在枝叶与花朵的特征上不应出现返祖现象。简而言之，许多植物有着与其原种不同的特征，例如重瓣花朵或彩色叶片，它们通常是从单一性状的植株突变而来。

自然变异或"芽变"会自然出现。用这些"芽变"材料育苗，尤其是用其种子进行繁殖时，得到的后代一般只有普通的叶色或花型。如果想要这些花卉获得认可，需要经过几代人进行精心繁育，才能将它们的这些特殊性状固定下来，并能用独特的品种名(通常为培育者所选用的名称)进行注册，而且被允许在出售时使用。很多这样的花卉经种子繁殖，其后代种性不够稳定，它们只能采取营养繁殖的方式，如用扦插法进行育苗。

怎样使植物获奖

在评审园艺贡献奖时，要对每一种植物进行试种，这个过程需要在栽培过特殊属种植物的专门场地，或在专家小组所推荐的地方进行，这些工作通常在萨里郡的威斯利协会展示园的管理下完成。

月桂樱(*Prunus laurocerasus*)
为周年外形美观的常绿植物，可以作为孤植灌木与树篱使用。

'白光'迷人银莲花
(*Anemone blanda* 'White Splendour')
为荣获皇家园艺学会奖的适合任何地点与季节的多花品种。

'火烈鸟'梣叶枫
(*Cornus alba* 'Spaethii')
为不会轻易出现返祖逆转之彩色叶片的获奖植物。

园艺贡献奖不分等级，无需花费心思来对它们分出伯仲，但是对那些品种很多的植物来说，需要制定出严格的标准，以保证栽培结果能够给园艺工作者提供有益的指导。

在本手册中的其他植物

有些植物种类，特别是一年生植物（尤指夏季花坛植物）与蔬菜新品种，出现得如此之快，以致经常会取代某些植物的销售，因此迫切需要园艺贡献奖的评审工作跟上发展趋势。为了给这些稍具代表性种类提供更为广泛的选择，这本《英国皇家园艺学会名优花卉手册》囊括了它的植物指南部分，其他人工选育的品种经多年种植已被证实了其可靠性。有些植物在威士利的皇家园艺学会花园及英国国内已被栽培；还有些植物被其他团体所推荐。

对植物进行试种

使用堇菜属植物在威士利的皇家园艺学会花园中进行试种，对于园艺工作者来说这是帮助他们挑选花卉的最佳形式。

如总部设在荷兰，令人尊敬的花卉育种协会，对被推荐的品种，许多由播种繁殖的一年生植物与用顶芽繁殖的二年生植物进行了专门的研究，其评价为整个欧洲所公认。

通过名称查找植物

植物学或"拉丁文"的名称被用于这本手册中，显然，由于有了这些名字使园艺工作者将能够通过植物标签与苗圃目录找到它们；这些名称也是国际通用的，能够逾越任何语言障碍。

对于缺乏经验的人来说，植物命名法可能显得比较混乱，有时不同植物的名称看起来又très相似。然而有一点十分重要，园艺贡献奖只授予属内育出的特定植物，例如种间杂种，不管其是否相似于已获奖的亲缘植物，而属间品种该奖不予授与。一些植物还有异名——曾用过的名称或可选用的名称——它们有时可供参考；《英国皇家园艺学会名优花卉手册》列出了适合多数植物可识别的通俗异名。对植物命名法的简明挈要之介绍可见本书24～25页。所列之大量植物或类型的俗名也是这本手册的特色，它们在索引中均按获奖植物的字母顺序从A～Z排列。

如何购买花卉

为了保证你的花园中能够长满健壮的植物，第一步是仔细选择并进行购买。

购买地点

在服务到位，供货快捷的今天，很多地方都可以购买到植物。一般来说，在可供选择的商品中只购买你认为那些确有把握、生长良好、且不会将任何病虫害带入花园中的植株。

邮购服务

通过邮购订单购买植物是获得所渴望得到的新奇植物之最容易的途径之一（而且最令人着迷）。它可以提供充分的选择，远不止大多数园艺中心所提供的，并且也使你能够接触到致力于某种植物类群或属的专业苗圃，它们通常是不对外开放的。持有顾客指南，例如皇家园艺学会植物指南，几乎能够搜寻到来自于故乡的使你感到亲切的任何植物，倘若白天货物到达时家里有人，那么它应被完好无损地交付于你。邮购苗圃通常会乐于更换在运输中被损坏的植株。

所邮购的植物，其根系通常是包装好的，或被打包成"球状"抵达目的地，此时最好立即在户外进行种植。

购买时间

作为裸根植物出售的乔木、灌木和月季都是落叶木本，而带着土坨与打包的木本植物则可能是落叶或常绿的。所有这些植物都只有在休眠季里才能买到，在暮秋或初春时购买最为理想，并应尽快将它们进行定植。

现在更加流行盆栽花卉，它们在全年里的任何时候均有出售，也能周年进行栽培。但是传统的种植时间为春季与秋季，当环境温度不是过冷或过热时效果最佳。不要将花卉栽培在结冻、灼热或干燥的土壤里，这时可保持原盆不动直至条件变得更为适宜时再进行操作。

在易出现霜害的气候条件下，仅有极为耐寒的植物才能在冬季里种植。春季可以栽种那些耐寒性不确定的植物，及所购买的花坛植物。虽然在经过了阴霾、凋零的冬日之后夏季花坛植物看起来很诱人，但是注意不要过早地购买。

最好向有温室与阳畦的人出售早春与仲春售出的花坛植物，他们会将这些植物栽种在保护地里，直至霜害的危险完全消失。不要过早地将花园里的花坛植物移至室外，否则晚霜降临将可能使所有植物毁于一旦。

购买名单

无论是准备营建新的花园，或替换已经死亡的植株，想为荫蔽角落增加一些亮点，还是在庭院的木桶中点缀些花卉，关键是在购买时要进行精心挑选，这样才能获得令人满意、最为健壮的植株。

要想营造美丽的花园，有很多因素应该考虑(参阅16～17页)，同样，购买技巧能够帮你从所提供的植物中获得最佳选择(参阅18～19页)。多数园艺工作者都有喜欢展示奇花异卉的想法。然而，没有人能够否认即兴购买是进行园艺活动的主要乐趣之一——有《英国皇家园艺学会名优花卉手册》在手，就可以迅速买到适合自己花园的理想植物，并能避免浪费金钱。

▼ 可供出售的成形植株
生长健壮、外观规整、标签清楚、保管妥当的植株，是良好苗圃管理的标志。

选择理想植物

虽然你有方法去满足很多植物在气候、土壤方面上的需要，但是如果选择适合你花园条件的植物，将能够免去额外的工作和不必要的花费。

耐寒性

大多数人的花园在冬季时均会遭受不同程度的霜冻危害。

要想使易于遭受霜冻摧残的花卉得以存活，光靠乐观而没有行动是不行的。冬季，将这些植物放在温室里进行管理较为适宜，也可使用免遭霜害的花棚或凉冷的杂物间。在寒冷之地的花园，要尽量栽种那些种类繁多、易于获

栽培围范更为广泛

盆栽能够满足花卉栽培者的特殊需求，以保证那些喜酸性土壤的杜鹃，能够在他们自己的花园里种植。

得的一年生夏季花坛植物，而在温暖之地的花园，可种植灌木与耐寒性不确定的多年生植物，冬季要用深厚的覆盖物对其进行保护，例如，用稻草将植株基部围住，或使用塑料布或聚乙烯泡沫作为防寒材料。

日照与遮荫

　　"光照地图"对于花园来说非常具有价值，它能让你了解不同的地点在当天或当年的不同时刻能够接受多少日光照射。为了使花卉生长良好，并表现出最佳的特征，例如彩色的叶片，总是要满足植株对日照与遮荫的不同需求。

栽培土壤

　　多数植物可以耐受贫瘠的土壤，其中很多种类能在这种极不理想的环境中幸存下来。选择适合这种土壤的植物，能够节省更多的劳力，这样做要比使用大量的泥炭或石灰来改良土壤，使之适合植物效果更好。这种结果不会持久，而且还要考虑到生态失衡的问题，——本地的昆虫、鸟类与其他不能或勉强以植物为食的动物，它们是不习惯的。然而，重要的是要为土壤添加营养成分，如果不使用粉剂或丸剂，而是使用堆肥或腐熟肥料进行覆盖处理的话——也能够改善土壤结构，这样可以达到一石二鸟的效果。

　　确定土壤的酸碱性即pH是十分重要的。

　　多数花卉能够耐受在范围较大的中性左右的pH，而有些类型需经一段时间的种植才能适应酸性土壤或碱性土壤。忽略所选择的土壤，并进行试种是毫无意义的，例如，在富含碳酸钙的土壤中栽种的杜鹃花，不会茁壮生长。如果你确实对生长在容器中、混栽在符合它们需求的花盆里的植物进行深入研究，那么就要选择适合这种土壤的植物。

排水

　　在园林管理中，"土壤湿润且排水良好"是一种应用极其广泛，且让人感到有些困惑的说法。然而，这种表述并不是如同想象的那样矛盾。它指的是在土壤中没有过多无法保持水分的卵石或砂粒，也没有太多可以将水分保持在胶体中的黏土。在土壤中存有颜色发暗、质地松软的丰富有机物，也就是常说的能够使土壤保持湿润且透气的腐殖质，这样它才适合用来栽种植物。改善土壤结构的最有效之方法是在其中掺入丰富的腐殖质（参阅21页），这个方法适合整个花园，也可用于栽种植物的局部之地。

选择健康的植株

不要购买在不良环境中生长的植物，即使是渴望得到的唯一样品。管理不良的植株可能要花费整个生长季，在此阶段它可能毫无观赏价值可言，目前盆栽植物使用得非常广泛，可能在这个季节的晚些时候，能够找到可以立刻栽种、较为健壮的植物。实际上，仍然有少数栽培者，将不起眼的、营养不良的——且让人觉得心情紧张的，带有病虫害迹象的植株买回来，冒险买来的花卉会将病虫害传播到其他植株上。

购买何种植株

所出售的花卉应该有清楚的标签，健康无病，未受损伤，且无害虫与疾病侵袭的迹象。在购买前要对植株进行彻底的检查，对于带有土坨的花卉，要看其是否坚实，且干湿适度，土坨外面是否用网状或粗布材料进行包装。盆栽花卉要看其是否一直在容器中长大。

不要购买那些看起来像是刚从苗床上、田地里起出，与才上盆的花卉。在土表不应看到根系。要看一下花盆底部是否有长出的根，也就是说这棵植株的根系生长拥挤（盆栽时间已经很长）。要将花盆端起以确定植株的根没有长出盆外，这是另一种花卉根系生长拥挤的迹象。它们在栽种后不易扎根到土壤里，而且植株难以很好地生长成形。

叶片健康，
具有光泽

早期经过修剪，
株形美观诱人

根系生长良好，
不显拥挤

优良植株

这株生长良好的茵芋，其根系土坨坚固结实，与繁茂的枝条比例适当。

健康球根

具有粗壮的根茎、鳞片(有纸质外皮包被)及能够长出根系的基盘，这样的种球可以推荐给栽培者。

粗壮，充实的鳞茎盘

不良种球

严重受损的根颈，破损的鳞片，退色的球体与受损的基盘，表明采收与储藏不当：这样的球根将无法正常生长。

通过伤口有可能染病

选择壮株

植株具有繁茂的枝叶也很重要。不要选择那些叶色暗淡或变黄，枝条先端受损或黄化(柔弱、色淡、细长与外观不良的枝条)的植株。观察基质表面：应该没有杂草、藓类或苔类覆盖。

对于草本植物来说，小型的健康植株要比大棵植株价格更加便宜，且在种植后很快就会长大。三或四棵植株成组栽种看起来要比单棵植株显得更好看。所有类型的草本植物，包括细小的一年生植物与花坛植物，要选择株形敦实、枝条繁茂者，带有大量花蕾(如果数量适宜的话)的植株，比花朵开放的植株更好。

植株整形

当购买能为花园营造持久美感的乔木与灌木时，在考虑它们是否健壮的同时还要考虑其外观。应该选择具有良好骨干枝条、与土坨或盆器相比地上部不能过大的植株。敦实、多枝的种苗通常能够成为株形丰满的灌木，而单干的小树从开始栽培时就应具备良好的外形，笔直的茎干，健康的状态。单侧生长的灌木能够倚墙栽种，但其基部应该有较多的枝条，如果在种植后将顶部枝条剪掉，能够具有更好的覆盖效果。

购买球根

购买球根(参阅上文)就像购买准备用来烹饪并食用的洋葱那样——不要选择发软、褪色、染病或受损者。购买那些尚未受损但开始有些萌芽的球根也是不理想的。

整地

那些适合花园条件的植物才能生长得最好,大多数土壤可以通过改良以适合栽种更多的植物。

鉴别土壤类型

调查土壤以弄清其质地是一件极其有用的事情,这样才能保证植株生长繁茂,栽培成功。一般来说,土壤或呈砂质或呈黏质,有些地方兼有上述两种成分。如果栽培土壤质轻、结构疏松、排水迅速,那么其可能是砂质。砂质土壤被摩擦时有粗砂的感觉,并具有类似于铁锹产生的那种令人烦躁的刮擦声。其虽然容易挖掘,但肥力不足。黏质土壤发沉,具黏性,无光泽,当潮湿时容易成形,常会造成栽培地点渍水。其难于挖掘,但常具有很高的肥力。这两种土壤的良好混合物——"沙壤土"——是理想的。

为了进一步确定所栽种的植物能够完全适合花园土壤,要了解其pH(无论是酸性还是碱性)与各种营养成分的水平,它们可以利用大多数园艺中心所出售的操作便捷的成套工具来进行检测。

清除杂草

在新建的花园中,或以前没有栽培过植物的土地上栽种花卉,首要的任务是清除所有的杂物与野草。提前清除杂草是十分必要的,因为它们将与所种的植物争夺光线、水分与营养。在多年生杂草滋生之地,于定植前的季节里喷洒能够杀死草根的内吸性除草剂,可以取代艰苦的手工清除。通常在初夏野草生长旺盛时,这种方法是十分有效的。虽然这样可能意味着推迟种植,但这时要有耐心,尔后会获益匪浅。重复施药是必要的。

仔细将每棵多年生杂草整出,清除根系。一年生杂草可被锄掉,或在栽种花卉前直接喷药进行清除。

平整土地

将土壤整个进行挖掘或耧耙一遍有助于打碎土壤硬块并增加透气性,从而促进植株生长良好。土地挖得深些更好,但绝不能将质地不佳的底土掘到表面;植物需要颜色发暗,更为肥沃,能给它们提供全部养分的表土。如果需要

轻松挖掘

适宜的工具与正确的方法可以使挖掘更为轻松，对背部来说更为有益。在购买前要看一下铁锹的重量与高度，当使用时应该总是保持背部处于挺直的状态。

深翻土壤

将叉子插进土里，然后抬起并翻转过来，打碎土块，使土壤透气。先在土壤表面撒上一层有机物，这样在操作时就会使其与土壤混为一体。

挖得很深，则先要除去表土，再将底土翻好，然后覆盖以表土。

在暮秋时要将黏土彻底翻动。通过冬季的冰霜与寒冷的风化效应将有助于改善土壤结构，使之破碎成更小的碎屑。当土壤处于潮湿状态时不要挖掘，因为这样将破坏土壤结构。如在操作时使用土壤调节剂，则有助于节省劳力。

添加土壤调节剂

挖掘与耧耙在一定程度上会改善土壤结构，且能增加土壤肥力。使用土壤调节剂的价值是无法衡量的。大多数土壤的排水性、透气性、蓄肥力与保湿性可以简单地通过添加充分腐熟的有机物、腐殖质予以改善。这项操作最好在种植季节前完成，以保证土壤与之融

合。堆肥与腐叶能够增加沙质壤土的保湿性，并改善其营养状况。定期使用能够改善黏质土壤的结构。通过添加至少30厘米（12英寸*）深的园艺砾石能够使黏土进一步松散。由树皮、椰壳或碎屑所构成的有机覆盖物被打碎后也能掺入土壤。

---

* 英寸为非法定计量单位，1英寸＝2.54厘米。

移栽

无论种植什么，都要确保给花卉提供一个能够很好生长的环境。谨慎地进行能够节约时间与金钱，将精心选择的花卉栽培在理想的环境中，可以保证它们生长良好，并能够抵御害虫与疾病的侵袭。

种前规划

在栽种前，要检查一下植株在成形后的高度与冠幅，以保证其有着正确的距离。当对群栽花卉进行配植时，要考虑它们的季相与冬态。

何时定植

最佳的定植时间为秋季与春季。秋季操作能够使植株迅速地恢复元气，因为土壤在冬季开始前依然保持温暖，且含有能够使根系生长的足够水分。在寒冷地区，对于那些不是耐寒、或不喜欢湿润冬季环境的花卉来说于春季定植效果更好。

除了在极端的环境条件下，多年生植物可在全年的任何时间进行定植。它们生长迅速，且通常在第一年里就会有

定植要点

充分浇水使土壤浸湿，调整植株的位置，以使其根部土坨上部与土壤表面持平，然后往四周填土。

土壤填充

往坑中进行回填，轻压土壤以保证其与根部紧密接触。充分灌水，然后在根部附近加上一层覆盖物。

很好的长势。为了能够减少在干旱或炎热季节定植多年生植物所产生的影响，应在操作前剪去植株的所有花朵与最大叶片。在炎热的日光逼射下，可使用专用遮阳网来为它们遮阳。

定植方法

对于盆栽或带有土坨的植株来说，要挖一个直径大约为其土坨两倍的坑。如果需要的话，先往坑中浇水以保证那里的土壤充分吸水。然后小心地将植株进行脱盆，并用手指轻轻地捣好根系。检查一下植株在坑中是否处于适宜的深度，然后用土壤与肥料混合的基质进行回填。压实土壤，然后充分灌水，以使其与根系紧密接触。周围撒上覆盖物，但是不要与植株基部接触，以使植株基部保湿并抑制杂草滋生。

对于裸根的花卉来说，定植方法基本相同，但是在重新栽种前必须绝对保证根系不能失水。先要挖坑，如果推迟栽种，要用土壤把根部盖好，也可将其假植在湿砂或园土中，直至条件适宜时再将其取出进行栽培。对于裸根的植株来说，需要一个其宽度能够容纳它们充分展开根系的定植坑。其深度必须保持与植株于花盆中或苗圃里的未经移栽时的土壤深度水平。在定植后要将土壤轻轻压实。

倚墙灌木与攀缘植物

在定植前需要用直立物进行支撑。倚墙灌木与攀缘植物至少要与墙壁、篱笆保持25厘米的距离，这样根系才不会置于雨荫下，然后将植株稍微向内弯地朝着墙壁进行牵引。将主枝散开并将它们紧紧地固定在支撑物上。对于灌木与未依附的攀缘植物来说，随着它们的生长还需要对枝条进一步固定；对攀缘植物缠绕在一起的枝条可能还要小心地进行牵引。

一年生植物与花坛植物

为了保证这些植物在不长的花期里能够展示出最佳的观赏效果，必须要对它们进行精心管理。保持土壤湿润与有计划地摘心是保证成功的关键。花坛植物需要在整个生长季节时定期施肥，特别是在盆栽时更是如此。但是多数耐寒的一年生植物最好不要栽种在肥沃的土壤中。许多一年生花卉以"穴盘"苗的形式被利用，其应该在覆盖物下进行培育。因为它们的根系完好，损伤很小，因此，保证了在其定植后花卉的迅速生长。

球根花卉种植

一般来说，这些花卉的种植深度应该为其球根高度的1～3倍。小型的球根花卉要种得浅一些；那些较大的植株，例如大型的郁金香与百合则要种得深一些。

了解植物名称

贯穿于《英国皇家园艺学会名优花卉手册》的所有植物均被列出了通用的植物学名。植物分类的基本单位是种。学名分为两部分，要用斜体对它们进行正确地书写：第一部分是属名，第二部分是种名或"特征名词"。

属

指具有广泛特征的，含有一个种或多个种的一组植物，例如菊属（*Chrysanthemum*）和蔷薇属（*Rosa*），被称为属。属名与科名十分相似，因为它拥有一个有近缘关系的独立组群。杂交属［在植物的两个属间进行杂交，如海岩蔷薇属（×*Halimiocistus*）］，在其名称前要加乘号来表示。

种

可在种间进行繁殖，并能产生相似后代的一组植物被称为种。在学名的这两部分中，区别于同属中其他植物的这个叫种名，很像一个基督徒或特定的名字。种名通常涉及那种特有的形态特征，像"三色"或"高山"，其还可涉及第一个发现此植物的人。

亚种、变种与变型

为自然出现的种的变异——亚种、变种或变型——要用斜体字来表示，在它们之前要分别缀以缩写字母"subsp."、"var."或"f."。它们的划分要比种更细，在结构或形态上略有不同。

属／种
多花海棠(*Malus floribunda*)与苹果(*Malus domestica*)的属相同，其种名的意思为"多花"。

变种
开放着微紫色花朵的紫花白鲜(*Dictamnus albus* var. *purpureus*)，为开放白粉色花朵的原种之变种。

杂种
伯克伍德木犀(*Osmanthus* × *burkwoodii*)，在其属名后的乘号表示它是种间杂交种。

杂种

　　如果将同属中的不同种在一起培育，它们可能会杂交，很容易出现双方亲本共有的混合特征。这种方法是被园艺工作者开发出来的，他们希望将两个截然不同的植物之有价值的特征结合起来。然后，新的杂交种可以经过繁殖来增殖。例如，威廉斯山茶（*Camellia × williamsii*），它的亲本是山茶（*C.japonica*）与怒江山茶（*C.saluensis*）。

品种

　　利用原种经人工选择或培育所产生的群体叫做品种。品种名应置于种名后的单引号中。

　　有些品种也会以商品名称注册，这些名称在商业上常用来代替正确的品种名称。如果其亲本不明或混乱，那么品种名可直接跟在属名之后——'康威'大丽花（*Dahlia* 'Conway'）。在少数情况下，特别对月季来说，它就是人们所熟悉的通俗的销售名称，但却不是正确的品种名。这里所用的通俗名称置于品种名之前，例如，博尼卡'赛牡丹'月季（*Rosa* BONICA 'Meidomonac'）。

组与系

　　为了方便起见，几个非常相似之品种的命名可能是根据其相似之处以组或系来分类的。有时，上述称谓用于形态特征相同，而花色不同的品种类群。

品种
骨种菊的品种'奶酪'（*Osteospermum* 'Buttermilk'），其亲本十分复杂或来源不详。

种间品种
'墨龙'扁茎沿阶草（*Ophiopogon planiscapus* 'Nigrescens'）是不寻常的类型，因其黑色叶片而被栽培。

实生系列
金鱼草，索奈特系（*Antirrhinum* Sonnet Series）为适用于夏季花坛的花色亮丽的混色品种。

一年生花卉和花坛植物

在此部分所列举的，是一些可以购买到的最好的花坛植物以及它们种在哪里，如何管理才能获得最佳效果的建议。这些植物可以在柔和型、多彩型、简约型、亚热带型、乡村型及规则型的花园中使用，这样你在花坛设计中所选择的植物种类范围更广。在本书按字母A～Z排序的索引中，还介绍了其他花坛植物。

A

◀斑叶风铃花（斑叶苘麻）
Abutilon 'Souvenir de Bonn' (Variegated Flowering Maple)
这种风铃花是一种适合于大容器或者布置临时景观花境的装饰性灌木。叶片边缘呈奶油色，悬挂橘色花朵。需在无霜冻的地方遮盖越冬。

栽培　适合种植于排水性好、肥沃的堆肥土，光照充足。
☼ ◊ ♨ ❈　　　　　　株高3米　冠幅3米

'五十周年纪念' 茴藿香▶
Agastache foeniculum 'Golden Jubilee'
为株形紧凑的非蔓生茴藿香品种，自仲夏始，具香气的紫色花朵高于簇生的黄绿色叶片开放，花期持久。作为花境植物或镶边材料。

栽培　植株喜肥沃，排水良好的土壤中，喜全日照。
☼ ◊ ❈❈　　　　　株高60厘米　冠幅30厘米

◀紫花藿香蓟 '蓝色礁湖'
Ageratum houstonianum 'Blue Lagoon'
由于能够形成低矮的小丘，藿香蓟非常适合装点夏季临时景观的四周。'蓝色礁湖'盛开大量蓝紫色花朵，在整个夏季都会色彩斑斓。

栽培　适合种植于肥沃潮湿但排水性好的土壤，需要阳光和遮阳。
☼ ◊ ♨ ❈　　　　　　　　
株高15～30厘米　冠幅15～30厘米

◀ '夏威夷粉壳' 休斯顿藿香蓟
Ageratum houstonianum 'Shell Pink Hawaii'
这个品种花型紧凑，花朵粉色，花丝较短，所开放的花簇色彩柔和，与白色或蓝色的品种配植能够产生很好的视觉效果。

栽培 种植在肥沃、湿润但排水良好的土壤中，喜向阳、背风之地。

☼ ◊ ❄ 株高15～30厘米　冠幅15～30厘米

尾穗苋 ▶
Amaranthus caudatus
这种直立生长的灌木状植物，在夏季能够抽生出有趣的、抢眼的紫红色花穗，长度可达60厘米，是生产切花的良好材料。最好靠着墙壁进行种植。

栽培 植株喜肥力适中、富含腐殖质、湿润的全日照之地。

☼ ◖ ❄ 株高1～1.5米　冠幅45～75厘米

◀ 琉璃繁缕 "蓝鸟"
Anagallis monellii subsp. *linifolia*
这种低矮易分枝的蓝繁缕来自地中海地区，在夏季通常盛开蓝色的花朵，非常适合装饰花盆和吊篮。

栽培 适合种植于中等肥力、潮湿但不湿润的土壤，需要阳光。

☼ ◊ ♥ ❄❄❄
株高10～20厘米　冠幅40厘米

A

◀ 金鱼草　诗歌系列

Antirrhinum majus Sonnet Series

这种金鱼草整个夏季都盛开芳香的二唇形杂色或单色花朵。它们适用于装饰夏季花坛和做鲜切花。可以摘掉枯花来延长花期。

栽培　适合种植于排水性好、肥沃的土壤，需要光照。

☀ ◊ ♈ ❀ ❀
株高30～60厘米　冠幅30厘米

红色榆钱菠菜 ▶

Atriplex hortensis var. *rubra*

醒目的血红或紫红色枝叶与相邻的白色植物形成了鲜明对比。最好去掉花芽以免影响生长势。

栽培　适合种植于排水性好、干燥、中等贫瘠的土壤，需要充足光照。

☀ ◊ ❀　　株高1.2米　冠幅30厘米

◀ 秋海棠

Begonia 'Peardrop'

这种秋海棠株形紧凑，深色的尖形叶片衬托得桃红色花朵十分美丽。圆润的株型使得这种植物非常适合各种各样的花盆种植。花期持续整个夏季。

栽培　适合种植于排水性好、肥沃的堆肥土，避免阳光直晒。

☀ ◊ ◊ ❀　　株高25厘米　冠幅25厘米

B

▶ '亮光'甜菜

Beta vulgaris 'Bright Lights'

这个起源于食用甜菜的品种，具有色彩变化很大的叶柄，包括红色、粉色、金色及橙色，具有大型的绿色或青铜色叶片。可与其他蔬菜一起种植，或用来点缀花境。

栽培 种植在肥沃、湿润但排水良好的土壤中，宜选向阳或轻荫之地。

☀ ◐ ◊ ● ✷✷✷

株高50厘米 冠幅45厘米

'金心'茴香叶鬼针草 ▶

Bidens ferulifolia 'Golden Eye'

这个品种的叶片如同蕨类，茎干细长，可在暮夏开放出亮黄色的花朵。适合在吊篮、花盆中进行栽种，能够营造悬垂的生长效果，也可用来点缀低矮的墙壁。

栽培 植株喜肥力适度，湿润但排水良好的土壤，喜全日照。

☀ ◊ ✷ ✷✷

株高23～30厘米 冠幅不确定

◀ '圣地亚哥红'九重葛

Bougainvillea 'San Diego Red'

为色彩丰富的温室植物，夏季可移出室外，在很多情况下进行配植可以产生很好的观赏效果。能够种植在放有基肥的大型容器中，冬季保持土壤处于微潮偏干的状态。

栽培 最好种植在全日照之地，可在春季至暮夏的生长旺盛阶段充分浇水及施肥。

☀ ◊ ♥ ✿ ✦

株高2米 盆栽株高30厘米

B

◀屈曲花短毛菊
Brachyscome iberidiflora
Bravo Mix　欢呼系列
这个系列以白色、蓝色和堇蓝色的品种花朵。作为夏季盆花与窗箱植物效果颇佳，也可作为道路的镶边植物及栽种在岩石园中。

栽培　种植在疏松肥沃、排水良好的土壤中，宜选日光充沛之地。

☀ ◐ ❀　株高20～25厘米　冠幅23厘米

观赏甘蓝▶
品种 *Brassica oleracea* cultivars
观赏甘蓝可点缀盆栽植物或在花境中使用，特别是在秋季或冬季的寒冷气候里，它们的叶色也会变得越来越鲜艳，是一种具有情趣的植物。通常不宜作为蔬菜食用。

栽培　植株喜肥沃、排水良好的土壤，保证它们能够接受充足的日光照射。

☀ ❀
株高45～60厘米　冠幅25厘米

◀大凌风草
Briza maxima
大凌风草适合用来装点夏季的乡村花园。其花穗能从红色变为紫色，最后呈米黄色。
当微风吹来，其花穗能够随风摇摆。在进行簇栽时能够给环境增添一种优雅的感觉。

栽培　不择土壤，但植株喜排水良好的全日照之地。

☀ ❀❀❀
株高45～60厘米　冠幅25厘米

C

◀大花曼陀罗

Brugmansia suaveolens

这种曼陀罗花与红花曼陀罗十分相似，但它在夏季盛开白色（有时候是黄色或粉红色）的花朵，清晨散发出甜甜的香味。喜欢有阴凉的地方。有毒勿食。

栽培 最好种植于肥沃、排水性好的土壤，需要光照，需要阳光充足。夏季要多浇水。

☼ ◐ ◊ ♤ ☼   株高2.7米   冠幅2.5米

金盏花‘吉坦纳节日’▶

Calendula 'Fiesta Gitana'

这种矮盆种植的金盏花是一种枝叶浓密、生长迅速的一年生植物，盛开大量淡橘色或黄色的双头花，花期从夏季持续到秋季。叶片有香味。是鲜切花、花坛种植和盆栽的理想植物。

栽培 适合种植于排水性好、中等贫瘠的土壤，需要充足光照或部分遮阳。

☼ ☀ ◊ ♡ ❀ ❀ ❀   株高30厘米   冠幅30厘米

◀翠菊

Callistephus chinensis

Ostrich Plume Series 驼羽系

翠菊开着粉色和红色花朵，在暮夏至秋季的花境中能够尽展美色。在干旱时充分浇水，除去残花，可以促进植株长出更多花蕾；是切花的良好材料。

栽培 植株喜湿润、排水良好的肥沃土壤，喜全日照。

☼ ◐ ❀   株高可达60厘米   冠幅30厘米

C

◀ '总统' 美人蕉
Canna 'President'

植株的红色花朵唐菖蒲状，在夏季时，于大型的桨叶状蓝绿色叶片之上开放。用来营造亚热带风格的景观，或作为一年生花卉的骨架植物效果颇佳。

栽培 最好种植在肥沃的全日照之地。整个夏季不可缺水。

☼ ◐ ◊ ❁   株高1.2米　冠幅50厘米

'条纹' 美人蕉▶
Canna 'Striata'

这个美人蕉品种具大型的黄绿色叶片，花朵橙色，十分美观，暮夏在具鲜黄色脉纹的叶片之上开放。应该将其栽种在叶片能够接受到日光直射之处。

栽培 植株喜肥沃的土壤，喜全日照，生长旺盛阶段充分浇水。

☼ ◊ ◊ ❖ ❁   株高1.5米　冠幅50厘米

◀ '太平洋庞奇' 长春花
Catharanthus roseus 'Pacific Punch'

为观赏效果极佳的多彩型春花品种，其花朵有红、白，或玫瑰红色。可用来点缀花境空地，或种植在花盆及吊篮中。

栽培 植株喜肥力一般、排水良好的全日照之地。

☼ ◊ ❁
株高30～35厘米　冠幅30～35厘米

C

◀ '火烈鸟羽毛' 穗序青葙
Celosia spicata 'Flamingo Feather'

这个穗序青葙的品种夏季能够开放出可爱的浅粉色花朵，随着衰老其花穗能够自下而上地逐渐变白。是作为切花或干花的绝佳材料。除去残花，以促使植株再度开花。

栽培　最好种植在湿润、排水良好、肥沃的土壤中，喜全日照，宜选背风之地。

☼ ◐ ◊ ❄　株高60～90厘米　冠幅45厘米

矢车菊 ▶
Centaurea cyanus
Florence Series 佛罗伦萨系

花朵呈樱桃红、粉色或白色的美丽植物，夏季开放，亦是切花的良好材料，植株生长紧凑，多分枝。适合在乡村花园、野花园里簇栽，或进行庭院盆栽。

栽培　种植在肥力一般、排水良好的土壤中，喜有日光直射之地。

☼ ◊ ◻
株高可达35厘米　冠幅可达25厘米

◀ 迷人山字草
Clarkia amoena
Azalea Hybrids 杜鹃花系列

这类植物的半重瓣花朵呈杜鹃状，质地光滑，夏季成簇地开放于叶状枝先端。当所栽种的植物数量较多时，可以把它们剪下，作为插花使用。

栽培　种植在肥力一般、排水良好的微酸性土壤中，宜选无日光直射的明亮之处。

☼ ◊ ◐ ◻ ❄　株高30厘米　冠幅20～25厘米

C

这类低矮的丛生植物，夏季可开放出各种颜色的花朵，其直径为5厘米，常具吸引人的白边或对比鲜明的花心。装点高台花坛的前缘效果颇佳。

栽培　植株喜肥力一般、排水良好的微酸性土壤，喜有日光直射之地。

☀ ◑ ◊ ❀ ❀ ❀
株高可达20厘米　冠幅30厘米

'海伦·坎贝尔' 醉蝶花 ▶

Cleome hassleriana 'Helen Campbell'
这个白花的品种，茎干坚韧、直立、具刺，与众不同的美丽花朵开放于茎顶。可将其分组成片地种植于花境中部，以突出其整体美感。

栽培　植株喜疏松肥沃、排水良好的土壤，宜选日光充沛之地。

☀ ◊ ♡ ☂ ⌾
株高可达1.5米　冠幅45厘米

◀ '玫瑰皇后' 醉蝶花

Cleome hassleriana 'Rose Queen'
对于插花来说，如果想要表现色彩淡雅的主题，或用来柔化色彩亮丽的主题，使用 '玫瑰皇后' 醉蝶花则是十分不错的选择，这个品种很有特点，其茎干坚硬，具刺，花朵顶生，深粉色。

栽培　植株喜疏松肥沃、排水良好的土壤，宜选日光充沛之地。

☀ ◊ ⌾
株高可达1.5米　冠幅45厘米

C

攀缘电灯花▶
Cobaea scandens
攀缘电灯花长势强健，是与众不同的一年生攀缘植物。这种植物需要宽阔的栽培空间，以及结实的支撑物（如格子架）供其攀爬。钟形的花朵肉质，初开白绿色，尔后转为紫色。

栽培　植株喜疏松肥沃、排水良好的土壤，宜选日光充沛的背风之地。

☼ ◐ ♦ ☏ ✿　　　　株高4～5厘米

◀ '紫皇后' 醉蝶花
Cleome hassleriana 'Violet Queen'
无论是单色栽种还是白粉混色栽种，使用这种红紫色的醉蝶花品种具有相同的观赏效果，因植株较矮，所以不宜在仲春后进行播种。

栽培　植株喜疏松肥沃、排水良好的土壤，宜选日光充沛之地。

☼ ◐ ✿　　　株高可达1.5米　冠幅45厘米

◀ 南欧飞燕草
Consolida ajacis
在乡村花园中栽种南欧飞燕草，能够营造出十分随意的风格。其茎干坚硬、直立，在夏季能够抽生出不同颜色的紧密花穗。在栽培中应该防止蛞蝓和蜗牛的危害。

栽培　种植在疏松肥沃、排水良好的土壤中，喜全日照。

☼ ◐ ✿✿✿
株高30～120厘米　冠幅23～30厘米

C

◀ '皇家旗帜' 三色旋花
Convolvulus tricolor 'Royal Ensign'
是岩石园的良好材料, 也可作为花境的
填充植物, 适于吊栽, 这种'皇家旗
帜'三色旋花花朵繁多, 花期较短, 夏
季开放, 夜间闭合。

栽培 最好种植在贫瘠至肥力一般、排水
良好的土壤中, 喜全日照的背风之地。

☼ ◊ ❀❀❀   株高30厘米 冠幅30厘米

两色金鸡菊 ▶
Coreopsis tinctoria
这种植物株形松散, 枝条开展, 花瓣呈
金黄色, 基部棕红色, 花心暗红色, 为
一种很好的夏季一年生金鸡菊。应该种
植在向阳的花境中。

栽培 植株喜肥沃、排水良好的土壤,
喜全日照, 亦耐半阴。

☼ ◑ ◊ ❀❀❀
株高可达1.2米 冠幅30~45厘米

◀ 大波斯菊 奏鸣曲系列混合
Cosmos bipinnatus Sonata Series Mixed
奏鸣曲系列易分枝, 混合种植后, 夏季
在细瘦的茎秆和纤细的叶片上方自由覆
盖着红色、粉色或白色的花朵, 是装饰
室外花园、围栏前端的绝佳选择。

栽培 适合种植于中等肥力、潮湿但排
水性好的土壤, 需要阳光充足。

☼ ◊ ♥❀❀   株高30厘米 冠幅30厘米

D

◀粉花还阳参
Crepis rubra

粉花还阳参花朵小型，微粉红色，花期持久，着生在微呈拱形的花葶顶端，春季在紧贴地表的莲座状叶片之上开放。可种植在花境的前缘，及盆栽观赏。

栽培　种植在排水良好的土壤中，喜全日照。

☀ ◊ ❋❋❋　株高30～40厘米　冠幅15厘米

'魔咒' 小石竹▶
Dianthus nanus 'Magic Charms'

'魔咒' 小石竹植株低矮，可开放出散发着甜香的红、粉及白色的复色型花朵，是盆栽、装点花境、岩石园的理想植物，因其具有蔓生的习性，故不宜栽种于路边。

栽培　种植在排水良好的土壤中，喜全日照。

☀ ◊ ❋❋❋
株高30厘米　冠幅30厘米

◀双距花　珊瑚美人
Diascia CORAL BELLE

双距花，得名于它们的小花有两个距，是一种多年生的藤蔓类植物，适合装饰临时景观的边缘或挂篮。珊瑚美人的花朵呈现鲜鱼肉般的粉色，大量盛开在金属丝一样的枝茎上，持续整个夏天。

栽培　适宜潮湿但排水性好的肥沃土壤，需要光照。

☀ ◊ ◊ ♡ ❋❋❋　株高15厘米　冠幅30厘米

F

星花蓝色雏菊 '圣塔安妮塔' ◀
Felicia amelloides 'Santa Anita'
这种蓝色雏菊的枝叶呈鲜绿色并伴随白色斑点，是一种圆形的常绿小灌木。大大的雏菊型花朵，花瓣为蓝色，中心鲜黄色，能从春末盛开到秋季。适合盆栽。

栽培　适合种植于排水性好、肥沃的土壤，需要光照。

☼ ◐ ♡ ❀
株高30～60厘米　冠幅30～60厘米

倒挂金钟 '露台公主' ▶
Fuchsia 'Patio Princess'
这种倒挂金钟株形直立，在整个夏季大量盛开粉色和白色悬吊的花朵，适合露台盆栽。可以掐掉嫩芽来增加丛生。需要注意的是，幼嫩的倒挂金钟可以被保存过冬。

栽培　适合种植于潮湿但排水性好的土壤，需要部分遮阳。

☼ ◐ ◊ ❀
株高30厘米或更高　冠幅30厘米或更宽

天人菊 '小电' ◀
Gaillardia 'Kobold'
这种株形紧凑的灌木适合装饰在围栏前端，能够衬托得整个景观更加灵动活泼。它的雏菊型花朵有红色的花心和镶黄边的红色花瓣。适合用于鲜切花。花期持续整个夏季。

栽培　最好种植于肥沃的、排水性好的土壤，需要充足光照。

☼ ◊ ❀❀❀
株高30厘米　冠幅30厘米

◀ '俄罗斯巨人'向日葵

Helianthus annuus 'Russian Giant'

为一种富于情趣的, 抢眼的大型向日葵品种, 可种植在大道、小路的两侧, 或儿童花园中。未采收的种子会被鸟类食用, 春季谨防蛞蝓与蜗牛的危害。

栽培 植株喜富含腐殖质、湿润且排水良好的土壤, 喜全日照。

☀ ◐ ◆ ❀❀❀

株高可达3.5米　冠幅可达45厘米

'天鹅绒皇后'向日葵 ▶

Helianthus annuus 'Velvet Queen'

'天鹅绒皇后'向日葵能够开放出艳丽夺目的微红色花朵, 花心呈黑色, 可以替代那些颜色鲜黄的品种。适宜在花境后部进行点缀, 以便衬托出那些开白色、黄色花朵的较矮品种。

栽培 植株喜富含腐殖质、湿润且排水良好的土壤, 喜全日照。

☀ ◐ ◆ ❀❀❀　株高1.5米　冠幅可达45厘米

◀ 伞花麦秆菊

Helichrysum petiolare 'Variegatum'

这是一种枝叶蔓延的常绿型灌木, 叶片柔软, 适合在盆栽或吊篮装饰中作为开花植物的衬托。可以掐掉多余的枝条以利于丛生。

栽培 适合种植于潮湿但排水性好的土壤, 需要阳光。

☀ ☀ ◐ ◆ ♈ ❀❀❀

株高50厘米　冠幅2米或以上

H

◀ 白花香花芥

Hesperis matronalis var. *albiflora*

白花香花芥株形高大，具有极高的观赏价值，植株能够开放出具甜香的不规则的白色花朵，可自播，适宜用来装点野花园或乡村花园。由于其株形较为散乱，因此与经过造型的黄杨配植能够形成鲜明的对比。

栽培 种植于肥沃、湿润但排水良好的土壤中，喜日光充足，亦耐半阴。

☼ ❁ ◐ ◊ ❄❄❄
株高可达90厘米 冠幅45厘米

伞形屈曲花 ▶

Iberis umbellata Fairy Series 仙女系

自春季至夏季间，植株能够开放出繁茂、多彩的花朵，有白、粉、丁香紫或微红粉色，可种植在各种容器中，为填充庭院道路空隙，装点花境前缘的绝佳材料。

栽培 最好种植在贫瘠至肥力适中、湿润但排水良好的土壤中，喜全日照。

☼ ◊ ❄❄❄
株高15～30厘米 冠幅可达23厘米

◀ 凤仙花属

Impatiens New Guinea Hybrids 新几内亚系列

为了使环境在整个夏季里充满斑斓色彩，栽培的凤仙花可以称之为首选，这些种类的花色极其丰富，有些还生长着引人注目的彩色叶片。为一种艳丽的盆栽植物，且能够作为在灌木间进行点缀的植物。

栽培 种植在富含腐殖质、湿润但排水良好的土壤中，喜半阴之地。

☼ ◊ ◊ ⌂　　株高35厘米 冠幅30厘米

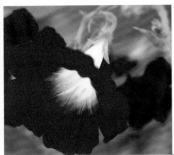

◀ '斯卡利特·奥哈拉'牵牛花
Ipomoea nil 'Scarlet O' Hara'

这个牵牛花品种长势强健，花朵亮红色，当其顺着藤条爬上棚顶或格子架时，显得很有吸引力。需要注意的是，植株有时会攀爬到邻近栽种的灌木上。

栽培　植株喜肥力适中、排水良好的土壤，宜选日光充沛之地。

☼ ◐ ☋ ⚘　　　　　　　　　株高可达5米或更高

茑萝 ▶
Ipomoea quamoclit

这种五角星花来自热带的南美洲，有可爱的类似蕨类植物的叶片和小巧醒目的鲜红色花朵，有时候也开成白色。用于盘绕时能从多个方向提供支撑力。

栽培　最好种植于中等肥力、排水性好的土壤，需要阳光充足。

☼ ◐ ☋ ⚘　株高2米或更高　冠幅2米或更宽

◀ 马缨丹（五色梅）'辐射'
Lantana 'Radiation'

这种多刺小灌木的深绿褶皱叶片衬托着漂亮的鲜黄色和红色花朵，盛开于整个夏季。可以用作阳光下的盆栽或者花坛植物。

栽培　适合种植于潮湿但排水性好的土壤，需要光照。每月施肥。

☼ ◐ ☋ ⚘
株高40~60厘米　冠幅25厘米

◀ '北极光'摩洛哥柳穿鱼

Linaria maroccana 'Northern Lights'

为良好的切花材料。'北极光'摩洛哥柳穿鱼的花色丰富，开放持久，是一种夏花型植物。将其随意地簇栽于乡村花园和地中海风格的花园中，能够起到绝佳的装饰效果。

栽培 植株喜肥力适中、疏松且排水良好的土壤，喜全日照。

☼ ◊ ❋❋❋   株高60厘米 冠幅15厘米

'红花'大花亚麻 ▶

Linum grandiflorum 'Rubrum'

为色彩艳丽的夏季装饰植物，这个品种的花朵亮深红色，花心发暗，当将其与纯白色的品种'亮心'配植时，可以产生鲜明的色彩对比。

栽培 最好种植在肥力适中、富含腐殖质、排水迅速的土壤中，喜日光充足之地。

☼ ◊ ❋   株高可达45厘米 冠幅15厘米

◀ 半边莲（翼蝶花） 瀑布系列混合

Lobelia erinus Cascade Series Mixed

这一系列的蔓延花枝能够溢出盆钵的边沿，因此从夏季到秋季都是装点吊篮和窗台上的花箱或花盆的绝佳选择。或者，也可以用来装饰小径的边缘。

栽培 最好深栽于肥沃、潮湿的土壤，需要光照或部分遮阳。

☼ ❋ ◊ ❋   株高15厘米 冠幅15厘米

◀ '雪毯'香雪球
Lobularia maritima 'Carpet of Snow'
这个品种常用来美化铺砖道路和庭院道路，'雪毯'香雪球的白色花朵成簇开放，颇具吸引力，花期夏季，也可以用品种'海军蓝'来替代之。

栽培 种植在疏松、肥力适中、排水良好的土壤中，喜全日照。

☼ ◊ ❄❄❄
株高可达10厘米　冠幅20～30厘米

'蒙斯特紫'银扇草 ▶
Lunaria annua 'Munstead Purple'
这个品种的花朵呈深红紫色，在不规则花境中随意栽种能够取得很好的效果。其纸质花序经干燥处理后可以用于插花，也可原地留种令其自播。

栽培 种植在肥沃、湿润但排水良好的土壤中，喜日光充足，亦耐半阴。

☼ ☀ ◊ 厘米　冠幅30厘米

◀ '斑驳'银扇草
Lunaria annua 'Variegata'
为乡村花园常用的一年生植物，叶片具乳白色边缘，花朵微红紫色。花序纸质，经干燥后可以用于插花。

栽培 植株喜肥沃、湿润但排水良好的土壤，喜日光充足，亦耐半阴。

☼ ☀ ◐ ◊ ❄❄❄
株高90厘米　冠幅30厘米

◀ 三裂马络葵

Malope trifida

这种看起来像灌木的植物为一年生，花朵浅紫红至深紫红色，自夏季至秋季间不断开放，可密植于花境中部。适合用来装点乡村花园。

栽培 最好种植在肥力一般、湿润但排水良好的土壤中，喜有日光直射之地。

☼ ◐ ◊ ❀❀❀
株高可达90厘米 冠幅23厘米

双角长瓣紫罗兰 ▶

Matthiola longipetala subsp.*bicornis*

这种夜香型的紫罗兰，因其特殊的浓香而颇受欢迎。可种植在窗下及座椅周围的大片空地上。它们那不起眼的小型花朵夏季开放，呈粉、紫红或紫色。

栽培 最好种植在肥力一般、排水良好的土壤中，宜选背风之地。

☼ ◊ ◊ ❀❀❀
株高35厘米 冠幅23厘米

◀ 沟酸浆

Mimulus naiandinus

这是一种容易种植的酸浆属植物，在夏季盛开粉红色的花朵。植株形态分散而蔓延，适合于生长在阴凉处的花盆或花篮中。需要充分潮湿的环境。

栽培 适合种植于肥沃、富含腐殖质的潮湿土壤中，需要阳光或部分遮阳。

☼ ◐ ◊ ◊ ♥ ❀❀
株高20厘米 冠幅30厘米

◀ **紫茉莉**
Mirabilis jalapa

紫茉莉的花朵于夏季的傍晚绽蕊（但在阴天时闭合）。通常微具柑橘香气。这种植物有时会在同一株上开出不同颜色的花朵。可进行盆栽或装点花境。

栽培　最好种植在肥力一般、排水良好的土壤中，喜全日照，生长旺盛阶段充分浇水。

☼ ◊ ❀❀
株高60厘米或更高　冠幅60厘米或更宽

'红光' 紫茉莉 ▶
Mirabilis jalapa 'Red Glow'

这个品种与紫茉莉相似（见上文），但花朵呈亮红色，其开放于浓绿色的叶片之上。当其在晴朗的日子里开放时能够散发出甜香。

栽培　植株喜肥力一般、排水良好的土壤，喜全日照，生长旺盛阶段充分浇水。

☼ ◊ ❀❀
株高60厘米　冠幅60厘米

◀ **'蓝球' 林地勿忘草**
Myosotis sylvatica 'Blue Ball'

这个品种株形紧凑，球形的花朵天蓝色，能从秋季开放到初夏，可以用来给开红、黄、白及蓝色的高大郁金香作为背景，能够营造出轻松、愉快的气氛。

栽培　最好种植在贫瘠至肥力一般、湿润但排水良好的土壤中，喜日光充足，亦耐疏荫环境。

☼ ◊ ◊ ❀❀
株高15厘米　冠幅15厘米

N

◀ '月见草' 疣突龙面花
Nemesia strumosa 'Sundrops'
这个品种具有亮丽的复色型花朵，例如柔和的杏黄色、乳白色和各种红色、粉色与橙色，结构紧凑，多分枝。将它们用于花境，并作为庭院盆栽，能给初夏至仲夏的环境中营造很好的气氛。

栽培 种植在肥力一般、湿润但排水良好的微酸性土壤中，喜日光充足之地。

☼ ◐ ◇ ❋ 　　株高25厘米 冠幅25厘米

'黑便士' 孟席斯喜林草 ▶
Nemophila menziesii 'Penny Black'
花朵深紫色（在一定距离内看起来像黑色），具白边，夏季开放，'黑便士' 孟席斯喜林草与开白花的植物种在一起显得更为醒目。适合与开放着鲜艳花朵的植物一起栽植，或用来镶边。一经栽种无需每年播种，因为这个品种能够自播。

栽培 种植在肥沃、湿润但排水良好的土壤中，喜日光充足，亦耐轻荫。

☼ ◐ ◇ ◇ ❋❋❋ 　株高20厘米 冠幅30厘米

◀ 假酸浆
Nicandra physalodes
假酸浆生长迅速，多分枝，花朵堇蓝色，花期持久，可从夏季开放到秋季。植株在花落后会结出包被着纸质外衣的绿色浆果，为冬季干花插花的良好材料。

栽培 种植在肥沃、湿润但排水良好的全日照之地。

☼ ◇ ❋❋❋ 　株高可达90厘米 冠幅30厘米

O

◀红花烟草
Nicotiana × *sanderae*
Domino Series 多米诺系
这些夏季开放的品种，花朵色彩富于变化，一些株形较大，色彩亮丽的双色品种用途更为广泛，同样也适合随意式栽培。

栽培 植株喜肥沃、湿润但排水良好的土壤，喜日光充足，亦耐半阴。

☀ ◐ ▲ ⬡　株高30～45厘米　冠幅30～45厘米

'蓝鸟'子铃花▶
Nolana paradoxa 'Blue Bird'
所开放的深蓝色花朵（有时呈紫色或紫蓝色），色彩亮丽，十分抢眼，与其他的夏花型一年生植物成片栽种观赏效果极佳。

栽培 可种植在任何肥力适中、排水良好的土壤中，喜全日照。

☀ ◊　株高20～25厘米　冠幅可达60厘米

◀蓝眼菊 '旋转木马'
Osteospermum 'Whirligig'
海角雏菊是非常好的花坛植物，整个夏季都开花，只在夜晚和阴天关闭。'旋转木马'是管状花瓣，但当天气太热和太干燥的时候会恢复正常瓣型。

栽培 适合种植干潮湿但排水性好的土壤，需要阳光。

☀ ◊ ▲ ⬡　株高35厘米　冠幅35厘米

P

▲ '弗拉门戈' 裸茎罂粟
Papaver nudicaule 'Flamenco'
这个罂粟的品种花朵呈柔粉色，边缘具白色沟纹，当成簇栽种时能够营造出美丽的夏季色彩。采用'自然式栽种'观赏效果颇佳。

栽培　种植在土层深厚、肥沃且排水良好的土壤中，宜选向阳之地。

☼ ◑ ❀❀❀　　株高38～50厘米　冠幅15厘米

'草原粉彩画' 裸茎罂粟 ▶
Papaver nudicaule 'Meadow Pastels'
这个品种具有变化幅度很大的复色花与双色花，夏季开放于坚韧、强健的花梗上，当将其制作成几何图形时颇为引人注目，同时能给环境增添自然的清新。

栽培　最好种植在土层深厚、肥沃、排水良好的土壤中，宜选向阳之地。

☼ ◑ ❀❀❀　　株高60厘米　冠幅20厘米

◀ '贝壳' 裸茎罂粟
Papaver rhoeas Mother of Pearl Group
使用这个品种来为环境中增添柔和色调是一个绝佳的选择，它们的花朵典雅，呈丁香紫色、蓝色、桃红色、粉色、白色和灰色。用它们装点背景深绿之地，能够使人更好地感知夏季美色。

栽培　植株喜土层深厚、肥沃、排水良好的土壤，宜选向阳之地。

☼ ◑ ❀❀❀　　株高30厘米　冠幅15厘米

◀紫叶狼尾草

Pennisetum setaceum 'Rubrum'

这种非常引人注目的直立型盆栽植物被称作喷泉草，因为它们的毛茸茸的红色花穗十分美丽。夏末时期，这些花穗呈拱形悬挂于深紫色的枝叶之间。耐旱性好。

栽培　适合种植于排水性好的土壤，处于开放有光照的地方。

☀ ◌ ♡
株高90厘米　冠幅90厘米

'棱镜光'矮牵牛▶

Petunia 'Prism Sunshine'

在花境及吊篮中栽种这个品种，以增添夏季的亮丽色彩是个不错的选择，其所开放的大型黄色花朵，会随着衰老而逐渐变为乳白色。

栽培　植株喜疏松、排水良好的土壤，喜全日照的背风之地。

☀ ◌ ◉
株高23～30厘米　冠幅30～90厘米

◀矮牵牛属

Petunia Surfinia Hybrids 冲浪系列

这个品种作为吊篮式栽种是个很好的选择，植株长势强健，多分枝，能够悬垂生长，花朵中型，不怕雨淋。

栽培　植株喜疏松、排水良好的土壤，喜全日照，且能防风之地。

☀ ◌ ◉
株高23～40厘米　冠幅30～90厘米

R

◀蓖麻 '卡门西塔'

Ricinus communis 'Carmencita'

这种高大的蓖麻属植物株形呈八字张开状，叶片淡紫红色，夏季盛开鲜红色花朵，随后结出醒目的籽穗。其下可以栽植深红色大丽花。

栽培 应当提供肥沃、富含腐殖质且排水性好的土壤以及有光照的处所。

☼ ◊ ❀ ✿　　　　　　　　　　株高2米　冠幅1米

黑心金光菊 '草原阳光'▶

Rudbeckia hirta 'Prairie Sun'

这种生长期短、易开花的多年生植物最适合密集种植。绿心的黄色花朵十分醒目，在夏末容易吸引蝴蝶。

栽培 应当提供非常肥沃并适当潮湿的土壤，需要光照和轻微的遮阴。

☼ ☀ ◊ ❀ ✿ ✿　　　　　　　　　　
株高60～90厘米　　冠幅30厘米

◀美人襟　卡西诺系列

Salpiglossis sinuata Casino Series

这些直立型的一年生植物，花朵呈漏斗状，脉纹清晰，容易组成对比鲜明的景观，从夏季持续到秋季。花色范围从蓝色到红色、黄色或橘色。

栽培 适合种植于潮湿但排水性好的肥沃土壤，需要光照。

☼ ◊ ◊ ✿ ✿　　　　　株高60厘米　冠幅30厘米

◄ '层趣' 被粉鼠尾草
Salvia farinacea 'Strata'

这个品种的花朵，呈亮丽的白蓝相间双色，夏秋绽放。其色彩对比鲜明，当与开红花、黄花的植物混栽时效果极佳，也可作为盆栽观赏。

栽培　最好种植在肥力一般、富含腐殖质、排水良好的湿润土壤中，喜日光充足之地。

☼ ◊ ❀　株高可达60厘米　冠幅30厘米

'橙色精灵' 匍匐蛇目菊 ►
Sanvitalia procumbens 'Orange Sprite'

这个品种具有黑色花心的橙黄色花朵，花期持久，夏季开放；枝条松散，拖曳生长，吊栽、盆栽或成簇地栽能令人耳目一新。

栽培　种植在肥力一般、排水良好的土壤中，喜全日照。

☼ ◊ ❀❀❀　株高10厘米　冠幅35厘米

◄ 太阳扇（蓝扇花）
Scaevola aemula

蓝扇花是一种生长茂盛的蔓生植物，是装饰护栏、容器和花篮的理想选择。通常盛开大量漂亮的蓝色花朵，但也常见紫色或淡紫色品种。每两周需施肥1次。

栽培　喜欢潮湿但排水性好且肥沃的土壤，适合种植于采光好的地方。

☼ ❀ ◊ ◊ ❀
株高50厘米　冠幅50厘米

S

◀ 蛾蝶花

Schizanthus pinnatus 'Hit Parade'

蛾蝶花盛开漂亮的粉红色花朵，几乎覆盖了其类似蕨类植物的枝叶，花型与兰花相似，管颈为黄色。花期很长，能从春季持续到秋季。可以掐掉部分枝茎来促进丛生。

栽培 适合种植于潮湿但排水性好的土壤，需要充足光照。

☼ ◌ ♦ ♡ ❀ ❀
株高20～50厘米 冠幅20～30厘米

细裂银叶菊 ▶

Senecio cineraria 'Silver Dust'

这种丘状的常绿灌木由于其引人注目的花边形银色枝叶而被广泛种植。在盛夏开出类似小雏菊的黄色花朵，并不显眼。是夏季花坛规划的理想选择。

栽培 适合种植于排水性好的肥沃土壤，喜光。根据需要可以掐掉花芽。

☼ ◌ ♡ ❀ ❀
株高30厘米 冠幅30厘米

◀ 彩叶草 巫师系列

Solenostemon scutellarioides Wizard Series

这一系列的品种株形紧凑、色泽鲜艳，尤其是叶片极为艳丽，可以是红色、粉色、黑色或者白色，并且镶有对比鲜明的叶边。所有的花都要去除。

栽培 最适宜富含腐殖质、潮湿但排水性好的土壤，喜强光。

☼ ☀ ◌ ◌ ❀ 株高20厘米 冠幅20厘米

◀ 万寿菊'金币'

Tagetes erecta 'Gold Coins'

万寿菊的花朵点缀在深绿色类似蕨类的枝叶上，在夏季大量盛开，适合装饰花境或各种盆栽容器。品种"金币"盛开黄色绒球状花朵。掐掉枯萎的花可以促进植株开花。

栽培　应种植于潮湿但排水性好的土壤，需要光照或部分遮阴。

☼ ◐ ◊ ❀

株高80厘米　冠幅50厘米

万寿菊'淘气的玛丽达' ▶

Tagetes 'Naughty Marietta'

这种生长旺盛的一年生植物花期从春末持续到秋初，颜色明亮而抢眼。深黄色的花瓣上有褐红色的色块滑向花瓣的基部。

栽培　最适宜中等肥力且排水性好的土壤，需要充足光照。

☼ ◊ ❀

株高30～40厘米　冠幅30～40厘米

◀ '奇纹'展瓣万寿菊

Tagetes patula 'Striped Marvel'

这个品种呈灌木状，高度相近，花朵具明显条纹，花心大，在夏季里繁茂开放。作为花坛植物效果颇佳，亦可作为切花材料。

栽培　最好种植在肥力适中、排水良好的土壤中，喜全日照。

☼ ◊ ❀

株高60～75厘米　冠幅60～75厘米

T

◀**翼叶老鸦嘴**
Thunbergia alata
Susie Hybrids 苏茜系列
花朵黄色、橙色或白色，具有鲜明的深
色花心，自夏季至秋季开放。植株能够
在支撑物下随意造型，或令其攀爬到邻
近的灌木上。

栽培　种植在肥沃、湿润但排水良好的
土壤中，宜选向阳之地。

☼ ◊ ◕ ❀　　　　　　　株高1.5～2米

蓝猪耳▶
Torenia fournieri
Clown Series小丑系
这类植物能够给夏季花坛注入新的活
力，此系品种的花朵呈白色、各种薰衣
草蓝色、紫色和粉色，花瓣酷似兰花。

栽培　种植在肥沃、湿润但排水良好的
土壤中，宜选疏荫之地。

☼ ◊ ◕ ❀
株高20～25厘米　冠幅15～23厘米

◀ **'阿拉斯加浅橙'旱金莲**
Tropaeolum majus 'Alaska Salmon Orange'
这个旱金莲的品种植株低矮，多分枝，
花朵黄色或红色，浅绿色的叶片上具乳
白色斑痕。将其种植在环境的前缘及花
盆中，能够给环境尽添夏季美色。

栽培　最好种植在肥力一般、湿润但排
水良好的土壤中，喜全日照。

☼ ◊ ◕ ❀　　株高30厘米　冠幅可达45厘米

Z

◀马鞭草或美女樱　塔皮恩系列
Verbena Tapien Series
这种彩色的蔓生马鞭草特别适合装饰吊篮，其色彩各异的花朵能从夏初开到初霜时节。需要去除一些新芽来促使它丛生和多花。

栽培 排水性好的普通土壤即可，需要充足光照。

☀ ◊ ◖ ❄ ❄
株高15厘米　冠幅90厘米

董菜　公主系列▶
Viola Princess Series
这种多年生的植物花期较短，只能从春季持续到夏季，但由于其出色的抗霜冻能力而成为知名的冬季盛开的紫罗兰。将这一系列各种颜色的花朵混合在一起，可以作为装饰花盆或花篮的理想材料。

栽培 适合潮湿但排水性好的土壤，放置于采光良好的地方。

☀ ◊ ◖ ♥ ❄ ❄ ❄
株高30厘米　冠幅30厘米

◀'丰樱'百日草
Zinnia × *hybrida* 'Profusion Cherry'
这个百日草品种是具有活力的花坛植物、花境植物及盆栽植物，其株形紧凑，多分枝，在夏季里能够开放出繁茂的花朵。（'丰花复色系列'（'Profusion Mixed'）也有白花与橙花的品种）。

栽培 植株喜肥沃、富含腐殖质、排水良好的土壤，喜全日照。

☀ ◊ ❀　　株高30～38厘米　冠幅15厘米

按字母A~Z排序的获奖花卉

　　在此部分所介绍的适用于每个花园及其任何地点，具吸引力且易于管理的植物，均获得过RHS的园艺贡献奖。需要注意的是，不论所中意的花卉有多么好看，并富于季节感，在购买前还是应该对它们的耐寒能力、植株大小、栽培地点与土壤需求进行充分的了解。

'爱德华·古彻' 六道木
Abelia 'Edward Goucher'

这种半常绿灌木具拱形分枝。叶片深绿色，具光泽，在幼嫩时呈青铜色。花朵喇叭状，丁香粉色，自夏季至秋季间绽放。如同多数六道木一样，适合种植在阳地花境里。

栽培 种植在排水良好的肥沃土壤中。应选能够抵御寒风侵袭的日光充足之地进行栽培。春季，除去枯死枝或过密枝，在开花后将较老的枝条齐着地表短截，以促进新枝生长。

☀ ◊ ❀❀❀　　　　　株高1.5米 冠幅2米

多花六道木
Abelia floribunda

为枝条拱形的常绿灌木。在初夏时，大量的管状亮粉红色小花聚生于花序上。叶片卵形，深绿色，具光泽。适用于阳地花境，但是其冬季不耐寒，除非给予很好的保护。

栽培 种植在排水良好的肥沃土壤中。应选能够抵御干冷风侵袭的全日照之地进行栽培。在开花后剪去较老的枝条，春季，将所有的枯枝或残枝剪去。

☀ ◊ ▽ ❀❀❀　　　　　株高3米 冠幅4米

大花六道木

Abelia × grandiflora

为植株呈圆形、枝条下垂的半常绿灌木，因其具吸引力的油亮深绿色叶片及香气甚浓的具粉晕的白色花朵而被种植。花期仲夏至秋季。适合种植在阳地花境里。

栽培 种植在排水良好的肥沃土壤中。应选能够抵御干冷风侵袭的全日照之地进行栽培。在开花后剪去较老的枝条，春季，将所有的枯死枝或受伤枝剪去。

☼ ◊ 🏆 ❄❄❄ 株高3米 冠幅4米

蔓性风铃花

Abutilon megapotamicum

蔓性风铃花是一种半常绿灌木，从夏季到秋季盛开垂钟形红色和黄色的花朵。卵圆形的叶片呈浅绿色，叶片基部为心形。在寒冷地带，应将枝蔓搭在较温暖的墙上或在温室中种植。

栽培 最适合排水性好的中等肥力土壤，需要充足光照。在冬末或早春天气较寒冷时应修剪掉不规则的枝茎。

☼ ◊ 🏆 ❄❄ 株高2米 冠幅2米

葡萄叶苘麻‘维罗妮卡·坦南特’
Abutilon vitifolium ‘Veronica Tennant’

这种生长迅速的直立型落叶灌木能够长成小型的矮树丛。初夏盛开大量硕大的碗形花朵，悬挂于强壮的灰色枝茎上。叶片表面覆盖柔软的灰色茸毛，边缘呈利齿状。不适合在寒冷地带生存。其中，盛开纯白色花朵的‘白色坦南特’饱受推荐。

栽培 适合排水性好的中等肥力土壤，需要充足光照。开花后可以通过修剪嫩枝来塑形，不要修剪已经成形的枝条。

☀ ◊ ✿ ❀ ❀　　　　　株高5米　冠幅2.5米

紫叶贝利氏相思树
Acacia baileyana ‘Purpurea’

这种产自澳大利亚库塔曼德拉的相思树是一种带有紫色羽状枝叶的小型灌木。与大多数相思树一样，最初被种植是因为从冬季到春季它的枝条上都开满了黄色的绒球状小花。而紫叶品种的枝叶也有颜色，尤其是幼嫩时期，颜色更深，十分引人注目。

栽培 适合排水性好的土壤，中性到酸性均可，需要充足光照。如有需要，可在开花时修剪。温室中种植，应用土壤基质的堆肥。

☀ ◊ ✿ ❀　　　　　株高8米　冠幅6米

小叶刺果
Acaena microphylla

为夏花型垫状多年生植物。暗红色的花朵呈头状簇生，带刺的苞片形成了可供观赏的毛刺状物，叶片具细裂、中绿色，当幼嫩时稍被青铜晕，除最为寒冷的冬季外，全年常绿。用于装饰岩石园、木槽或高台花坛效果极好。

栽培　种植在排水良好的土壤中，喜全日照，亦耐疏荫环境。掘出母株周围带根的小苗，以限制其四处蔓延。

☼ ❋ ◊ ❦ ❀ ❀ ❀
株高5厘米　冠幅60厘米

刺老鼠簕
Acanthus spinosus

刺老鼠簕为引人注目的呈骨架结构的多年生植物，生长着拱形、具深裂、缘有刺的深绿色长叶片。自暮春至仲夏间，带有紫色苞片、具双唇的纯白色花朵开放在高大坚韧的花茎上，作为切花与干花效果很好。可种植在宽敞的花境中。

栽培　最好种植在土层深厚、排水良好的土壤中，喜全日照，亦耐疏荫环境。要为它提供足够的空间，以展示出其枝干的美感。

☼ ❋ ◊ ❦ ❀ ❀ ❀
株高1.5米　冠幅60厘米

血皮枫

Acer griseum

血皮枫为生长缓慢、株形扩展的落叶乔木，其价值在于它那剥落的橙褐色树皮。复叶深绿色，3裂，在秋季时变为橙红色或猩红色。成簇的黄色小花悬垂生长，自早春至仲春间绽放，随后会结出褐色的具翼果实。

栽培   种植在湿润且排水良好的肥沃土壤中，宜选日光充足或疏荫之地进行栽培。仅在冬季时将主干与较低主枝树皮上观赏效果差的枝条剪去即可。

☀ ☀ ◇ ♀ ✿ ✿ ✿   株高10米 冠幅10米

长裂葛萝枫

Acer grosseri var. *hersii*

这个葛萝枫的变种为落叶乔木。植株扩展至直立，带有绿白相间斑纹的树皮十分醒目；叶片三角形，3浅裂，亮绿色，在秋季里转为橙色或黄色，成串细小的淡黄色花朵悬垂生长，于春季时开放，尔后结出粉褐色的具翼果实。

栽培   种植在湿润且排水良好的肥沃土壤中，宜选能够抵御寒风侵袭的全日照或疏荫之地进行栽培。在冬季时，将树干与主枝树皮上观赏效果差的枝条剪去。

☀ ☀ ◇ ♀ ✿ ✿ ✿   株高15米 冠幅15米

'乌头叶'日本枫
Acer japonicum 'Aconitifolium'

为灌木状落叶乔木或大灌木。叶片具深裂，中绿色，在秋季时变为亮丽的深红色。植株十分容易开花，能够生长出明显的直立花簇,微红紫色的花朵于仲春开放，随后结出褐色的具翼果实。'葡萄叶'('Vitifolium')为与之相似，具有美丽秋色叶片，但不太容易开花的品种。

栽培　种植在湿润且排水良好的肥沃土壤中，可在疏荫之地正常生长。在冬季严寒之地要于秋季对树干基部进行覆盖保护。仅在冬季对杂乱枝进行删剪。

☀ ◐ ◊ ❄❄❄　　株高5米　冠幅6米

'火烈鸟'叶枫
Acer negundo 'Flamingo'

为树冠圆形的落叶乔木。小叶卵圆形，边缘粉色，在夏季时转为白色，常呈灌木状生长，应该定期修剪;有时也会长出颜色更深的较大叶片。花朵细小，不明显。变种紫花　叶枫(var. *violaceum*)的枝条呈灰绿色，叶片扁平，修长的花穗为紫罗兰色。

栽培　可种植在任何湿润且排水良好的肥沃土壤中，喜日光充足或疏荫环境。为了使其叶片长得更大且呈灌木状，每一或二年应该于冬季进行缩剪，除去那些叶片完全呈绿色的枝条。

☀ ◊ ❄❄❄　　株高15米　冠幅10米

青枫

Acer palmatum

青枫(*A.palmatum*)即所谓的日本枫之品种，绝大多数为株形矮小、树冠圆形的落叶灌木。然而有些品种，例如'珊瑚阁'（'Sango-kaku'）能够长成小乔木。其价值在于它们那雅致多彩的叶片，每到秋季常能将环境装点得色彩斑斓。例如品种'蝴蝶'（'Butterfly'）的叶片呈灰绿色、白色与粉色；'秋霞'（'Osakazuki'）在叶片脱落前能够变成悦目的红色。仲春时节，微红色的小花聚生成悬垂状花序，随后不久会长出具翼的果实。青枫用于装饰任何规模的庭园都极其适宜。

栽培　种植在湿润且排水良好的肥沃土壤中，宜选日光充足或疏荫之地进行栽培。对于幼树来说应该控制修剪并整形；在冬季时，要剪去杂乱枝或交叉枝，以保证植株具有良好的外观。对于已经成形的青枫来说应该尽量少修剪。

☼ ☀ ◊ ✽ ✽ ✽

株高5米　冠幅5米

株高3米　冠幅1.5米

株高2米　冠幅3米

株高2米　冠幅3米

1 '血红' 青枫(*Acer palmatum* 'Bloodgood') ♀ 2 '蝴蝶' 青枫(*A.palmatum* 'Butterfly') 3 '千岁山'青枫
(*A.palmatum* 'Chitoseyama') ♀ 4 '石榴红' 青枫(*A.palmatum* 'Garnet')

5

株高5米 冠幅4米

更多选择

‘勃艮第花边’（‘Burgundy Lace’）叶片红紫色，具深缺刻，株高4米，扩展性强。

‘高丽宝石’朝鲜青枫（var. *coreanum* ‘Korean Gem’）叶片绿色，在秋季时变为绯红色或猩红色。

‘深红皇后’裂叶青枫（var. *dissectum* ‘Crimson Queen’）(参阅588页)

裂叶青枫（var.*dissectum*)（参阅662页）

‘稻叶枝垂’裂叶青枫（var. *dissectum* ‘Inabe-Shidare’）叶片具深裂，紫红色。

‘青龙’（‘Seiryu’）(参阅662页)

6

株高6米 冠幅6米

7

株高1.5米 冠幅1.5米

8

株高6米 冠幅5米

5 ‘线裂’青枫(*A.palmatum* ‘Linearilobum’) 6 ‘秋霞’青枫(*A.palmatum* ‘Osakazuki’)♀7 ‘红精灵’ 青枫(*A.palmatum* ‘Red Pygmy’)♀8 ‘珊瑚阁’青枫(异名 ‘选果机’)(*A.palmatum* ‘Sango-Kaku’ (syn. ‘Senkaki’) ♀

'赤衣'宾夕法尼亚枫

Acer pensylvanicum 'Erythrocladum'

这个宾夕法尼亚枫品种为茎干直立的落叶乔木。其叶片呈亮绿色，在秋季时转为明黄色。到了冬季，幼株的嫩枝呈亮粉色或红色；成株的枝条会变为橙红色，并带有白色条纹。成簇的黄绿色小型花朵于春季时开放，尔后结出具翼的果实。最好作为园景树进行栽种。

栽培 种植在肥沃、湿润且排水良好的土壤中，可在日光充足或非全荫之地正常生长。仅在暮冬至仲冬间对交叉枝或受损枝进行删剪。

☼ ☀ ◐ ✿ ✿ ✿ 　株高12米　冠幅10米

'深红王'拟悬铃木枫

Acer platanoides 'Crimson King'

像拟悬铃木枫(*A.platanoides*)一样，这个枫树的品种为株形高大、枝条开展的落叶乔木。因其深紫红色的叶片而被栽培，它们随着成熟渐变为深紫色。在春季时，成簇的稍被红色的黄色小花凭叶丌放，随后发育成具翼的果实，为一种彩叶的孤植树木。

栽培 种植在肥沃、湿润且排水良好的土壤中，可在日光充足或疏荫之地正常生长。仅在暮冬至仲冬时，剪去交叉枝、遮光枝或衰弱枝。

☼ ☀ ◐ ♡ ✿ ✿ ✿ 　株高25米　冠幅15米

'德拉蒙德'拟悬铃木枫

Acer platanoides 'Drummondii'

为比原种拟悬铃木枫要矮，但覆盖面
更大的落叶乔木。其冠幅与高度是一
样的，它的叶片宽大，呈淡绿色，边
缘乳白色，在秋季时色彩最为艳丽。
成簇的黄色花朵春季开放，尔后它们
发育成具翼的果实，是适用于中等大
小庭园的一种色彩亮丽之孤植乔木。

栽培　种植在肥沃、湿润且排水良好
的土壤中，可在日光充足或疏荫之地
正常生长。仅在暮秋至仲冬时，剪去
交叉枝、遮光枝或衰弱枝。

☼ ◐ ◑ ❁❁❁
株高10～12米　冠幅10～12米

'绚丽'假悬铃木枫

Acer pseudoplatanus 'Brilliantissimum'

这个枫树品种为生长缓慢的小型落叶
乔木。其枝条开展，叶片繁茂。当具5
浅裂的叶片生长充实后，会从深绿色
变为鲑粉色至黄色，从而给环境增添
艳丽色彩。黄绿色的细碎小花簇生，
呈悬垂状，于春季开放，随后结出具
翼的果实。为适用于较小庭园的有吸
引力的枫树。

栽培　可种植在任何土壤中，喜日光
充足或疏荫之地。能够在开阔之地正
常生长。在冬季时要对幼树进行修
剪，以保证植株有分布合理的枝条及
明显的主干。

☼ ◐ ◑ ❁♤❁❁❁　株高6米　冠幅8米

'十月荣光'北美红枫

Acer rubrum 'October Glory'

这个北美红枫或所谓的湿润枫之品种，为树冠圆形的落叶乔木。叶片呈深绿色，具光泽，在初秋时变为亮红色。细小的红色花朵成簇生长，呈直立状，于春季开放，随后长出具翼的果实，为适合于大型庭园很好的孤植乔木。

栽培 可种植在任何肥沃、湿润且排水良好之地，然而在酸性土壤中，植株于秋季时色彩会更为艳丽。宜选全日照或疏荫环境进行栽培。自暮秋及仲冬间要对植株适当修剪，以去除交叉枝或拥挤枝。

☼ ☀ ◊ ♀ ❀ ❀ ❀　　株高20米 冠幅10米

茶条枫

Acer tataricum subsp.*ginnala*

茶条枫为树冠圆形、多分枝的落叶乔木。拱形的枝条纤细。叶片深绿色，有光泽，具深裂，在秋季时叶片转为深铜红色。春季，所开放的乳白色花朵呈直立状簇生，随后发育成红色的具翼果头。作为孤植乔木使用效果极佳。

栽培 可种植在任何肥沃、湿润且排水良好的土壤中，喜全日照或疏荫之地。如果需要的话，在暮秋及仲冬间要对植株进行修剪，以去除交叉枝或拥挤枝。

☼ ◊ ❀ ❀ ❀　　株高10米 冠幅8米

藿香蓟叶蓍

Achillea ageratifolia

这种小型蓍草为速生的匍匐状多年生植物。银白色的被毛叶片呈垫状生长。在夏季时，小型白色花朵于直立的茎秆顶端开放。适合种植在日光充足的花境前缘，或岩石园及敷石园，也可用于已铺路面之地。

栽培　可种植在任何肥力适中、排水良好的土壤里，喜日光充足。在春季或秋季时，对生长过旺或枝条散乱的植株进行分栽，及时清除残花可促进以后的花朵开放。

☼ ◊ ❅ ❦❦❦

株高5～8厘米　冠幅可达45厘米

'加冕礼金' 蓍草

Achillea 'Coronation Gold'

这个蓍草品种为丛生多年生植物。自仲夏至早秋间，植株能够开放出由金黄色小花所构成的大型扁平花序。其繁茂的常绿蕨状叶片呈银灰色，能够很好地衬托出花朵的颜色（与之接触会加重皮肤过敏症）。用于混栽花境或草本植物花境效果颇佳，也可作为切花与干花材料。

栽培　种植在湿润且排水良好的全日照开阔之地。将大型或拥挤的株丛进行分栽，以保持其生长旺盛。

☼ ◊ ❅ ❦❦❦

株高75～90厘米　冠幅45厘米

'金盘'凤尾蓍
Achillea filipendulina 'Gold Plate'

这种生长强壮的丛生常绿多年生植物，与'加冕礼金'蓍草（A. 'Coronation Gold'）极为相似，但是植株更高，生长着灰绿色的叶片。自初夏至初秋间，由亮金黄色花朵所构成的发扁花序生长在强壮的花梗上；它们能够作为良好的切花材料。可以种植在混栽花境或草本植物花境中。与叶片接触可能会导致皮肤过敏。

栽培 种植在湿润且排水良好的全日照开阔之地。为了保持植株生长良好，当其长大且生长拥挤时要进行分株。

☀ ◐ ◇ ♥ ❀ ❋❋❋
株高1.2米 冠幅45厘米

蓍草'海蒂'（'海蒂'凤尾蓍）
Achillea 'Heidi'

这种迷人的淡玫瑰色西洋蓍草比大多数品种都矮，因此，在空间不够放置大型品种的地方是一种极为适用的多年生植物。平盘状花朵从盛夏开始绽放，能吸引许多包括蝴蝶在内的飞行昆虫。植株株形矮小，意味着与其他蓍草品种相比，它的花茎不需要太多的支撑。

栽培 适合任何土壤条件，排水性好即可，需要光照。去除枯萎的花簇可以促进持续开花。可以选择在春季或秋季分簇。

☀ ◐ ◇ ♥ ❀ ❋❋❋
株高45厘米 冠幅45厘米或以上

'月光'蓍草
Achillea 'Moonshine'

为丛生的常绿多年生植物。叶片狭窄，羽状，灰绿色。由中部颜色稍深的浅黄色头状花序所构成的微扁花簇，自初夏至早秋间长出，它们经充分干燥后可作为插花。用于混栽环境，及随意式种植、作为野生栽培或乡村风格的点缀效果极佳。在寒冷的气候条件下，如果没有进行保护可能无法正常越冬。

栽培　种植在排水良好的开阔向阳之地。为了使植株能够生长苗壮，每隔二或三年于春季分栽一次。在冬季时使用覆盖物进行保护，以使植株免受低温危害。

☼ ◊ ◊ ❄❄❄　　株高60厘米　冠幅60厘米

蓍草'红辣椒'（银河系列）
Achillea 'Paprika' (Galaxy Series)

这种生长旺盛的西洋蓍草产生丰富的红色花簇，其间星罗棋布白色的花心，使它在混合花境景观中十分显眼。和许多蓍草品种一样，'红辣椒'生命力顽强，能够耐受长时间的干旱和酷热天气。蓍属的植物受昆虫的喜爱，适合生长在野生植物园中。此外，它们也是鲜切花的上佳之选。

栽培　适合潮湿但排水性好的土壤，需要光照，最好能提供一些支撑。去除枯萎的花簇可以促进反复开花。可以选择在春季或秋季分簇。

☼ ◊ ◊ ❄❄❄
株高60厘米　冠幅60厘米或以上

'紫气东来'乌头

Aconitum 'Bressingham Spire'

这种健壮的多年生植物，花期仲夏至初秋。花序穗状，笔直，小花盔状，深紫色。叶片具深裂，深绿色，有光泽。种植在林下或花境中的疏荫或间有荫蔽之处十分理想。如需植株稍高，花朵呈薰衣草色的品种，可参阅'凯尔姆斯科特'乌头(*A.carmichaelii* 'Kelmscott')。这些植物的所有部位均具毒性。

栽培 最好种植在凉爽、湿润的肥沃土壤中，于间有日光之地生长良好，且能够种植在湿润土壤中及全日照条件下。在必要时应对长得过高的植株进行桩杆支撑。

☀ ☀ ◑ ♦ ♈ ✿ ✿ ✿
株高90~100厘米 冠幅30厘米

单性类叶升麻'黑发姑娘'

Actaea simplex 'Brunette'

这种晚季多年生植物的枝叶呈深紫褐色，用来装点花园的阴暗角落十分理想。在夏末和晚秋时节，类似白色瓶刷状的花簇一直生长到每一个单独的枝条顶端。当植株成簇摆放时，能形成一道美丽的景观。适宜放置在蕨类植物和其他喜阴植物之间。

栽培 适合潮湿肥沃的土壤，需要半遮阴。增加土壤中的有机物。可以选择在春季分簇。

☀ ◑ ♦ ♈ ✿ ✿ ✿
株高1.2米 冠幅60厘米或以上

狗枣猕猴桃

Actinidia kolomikta

为生命力强的落叶攀缘植物。叶片大型，深绿色，在幼嫩时稍被紫色，随着它们的长大，其表面会出现鲜艳的白粉相间的花斑。花朵小，白色，具芳香，初夏开放。如附近有雄株，则雌株会结出小型的卵状黄绿色果实。能够靠着墙壁或倚树栽种。

栽培　种植在排水良好的肥沃土壤中效果最好。为了使植株能够结出更好的果实，应该将植株栽种于能够免遭强风侵袭的全日照之地，随着新枝的抽生及时进行固定，在夏季时，要对杂乱枝进行清理。

　林高5米

掌叶铁线蕨

Adiantum pedatum

为落叶的铁线蕨属植物。复叶中绿色，长度可达35厘米，叶柄具光泽，深褐色或深黑色，自匍匐生长的根茎上抽生。这种植物不开花。阿留申铁线蕨（*A.aleuticum*）也是被推荐的与之十分相似的种类；矮掌叶铁线蕨（var. *subpumilum*）为其矮生变种，高度仅15厘米。适合种植在荫蔽的花境中或明亮的林地间。

栽培　种植在凉冷之地最好，喜湿润的土壤，宜选浓荫或疏荫之地进行栽培。在早春时剪去衰老或受损的复叶，每隔数年对根茎进行分栽或更新。

林高30～40厘米　冠幅30～40厘米

美叶铁线蕨

Adiantum venustum

这种铁线蕨具有黑色的叶柄。复叶三角形，中绿色，分裂成多枚小叶，自暮冬至早春间，从匍匐茎上抽生出的新叶为亮铜粉色。其在 −10℃以上时为常绿植物，它们没有花朵。可用来装饰林地花园或荫地花境的地面。

栽培 种植在肥力适中、湿润且排水良好的疏荫之地，在春季时剪去衰老或受损的复叶，每隔数年于早春对植株进行分栽。

☀ ◊ ◆ 🏆 ❄❄❄

株高15厘米 冠幅不确定

红缘莲花掌

Aeonium haworthii

为具纤细分枝的多肉亚灌木。每个分枝顶端由微粉绿色、具红边的肉质叶片聚生成鸟巢形莲座状。春季，植株会开放出簇生的淡黄色至微粉白色花朵。为装点温室与走廊的习见盆栽植物。

栽培 于温室种植在标准的仙人掌培养土中，喜无日光直射的明亮之处，当土壤见干后再进行浇水。室外管理可将其种植在肥力适中、排水良好的半阴之地，环境温度不宜低于10℃。

☀ ◊ 🏆 ❀ 株高60厘米 冠幅60厘米

'兹瓦特科普' 莲花掌
Aeonium 'Zwartkop'

为具少量分枝的直立多肉亚灌木。叶
片紫黑色，呈莲座状着生在每根枝条
的先端。由亮黄色花朵所构成的大型
金字塔状花序在暮春时抽生，为习见
的盆栽彩叶植物。黑法师(*A.arbo-
reum* 'Atropurpureum')与之十分相似。

栽培　使用标准的仙人掌基质，置于
温室无日光直射的明亮之处，在两次
浇水之间应使基质见干。室外栽培宜
选肥力适度、排水良好的疏荫之地，
环境温度不低于10℃。

☼ ◐ ⬡ ✿ ▨　株高可达2米　冠幅可达2米

'布里奥特' 红花七叶树
Aesculus carnea 'Briotii'

这个红花七叶树的品种，为树冠扩展
的乔木。在初夏时，植株能够绽放出
由深玫瑰红色花朵所构成的大型、笔
直的圆锥花序。叶片深绿色，分为
5～7枚小叶，花后结出具刺的果实。
适合用来装饰大型庭园，如需较矮的
乔木，可参阅株高可达10米的'赤芽'矮
七叶树(*A.×neglecta* 'Erythroblastos')
，或株高可达5米的帕维亚七叶树
(*A.pavia*)。

栽培　种植在土层深厚、肥沃、湿润且
排水良好的日光充足或疏荫之地，在冬
季时剪去干枯枝、病害枝或交叉枝。

☼ ◐ ⬡ ✿ ❀ ❀　

株高20米　冠幅15米

小花七叶树
Aesculus parviflora

为大型的丛生落叶灌木。它与具有大型裂片的深绿色叶片的七叶树血缘很近。其叶片在幼嫩时呈青铜色，于秋季变为黄色。直立的白色花花序可高达30厘米，花期仲夏，尔后结出表面平滑的果实。

栽培　种植在湿润且排水良好的肥沃土壤中，应选日光充足或疏荫之地进行栽培，于渍水之地难以生长，如果要控制其冠幅，可在植株落叶后靠近地面进行强剪。

☀ ❉ ◐ ◊ ♥ ❄❄❄　　株高3米　　冠幅5米

‘沃利·罗斯’ 岩芥菜
***Aethionema* ‘Warley Rose’**

为株形紧凑、观赏期短的常绿或半常绿灌木。亮粉色花花序由十字形花朵所构成，花期暮春至早夏。叶片细小、灰绿色，狭窄。如果喜欢更淡一些的粉色花朵，建议使用大花岩芥菜(*A. grandiflorum*)，这是比 ‘沃利·罗斯’ 株型更高些的相似种类。把它们种植在岩石园或墙壁附近十分理想。

栽培　最好种植在排水良好、肥沃的碱性之地，但植株也可在瘠薄的酸性土壤中生长。栽培地点应该保持全日照。

☀ ◊ ♥ ❄❄❄
株高15~20厘米　　冠幅15~20厘米

碟花百子莲

Agapanthus campanulatus subsp.*patens*

为长势强健的丛生多年生植物。由淡黄色钟形花朵所构成的圆形花序着生在强壮的直立花葶上，花期暮夏至初秋。叶片狭带形，灰绿色，每年枯萎。作为一种晚花型多年生植物，适于种植在花境或大型容器中。本种与开放深蓝色花朵的品种'望湖'（'Loch Hope'），都是皇家园艺学会所推荐的最为耐寒的百子莲。

栽培 种植在湿润且排水良好的肥沃土壤或混合基质中，喜日光充足。生长阶段大量浇水，在冬季时应控制浇水。

☀ ◐ ◊ ♡ ❀❀
株高可达45厘米　冠幅30厘米

百子莲'希望之湖'

Agapanthus 'Loch Hope'

'希望之湖'是一个长势旺盛的栽培品种，由深蓝色花朵组成的巨大花簇使它成为夏末时节一种出色的多年生植物。成丛的花朵引人注目，但占用空间较多。翠绿色条带形枝叶在冬季会枯萎。百子莲盆栽于土壤基质的堆肥里长势良好。

栽培 适合潮湿但排水性好的肥沃土壤，需要充足光照。春季可以进行分丛。在寒冷的冬季应用覆盖物保护根部。

☀ ◐ ◊ ♡ ❀❀
株高1.5米　冠幅60厘米或以上

鬼脚掌
Agave victoriae-reginae

为不耐寒的多年生肉质草本植物。叶片具白边，三角形，深绿色，基生，排成莲座状，中部叶片向内弯曲，其顶端具褐色刺。花期夏季，乳白色小花着生于直立的花葶上，为一种优良的孤植花卉。在有霜冻地区应该盆栽，于夏季时出房，冬季要进行防寒保护。

栽培 最好种植在排水迅速、肥力适中的微酸性土壤里，也可使用标准的仙人掌基质。栽培地点应保持全日照。环境温度不宜低于2℃。

☀ ◊ ♡ ❦ ⚘
株高可达50厘米　冠幅可达50厘米

蛇根泽兰 '巧克力'
Ageratina altissima 'Chocolate'

蛇根泽兰（也称作白蛇根）最初是在泽兰属植物中分离出来的，是一种成丛的多年生植物，适合生长在背阴处，甚至是干燥的背阴处，在夏末能开出成簇的白色小花。锯齿状叶片在春季和夏季人参数则候都呈深褐色，并随着植株生长逐渐变绿，直到全株枯萎开始越冬。

栽培 最适合适度潮湿的土壤，需要部分遮阳。如必要，可在春季分丛。

☀ ◑ ♡ ❦ ❄❄❄
株高1米　冠幅60厘米或更高

紫叶匍匐筋骨草
Ajuga reptans 'Atropurpurea'

这种筋骨草是一种优秀的多年生常绿地被植物，借助其能够生根的匍匐茎可以自由蔓延覆盖土壤表面。春末和夏初的时候，带有螺旋花纹的深蓝色花朵沿着直立的茎秆向上生长。叶片光滑，呈现出带有青铜光泽的紫色。另一个品种'卡特琳巨人'的叶片也呈现类似的颜色。非常适合放置于灌木和高大的多年生植物的下方来装点花境景观的边缘。

栽培　最适宜种植于潮湿但排水性好的肥沃土壤，但大多数土壤条件都能适应。需放置在有阳光或部分遮阳的地方。

☼ ◑ ◇ △ ❄❄❄　株高15厘米　冠幅1米

柔毛斗蓬草
Alchemilla mollis

柔毛斗蓬草为较高的耐旱丛生多年生植物。花朵细小，亮黄绿色，所构成的花序自早春至初夏间抽生；适宜作为切花材料，经充分干燥后可用于冬季插花。叶片淡绿色，呈圆形，缘具皱。栽种在野花园中效果颇佳。与之相似，但植株较小，叶片呈淡蓝色的红茎斗蓬草(*A.erythropoda*)适合用来装饰岩石园。

栽培　可种植在任何湿润且排水良好、富含腐殖质的土壤中，栽培地点宜开阔、向阳，在开花后尽快将残枝剪去，因为其自播力极强。

☼ ◑ ◇ ▽ ❄❄❄
株高60厘米　冠幅75厘米

大型花葱
Tall Ornamental Onions *(Allium)*

用于庭院装饰的花葱为葱属的多年生球根花卉；可种植在混栽花境中，特别是当成片栽种时它们的花序看起来特别美丽。其夏季开放的细小花朵通常聚生成紧密的圆形或半圆形花序——像大花葱(*A.giganteum*)那样——有时它们也松散地呈悬垂状生长，像开黄花的金花葱(*A.flavum*)那样。当带状叶片被搓碎后会释放出刺鼻的香气，叶片在开花时常会萎蔫。花序在干燥后仍然能够呈直立状，完好地保留到秋季，而依然具有观赏价值。有些花葱能自播，可将所获小苗进行移栽。

栽培　种植在肥沃、排水良好的土壤中，宜选向阳之地，以适合它们原产地干燥的习性。于秋季挖5~10厘米深的穴将球根种下，与此同时或在春季里要对较老的株丛进行分栽或更新。在冬季气候寒冷之地，要为克氏花葱(*A.cristophii*)与蓝花葱(*A.caeruleum*)提供深厚的覆盖保护。

☀ ◊ ❀❀❀

株高1米　冠幅15厘米

更多选择

美丽龙骨花葱(*A.carinatum* subsp.*pulchellum*)花朵紫色，株高30~45厘米。
'希德寇特'垂花葱(*A.cernuum* 'Hidcote')粉色花朵俯生。
荷兰花葱(*A.hollandicum*)花朵紫粉色，株高1米，与品种'紫印'('Purple Sensation')十分相似。

株高60厘米　冠幅2.5厘米

1 '美不胜收'花葱(*Allium* 'Beau Regard') ♥ 2 蓝花葱(*A.caeruleum*) ♥

株高30～60厘米　冠幅18厘米

株高可达35厘米　冠幅 5厘米

株高1.5～2米　冠幅15厘米

株高1.2米　冠幅15厘米

株高80厘米　冠幅20厘米

株高1米　冠幅 7厘米

株高60厘米　冠幅10厘米

3 克氏花葱(*A.cristophii*) ♀ 4 金花葱(*A.flavum*) ♀ 5 大花葱(*A.giganteum*) ♀ 6 '斗士' 花葱
(*A.* 'Gladiator') ♀ 7 '球霸' 花葱(*A.* 'Globemaster') ♀ 8 '紫印' 荷兰花葱(*A.hollandicum* 'Purple
Sensation') ♀ 9 *A. sphaerocephalon*

小型花葱
Small Ornamental Onions (*Allium*)

植株较小的葱属植物为具球根夏花型多年生植物，适用于装饰花境前缘或岩石园。当其成形后植株丛生，有些种类，例如黄花荟葱(*A.moly*)能够自播。这些观赏植物的簇生花序大小不等，尽管卡拉套葱(*A.karataviense*)的植株不高，但是其花序直径可达8厘米。花朵呈亮黄、紫、蓝与淡粉色。它们的残花也很好看，直至冬季亦可供观赏。带状叶片在开花时常常枯萎。这些观赏葱类能够食用，例如'粉色经典'北葱(*A.schoeno-prasum* 'Pink Pefection')以及与之非常相似的品种'黑岛奇红'（'Black Isle Blush'）。

栽培　最好种植在排水良好、富含腐殖质的全日照之地。于秋季挖5~10厘米深的穴将球根种下，在秋季或春季时要对较老的株丛进行分栽或更新。在冬季气候寒冷之地，要使用深厚的覆盖物对卡拉套葱(*A.karataviense*)进行保护。

☼ ◊ ❀❀❀

株高10~25厘米　冠幅10厘米

株高15~25厘米　冠幅5厘米

株高5~20厘米　冠幅3厘米

株高30~60厘米　冠幅5厘米

1 卡拉套花葱（*Allium karataviense*）♀ 2 黄花荟葱(*A.moly*) 3 岩花葱(*A.oreophilum*) 4 '粉色经典'北葱(*A.schoenoprasum* 'Pink Perfection')

'帝王' 胶桤木
Alnus glutinosa 'Imperialis'

这是一个好看的胶桤木品种，树冠呈阔圆锥形。叶片具深裂，中绿色，于暮冬时抽生出褐黄色的柔荑花序，在随后到来的夏季里，植株会结出小型的卵圆形球果。这是一种叶片美丽的乔木，特别是紧靠着水边种植效果很好。耐瘠薄、水湿之地。

栽培　可在任何肥力适中、湿润且不渍水的土壤里生长，喜全日照之地。在落叶后对植株进行修剪，如果必要的话，可除去受损枝或交叉枝。

☀ ◐ ♦ ❀ ❀ ❀　株高25米 冠幅5米

芦荟
Aloe vera

这种生长迅速的多肉植物由于非常适合在室内栽植而广为人知。其丛生叶片呈矛状，肉质，较厚，叶色鲜绿。叶片中含有的透明凝胶可以用来舒缓轻度烧伤和皮肤过敏。比较寒冷的月份，可以将其盆栽后置放在厨房的窗沿上。夏季，放置于光线明亮的地方并及时浇水能使其生长旺盛。

栽培　盆栽时需用排水性好的土壤基质的堆肥，每年需更换新鲜堆肥，重新栽种，如必要可分丛。

☀ ◐ ♦ ❀　株高60厘米 冠幅不确定

瓦氏面具花
Alonsoa warscewiczii

这种面具花为株形紧凑的丛生多年生植物，因其亮猩红色，有时呈白色的花朵而被种植。在夏季至秋季里，它们于深绿色的叶片间绽放。可装饰夏季花坛或混栽花境，亦是良好的切花材料。

栽培 露天管理，可栽种在任何肥沃、排水良好的日光充沛之地，如果盆栽，可将其种植在肥沃基质中。适度浇水。

☼ ◊ ❀❀
株高45～60厘米 冠幅30厘米

六出花 '阿波罗'
Alstroemeria 'Apollo'

这种多年生植物通常在盛夏开出白色但中心为黄色的花朵，花型类似百合，适合装点花境。叶片呈绿色舌状，其花朵上还会有深红色的斑点，花期能持续几个星期。是制作鲜切花的理想材料，但操作时需带手套，因为其汁液对皮肤有刺激性。一些较矮的品种适合盆栽。

栽培 需土壤排水性好，光照充足。寒冷地区，宜在春季深栽，并在冬季覆盖根部以防止霜冻。

☼ ◊ ♈ ❀❀❀
株高1米 冠幅90厘米

大花唐棣 '芭蕾女'

Amelanchier × grandiflora 'Ballerina'

这种落叶植物由于其春季漂亮的白色花朵和秋季彩色的枝叶而被广泛种植。幼嫩的叶片光滑且有青铜光泽，夏季呈一般的绿色，随后在秋季变成红色或紫色。果实甜美多汁，最初为红色，夏季成熟时变为紫黑色。果实烹制后可以供人们食用，同时也吸引了很多鸟类。

栽培　土壤需肥沃、潮湿但排水性好、中性偏酸，适合充足光照或半遮阳。可以任由其自然生长塑形，只需在冬季稍稍修剪。

☼ ◑ ◊ ♦ ♡ ❀ ❀ ❀
株高6米　冠幅8米

拉马克唐棣

Amelanchier lamarckii

这种直立型落叶灌木枝叶繁茂，叶片在幼嫩时期呈现青铜色，夏季随着植株成熟变为深绿色，随后在秋季变为亮红色和橘色。春季开出的白色花朵成簇悬挂在枝条上。成熟的紫黑色果实烹制后可以供人们食用，也能吸引很多鸟类。这种唐棣也被称为'加拿大唐棣'。

栽培　喜欢潮湿但排水性好、富含腐殖质并中性偏酸的土壤，适合充足光照或半遮阳。可以任由其自然生长塑形；只需在冬季休眠时稍稍修剪。

☼ ◑ ◊ ♦ ♡ ❀ ❀ ❀　株高10米　冠幅12米

蓝星花
Amsonia hubrichtii

这种星形、亮蓝色的阿肯色州蓝星花可营造出初夏的气氛。它的与众不同的、柔软、亮绿色的叶子在秋天会出现光滑的金色渐变。为丛生的多年生植物，常吸引蝴蝶到来。适合种植在野外或林地花园。

栽培 种植在湿润且排水良好的土壤，喜日光充足或半阴之地，较耐旱。

☀ ☀ ◑ ◊ ❋❋❋   株高1米 冠幅1.2米

‘夏雪’三脉香青
Anaphalis triplinervis ‘Sommerschnee’

为丛生多年生植物。淡灰绿色的叶片被白色柔毛。花朵细小、黄色，为亮白色的苞片所环绕，呈密集簇状簇生，花期仲夏至暮夏，特别适合作为切花或干花材料。与多数叶片呈灰色的植物栽种在十分潮湿的花境中，其叶片能够与之形成良好的对比。

栽培 可种植在任何排水确实很好、肥力适中、夏季不会遭受干旱之地，宜选全日照或疏荫之地进行栽培。

☀ ☀ ◊ ♀ ❋❋❋
株高50厘米 冠幅45～60厘米

'洛登保皇党' 牛舌草
Anchusa azurea 'Loddon Royalist'

为直立的丛生多年生植物。花穗由繁茂的深蓝色花朵所构成，栽培于草本植物花境中有着很高的实用价值。花朵自初夏起开放在分枝上，高于自基部茎秆生长出的披针形的被毛中绿色叶片。可用于岩石园装饰，丛生牛舌草(*A.cespitosa*)看起来与之相似，但植株小巧，高度仅为5～10厘米。

栽培　种植在土层深厚、湿润且排水良好的肥沃之地，喜日光充足。观赏时间通常较短，宜用根插法进行繁殖。如植株生长旺盛，则需进行裱杆。

☀ ◊ ♈ ✿✿✿
株高90厘米　冠幅60厘米

'密集' 姬石楠
Andromeda polifolia 'Compacta'

这个被称为'密集'的姬石楠品种，与其原种惊人的相似，叶片革质、线形。与其原种所不同的是，它喜湿润的栽培地点，其花序呈悬垂状，粉红色钟形花朵自春季至初夏间绽放。这个株形紧凑的品种喜酸性土壤，适合种植于岩石园荫蔽之处。

栽培　种植在湿润、酸性、富含有机质的全日照或半阴之地。必要的话，可在春季修剪植株。

☀ ◐ ◊ ♈ ✿✿✿
株高可达30厘米　冠幅可达20厘米

拉氏点地梅

Androsace carnea subsp.*laggeri*

为常绿的垫状多年生植物。春季，植株能够绽放出由具黄色花心的细小的杯状深粉色花朵所构成的小型花簇。中绿色的叶片具尖，排列成紧凑的小型莲座状。肉粉点地梅(*A.carnea*)野生于高山草地与岩石缝隙，适合用来装饰岩石园或种植在木槽里。拟丝生草点地梅(*A.sempervivoides*)有着具香气的花朵，用于高台花坛十分理想。

栽培　种植在湿润且排水十分迅速的沙质土壤中，喜全日照。使用粗砂或砾石进行顶部覆盖，以保持茎秆稳固，并防止土壤干燥。

☼ ☀ ◐ ◑ ♨ ❀ ❀ ❀

株高5厘米　冠幅8～15厘米

'白光'　迷人银莲花

Anemone blanda 'White Splendour'

为枝条开展、春季开花的多年生植物，瘤形块根上所抽生的枝条很快就能生长成丛。花朵白色，微扁，直立，单生，花瓣背面具粉晕，高于具雅致裂片状小叶的深绿色卵圆形叶片开放。种植在排水良好的向阳或荫蔽之地能够生长得很好。可与花朵洋红色、心部白色的品种'雷达'('Radar')或开放着深蓝色花朵的品种'英格拉姆'('Ingramii')进行混栽。

栽培　种植在排水良好、富含腐殖质的土壤中，宜选全日照或疏荫之地进行栽培。

☼ ☀ ◐ ♨ ❀ ❀ ❀

株高15厘米　冠幅15厘米

'哈兹本丰花' 湖北银莲花 *Anemone hupehensis* 'Hadspen Abundance'

为直立生长、基部木质化的多年生植物，适用于秋季花境。从根部长出的枝条呈扩展状生长。花朵微粉红色，花瓣边缘渐变为白色，在仲夏至暮夏间于分枝顶端开放。深绿色叶片具长柄，卵圆形，深裂，缘有锐齿。'海因里希王子' 湖北银莲花 (*A.hupehensis* 'Prinz Heinrich') 为枝条扩展度更大的相似品种。

栽培　种植在湿润、肥沃、富含腐殖质的土壤中，应选日光充足或疏荫之地进行栽培。寒冷地区要进行覆盖保护越冬。

☀ ◐ ◊ ♡ ❀❀❀

株高60～90厘米　冠幅40厘米

'奥诺林·乔伯特' 银莲花 *Anemone* × *hybrida* 'Honorine Jobert'

这种呈直立状的多年生植物，基部木质化，茎秆多分枝，呈线状，它那自暮夏至仲秋间的很长花期是其不可替代的优点。叶片上部开裂，中绿色。花朵单生，杯状，白色，背面具粉晕，雄蕊金黄色 [如需不含粉色的纯白色花朵，可参阅品种 '布兰奇之巨星' ('Géante des Blanches')]。植株可能具有侵占性。

栽培　种植在湿润且排水良好、肥力适中、富含腐殖质的土壤中，宜选全日照或疏荫之地进行栽培。

☀ ◐ ◊ ♡ ❀❀❀

株高1.2～1.5米　冠幅不确定

'鲁宾逊' 林地银莲花
Anemone nemorosa 'Robinsoniana'

为生长茁壮的地毯状多年生植物。花朵繁茂，大型，星状，淡蓝紫色，着生在栗色的茎秆上，花期春季至初夏。叶片上部具深裂，中绿色，于仲夏时枯萎死亡。栽培在树木园中的植物之下效果颇佳，能够很好地营造出自然景观。'艾伦'('Allenii')为花朵颜色更蓝的品种，如需白色花朵的品种，可选择'修女'('Vestal')。

栽培 种植在土质疏松、湿润且排水良好的富含腐殖质之地，应选明亮的间有荫蔽的环境。

☀ ◊ ❀ ❀❀❀
株高8～15厘米 冠幅30厘米或更宽

拟毛茛银莲花
Anemone ranunculoides

这种株形扩展的春花型多年生植物，任其在湿润的林地花园里自然生长效果很好。花朵大型，单生，杯状，黄色，高于短梗上的呈"环领状"、具深裂的近圆形鲜绿色叶片开放。

栽培 种植在湿润且排水良好、富含腐殖质的土壤中，应选半阴或间有日光照射之地。在夏季休眠阶段植株较耐旱。

☀ ◊ ◊ ❀ ❀❀❀
株高5～10厘米 冠幅可达45厘米

小叶蝶须菊

Antennaria microphylla

为垫状生长的半常绿多年生植物。叶片匙形，灰绿色，密被白毛。在短茎上生长着由被茸毛的玫瑰粉色花朵所构成的花序，花期暮春至早夏。可作为装饰花境前缘的低矮地被植物，应用于岩石园中，也能够栽培于墙缝间或石路上。花序经充分干燥后可以作为装饰品。

栽培　最好种植在排水良好、肥力适中的土壤里，宜选全日照环境进行栽培。

☀ ◌ ❀❀❀

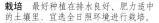
株高5厘米　冠幅可达45厘米

春黄菊

Anthemis punctata subsp.*cupaniana*

为垫状生长的常绿多年生植物。在初夏时，植株能够开放出个头不大，但寿命很长的雏菊状花朵，尔后植株很少绽蕊。花朵白色，单生于不长的枝条上，中部黄色，开放在繁茂的具细裂的银灰色叶丛间，在冬季时，叶片变为暗灰绿色。用于花坛镶边效果极好。

栽培　最好种植在排水良好的背风、向阳之地，在开花后修剪以保证植株有苗壮的长势。

◌ ☀ ❀❀❀　　株高30厘米　冠幅45厘米

加拿大耧斗菜
Aquilegia canadensis

为一种惹人喜爱的林地植物或花境植物，初夏能够开放出红黄相间的悬垂花朵。可分泌蜜汁的花距会吸引像大黄蜂、蝴蝶这样的较大昆虫。这种植物可与其他耧斗菜杂交，如果需要的话，可将不同颜色的种类分开栽种。

栽培 可种植在湿润且排水良好的疏荫之地。播种繁殖。

☀ ◈ ◊ ♀ ❀❀❀
株高可达90厘米 冠幅可达30厘米

'白花'耧斗菜
Aquilegia vulgaris 'Nivea'

为生长强健、直立的丛生多年生植物。有时以 'Munstead's White' 名称出售。具短矩的纯白色俯垂花朵开放于叶丛间，花期暮春至初夏。每枚微灰绿色的复叶由具深裂的小叶所组成。种植在明亮的林地或草本植物花境中是很有吸引力的。与花朵呈柔蓝色的'亨索风铃草'耧斗菜(*A*. 'Hensol Harebell')混栽于无日光直射的明亮荫地颇为抢眼。

栽培 最好种植在湿润且排水良好的土壤中，宜选全日照或疏荫之地进行栽培。

☀ ☀ ◊ ♀ ❀❀❀
株高90厘米 冠幅45厘米

'诺拉·巴洛'星花耧斗菜

Aquilegia vulgaris 'Nora Barlow'

这种生长旺盛的直立多年生植物，能够开放出犹如多枚叶片所构成的漏斗形、重瓣的绒球状花朵，故而具有极高的观赏价值。花朵粉白相间，花瓣先端呈淡绿色，花期暮春至初夏。灰绿色的复叶由具深裂的狭窄裂片所组成。适用于草本植物花境与乡村风格的花园种植。

栽培　种植在湿润且排水良好的肥沃土壤中，栽培宜选开阔、向阳的地点。

☀ ◐ ♀ ❀ ❀ ❀
株高90厘米　冠幅45厘米

'花叶'匍枝南芥

Arabis procurrens 'Variegata'

为呈垫状生长的常绿或半常绿多年生植物。由十字形白色花朵所构成的松散花序着生在细高的茎秆上，花期暮春。叶片狭窄，中绿色，排列成发扁的莲座形，边缘乳白色，有时具粉晕。可用于装饰岩石园，在冬季寒冷之地无法存活。

栽培　种植在任何排水良好的土壤中，宜选全日照之地。要将叶片明显变绿的枝条全部剪去。

☀ ◐ ♀ ❀ ❀
株高5~8厘米　冠幅30~40厘米

'花叶'高楤木
Aralia elata 'Variegata'

'花叶'高楤木为落叶乔木,能够呈现出迷人的异国情调。其大型复叶由80枚或更多的小叶所组成,边缘具规整的乳白色斑纹。小型的花朵白色,呈扁平状簇生,花期暮夏至初秋,尔后结出圆形的黑色果实。适合用来装点大型庭院荫蔽之地的花境,或树木繁茂的河边。它所抽生的枝条比其叶片全绿的高楤木(*A.ealta*)原种要少。

栽培 种植在肥沃、富含腐殖质的湿润土壤中,喜日光充足或非全荫之地。在暮冬时,将叶片全绿的枝条剪去。应种植在背风之地,否则强风将吹坏叶片。

☀ ◑ ❀ ❀ ❀ ❀   株高5米 冠幅5米

异叶南洋杉
Araucaria heterophylla

为宏伟的树冠呈圆锥形的松柏类植物,其价值在于它那几何形的树冠与由轮生叶片所组成的不同寻常的分枝。叶片坚韧,淡绿色,鳞片状。植株通常不开花,为一滨海之地使用的优良的逆生抗风乔木,住秦冷的地区被作为展览温室植物进行栽培。

栽培 种植在肥力适中、湿润且排水良好的土壤里。宜选背风的开阔之地,以避免干冷风造成危害。幼树可耐半阴。

☀ ◐ ◑ ❀ ❁ ❀
株高25~45米 冠幅6~8米

希腊杨梅

Arbutus × *andrachnoides*

这种希腊杨梅为树冠开阔，有时呈灌木状的乔木，具红褐色的剥落状树皮。发亮的中绿色叶片具细齿。小型的白色花朵簇生，自秋季至春季间开放，罕见结果。用于大型灌木花境或作为孤植乔木效果颇佳。

栽培　种植在肥沃、排水良好、富含有机物的土壤中。宜选背风、向阳之地，当植株成形后依然要避免冷风劲吹。如果必要的话，自冬季起可进行有限的修剪，植株能够在碱性土壤中生长。

☼ ◊ ♡ ❀❀❀　　株高8米　冠幅8米

荔莓

Arbutus unedo

荔莓为株形扩展的常绿乔木。植株具诱人的粗糙、开裂的红褐色树皮。小型的坛状白色花朵呈悬垂状簇生，这些小花有时稍被粉晕，花期秋季。与此同时，这个季节之前的草莓状红色果实也逐渐成熟。叶片深绿色，有光泽，具浅齿。用于大型灌木花境效果极佳。要注意防风。

栽培　最好种植在排水良好、富含腐殖质的酸性土壤中。在微碱性的基质中也能较好生长。宜选背风的日光充足之地进行栽培。春季，可对较低的枝条进行修剪，但要保持在最小范围内。

☼ ◊ ♡ ❀❀❀　　株高8米　冠幅8米

熊果

Arctostaphylos uva-ursi

熊果为一种生长缓慢的耐寒常绿灌木，其叶片片小，具光泽。花蜜丰富，粉色或白色小花簇生，夏季开放。随后长出青铜色叶片，结出红色浆果。适合在岩石园作为地被植物使用，或用于花境前缘。'马萨诸塞'('Massachusetts')是叶片不易染病的品种。

栽培 最好将植株栽种于排水良好、土壤呈酸性的开阔之地，需全日照。可在干旱环境和沿海地区使用。

☼ ☀ ◐ ✸✸✸✸
株高10厘米　冠幅可达50厘米

山地无心菜

Arenaria montana

这种无心菜为植株低矮、外形扩展、生长强健的常绿多年生植物。在初夏时，植株能够开放出大量的浅杯状白色花朵。叶片细小，微灰绿色，狭披针形，着生在纤细的枝条上，整个植株呈松散的垫状。易于管理，可种植在墙壁表面或块石路面的缝隙中，也可用于岩石园装饰。

栽培 种植在沙质的湿润且排水迅速的瘠薄土壤中。宜选全日照之地。必须控制浇水。

☼ ◐ ♀ ✸✸✸
株高2～5厘米　冠幅30厘米

'牙买加报春'银花菊

Argyranthemum 'Jamaica Primrose'
为灌木状多年生植物。具较深黄心、呈报春黄色的雏菊状花朵，在整个夏季里，于蕨状的微灰绿色叶片之上开放。在易遭受霜害的地区，可作为夏季花坛植物使用或栽培在容器里。要将其转移到保护地越冬，被推荐的品种还有——'康沃尔金'（'Cornish Gold'）——植株较矮，花朵深黄色。

栽培　种植在排水良好、精心施肥的土壤或基质中。宜选温暖、向阳之地，露地栽种需要进行良好的覆盖保护。需要进行摘心以促发分枝，环境温度不宜低于2℃。

☼ ◊ ▽ ❁　　　株高1.1米　冠幅1米

'温哥华'银花菊

Argyranthemum 'Vancouver'
这种株形紧凑的夏花型常绿亚灌木，其价值在于它那具玫瑰粉色花心的重瓣雏菊状粉色花朵与灰绿色的蕨状叶片。适合用来装饰混栽花境或草本植物花境。在降霜之地仅能作为夏季花坛植物或盆栽植物栽培。越冬时要采取防冻措施。

栽培　种植在排水良好、精心施肥的土壤中。宜选向阳之地，露地栽种要用深厚干燥的覆盖物保护。在生长期要进行摘心以促发分枝，环境温度不宜低于2℃。

☼ ◊ ▽ ❁　　　株高90厘米　冠幅80厘米

刺柏叶海石竹
Armeria juniperifolia

为矮小的丘状常绿亚灌木。花朵小，微紫粉色至白色，呈球状簇生在短梗上，花期暮春。叶片短小，线形，灰绿色，被毛，先端锐尖，呈松散的莲座状排列，在原产地分布于岩石缝隙间。用于岩石园装饰或种植在木槽中十分理想。也被称为(*A.caespitosa*)。

栽培 种植在排水良好、瘠薄至肥力适中的土壤里。宜选开阔的全日照之地。

☀ ◊ ♀ ❀❀❀

株高5～8厘米 冠幅可达15厘米

'贝文'刺柏叶海石竹
Armeria juniperifolia 'Bevan's Variety'

为株形紧凑的垫状常绿亚灌木。着生在短梗上的小型花朵深玫瑰粉色，在暮春时，它们呈圆簇状，高于由短小、狭窄、具尖的灰绿色叶片组成的松散的莲座状叶丛开放。适用于岩石园装饰或在木槽甲栽培。如需装饰化境前缘，可参阅与之相似的'红宝石'海石竹(*A.* 'Bee's Ruby')，其株高可达30厘米，花序葱状。

栽培 种植在排水良好、瘠薄至肥力适中的土壤里。宜选开阔的全日照之地进行栽培。

☀ ◊ ♀ ❀❀❀

株高可达5厘米 冠幅可达15厘米

'银皇后'路易斯安那蒿

Artemisia ludoviciana 'Silver Queen'

为直立、多分枝、丛生的半常绿多年
生植物。叶片狭窄，被毛，有时具锯
齿，幼嫩时银白色，随着叶龄的增长
变得更绿。由褐黄色花朵所构成的羽
状花序被白毛，自仲夏至秋季间抽
生。为银白色主题花境所不可或缺的
材料。被推荐的品种还有'瓦莱丽·菲
尼斯'（'Valerie Finnis'），其叶片边
缘具深裂。

栽培　种植于排水良好、通风向阳之
地。在春季时进行短截，能够使其叶
片显得更为好看。

☀ ◊ ▽ ❁❁❁

株高75厘米　冠幅60厘米或更宽

'波伊斯·卡斯尔'艾蒿

Artemisia 'Powis Castle'

为一种生长旺盛、基部木质化的灌木
状多年生植物，其能够抽生出簇生
的、呈波状的细裂叶片，它们银灰
色，具香气。暮夏，在不起眼的花葶
上抽生出具黄晕的银色头状花序。种
植于岩石园或花境中效果颇佳。在寒
冷地区无法存活。

栽培　种植在排水良好、肥沃土壤
中，宜选全日照之地。植株在排水不
良的黏重土壤中容易死亡，或寿命不
长。为了保证株形紧凑，秋季要对植
株自基部进行短截。

☀ ◊ ▽ ❁❁

株高60厘米　冠幅90厘米

'大理石纹'意大利疆南星
Arum italicum subsp. *italicum* 'Marmoratum'

为一种与众不同的植物，在秋季至初春间观赏效果最好。其深绿色的叶片具光泽，带有乳白色脉纹，矛形浆果有毒。秋季结实，冬季成熟，这时果实由绿色渐变为红色。当浆果褪色时，植株开始抽生新叶。可种植在早花型球根花卉间，例如点缀在雪莲花旁。

栽培 秋季或春季可将块根种植于湿润且排水良好的富含腐殖质的土壤中。要栽种于开阔之地，充沛的日光对于其开花、结果来说是十分必要的。

☼ ☀ ◐ ◊ ❄❄❄

林高30厘米 冠幅30厘米

假升麻
Aruncus dioicus

假升麻的叶片醒目，丛生，呈浓绿色。小花乳白色至绿白色，着生在松散的拱形花序上，能够开放将近半个夏季。它是一种优雅的林地植物，适合栽种在荫蔽的潮湿之地，例如池塘边缘。只要保持土壤湿润，植株可耐全日照。种子繁多，能够自播。

栽培 种植于湿润、肥沃的向阳或荫蔽之地。对花葶不直的植株应进行强剪，可在秋季进行。

☼ ☀ ◐ ◊ ❄❄❄

林高2米 冠幅1.2米

对开蕨
Asplenium scolopendrium

对开蕨的株形呈羽毛球状，叶状体舌
形，长度可达40厘米，基部心形，亮
绿色，革质，缘常呈波状，此特征在
品种'皱叶博尔顿'（'Crispum
Bolton's Nobile'）上表现得尤为明
显。在成熟的叶状体背面排列着呈人
字形的铁锈色孢子，这种植物不开
花。在碱性土壤中也能很好生长。

栽培 种植在湿润且排水良好、富含腐
殖质的土壤中，植株更喜含有粗砂的碱
性之地。宜选疏荫环境进行栽培。

☀ ◐ ◊ ♥ ❄ ❄ ❄ ❄
株高45～70厘米 冠幅60厘米

高山紫菀
Aster alpinus

这种株形扩展的丛生多年生植物，因
其开放出大量的具深黄色花心、淡紫
蓝色或淡粉紫红色的雏菊状花朵而被
种植。它们在初夏至仲夏间绽放于直
立的茎秆顶端，高于狭窄、具短柄的
中绿色叶片。为适合用来装饰花境前
缘或岩石园的矮生紫菀。另有几个著
名的品种也可在栽培中使用。

栽培 种植在排水良好、肥力适中的
土壤中。宜选向阳之地。每年在秋季
修剪后进行覆盖保护越冬。

☀ ◊ ♥ ❄ ❄ ❄
株高可达25厘米 冠幅45厘米

'乔治国王' 意大利紫菀

Aster amellus 'King George'

为丛生的灌木状多年生植物。花朵雏菊状，紫罗兰色，花心黄色，构成了大型的松散花序，花期暮夏至秋季。叶片披针形，粗糙，中绿色，具毛。为一种不可替代的晚花型花境植物。此外被推荐的品种还有'弗拉姆菲尔德'（'Framfieldii'）（花朵薰衣草蓝色）、'杰奎琳·吉尼布赖'（'Jacqueline Genebrier'）（花朵亮紫红色）与'紫罗兰皇后'（'Veilchenk Nigin'）（花朵深紫色）。

栽培 种植在排水良好、肥力适中的开阔之地。喜全日照，能够在碱性基质中生长。

☀ ◊ ♡ ❀❀❀　株高45厘米 冠幅45厘米

'阿尔玛·波特奇克' 紫菀

Aster 'Andenken an Alma Pötschke'

这种生长势强、呈直立状的丛生多年生植物，具黄色花心、亮鲜粉色的大型雏菊状花序的花枝，生长于笔挺的茎秆顶端，位于粗糙的中绿色抱茎叶片之上，花期暮夏至仲秋。作为切花材料使用或晚花植物欣赏效果颇佳。'哈灵顿粉'新英格兰紫菀（*A.novaeangliae* 'Harrington's Pink'）是与之非常相似，但花朵颜色更淡的品种。

栽培 种植在湿润且排水良好的肥沃土壤中，事先要仔细整地，可在向阳或半阴的环境里生长。为了保持植株苗壮生长并开花良好，每隔三年要对其分栽或更新一次。如果需要的话，应该设立支架。

☀ ❀ ◊ ❀❀❀　株高1.2米 冠幅60厘米

'门希'弗氏紫菀

Aster × *frikartii* 'Mönch'
这种直立的灌木状多年生植物，其薰衣草蓝色的雏菊状花朵中部呈橙红色，在暮夏至初秋间的很长时间里能够持续开放。深绿色的叶片长椭圆形，具粗糙纹理。这种有用的植物可以为凉爽之地的暮夏或秋季添加美色。与其非常相似的品种有'斯塔法奇迹'（'Wunder Von Stäfa'）。

栽培　最好种植在排水良好、肥力适中的土壤里。宜选开阔向阳之地，每年在暮秋将地上部修剪后进行覆盖保护。

☼ ◐ ♀ ✿ ❀❀❀
株高70厘米　冠幅35～40厘米

平枝侧花紫菀

Aster lateriflorus var. *horizontalis*
为一种丛生、枝条开展的多年生植物，具粉晕的雏菊状白色花朵自仲夏至仲秋开放，花心为较深的粉色。纤细的茎秆被毛，披针形的叶片小型、中绿色。为混栽花境中不可多得的晚花型种类。

栽培　种植于湿润且排水良好的肥力适中的土壤里，宜选半阴之地。夏季要保持土壤潮湿。

☼ ◐ ♀ ✿ ❀❀❀　株高60厘米　冠幅30厘米

'利特尔·卡洛' 紫菀
Aster 'Little Carlow'

为丛生的直立多年生植物。花朵雏菊状，紫罗兰色，具黄心，簇生，花期初秋至仲秋。叶片卵圆形至心形，具齿，深绿色。可用于秋季花卉装饰，作为切花或干花效果很好。被推荐的还有，与之血缘很近的品种 '酋长' 心叶紫菀 (*A.cordifolius* 'Chieftain')（花朵紫红色）与 '艳紫'（'Sweet Lavender'）。

栽培 种植在湿润、肥力适中的土壤里。宜选疏荫之地，但在排水良好的全日照之地也能正常生长。每年暮秋将地上部剪后进行覆盖保护。如果需要应进行裱杆。

株高90厘米 冠幅45厘米

'佩克欧' 皱叶落新妇
Astilbe × *crispa* 'Perkeo'

为夏花型的丛生多年生草本植物。与其他落新妇相比植株较矮，星形的深粉色花朵构成了小型直立的羽状花序。叶片坚韧，细裂，缘具皱，深绿色，在幼嫩时呈青铜色。适合种植在花境或岩石园中。在无日光直射的明亮之处花色最为美丽。'雅铜'（'Bronce Elegans'）为另一个株形紧凑、适合狭窄之地的优良品种。

栽培 种植在干湿适度、富含有机物质的肥沃土壤中。应选半阴之地进行栽培。

株高15～20厘米 冠幅15厘米

'灯塔'落新妇
Astilbe 'Fanal'

为一种叶片繁茂的簇生多年生植物，
初夏，其深红色小花缀满先端渐尖的
羽状花穗，它们开放时间较长。随后
花穗逐渐变为褐色，在进入冬季后仍
基本保持原状。深绿色叶片抽生于强
壮的茎秆上，小叶数枚。可种植在湿
地花境或森林公园中，或作为水边植
物使用。'婚纱'（'Brautschleier'）
是与之相似，花朵乳白色的品种。

栽培 种植在湿润、肥沃、富含腐殖
质的土壤中。宜选全日照或半阴之
地。

☼ ◐ ◑ ♦ ❦ ✿ ✿ ✿

株高60厘米 冠幅45厘米

'精灵'落新妇
Astilbe 'Sprite'

为夏花型、叶片繁茂、丛生的矮型多
年生草本植物，适合水边栽植。由细
小的星形贝壳粉色花朵所构成的锥形
羽状花序，优雅地拱垂于由多枚小叶
所组成的开阔而绿色复叶上。'德
国'落新妇(*A.* 'Deutschland')具有与
其相同的拱形枝条和与之不同的直立
羽状花序。

栽培 种植在保水力强、富含有机质的
肥沃土壤中。应选半阴之地进行栽培。

☼ ◐ ♦ ❦ ✿ ✿ ✿

株高50厘米 冠幅可达1米

'森宁代尔花叶'大星芹
Astrantia major 'Sunningdale Variegated'

为一种丛生的多年生植物，其基生叶具深裂，有不规则的斑纹，边缘乳黄色，十分醒目。自初夏起，圆丘状花序抽生于纤细的茎秆上，小花绿色或粉色，还有深紫红色，苞片星环状，淡粉色，花期初夏。在湿润花境、森林公园或河流旁边生长良好。

栽培 可种植在湿润且排水良好、肥沃的土壤中。要想获得最美的叶色必须将其置于全日照之地。

☼ ◊ ♡ ❀❀❀
株高30~90厘米 冠幅45厘米

巨星芹
Astrantia maxima

为呈垫状生长的多年生草本植物，有时被称为大星花。半圆形的玫瑰粉色花序，具呈领圈状环绕的纸质、星形淡绿粉色苞片，着生在细高的茎秆上，花期夏季至秋季。叶片中绿色，3裂，具齿。作为切花或干花效果俱佳，也可用于乡村风格的插花。

栽培 可种植在任何湿润、最好富含腐殖质的肥沃土壤中。应选日光充足或半阴之地进行栽培，稍耐旱。

☼ ☀ ◊ ♡ ❀❀❀
株高60厘米 冠幅30厘米

蹄盖蕨
Athyrium filix-femina

蹄盖蕨的叶片多裂，淡绿色，每年脱落，植株呈直立的羽毛球状生长，高约1米，羽片随着株龄增加向外拱垂。其羽裂变化很大，叶柄有时呈棕红色，这种植物不开花。可用于荫蔽之地，例如栽种在树木园中。其品种'梭边'（'Frizelliae'）与'弗农'（'Vernoniae'）均具有不同寻常、形态迥异的羽片。

栽培 种植在湿润、肥沃的中性至酸性土壤里。最好施用一些腐叶或花园堆肥，宜选荫蔽、背风之地进行栽培。

☀◐♡❀❀❀
株高可达1.2米　冠幅60~90厘米

'红瀑'南庭荠（瀑布系列）
Aubrieta 'Red Cascade'（Cascade Series）

与其他南庭荠一样，这个株形垫状的品种具中绿色叶片，株形开展，花朵于每年的春季绽放。南庭荠为优良的地被植物，它们能在干燥的石墙上向四周生长，将其栽种于阳光充沛的高台花坛效果颇佳。它们也适合用来装点岩石园。植株的花朵较小，四瓣，呈红色。

栽培 种植在肥力适中、排水良好、中性至碱性的全日照之地。花后要进行修剪，以保持紧凑的株形。

☀◊♡❀❀❀
株高15厘米　冠幅1米或更宽

'巴豆叶' 日本桃叶珊瑚（雌株）
Aucuba japonica 'Crotonifolia' (female)

为日本桃叶珊瑚所培育的品种，树冠圆形的常绿灌木。叶片大型，深绿色，具光泽，有明显的金黄色斑点。花朵小型，微紫色，簇生，构成直立的花序，花期仲春。植株于秋季里结出红色的浆果。作为浓密的半规整式绿篱十分理想。

栽培　可种植在除渍水外的任何土壤中。栽培在日光充沛之地叶色更为鲜艳，也可于荫蔽之地生长。寒冷地区应该为植株遮风。为了保证植株结果，注意要与雄株种植在一起。任何时候都可进行轻剪，在春季时修剪以促发分枝。

☀ ☀ ◊ ▲ ♀ ❀ ❀ ❀　株高3米　冠幅3米

岩生金庭荠
Aurinia saxatilis

为常绿的多年生草本植物。亮黄色的花朵呈密集状簇生，花期暮春，从而使其得到了金色黄昏这个名称。也被推荐的品种'柠檬黄'（'Citrinus'），其花朵呈柠檬黄色。叶片卵圆形，灰绿色，具毛，簇生。用于岩石园、墙壁、河岸的装饰十分理想，也以*Alyssum saxatilis*的名称进行销售。

栽培　种植在排水顺畅、肥力适中的土壤里。宜选向阳之地。为了保持株形紧凑，应在开花后进行重剪。

☀ ◊ ♀ ❀ ❀
株高20厘米　冠幅可达30厘米

假白鲜小球花
Ballota pseudodictamnus

为常绿亚灌木，植株呈圆丘状。黄灰绿色的叶片着生在被白毛的直立枝条上。覆以淡绿色的白色或微粉白色的小型漏斗状花朵轮生，自暮春至初夏间绽放，在冬季寒冷潮湿的地区无法存活。

栽培　种植在排水特别好的瘠薄之地。宜选能够免遭过多久雨侵袭的全日照之地。在春季时进行强剪，以保持株形紧凑。

☀ ◊ ♢ ❀ ❀
株高45厘米　冠幅60厘米

南靛草
Baptisia australis

南靛草为枝条稍展开的直立多年生植物，观赏时间很长。蓝绿色的叶片3裂，小叶椭圆形，着生在灰绿色的枝条上。花序穗状，花朵深紫蓝色，常具白色或乳白色斑点，初夏开放。深灰色的种荚经干燥后能够用于冬季装饰。

栽培　种植在土层深厚、湿润且排水良好的肥沃土壤里，植株更喜中性至微酸性基质。宜选日光充沛之地。一种植最好不要进行移栽。

☀ ◊ ♢ ❀ ❀　**株高1.5米　冠幅60厘米**

观叶秋海棠

Begonias with Decorative Foliage

这些多年生的秋海棠常作为一年生植物栽培。其具有观赏价值的大型叶片色彩丰富，通常呈不对称状生长。例如品种'圣诞快乐'('Merry Christmas')的叶片具有祖母绿色的花纹，金属叶秋海棠(B.metallica)那呈金属光泽的深绿色叶片显得更为精美。一些秋海棠的价值在于其叶片有着与众不同的图案：铁十字秋海棠(B.masoniana)为著名的观叶种类。在正确的管理下，品种'瑟斯顿'('Thurstonii')能够生长成灌木状，但是大多数秋海棠，像品种'蒙奇金'('Munchkin')株形显得紧凑矮小，可以种植在夏季花坛中，或进行温室栽培，亦可作为室内植物。

栽培 种植在肥沃、排水良好的中性至酸性土壤或基质里。宜选疏荫之地。为了保持株形紧凑，叶片繁多，在生长季节里应该进行摘心。发苗旺盛阶段应定期施用富含氮素的肥料。环境温度不宜低于15℃。

☀ ◊ ▲ ⊛

1

株高60厘米 冠幅60厘米

2

株高50厘米 冠幅45厘米

1 金线秋海棠(*Begonia listada*) ♀ 2 铁十字秋海棠(*B.masoniana*) ♀

3
株高25厘米　冠幅30厘米

4
株高90厘米　冠幅60厘米

5
株高20厘米　冠幅25厘米

6
株高30厘米　冠幅45厘米

7
株高2米　　冠幅45厘米

8
株高20厘米　冠幅25厘米

3 '圣诞快乐'秋海棠(*B.* 'Merry Christmas') ♀⚥ 4 金属叶秋海棠(*B.metallica*) ♀⚥ 5 '蒙奇金'秋海棠(*B.*'Munchkin') ♀⚥
6 '银皇后'秋海棠(*B.* 'Silver Queen') ♀⚥ 7 '瑟斯顿'秋海棠(*B.* 'Thurstonii') ♀⚥ 8 '虎爪'秋海棠(*B.* 'Tiger Paws') ♀⚥

观花秋海棠

Flowering Begonias

通常作为一年生植物于室外栽培。这些花朵醒目的秋海棠在株高与外形上变化很大，栽培者能够在夏季里选用，当购买时要核对所贴的标签或询问管理要点，以全面了解植株的生长习性。直立或矮小的秋海棠品种，例如'百看不厌'('Pin Up')或奥林匹亚系适用于夏季花坛；呈悬垂或拖曳状生长的品种，像'亮橙'('Illumination Orange')，可用于盆栽或吊栽。秋海棠也能作为室内植物栽培，其花朵在大小与色彩上变化很大，单瓣或重瓣，呈松散的簇状生长，花期贯穿整个夏季。

栽培 种植在肥沃、富含腐殖质的中性至酸性土壤或基质里，应保持排水良好。尽管植株可在直射日光下生长，但是在开花阶段最好将其置于半阴之地。生长阶段施以平衡肥料，这些能够在❀地区生长的秋海棠在低于15℃时不能存活。

☀ ◊

株高45厘米 冠幅35厘米

株高可达40厘米 冠幅可达40厘米

株高20厘米 冠幅20~22厘米

株高60厘米 冠幅30厘米

1 '第一粉'秋海棠(*Begonia* 'Alfa Pink') ❀ 2 '阴盛阳衰'秋海棠(*B.* 'All Round Dark Rose Green Leaf') ❀
3 '绝妙猩红'秋海棠(*B.* 'Expresso Scarlet') ♀❀ 4 '亮橙'秋海棠(*B.* 'Illumination Orange') ♀❀

株高35厘米 冠幅30厘米

株高75厘米 冠幅60厘米

株高30厘米 冠幅30厘米

株高可达20厘米 冠幅可达20厘米

株高60厘米 冠幅45厘米

株高25厘米 冠幅20厘米

株高75厘米 冠幅45厘米

5 '地狱苹果花'秋海棠(*B.* 'Inferno Apple Blossom')❀❀ 6 '艾琳·纳斯'秋海棠(*B.* 'Irene Nuss')♀❀7 '持续'秋海棠(*B.* 'Nonstop')♀❀8 '奥林匹亚白'秋海棠(*B.* 'Olympia White')♀❀9 '橙红'秋海棠(*B.* 'Orange Rubra')♀❀10 '百看不厌'秋海棠(*B.* 'Pin Up')♀❀11 萨瑟兰秋海棠(*B. sutherlandii*)♀❀

'绒球' 雏菊

Bellis perennis 'Pomponette'

这个由雏菊培育出的重瓣品种，通常作为二年生植物栽培，装点春季花坛。翎毛状花瓣构成的花朵*呈粉色、红色或白色，自暮冬至春季间，它们在繁茂丛生的匙形亮绿色叶片之上开放。其他被推荐的雏菊品种有'德累斯顿瓷器'（'Dresden China'）与'罗布·罗伊'（'Rob Roy'）。

(*：此处花瓣应为舌状花，花朵应为头状花序，为通俗，依照原文字面进行翻译。——译者注)

栽培 种植在排水良好、肥力适中的土壤里，应选全日照或疏荫之地进行栽培。摘去残花可延长花期，并防止自播。

株高10~20厘米 冠幅10~20厘米

达尔文小檗

Berberis darwinii

达尔文小檗为长势强健、枝条呈拱形的常绿灌木。花朵细小，深橙黄色，成簇生长于具刺的枝条上，花期仲春至暮春，尔后于秋季里结出蓝色的浆果。叶片有光泽，深绿色，具刺。可以用来作为树障或绿篱。

栽培 可种植在除渍水外的任何土壤中，应选能够抵御干冷风侵袭的全日照或疏荫之地进行栽培。如果需要的话，可于花后整形。

☼ ☀ ◐ ◊ ∅ ❀❀❀
株高3米或更高 冠幅3米

'华丽'渥太华小檗

Berberis × *ottawensis* 'Superba'

为树冠圆形的多刺落叶春花型灌木。
花朵细小，淡黄色，具红晕，簇生，
尔后于秋季长出红色浆果。叶片在脱
落前由紫红色转为黑红色。作为孤植
灌木或用于混栽花境中能够给人以深
刻印象。

栽培　几乎可以种植在任何排水良好
的土壤中，于日光充沛之地生长更
好。在仲冬时可将过密枝剪去。

☼ ◐ ◊ ♡ ❀ ❀ ❀ ❀　株高2.5米　冠幅2.5米

'矮珊瑚'狭叶小檗

Berberis × *stenophylla* 'Corallina Compacta'

'矮珊瑚'狭叶小檗是株形较大、枝
条拖曳的灌木，用做自然式树篱十分
理想。此品种是它的一个小型品种，
为常绿灌木。叶片深绿色，具刺，着
生在拱形的枝条上。花朵淡橙黄色，
细小、多数，花期仲春，尔后结出蓝
紫红色浆果。

栽培　最好种植在肥沃、富含腐殖
质、排水顺畅的土壤中，宜选日光充
沛之地。在开花后进行重剪。

☼ ◊ ♡ ❀ ❀ ❀ ❀
株高可达30厘米　冠幅可达30厘米

'巴加泰勒' 紫叶小檗

Berberis thunbergii 'Bagatelle'

为株形紧凑、具刺的春花型落叶灌木。叶片深紫红色，在秋季时转变为橙色或红色。当淡黄色的花朵开放后会结出具光泽的红色果实。用于美化岩石园效果颇佳。但要注意其在冬季寒冷之地无法存活。'迷你黑紫叶'小檗(*B.thunbergii* 'Atropurpurea Nana')或'深红侏儒'('Crimson Pygmy')为另一类植株不大，叶片紫色的小檗，高度可达60厘米。

栽培　种植在排水良好的土壤中，在全日照之地植株开花更好，叶色更佳。自仲冬至暮冬间要对过密枝、拥挤枝进行疏剪。

☀ ◊ ♢ ❈ ❈ ❈　株高30厘米　冠幅40厘米

'溢彩玫瑰' 紫叶小檗

Berberis thunbergii 'Rose Glow'

为株形紧凑的落叶灌木。叶片微红紫色，随着不断生长，会逐渐长出白色斑点。花朵淡黄色，于仲春开放，尔后结出小型的红色浆果。作为树篱效果颇佳。

栽培　可种植在除渍水外的任何土壤中，喜全日照，亦耐疏荫环境。在夏季时剪去枯枝。

☀ ❈ ◊ ◊ ♢ ❈　
株高2米或更高　冠幅2米

疣枝小檗
Berberis verruculosa

为生长缓慢、株形紧凑的春花型小檗，是良好的常绿灌木，适合孤植。先端有尖的具光泽的深绿色叶片，着生在带刺的拱垂枝条上，杯形的金黄色花朵开放于叶片间，在秋季里会结出卵形至梨形的黑色浆果。

栽培 最好种植在排水良好、富含腐殖质的肥沃土壤中。应选全日照之地进行栽培。不宜对植株进行过分修剪。

☼ ◊ ❀❀❀ 　　株高1.5米　冠幅1.5米

金花小檗
Berberis wilsoniae

为多刺的半常绿拱垂灌木。灰绿色的叶片密生，呈圆球形，在秋季时变为红色和橙黄色。淡黄色的花朵簇生，于夏季里开放，尔后结出珊瑚粉至微粉红色的浆果。作为绿篱使用效果很好。不要用播种法进行繁殖，以免产生种性退化的杂交种。

栽培 种植在任何排水良好的土壤中，应选日光充足或疏荫之地进行栽培。保持全日照才能使植株正常开花与结果。在仲冬时要对过密枝进行删剪。

☼ ◐ ◊ ❀❀❀ 　　株高1米　冠幅2米

'鲍络利'岩白菜
Bergenia 'Ballawley'

为簇生的常绿多年生草本植物，它是春季最早开花的种类之一。花朵亮绯红色，着生在强壮的红色茎秆上。卵形的叶片于冬季时变为铜红色。适用于树木园装饰或群植于混栽花境周围。'紫叶'心叶岩白菜(*B.cordifolia* 'Purpurea')为叶片与之相似，但开放深红紫红色花朵的品种。

栽培 种植在任何排水良好的土壤中，宜选能够抵御寒风侵袭的全日照或轻荫之地进行栽培。在秋季时进行覆盖保护。

☀ ❁ ◊ ◗ ♡ ❄❄❄
株高可达60厘米 冠幅60厘米

'银光' 岩白菜
Bergenia 'Silberlicht'

为早花型、丛生的常绿多年生草本植物。花朵杯形，白色，常具粉晕，簇生，在春季时开放［如需与之相似的白花品种，可参阅'布雷星罕白'('Bressingham White')，如需深粉色品种，可参阅'朝霞'('Morgenröte')］。叶片中绿色，革质，缘具齿。种植在冬季能够适当遮风的灌木下效果颇佳。

栽培 种植在任何排水良好的土壤中，应选能够抵御寒风侵袭的全日照或疏荫之地进行栽培，以避免吹坏叶片。在秋季时进行覆盖以保护植株越冬。

☀ ❁ ◊ ◗ ♡ ❄❄❄
株高30厘米 冠幅50厘米

黑桦

Betula nigra

黑桦为株形高大、树冠锥形至开展的落叶乔木。叶片钻石形，中绿色至深绿色，具光泽。树皮表面粗糙，棕红色，当植株幼小时可逐层剥离，较老的植株树皮变为微黑色或灰白色，并开裂。雄性柔荑花序黄褐色，在春季时长出。可以作为良好的孤植树木，但仅能应用于大型庭院。

栽培 种植在湿润且排水良好、肥力适中的土壤里，宜选日光充沛之地。在暮冬时除去受损枝、病害枝或干枯枝。

☼ ◊ ♀♡ ❀❀❀　 株高18米 冠幅12米

'杨氏' 垂枝桦

Betula pendula 'Youngii'

'杨氏' 垂枝桦为一种株形优雅、枝条下垂的落叶乔木。柔荑花序黄褐色，在早春时于三角形的叶片长出前抽穗。秋季，叶片变为金黄色。为小型庭园中一种有吸引力的乔木。要比品种 '忧郁' （'Tristis'）或 '裂叶' （'Laciniata'）有着更圆的树冠，其他的垂枝型桦树要比上述所提到的品种使用更为广泛。

栽培 植株在任何湿润且排水良好的土壤中都能生长，宜选开阔向阳之地。尽量少对植株进行修剪，在暮秋时将主干上的新枝剪去。

◊ ◊ ❀❀❀　株高8米 冠幅10米

白皮糙皮桦
Betula utilis var. *jacquemontii*

为树冠开展，呈阔圆锥形的落叶乔木。树皮平滑，白色，易剥离。柔荑花序在进入早春后不久就会抽生。深绿色的叶片于秋季里转为浓金黄色。要选择冬季日光能够照到树皮上的场地进行种植，此点对于那些树皮呈亮白色的品种，例如'银影'（'Silver Shadow'）、'杰明斯'（'Jermyns'）与'格雷斯伍德幽灵'（'Grayswood Ghost'）来说尤为重要。

栽培 可种植在任何湿润且排水良好的土壤中。宜选向阳之地。在暮秋时除去幼树的受损枝或干枯枝，对于成形植株不宜进行过度修剪。

☼ ◊ ♡ ❀ ❀ ❀   株高15米 冠幅7.5米

智利乌毛蕨
Blechnum chilense

这种常绿蕨类枝丛茂密，肋状排列的叶片坚韧如皮革，在蕨类植物中是比较高的品种，有时候能长到1.8米。布置林带时使用会使景观更加茂密，郁郁葱葱。有时候，它的丛枝会发展成为较短的茎杆。在冬季严寒的地带，应选择有遮蔽的地方种植。

栽培 宜种植在背阴面，适合潮湿并富含腐殖质的中性偏酸土壤。如果保持土壤足够湿润，也能耐受少量的阳光照射。

☼ ◐ ● ◊ ◊ ♡ ❀ ❀ ❀
株高1.8米 冠幅不确定

'阳光'短舌菊
Brachyglottis 'Sunshine'

为枝条繁茂的圆丘状常绿灌木。叶片卵形，在幼嫩时呈银灰色，随着不断生长变为深绿色，背面具白色茸毛。雏菊状的花朵黄色，自早夏至仲夏间开放。有些栽培者喜欢将其作为观叶植物，这时应该摘心，或在花朵开放前除蕾。可在沿海地区进行种植。

栽培　种植在任何排水良好的土壤中，宜选背风、向阳之地。花后要进行修剪，在春季时全面修剪有助于植株更好生长。

☼ ◊ ♥ ❀❀❀❀

株高1~1.5米　冠幅2米或更宽

蜡菊，亮丽比基尼系
Bracteantha Bright Bikini Series

这些蜡菊为直立的一年生草本植物，或观赏期短的多年生草本植物。花朵重瓣，纸质，有红、粉、橙、黄与白色，自暮春至秋季间开放。叶片灰绿色。可用于花境边缘，或种植在窗箱中。它们开放时间长，能作为很好的切花与干花材料。如喜欢单色品种，可栽种'挂霜柠檬'（'Frosted Sulphur'）（花朵柠檬黄色）、'银玫瑰'（'Silvery Rose'）与'里夫斯紫'（'Reeves Purple'）。

栽培　种植在湿润且排水良好、肥力适中的土壤里，应选全日照之地进行种植。

☼ ◊ ❀❀

株高可达30厘米　冠幅30厘米

‘哈兹本乳斑’大叶牛舌草

Brunnera macrophylla ‘Hadspen Cream’

这种叶片诱人的丛生多年生植物，作为花境的地被材料在落叶乔木间栽培十分理想。自仲春至暮春间，由亮蓝色小型花朵所构成的直立花序抽生于心形的叶片之上。大叶牛舌草(*B.macrophylla*)的叶片为绿色，但是这个美丽品种的叶片边缘呈不规则的乳白色。

栽培 种植在湿润且排水良好、富含腐殖质的土壤中，应选凉爽、无日光直射的明亮之地进行栽培。

☀ 💧 💧 🏆 ❄❄❄

株高45厘米 冠幅60厘米

互叶醉鱼草

Buddleja alternifolia

为植株茂密的落叶灌木。枝条纤细，拱垂。花朵具芳香，丁香紫色，聚生成优雅的花序，在初夏时绽放于狭窄的灰绿色叶片间。适合作为良好的墙边灌木，也可经过整形使之具有单独的明显主干，而成为引人注目的孤植树木。可以用来吸引有益昆虫。

栽培 种植于任何排水良好之地中均可很好生长，但最好选择钙质土壤，宜选日光充沛之地。在开花后修剪能够保证其长出健壮的新芽，春季全面进行修剪，植株能够生长得更好。

☀ 💧 🏆 ❄❄❄ 株高4米 冠幅4米

大叶醉鱼草

Buddleja davidii

大叶醉鱼草的所有品种均为速生的落叶灌木。其花色丰富，正像它们的英文俗名所说的那样，花朵能够吸引蝴蝶与其他大量的有益园林昆虫。枝条细长，拱形。叶片披针形，中绿色至灰绿色，长度可达25厘米。花朵芳香，于夏秋二季间开放，亮丽的圆锥形花序着生在拱形枝条的基部，高度通常可达30厘米。品种'第一红'（'Royal Red'）的花序最大，高度可达50厘米。这些灌木需要在春季里进行强剪，以保持其紧凑的株形，这样才能够在小型庭院中使用。

栽培　种植在排水良好的土壤中，宜选向阳之地。为了限制植株生长过大，并促进更好开花，每年春季应全面短截，使之保持低矮的骨架。为了避免植株自播，在成对的叶片或侧芽处修剪，以去掉残花；通过这种方法也能促使植株二次开花。

☼ ◊ ❀ ❀ ❀

株高3米　冠幅5米　　　　株高3米　冠幅5米　　　　株高3米　冠幅5米

1 '帝王蓝' 大叶醉鱼草(*B.davidii* 'Empire Blue') ♀ 2 '第一红' 大叶醉鱼草(*B.davidii* 'Royal Red') ♀ 3 '白丰' 大叶醉鱼草(*B.davidii* 'White Profusion') ♀

球花醉鱼草
Buddleja globosa

球花醉鱼草为落叶或半常绿灌木，生长着不同于醉鱼草的圆球形花序。花朵细小、橙黄色。叶片披针形，深绿色，背面具毛。这种大型灌木的基部叶片容易脱落，不耐修剪，因此适合种植在混栽花境后部。

栽培 最好种植在排水良好的钙质土壤中，宜选能够抵御寒风侵袭的向阳之地进行栽培。避免对其进行过度修剪，否则翌年植株开花不良。

☀ ◊ ♀ ❀❀❀　　　株高5米　冠幅5米

'洛钦奇'醉鱼草
Buddleja 'Lochinch'

为株形紧凑的落叶乔木，与大叶醉鱼草(*Buddleja davidii*)(参阅125页)十分相似。丁香蓝色花朵构成了长形的穗状花序，花期夏季至秋季。叶片在幼嫩时呈柔灰绿色，随着不断长大边缘具齿，叶背开始被有白色茸毛。对于蝴蝶来说，具有很强的吸引力。

栽培 种植在任何排水良好、肥力适中的土壤里，应选日光充足之地进行栽培。每年春季即将萌芽时，与地表齐平剪去所有枝条。

☀ ◊ ♀ ❀❀❀　　株高2.5米　冠幅3米

'优雅' 常绿黄杨

Buxus sempervirens 'Elegantissima'

这个常绿黄杨的彩叶品种为树冠圆形、枝条繁茂的常绿灌木。叶片细小、狭窄、深绿色，缘呈奶油色，具光泽。花朵不明显。很耐修剪，是一种极好的围边植物，也可作为低矮的绿篱使用。品种 '阔斑'（'Latifolia Maculata'）也是一种叶片彩色、具有黄边的常绿黄杨。

栽培　种植在任何排水良好的土壤中，应选日光充足或轻荫之地进行栽培。在夏秋二季里进行整形，但于暮春时进行全面修剪，则有助于防止植株徒长。

☼ ◑ ◊ ♡ ❋❋❋　株高1.5米　冠幅1.5米

'亚灌木' 常绿黄杨

Buxus sempervirens 'Suffruticosa'

为枝条非常繁茂、生长缓慢的常绿黄杨。叶片小、亮绿色，具光泽。可以广泛地用做围边植物，能够被修剪成各种清晰的造型。自暮春或初夏间开始长出不显眼的花朵。作为绿篱使用效果颇佳。

栽培　可种植在任何排水良好的肥沃土壤中，应选日光充足或半阴之地进行栽培。土壤干旱、日照过强会导致植株枯萎。在夏季时对植株进行整形，暮春进行全面修剪，有助于防止单独栽种的植株徒长。

☼ ◑ ◊ ♡ ❋❋❋　株高1米　冠幅1.5米

宽叶拂子茅
Calamagrostis brachytricha

拂子茅是一种姿态优美的植物，茎秆细长笔直，夏末开出窄长的羽状花序。随着季节的更替，这些花序逐渐伸展并褪成微微泛着粉红的银灰色，一直持续到冬天。因此，这种植物对装饰夏天和冬天的花园同样有用，而且最好随意种植，拱形的枝条会自然形成整齐的枝丛。

栽培 适宜任何肥沃、潮湿但排水性好的土壤，光照或半遮阴均可。冬季末期需要修剪掉枯萎的花序。

☀ ❋ ◊ ♡ ❀ ❀ ❀
株高可达1.5米 冠幅60厘米

'繁花' 老鸦糊
Callicarpa bodinieri var.
giraldii 'Profusion'

为直立的落叶灌木，主要因其在秋季里能够结出观赏时间很长、深紫罗兰色的念珠状具光泽浆果而被种植。叶片大型，锥状，绿色，于春季刚萌发时呈青铜色。夏季丌放的淡粉糊色花朵，能够令灌木花境具有长时间的季节美感。为了获得最为明显的装饰效果，应该将植株进行群栽。在冬季寒冷之地难以存活。

栽培 可种植在任何排水良好的肥沃土壤中，喜全日照，在有荫蔽之地也可生长。每年早春地面以上修剪约1/5。

☀ ❋ ◊ ♡ ❀ ❀   株高3米 冠幅2.5米

蔓锦葵
Callirhoe involucrata

这种美丽的伏在地面生长的多年生植物通常被称为罂粟葵，其花朵丝质，杯形，洋红色，在暮春至夏季间开放。作为地被植物栽种于阳光充沛的岩石园或不规则式花园里十分理想。

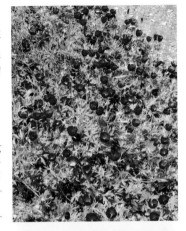

栽培　种植在排水良好、全日照的砂质壤土中。由于根系发达，因此难于移栽。在理想的生长环境里可以自播。要避免植株受到冬雨侵袭。

☼ ◊ ❀ ❀ ❀
株高可达30厘米　冠幅可达1米

'辉煌'柠檬红千层
Callistemon citrinus 'Splendens'

这个品种为常绿灌木，有着具吸引力的绯红色瓶刷状花序，枝条常呈俯垂状生长。春夏二季，植株会不断抽生出亮红色的密集花穗。叶片灰绿色，在幼嫩时呈铜红色，具柠檬香气。应该种植在向阳的墙根下，以避免其冬季受到低温危害。

栽培　种植在排水良好、肥沃的中性至酸性土壤里。宜选全日照之地。可将新株的嫩尖摘去，以促发分枝。在秋季时能够进行全面修剪。

☼ ◊ ❀ ❀ ❀
株高2~8米　冠幅1.5~6米

帚石楠

Calluna vulgaris

帚石楠(*C.vulgaris*)的品种,即细叶帚石楠呈直立至披散状生长。如果在栽培前将杂草进行清除,则它们也能够成为优良的常绿地被植物。密集的花穗自仲夏至暮秋间簇生,小花钟状,呈红色、紫色、粉色或白色。'金洛克鲁'('Kinlochruel')为十分与众不同的品种,它那白色的重瓣花朵构成了修长的花穗。当进入冬季后,有着彩色叶片的品种能够延长植株的观赏时间,例如'罗伯特·查普曼'('Robert Chapman')与'贝奥利金'('Beoley Gold')。帚石楠对于蜜蜂及其他昆虫来说极具吸引力,与低矮的松柏类植物进行配植,将成为良好的组合。

栽培 种植在排水良好、富含腐殖质的酸性土壤中,宜选开阔的向阳之地,以适应其原产的高原空旷地之自然环境。早春,用大型剪刀对开过花的枝条进行整形;在可能的情况下,应去掉过长枝,要在长出花簇以下的地方进行修剪。

☀ ◊ ❀ ❀ ❀

株高25厘米 冠幅35厘米

株高35厘米 冠幅可达75厘米

株高25厘米 冠幅40厘米

株高25厘米 冠幅65厘米

1 '贝奥利金'帚石楠(*C.vulgaris* 'Beoley Gold') ♀ 2 '黄昏'帚石楠(*C.vulgaris* 'Darkness') ♀ 3 '金洛克鲁'帚石楠(*C.vulgaris* 'Kinlochruel') ♀ 4 '罗伯特·查普曼'帚石楠(*C.vulgaris* 'Robert Chapman') ♀

驴蹄草

Caltha palustris

驴蹄草为多年生水生植物，能够在沼泽园中、河流或池塘的边缘成丛生长。在春季时，其蜡质的亮金黄色杯形花朵着生在细高的茎秆上，高于具光泽的绿色肾形叶片开放。如需重瓣花朵，可参阅品种'重瓣'（'Flore Pleno'）。

栽培 最好种植在渍水的肥沃土壤中，宜选开阔的向阳之地。在水深不超过23厘米的情况下，其根系能够耐受水生花卉栽培篮的限制，但植株更喜水层较浅的环境条件。

☀ ◐ ❀ ♈ ✽ ✽ ✽

株高10～40厘米 冠幅45厘米

'灵感'山茶

Camellia 'Inspiration'

为生长繁茂的直立常绿灌木或小乔木。花朵繁茂，碟形，半重瓣，深粉色，自仲冬至暮春间开放。叶片卵形，深绿色，革质。用于花境后部或作为孤植灌木效果颇佳。

栽培 最好种植在湿润且排水良好、肥沃的中性至酸性土壤里，宜选免遭干冷风侵袭的疏荫之地。用树皮屑覆盖植株基部进行保护。在开花后要对幼株进行修剪，以促发分枝并保证株形完好。

☀ ◐ ◐ ♈ ✽ ✽ ✽

株高4米 冠幅2米

山茶

Camellia japonica

这些寿命很长、优雅的常绿灌木或小乔木，需种植在具有酸性土壤的庭院中。常用于灌木花境、树木园，亦可单独栽种于开阔之地以及容器中。叶片卵形，具光泽，深绿色。它们于春季时开放出色彩鲜明的单瓣至完全重瓣的花朵。单瓣与半重瓣的品种具有突出的由黄色雄蕊组成的中部隆起。大多数品种适合作为切花材料，注意花朵容易受到严霜的摧残。

栽培 种植在湿润且排水良好、富含腐殖质的酸性土壤中，喜疏荫环境。应选不会被清晨阳光、冷风与晚霜光顾之地。避免种植过深，根系土比顶端必须与土壤表面齐平。要使用腐叶土或树皮屑进行保护，覆盖深度不宜低于5～7厘米。虽然适当对幼树整形能够促其形成完美株形，但对成株而言，在必要时还是应该稍做修剪。

❀ ☼ ◗ ◊ ❀❀ ❀❀ ❀❀

1 株高5米 冠幅8米
2 株高9米 冠幅8米
3 株高9米 冠幅8米
4 株高2米 冠幅1米
5 株高9米 冠幅8米
6 株高9米 冠幅8米

1 '阿道夫·奥德森'山茶(*C.japonica* 'Adolphe Audusson') ♀2 '亚历山大·亨特'山茶(*C.japonica* 'Alexander Hunter') ♀3 '贝雷奈西·博迪'山茶(*C.japonica* 'Berenice Boddy') ♀4 '鲍勃最爱'山茶(*C.japonica* 'Bob's Tinsie') ♀5 '风流女'山茶(*C.japonica* 'Coquettii') 6 '优雅'山茶(*C.japonica* 'Elegans') ♀

更多选择

'明石湾'('Akashigata')花朵深粉色。

'鲍勃之希望'('Bob Hope')花朵深红色。

'霍维'('C.M.Hovey')花朵绯红色或猩红色。

'廷斯利博士'('Doctor Tinsley')花朵粉白色。

'最高奖'('Grand Prix')花朵亮红色，雄蕊黄色。

'羽衣'('Hagoromo')花朵浅粉色。

'正芳'('Masayoshi')花朵白色，具红色大理石状斑驳。

'查尔斯顿小姐'('Miss Charleston')花朵宝石红色。

'纳科西奥之宝石'('Nuccio's Gem')花朵白色。

7

株高9米　冠幅8米

8

株高9米　冠幅8米

9

株高9米　冠幅8米

10

株高9米　冠幅8米

11

株高9米　冠幅8米

12

株高9米　冠幅8米

13

株高9米　冠幅8米

14

株高9米　冠幅8米

7 '南特之荣耀'山茶(*Camellia japonica* 'Glorie de Nantes')♀ 8 '朱利奥纳科西奥'山茶('Guilio Nuccio')♀ 9 '木星'山茶(异名'宝罗之木星')('Jupiter')(*syn*. 'Paul's Jupiter')♀ 10 '拉维尼娅·马吉'山茶('Lavinia Maggi')♀ 11 '戴维斯夫人'山茶('Mrs D.W.Davis')12 '惠勒'山茶('R.L.Wheeler')♀ 13 '大红'山茶('Rubescens Major')♀ 14 '三色'山茶('Tricolor')♀

'拉斯卡美人' 山茶
Camellia 'Lasca Beauty'

为枝条开展的直立状灌木。其突出的特点是能够开放出非常大型的半重瓣淡粉色花朵，于仲春时在深绿色的叶片间绽蕊。寒冷之地要进行温室栽培。在初夏时将其移至室外，置于间有日光的荫蔽之地。

栽培 种植在不含石灰质的盆土中，置于无日光直射的明亮之处。生长阶段充分浇灌软水，在冬季时应加大浇水间隔。仲春与初夏，各施用平衡肥料1次。

☀ ◐ ♦ ❁ ❀

株高2~5米　冠幅1.5~3米

'伦纳德·梅塞尔' 山茶
Camellia 'Leonard Messel'

这种枝条开展的常绿灌木，具有卵形的深绿色革质叶片，为山茶花中最耐寒的种类之一。从早春至暮春间，植株能够开放出繁茂的大型微扁至杯状的半重瓣亮粉色花朵。适合用来装饰灌木花境。

栽培 最好种植在湿润且排水良好的中性至酸性土壤里，宜选能够抵御干冷风侵袭的半阴之地进行栽培。植株基部周围要用碎树皮和腐叶土进行覆盖。无需修剪。

☀ ◐ ♦ ❦ ❁ ❀ ❀

株高4米　冠幅3米

'曼德勒皇后' 山茶
Camellia 'Mandalay Queen'

这种枝条舒展的大型灌木，在春季时能够开放出深玫瑰粉色的半重瓣花朵。叶片开阔，深绿色，革质。冬季，最好将其种植在冷室里，但是夏季应移至室外。

栽培　种植在不含石灰质的盆土中，置于无日光直射的明亮之处，生长阶段充分浇灌软水，生长阶段时应加大浇水间隔。自仲春与初夏间，可给植株施用平衡肥料。

※ ◊ ◊ ❄
株高可达15米　冠幅5米

'鸣海湾' 茶梅
Camellia sasanqua 'Narumigata'

为直立状灌木或小乔木，其价值在于它那绽放于仲秋至暮秋间的晚开白色单瓣芳香花朵。叶片深绿色。可以作为优美的绿篱材料，在气候寒冷地区，最好将其靠着温暖向阳的墙壁种植。'深红王'茶梅(*C.sasanqua* 'Crimson King')为与之极为相似的灌木，花朵红色。

栽培　种植在湿润且排水良好、富含腐殖质的酸性土壤中。地表要用深厚的覆盖物进行保护。宜选能够抵御寒风侵袭的全日照或疏荫之地进行栽培。在开花后植株可耐强剪。

☼ ◊ ❄❄❄
株高可达6米　冠幅可达3米

威廉斯山茶

Camellia × williamsii

这个山茶的品种为生长强健的常绿灌木。它的优点表现在其具光泽的亮丽叶片与无比优雅的纯白色至绯红色玫瑰状花朵。虽然品种'企盼'（'Anticipation'）与'玛丽·克里斯琴'（'Mary Christian'）于暮冬开花，但是大多数品种自仲春至暮春间绽蕊。虽然在严霜下其花朵容易受到损伤，但是许多品种极其耐寒，能够在任何气候条件下生长。它们在冷室或灌木花境中孤植，能够长成株形优雅的植株。而品种'威廉斯'（'J.C. Williams'）能够靠着寒冷背阴的墙壁生长，栽培地点应该避开早晨的日光。

栽培 最好种植在湿润且排水良好的酸性至中性土壤里，喜疏荫环境。应选背风之地，以防严霜及寒风侵袭，并用树皮屑进行覆盖保护。幼株在开花后应该进行修剪，以促发分枝，应该保证靠墙栽种植株能够长出强壮的主干。

☼ ◐ ◊ ◊ ❀❀❀❀

株高4米 冠幅2米

株高3米 冠幅2.5米

株高5米 冠幅2.5米

1 '企盼'威廉斯山茶(*Camellia × williamsii* 'Anticipation') ♀2 '布利加敦'威廉斯山茶(*C.× williamsii* 'Brigadoon') ♀3 '贡献'威廉斯山茶(*C.× williamsii* 'Donation') ♀

4 株高4米　冠幅4米

5 株高4米　冠幅2.5米

6 株高4米　冠幅2.5米

7 株高4米　冠幅2.5米

8 株高4米　冠幅2.5米

9 株高3米　冠幅3米

4 '乔治·布兰福德' 威廉斯山茶(*C.×williamsii* 'George Blandford')♀5 '琼·特里亨' 威廉斯山茶(*C.×williamsii* 'Joan Trehane')♀6 '威廉斯' 威廉斯山茶(*C.×williamsii* 'J.C.Williams')♀7 '玛丽·克里斯琴' 威廉斯山茶(*C.×williamsii* 'Mary Christian')♀8 '圣埃维' 威廉斯山茶(*C.×williamsii* 'Saint Ewe')♀9 '睡莲' 威廉斯山茶(*C.×williamsii* 'Water Lily')♀

岩荠叶风铃草
Campanula cochleariifolia

岩荠叶风铃草为植株低矮的莲座状多年生植物。每年仲夏，植株能够开放出大量的紫蓝色或白色的阔钟形花朵。叶片心形，亮绿色。可凭借匍匐茎大量繁衍，向四周蔓延生长，从而具有侵占性。如果将它们移栽到砂砾之地、石块路面缝隙或干燥墙壁顶部，则能给人留下特别深刻的印象。

栽培 植株喜湿润且排水良好的土壤，宜选日光充足或疏荫之地进行栽培。为了防止其蔓延，应拔去不需要的植株。

☼ ◐ ◊ ▽ ❀❀❀

株高可达8厘米 冠幅可达50厘米或更宽

'华丽'聚花风铃草
Campanula glomerata 'Superba'

为生长迅速的丛生多年生草本植物。花序紧凑，大型，钟状，深紫罗兰色，于夏季长出。叶片披针形至卵形，中绿色，自植株基部沿着茎秆呈莲座状着生。种植在草本植物花境或不规则式、乡村风格的花园中效果颇佳。

栽培 最好种植在湿润且排水良好的中性至碱性土壤里，喜日光充足，亦耐半阴环境。在开花后进行短截，以促进植株再度绽蕊。

☼ ◐ ◊ ▽ ❀❀❀

株高75厘米 冠幅1米或更宽

'洛登·安娜'　乳花风铃草
Campanula lactiflora 'Loddon Anna'

为分枝繁茂的直立多年生草本植物。花朵大型，俯垂，钟状，柔丁香粉色，聚生，在仲夏时开放于中绿色的叶片之上。可以作为极其优良的多年生花境植物，但是在开阔之地有时需要裱杆。与白色品种'白花'（'Alba'），或深紫色花的'普里查德'（'Prichard's Variety'）混栽效果很好。

栽培　最好种植在湿润且排水良好的肥沃土壤中，喜全日照，亦耐疏荫环境。花后修剪以促进二次开花，这时虽然花朵数量较少，但花色依旧艳丽。

☼ ◐ ◊ ❦ ❣ ✿✿✿
株高1.2～1.5米　冠幅60厘米

南斯拉夫风铃草
Campanula portenschlagiana

南斯拉夫风铃草为长势强健的圆丘形常绿多年生植物。花朵深紫色，长钟形，自仲夏至暮夏间开放。叶片具齿，中绿色。种植在岩石园或向阳的河岸上效果很好。植株生长可能有侵占性。波斯查斯基风铃草（*C.poscharskyana**）能够使用相同的方法进行栽培。可参阅被推荐的品种'明星'（'Stella'）。
（*：原著为*C.poschkarskyana*，正确为：*C.poscharskyana*。——译者注）

栽培　最好种植在湿润且排水良好的土壤中，喜日光充足，亦耐疏荫环境。植株生长十分旺盛，所以不要与较矮的，长势不强健的植物种在一起。

☼ ◐ ◊ ❦ ❣ ✿✿✿
株高可达15厘米　冠幅50厘米或更宽

'伽林夫人' 美亚凌霄

Campsis × tagliabuana 'Madame Galen'
为木质藤本，能够依靠气根攀俯着墙壁、篱栅、支柱生长，也可倚树生长。自夏季至秋季间，其成串的喇叭状橙红色花朵在狭窄、具齿的叶片间陆续开放。如需黄花的种类，可选择黄花美国凌霄(*C.radicans* f.*flava*)。

栽培 最好种植在湿润且排水良好的肥沃土壤中，喜向阳、背风之地。将新枝牵引到坚固的、你认为合适之处的框架上固定，直至不留空地为止。每年冬季进行强剪，以促发分枝。

☼ ◐ ◊ ♀ ❀ ❀ ❀ 　　株高10米或更高

大百合

Cardiocrinum giganteum
大百合为壮观的夏花型多年生球根花卉。花朵喇叭状，白色，喉部酱紫色。茎秆粗壮。叶片阔卵形，绿色，具光泽。经过精心选址和连续七年管理的植株才能开花。可栽种在树木园里或背风花境的荫蔽之处。

栽培 最好种植在土层深厚、湿润且排水良好、十分凉爽的富含腐殖质之地，喜半阴环境。不耐炎热或干旱，会有蛞蝓危害。

☼ ❀ ❀ ❀
株高1.5～4米 冠幅45厘米

'金叶'高苔草
Carex elata 'Aurea'

这个品种为叶片彩色的多年生植物，并非四季常绿，呈草丛状生长。用于装饰湿润的花境、沼泽园、池塘或河流的边缘。色彩明亮的叶片狭窄，金黄色。不显眼的花朵呈深褐色，自春季至初夏间，在高于叶片生长的小型花穗上开放。常以*C.* 'Bowles' Golden'的名称进行销售。

栽培 种植在湿润或潮湿、肥力适度的土壤中，栽培地点宜保持全日照，亦耐疏荫环境。

☼ ◐ ◖ ✿ ❉ ❉ ❉ ❉

株高可达70厘米 冠幅45厘米

'金心'大岛苔草
Carex oshimensis 'Evergold'

为十分常见的常绿彩叶苔草。叶片亮丽，簇生，具狭窄的深绿色、黄色条纹。花穗细小，花朵深褐色，自仲春至暮春间开放。比其他多数苔草在水分管理上更加容易，适用来装点混栽花境。

栽培 需要种植在湿润且排水良好的土壤中，喜日光充足，亦耐疏荫环境。在夏季时清除枯叶。

☼ ◐ ◖ ✿ ❉ ❉ ❉ ❉

株高30厘米 冠幅35厘米

铁莲木
Carpenteria californica

铁莲木为夏花型常绿灌木。花朵大型、白色，具香气，雄蕊艳黄色。叶片狭卵形，深绿色，具光泽。适合将其倚墙栽种，以克服有时四处攀爬的缺点，在寒冷地区，必须将它靠在温暖背风的墙壁旁种植。

栽培 种植在排水良好的土壤中，宜选能够抵御寒风侵袭的全日照之地进行栽培。春季将已经开过花的分枝自其基部剪去。

☀ ◐ ♡ ❀ ❀❀   株高2米或更高 冠幅2米

'天蓝'克兰登莸
Caryopteris × *clandonensis* 'Heavenly Blue'

为株形紧凑的直立落叶灌木，因其密集开放的深蓝色花朵而被种植。叶片灰绿色，具不规则齿。花期暮夏至初秋。在寒冷地区，要靠着温暖向阳的墙壁进行种植。

栽培 种植在排水良好、肥力适中的土质疏松之地，喜全日照。在暮春时将所有的茎秆进行重剪，以降低芽位。随着木质主干的逐渐展开，不应再进行修剪。

☀ ◐ ❀❀❀   株高1米 冠幅1米

'爱丁堡'岩须
Cassiope 'Edinburgh'

为欧石楠状的直立常绿灌木。花朵白色，钟形、俯垂，于春季开放，外侧花瓣小型，微绿褐色。叶片鳞片状，深绿色，紧密地叠生于茎秆上。适合用来装饰岩石园（不能在石灰质土壤中生长）或泥炭花坛。拟石松岩须（*C.lycopoides*）是与之非常相似的花卉，但呈垫状，近匍匐生长，株高仅8厘米。

栽培　种植在保水力强、富含腐殖质的酸性土壤中，喜疏荫环境。在开花后要对植株进行整形。

☀☀◗♥❀❀❀
株高可达25厘米　冠幅可达25厘米

'金叶'美国梓树
Catalpa bignonioides 'Aurea'

这个美国梓树品种是一种美丽的观叶植物，叶片光亮，最好作为孤植乔木或装点于混栽花境的后部。在花境中，每年要进行短截，以促使叶片生长得更为繁茂。叶片心形，黄绿色，幼树时具青铜色晕，每年脱落。春季在繁茂的白色花朵凋谢后，能够结出豆荚状果实。

栽培　种植在肥沃、湿润且排水良好的向阳之地。

☀◗◊❀❀❀
株高10米　冠幅10米

'秋蓝' 蓟木

Ceanothus 'Autumnal Blue'

为生长强健的常绿灌木。自暮夏至秋季间，植株开满了细小且呈鲜天蓝色的花朵。叶片阔卵形，深绿色，具光泽，为最耐寒的常绿蓟木植物之一。它适合栽种于开阔的花境，也能种植在墙壁旁令其随意生长。在寒冷地区，最好将其靠植于温暖向阳的墙壁前。

栽培 种植在排水良好、肥力适中的土壤里，宜选能够抵御寒风侵袭的全日照之地进行栽培。可在石灰质土壤中生长。春季，要对幼株枝条进行去梢，对已经开过花的成形植株要进行修剪。

☀ ◊ ▽ ❀ ❀ ❀　　　株高3米　冠幅3米

'蓝丘' 蓟木

Ceanothus 'Blue Mound'

这种矮丘状的晚春花型蓟木为常绿灌木，能开放出众多的深蓝色花朵。叶片具细齿，深绿色，具光泽。作为地被植物十分理想，也可栽培在河岸或墙垣上令其向下悬垂生长，还可种植在向阳的大型岩石园中。'伯克伍德'蓟木(*C.* 'Burkwoodii')与'意大利天空'('Italian Skies')也是常用的与之相似的品种。在冬季寒冷地区不能存活。

栽培 种植在排水良好的肥沃土壤中，喜全日照。要对幼株枝条进行去梢，在仲夏时，对已经开过花的成形植株要进行修剪。

☀ ◊ ▽ ❀ ❀ ❀　　　株高1.5米　冠幅2米

'凡尔赛荣耀' 蓟木
Ceanothus × *delileanus* 'Gloire de Versailles'

这种落叶蓟木为生长迅速的灌木。自仲夏至初秋间，由细小的淡蓝色花朵所构成的大型穗状花序抽生于阔卵形、具细齿的中绿色叶片间。'黄玉'('Topaze')为与之十分相似，但开放着深蓝色花朵的品种。与其他的常绿蓟木相比，每年进行稍重修剪的植株会生长得更好。

栽培 种植在排水良好、十分肥沃的土质疏松之地，喜日光充足，可耐石灰质土壤。在春季时将头年枝条剪去一半或更多，或进行全面修剪以形成低矮的枝干骨架。

☼ ◊ ♡ ❀ ❀ ❀ 　株高1.5米 冠幅1.5米

匍匐蓟木
Ceanothus thyrsiflorus var.*repens*

这种植株低矮、枝条伸展的蓟木为矮丘形常绿灌木。自暮春至早夏间，植株会抽生出由细小的蓝色花朵所构成的圆形花序。叶片深绿色，具光泽。是美化向阳或轻荫河岸的良好灌木，但在寒冷地区栽培应选温暖向阳之地，以防植株受到伤害。

栽培 最好种植在土质疏松、排水良好的肥沃之地，喜日光充足，在无日光直射的明亮环境里也能很好地生长。在开花后修剪以保证株形紧凑。

☼ ◑ ◊ ♡ ❀ 　株高1米 冠幅2.5米

蓝雪角柱花

Ceratostigma plumbaginoides

为枝条开展、基部呈木质化的亚灌木。在暮夏时，植株能够绽放出簇生亮蓝色花朵。叶片卵形，亮绿色，着生在直立、纤细的红色茎秆上，在秋季时被红晕。用于美化岩石园效果颇佳，也适合作为地被植物。

栽培 种植在土质疏松、湿润且排水良好、肥力适中的土壤里，宜选背风的日光充沛之地进行栽培。在仲春时，自距地面约2.5～5厘米之处短截茎秆。

☼ ◊ 🏆 ❄❄

株高可达45厘米 冠幅可达30厘米或更宽

连香树

Cercidiphyllum japonicum

连香树为一种速生的乔木，株形开展。其叶片小，心形，中绿色。新生的叶片呈青铜色，在脱落前它们能够呈现出淡黄、橙、红或粉等色，因此其秋季叶片看起来或许是最美的，与此同时，植株能够散发出"焦糖"的气味。在中性至酸性土壤中栽培的植株，叶片颜色显得最漂亮。

栽培 需种植在肥沃、湿润且排水良好之地，土壤要有足够的深度，以保证根系生长。

☼ ◐ ◊ ♦ 🏆 ❄❄❄

株高可达20米 冠幅可达15米

'森林紫'加拿大紫荆
Cercis canadensis 'Forest Pansy'

加拿大紫荆，或'森林紫'加拿大紫荆，以其淡粉色的花朵春季先于叶在裸露的枝条上开放而著称。此品种的叶片心形，秋季能从红紫色渐变为紫色和金黄色。在这种乔木未倚有篱栅或墙壁栽种，也就是说，当其孤植时树冠能够长成圆形，也可作为混栽花境的观叶植物。

栽培　可耐排水良好的土壤，特别是耐炎热、干燥之地，包括那些含碳酸钙或石灰石之地。

☀ ◐ ◊ ♡ ❄❄❄　　株高5米　冠幅5米

南欧紫荆
Cercis siliquastrum

南欧紫荆为株形潇洒、枝条扩展的落叶乔木，其树冠会逐渐变为圆形。簇生的亮粉色豌豆状花朵着生在头年枝条上，于仲春在心形叶片长出前或展开后开放。叶片在幼嫩时呈青铜色，随着生长会变为深蓝绿色，在秋季时转为黄色。在经历过漫长的炎热夏季后，植株开花最好。

栽培　种植在土层深厚、排水性好的肥沃之地，喜全日照，在明亮的间有荫蔽的环境里也能很好生长。初夏，修剪幼树以进行整形，要将所有被冻坏的枝条剪去。

☀ ◐ ◊ ♡ ❄❄❄　　株高10米　冠幅10米

'摩露塞'贴梗海棠
Chaenomeles speciosa 'Moerloosei'
为速生的枝条扩展的落叶灌木。在早春时，植株能够开放出被深粉晕的大型白色花朵。卵形、具光泽的深绿色叶片着生在纷杂的带刺枝条上。在开花后于秋季结出苹果状的黄绿色芳香果实。可以作为孤植灌木或靠墙种植。

栽培　种植在排水良好、肥力适中的土壤里，为了获得最佳的开花效果，应该保持全日照，亦可在无日光直射的明亮之处很好生长。如果靠墙种植，要于暮春将侧枝短截至只剩2或3枚叶片。作为孤植灌木使用仅需轻剪。

☼ ◐ ◊ ♀ ❀❀❀　**株高2.5米　冠幅5米**

'红镶金'华丽木瓜
Chaenomeles × *superba* 'Crimson and Gold'
这种株形扩展的落叶灌木，自春季至夏季间能够开放出繁茂的深红色花朵，花药明显，金黄色。在花朵初开放后不久，深绿色叶片抽生于具刺的枝条上。在花朵凋谢后会结出黄绿色的果头。可以作为地被植物或低矮的树篱使用，但在寒冷地区可能无法存活。

栽培　种植在排水良好的肥沃土壤中，喜日光充足。在开花后稍做整形，如果靠着墙壁栽种，要对侧枝进行短截，并保留其基部2或3枚叶片。

☼ ◊ ♀ ❀❀❀　**株高1米　冠幅2米**

美国扁柏

Lawson Cypresses (*Chamaecyparis lawsoniana*)

其品种为流行的松柏类植物，有多种不同的外形、株高与叶色。所有种类均具红褐色树皮，与枝条自顶部俯垂的茂密树冠。在散发着芳香的繁茂针叶片所组成的发扁枝条上，偶尔会结出小型的圆形球果。株形较大的美国扁柏非常适合作为茂密的绿篱使用，像叶片呈亮蓝灰色的品种'彭伯利蓝'（'Pembury Blue'）或金黄色的'莱恩'（'Lanei Aurea'）。面积较小的花园可使用株形紧凑的品种，像'埃尔伍德'（'Ellwoodii'）（株高可达3米）与'埃尔伍德金'（'Ellwood's Gold'）；低矮直立的类型，像'柴尔沃斯银'（'Chilworth Silver'）可以作为盆栽、岩石园或花境使用的外形抢眼的植物。

栽培　种植在湿润且排水良好的土壤中，喜日光充足。它们可在含有钙质，且无遮蔽之地生长。自春季至秋季间定期整形，不要伤及较老的枝条。如进行规则式绿篱造型，必须从植株幼小时进行修剪。

☼ ◊ ❀ ❀ ❀

 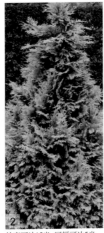 

1 株高1.5米或更高　冠幅60厘米　　2 株高可达15米　冠幅可达5米　　3 株高可达15米　冠幅2～5米

1 '埃尔伍德金'美国扁柏(*Chamaecyparis lawsoniana* 'Ellwood's Gold') ♀ 2 '莱恩'美国扁柏(*C.lawsoniana* 'Lanei Aurea') ♀ 3 '彭伯利蓝'美国扁柏(*C.lawsoniana* 'Pembury Blue') ♀

'垂枝'努特卡扁柏

Chamaecyparis nootkatensis 'Pendula'
这种植株高大、枝条俯垂的柏树，随着不断生长，树冠也会逐渐失去美感，显得散乱。由深绿色叶片所组成的常绿小枝悬垂于拱形的枝干上。球果小，圆球形，在春季时成熟。其与众不同的外形为大型庭园增添了有趣的景观。

栽培　最好种植在日光充沛、湿润且排水良好、土壤呈中性至微酸性之地，亦耐干旱、钙质土壤。无需进行修剪。

☼ ◐ ◊ ✿ ❀❀❀
株高可达30米　冠幅可达8米

'迷你细叶'钝叶扁柏

Chamaecyparis obtusa 'Nana Gracilis'
这个矮化品种为结球果的常绿乔木。植株呈紧密的金字塔形。浓绿色的叶片具芳香，构成了圆形的压扁状小枝。球果小，在成熟后变为黄褐色。可用于装点大型岩石园，特别是具有东方风格的庭院。品种'迷你金叶'('Nana Aurea')看起来与之十分相似，但株高仅为此品种的一半。

栽培　种植在湿润且排水良好的中性至微酸性土壤里，喜全日照之地，也能在干燥、钙质的土壤中生长。无需定期修剪。

☼ ◊ ♀ ✿ ❀❀❀　株高3米　冠幅2米

蓝湖柏

Chamaecyparis pisifera 'Boulevard'

是一种广泛种植的常绿针叶松，树冠开放生长，整体呈圆锥形。扁平的小树枝上长满柔软的蓝绿色叶片和绿色的弧形球果，果实成熟时会变成棕色球果。株形整齐紧凑，是能适应潮湿且排水性差土质条件的优秀的园景树。

栽培　适合潮湿的中性偏酸土壤，阳光充足。不需要日常修剪。

☼ ◐ ○ ♥ ✿ ✿ ✿ ✿
株高10米　冠幅5米

欧洲矮棕

Chamaerops humilis

为一种丛生的观叶植物，为数不多的茎秆表面粗糙，具纤维状附着物，扇形叶片自顶部抽生，其叶柄具刺。不起眼的花朵于春季开放。由于其不耐低温——植株在冰点下只能短期存活——最好在冷室中孤植，或作为室外盆栽植物，但是在冬季时要移入室内进行防寒。

栽培　种植在排水良好、肥力适中的向阳之地。要选择施用基肥的栽培容器，以使夏季中的每月都不用再追肥。

☼ ○ ♥ ✿　株高2～3米　冠幅1～2米

'大花'蜡梅
Chimonanthus praecox'Grandiflorus'

'大花'蜡梅为生长强健的直立落叶灌木，因其冬季在裸露枝条上所开放的芳香花朵而被种植。此品种的花朵大型、杯状、深黄色，内侧具酱紫色条纹。叶片中绿色，适合用于装点灌木花境，或靠在温暖向阳的墙壁旁种植。

栽培　种植在排水良好的肥沃土壤中，喜向阳背风之地。当植株幼小时，最好保持枝条自然生长，以发育成开花枝条。靠着墙壁栽种的植株，在春季时，要对花朵已经凋谢的枝条进行短截。

☼ ◊ ♀ ❀❀❀　　株高4米　冠幅3米

雪光花
Chionodoxa luciliae

雪光花为小型的球根多年生草本植物。花朵星形，亮蓝色，喉部白色，于早春开放。叶片绿色，具光泽，常向后弯曲。可种植在向阳的岩石园，或栽培于落叶乔木下以美化自然景观。有时也被称为供装饰化园使用的*C.gigantea*。*C.forbesii**为与之十分相似，但叶片更为直立的种类。

(*：*C.forbesii* 为雪光花的异名，原著有误，在这段文章中所出现的三个学名均为同一种植物。——译者注)

栽培　可种植在任何排水良好的土壤中，栽培地点宜保持全日照。在秋季时种植球根，覆土厚度为8厘米。

☼ ◊ ♀ ❀❀❀
株高15厘米　冠幅3厘米

三叶墨西哥橘
Choisya ternata

墨西哥橘为生长迅速、树冠圆形的常绿灌木。其价值在于它那有吸引力的叶片与芳香花朵。具香气的深绿色叶片3裂，星形的白色花朵簇生，于春季开放。为一种颇为适合都市花园使用的耐污染灌木，但是在开阔之地要防止霜冻危害。'阿芝台克珍珠'（'Aztec Pearl'）为与之相似的品种，它的花朵大概不是很香。

栽培　种植在排水良好、十分肥沃的土壤中，喜全日照。不经修剪令其自然生长，株形也十分美观。短截花朵凋谢的枝条能促使植株二次开花。

☀ ◐ ♡ ✿ ❀❀❀　株高2.5米　冠幅2.5米

'太阳舞'三叶墨西哥橘
Choisya ternata Sundance

为墨西哥橘的品种，其叶片亮黄，生长较慢，是一种株形紧凑的常绿灌木。叶片芳香，分成3枚小叶，如果环境荫蔽则呈较为暗淡的黄绿色。通常不见开花。要于温暖向阳的墙壁前种植，在寒冷之地应该进行越冬保护。其正确的名称应为：*C.ternata* Sundance 'Lich'。

栽培　最好种植在排水良好的肥沃土壤中，为了获得最佳的叶色，环境应保持全日照。要选择能够抵御寒风侵袭之地进行栽培。在夏季时剪去徒长枝，于春季去掉所有被冻坏的枝条。

☀ ◐ ♡ ✿ ❀❀❀　株高2.5米　冠幅2.5米

菊花
Garden Chrysanthemums

这些直立生长的灌木状多年生植物，为晚季花境的主要材料，能够开放出醒目的艳丽花朵，在传统上用于展览与切花。其裂或羽状的叶片有香气，亮绿色。它们自暮夏至仲秋间开花，绽放早晚取决于品种，在易受霜害侵袭的气候条件下（参阅157页），开花很晚的品种最好在温室中进行管理。其花朵虽然总是有着多枚花瓣，但其形状上的变化有雏菊状的品种'奔宁阿尔菲'（'Pennine Alfie'）至花瓣蓬松、反卷的'乔治·格

里菲思'（'George Griffith'）。在频遭霜害侵袭的环境中，要于秋季将其从地里掘出，储藏越冬。当完全没有霜害侵袭的情况下，再将植株移出室外。

栽培　种植在湿润且排水良好的中性至微酸性之地，土壤宜富含充分腐熟的肥料，喜向阳、背风之地。为了使花尊高，可施用平衡肥料，直至长出花蕾。

☀ ◐ ◊ ❄ ❄❄ ❄❄

株高1.2米 冠幅75厘米

株高1.2米 冠幅60~75厘米

株高1米 冠幅60~75厘米

株高50厘米 冠幅25厘米

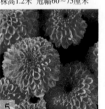
株高30~60厘米 冠幅60厘米

株高1.1米 冠幅60~75厘米

1 '安伯·恩比婚礼'菊花（*Chrysanthemums* 'Amber Enbee Wedding'）♀ 2 '安伯·伊冯·阿诺'菊花（*C.* 'Amber Yvonne Arnaud'）♀ 3 '安哥拉' 菊花（*C.* 'Angora'）♀ 4 '赞不绝口' 菊花（*C.* 'Bravo'）♀ 5 '青铜美人' 菊花（*C.* 'Bronze Fairie'）♀ 6 '彻丽·安瑟利' 菊花（*C.* 'Cherry Nathalie'）♀

株高1.1米　冠幅60~75厘米

8　株高90厘米　冠幅30厘米

9　株高1.3~1.5米　冠幅75厘米

10　株高1.2米　冠幅75厘米

11　株高90厘米　冠幅30厘米

12　株高60厘米　冠幅30厘米

13　株高90厘米　冠幅30厘米

14　株高1.2米　冠幅75厘米

15　株高1.2米　冠幅75厘米

7 '伊斯特利' 菊花(*C.* 'Eastleigh') ⚘ 8 '弗洛库珀' 菊花(*C.* 'Flo Cooper') ⚘ 9 '乔治格里菲思' 菊花(*C.* 'George Griffiths') ⚘
10 '马德琳' 菊花(*C.* 'Madeleine') ⚘ 11 '曼塞塔新娘' 菊花(*C.* 'Mancetta Bride') ⚘ 12 '梅维斯' 菊花(*C.* 'Mavis') ⚘ 13 '梅斯玛迪' 菊花(*C.* 'Myss Madi') ⚘ 14 '奔宁阿尔菲' 菊花(*C.* 'Pennine Alfie') ⚘ 15 '奔宁长笛' 菊花(*C.* 'Pennine Flute') ⚘

18
株高1.2米 冠幅60～75厘米

16
株高70厘米 冠幅30厘米

17
株高65厘米 冠幅30厘米

19
株高1米 冠幅45厘米

20
株高1.2米 冠幅75厘米

21
株高30～60厘米 冠幅60厘米

22
株高1.2米 冠幅60～75厘米

23
株高85厘米 冠幅45厘米

更多选择

'玛格丽特'（'Margaret'）花朵粉色，花瓣反折。

'马克斯赖利'（'Max Riley'）花朵黄色。

'奔宁信号'（'Pennine Signal'）花朵猩红色。

'黄奔宁托桂'（'Yellow Pennine Oriel'）生长在枝条上的小型花朵呈黄色。

24
株高1.2米 冠幅60～75厘米

25
株高1.2米 冠幅60～75厘米

16 '奔宁花边' 菊花(*C.* 'Pennine Lace') ♥ 17 '奔宁缅因' 菊花(*C.* 'Pennine Maine') ♥ 18 '奔宁托桂' 菊花(*C.* 'Pennine Oriel')♥ 19 '奥路易丝'菊花(*C.* 'Primrose Allouise')♥20 '奔宁葡萄酒' 菊花(*C.* 'Purple Pennine Wine') ♥ 21 '橙红仙女' 菊花(*C.* 'Salmon Fairie')♥22 '萨蒙·玛格丽特' 菊花(*C.* 'Salmon Margaret') 23 '南飞天鹅' 菊花(*C.* 'Southway Swan')♥ 24 '温迪' 菊花(*C.* 'Wendy')♥25 '伊冯·阿诺' 菊花(*C.* 'Yvonne Arnaud')♥

晚菊

Late-Flowering Chrysanthemums

此组多年生草本植物的花朵能够自秋季开放至冬季，这就意味着在寒冷地区，此段时间将其移入温室中进行保护是重要的。尽管没有能够抵御霜害的品种，但它们能够在夏季里移至室外管理。艳丽花朵的外形与尺寸变化很大，有着金黄色、青铜色、黄色、橙色、粉色与红色浅斑。在培育过程中，要对其进行保护，使之免遭暴风雨侵袭，这样才能保证植株开花更好以参加展览。晚菊可在容器或温室花境中进行栽培。

栽培　最好种植在铺有优质底肥的盆栽基质中，在整个生长季里保持土壤处于微潮状态，置于明亮的轻荫之地，随着它们的生长要为植株设立支架。施用液肥直至花芽形成，保持适当通风，温度不宜低于10℃，在无霜害侵袭的地区，可种植在室外肥沃、湿润、排水良好的全日照之地。

☼ ◐ ◊ ❋ ❄

株高1.2米 冠幅60厘米

株高1.2~1.5米 冠幅60厘米

株高1.4米 冠幅60厘米

更多选择

'史史密斯·萨蒙'（'Apricot Shoesmith Salmon'）花朵鲑肉色。

'青铜卡桑德拉'（'Bronze Cassandra'）

'红梅福特'（'Dark Red Mayford Perfection'）

'粉杜松子酒'（'Pink Gin'）花朵淡桃色。

'粉梅福特'（'Rose Mayford Perfection'）

'赖努'（'Rynoon'）花朵浅粉色。

株高1.2米 冠幅75~100厘米

株高1.2米 冠幅60~75厘米

1 '灯塔' 菊花(*Chrysanthemums* 'Beacon')♀ 2 '金卡桑德拉' 菊花(*C.* 'Golden Cassandra')♀ 3 '罗伊·库普兰' 菊花(*C.* 'Roy Coopland')♀ 4 '缎粉杜松子酒' 菊花(*C.* 'Satin Pink Gin')♀ 5 '黄约翰·休斯' 菊花(*C.* 'Yellow John Hughes')♀

藤枝秋竹
Chusquea culeou

这是一种株形优雅的竹子，竿具光泽，橄榄绿色，有白色的纸质叶鞘，节间具密实的喷泉般须状突起。狭窄的叶片中绿色，具雅致的网纹。

在开阔的森林公园中，孤植效果绝佳。南美竹亦为很好的屏障材料，在沿海环境中也能生长。

栽培　种植在湿润且排水良好、富含肥料的向阳或半阴之地。

☀ ☼ ◊ ♦ ♀ ❀ ❀ ❀
株高高达6米　冠幅2.5米或更宽

'红斑'艾吉拉岩蔷薇
Cistus × aguilarii 'Maculatus'

这种速生的常绿灌木，着生有大型的白色单花，花期早夏至仲夏，可达几个星期，每朵花的中部聚集着亮金黄色的雄蕊，周围环绕着五块深红色斑。叶片披针形，有黏性，且香气亮绿色。种植在向阳的河岸，或容器中效果极佳，在寒冷之地植株有可能因受冻而枯萎。

栽培　种植在排水良好、贫瘠至肥力适中的土壤里，喜向阳、背风之地，耐石灰质土壤。如果必要的话，每年在春季或开花后对植株进行轻度整形，但注意不要修剪过度。

☀ ◊ ♀ ❀ ❀
株高1.2米　冠幅1.2米

匍匐岩蔷薇

Cistus × *dansereaui* 'Decumbens'

这种常绿的岩蔷薇作为地被植物时能够给人以深刻的印象。花朵白色，带红色斑块，花心黄色，花期自初夏至仲夏间可达数周。叶片狭窄，具光泽，深绿色，着生于黏性的枝条上。岩蔷薇性喜日光充沛之地，且适合种植于岩石园、高台花坛或石头墙上。植株在石灰质或钙质土壤中也能生长。

栽培　可种植于排水良好的向阳之地。在花后进行修剪。删剪凌乱枝，但不宜重剪。

☀ ◊ ♡ ❀ ❀❀　　株高60厘米　冠幅1米

紫花岩蔷薇

Cistus × *purpureus*

这种树冠呈圆球状的夏花型常绿灌木，会抽生出花朵稀疏的花簇。其花朵呈深粉色，在每枚花瓣的基部有酱紫色斑点。叶片深绿色，着生在直立的被红晕的黏性枝条上。应用于大型岩石园、向阳河岸或进行盆栽效果良好。在冬季寒冷地区无法存活。

栽培　种植在排水良好、贫瘠至肥力适中的土壤里，宜选背风的日光充沛之地，可在石灰质土壤中生长。在开花后可轻度整形，但避免修剪过度。

☀ ◊ ♡ ❀ ❀❀　　株高1米　冠幅1米

早花铁线莲

Early-flowering Clematis

早花"种类"铁线莲的价值在于自春季与初夏间开放的艳丽花朵。它们通常为落叶缘缘植物，生长着中绿色至深绿色的具裂叶片。开放最早的种类花朵通常呈钟状，那些开放较晚的山铁线莲 (*C.montana*) 类型，花朵为扁平状或碟形。在绽蕊后常会结出具装饰性的果实。许多铁线莲，特别是山铁线莲类生长旺盛，其成形十分迅速，用它们来掩饰没有特点或不美观的墙壁十分理想。

如果条件允许的话，可以令其生长成落叶灌木，它们能够在所攀附的植物发叶前开花。

栽培 种植在排水良好、肥沃、富含腐殖质的土壤中，喜全日照，在半阴之地亦可生长良好。应该对植株的根系与基部进行遮荫。在开花后将嫩枝小心地牵引到你认为合适的地方，并剪去过长的枝条。

☼ ◐ ◊ ❀ ❀ ❀

株高2～3米 冠幅1.5米

株高2～3米 冠幅1.5米

株高10米 冠幅4米

更多选择

'白楼斗菜'高山铁线莲(*C.alpina* 'White Columbine')花朵白色。

'赫尔辛堡'高山铁线莲(*C.alpina* 'Helsingborg')花朵深蓝色与褐色相间。

西班牙铁线莲(*C.cirrhosa* var. *balearica*)与'雀斑'卷须铁线莲 (*C.cirrhosa* 'Freckles')花朵乳白色，具粉褐色斑点。

株高10米 冠幅2～3米

株高5米 冠幅2～3米

1 '弗朗西丝·里维斯' 高山铁线莲(*Clematis alpina* 'Frances Rivis') ♥ 2 '马卡姆粉' 大瓣铁线莲(*C.macropetala* 'Markham's Pink') ♥ 3 大花山铁线莲(*C.montana* f.*grandifora*) ♥ 4 粉红山铁线莲(*C.montana* var.*rubens*) 5 '四瓣玫瑰' 粉红山铁线莲 (*C.montana* var.*rubens* 'Tetrarose') ♥

中花铁线莲
Mid-season Clematis

中花铁线莲为缠绕性落叶攀缘植物，主要由杂交育成。整个夏季时节，植株能够开放出极为美观的繁茂花朵，其形状与颜色十分丰富，它们呈碟状、大型、向外翻卷，当夏季即将结束时，花朵颜色会变得暗淡。复叶呈淡绿色至中绿色，小叶数枚。与其他灌木相比，中花铁线莲看起来显得别具一格，特别是当它们在所攀附的植物之前或之后开花时更是如此。其枝条在严冬时会受到损伤，但是植株常能迅速地恢复生机。

栽培 种植在排水良好、肥沃、富含腐殖质的土壤中，应使植株上部接受日光照射，而根部处于荫蔽之中。色调柔和的花朵可能会在日光照射下凋谢，最好使其处于半阴环境里。在暮冬时进行覆盖保护，注意避免紧贴根颈，小心地将嫩枝固定好，在暮冬时剪去老枝以促发壮芽。

☀ ◐ ◊ ✿ ✽ ✽ ✽

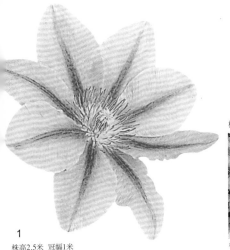

1
株高2.5米 冠幅1米

2
株高2.5米 冠幅1米

3
株高2~3米 冠幅1米

1 '比斯纪念日' 铁线莲(*Clematis* 'Bees's Jubilee') 2 '拉佩尔博士' 铁线莲(*C.* 'Doctor Ruppel')
3 '埃尔莎·史帕斯' 铁线莲(*C.* 'Elsa Späth')

4

株高可达3米　冠幅1米

5

株高2.5米　冠幅1米

6

株高2.5米　冠幅1米

7

株高3米　冠幅1米

8

株高2.5米　冠幅1半

9

株高3米　冠幅1米

10

株高2.5米　冠幅1米

11

株高2~3米　冠幅1米

4 '焰火' 铁线莲（*C.* 'Fireworks'）5 '吉莉安·布莱兹' 铁线莲（*C.* 'Gillian Blades'）♡6 '杨氏' 铁线莲（*C.* 'H.F.Young'）♡7 '亨利' 铁线莲（*C.* 'Henryi'）♡ 8 '拉瑟斯登' 铁线莲（*C.* 'Lasurstern'）♡9 '贝特曼小姐' 铁线莲（*C.* 'Miss Bateman'）♡10 '女信使' 铁线莲（*C.* 'Miss Batman'）♡11 '内莉·莫泽' 铁线莲（*C.* 'Nelly Moser'）♡

12

13
株高2~3米　冠幅1米

株高2~3米　冠幅1米

14
株高2米　冠幅1米

15
株高2米　冠幅1米

更多选择

'内维尔勋爵'（'Lord
Nevill'）花朵深蓝色，花药紫
红色。

'乔姆利夫人'（'Mrs
Cholmondely'）花朵薰衣草
色，花药褐色。

'威尔古德温'（'Will Goodwin'）
花朵浅蓝色，花药黄色。

16

17
株高2~3米　冠幅1米　　　株高2~3米　冠幅1米

12 '尼俄伯'　铁线莲（*C.* 'Niobe'）♡13 '理查德·彭内尔'　铁线莲（*C.* 'Richard Pennell'）♡14 '皇威'　铁线莲（*C.* 'Royalty'）♡
15 '银月'　铁线莲（*C.* 'Silver Moon'）16 '总统'　铁线莲（*C.* 'The President'）♡17 '维维安·彭内尔'　铁线莲（*C.* 'Vyvyan Pennell'）♡

晚花铁线莲
Late-flowering Clematis

许多大型杂交铁线莲的花朵能够从仲夏一直开放到暮夏，当适合意大利铁线莲(*C.viticella*)类型的生长季节到来时，植株便会开出通常较小，但更为繁茂的花朵。随后有其他的晚花种类陆续绽蕊。它们可能是落叶植物或常绿植物，有着很多种叶片形状与颜色各异的品种。其中大部分，像'天蓝珍珠''Perle d'Azur'为生长旺盛的品种，能够用来覆盖大面积的墙壁或掩饰外观不雅的建筑物。其银灰色的果实可以很好地宿存到冬季，从而进一步开拓了植株的装饰作用。除'比尔·麦肯齐'（'Bill Mackenzie'）外，绝大多数品种都能够倚着小型树木进行栽种。

栽培 种植在富含腐殖质的肥沃、排水良好之地，使植株基部处于荫蔽之中，上部处于日光照射或疏荫状态。在暮夏时进行覆盖保护，注意不要紧贴根颈。每年早春在枝条开始生长前进行强剪。

☼ ◐ ◊ ❀ ❀ ❀

1
株高4米 冠幅1.5米

2
株高7米 冠幅2~3米

3
株高2.5米 冠幅1.5米

1 '白丰'铁线莲(*Clematis* 'Alba Luxurians') ♀ 2 '比尔·麦肯齐'铁线莲(*C.* 'Bill Mackenzie') ♀
3 '奥尔巴尼公爵夫人'铁线莲(*C.* 'Duchess of Albany')

4
株高2~3米　冠幅1米

5
株高3~5米　冠幅1.5米

6
株高3米　冠幅1米

7
株高3米　冠幅1.5米

8
株高3米　冠幅1米

9
株高3米　冠幅1米

10
株高3米　冠幅1米

11
株高3米　冠幅1米

12
株高6~7米　冠幅2~3米

4　'鲍查德伯爵夫人' 铁线莲 (*C.* 'Comtesse de Bouchaud') ♀5　'明星瓦奥莱特' 铁线莲 (*C.* 'Etoile Violette') ♀6　'杰克曼' 铁线莲 (*C.* 'Jackmanii') ♀7　'朱莉娅·科里冯夫人' 铁线莲 (*C.* 'Madame Julia Correvon') ♀8　'小舞步' 铁线莲 (*C.* 'Minuet') ♀9　'天蓝珍珠' 铁线莲 (*C.* 'Perle d' Azur') ♀10　'维诺萨紫' 铁线莲 (*C.* 'Venosa Violacea') ♀11　'姹紫' 意大利铁线莲 (*C.viticella* 'Purpurea Plena Elegans') ♀12　长花铁线莲 (*C.rehderiana*) ♀

红耀花豆
Clianthus puniceus

红耀花豆为茎干木质化的常绿攀缘灌木，枝条呈不规则生长。花朵亮红色，鲨状，呈簇状俯垂生长，自春季至初夏间开放［品种'白花'（'Albus'）的花朵为纯白色］。叶片中绿色，分裂成多枚椭圆形小叶。适合倚墙种植。在能够上冻的气候条件下，需在冷室里进行保护越冬。

栽培 种植于排水良好、十分肥沃的土壤中，应选背风的日光充足之地进行栽培。在植株幼小时就要摘心，以促发分枝，此外，要将修剪保持在最小范围内。

☀ ◐ ♀ ❀　　　　株高4米 冠幅3米

鸡蛋参
Codonopsis convolvulacea

为生长势弱的草本植物。钟形至碟形的柔紫罗兰色花朵在夏季时开放于缠绕茎上，给环境带来美感。叶片披针形至卵形，亮绿色。栽种于草本花境、树木园中，能够在其他植物间攀缘生长。

栽培 种植在湿润且排水良好的明亮、肥沃之地，在间有日光之处也能很好生长。要设立支架或栽种于灌木旁。在春季时自基部进行修剪。

☀ ◐ ◐ ❀ ❀ ❀　　　　株高可达2米

'白花' 美丽秋水仙
***Colchicum speciosum* 'Album'**

虽然美丽秋水仙(*C.speciosum*)的花朵是粉红色的，但是此品种的花朵为白色。为具球茎的多年生植物，其开放着对气候适应性强、茂密的雪白色高脚杯状花朵。叶片狭窄，中绿色，在冬季或春季时萌生，花后枯萎。可栽植在花境前缘、河堤基部或岩石园中。整株植物毒性很强，如果误食会导致中毒。

栽培 种植在湿润且排水良好的土壤中，喜全日照。初秋，将球根栽种于土层深厚的肥沃之地，覆土厚度为10厘米。

☼ ◑ ◊ ♡ ✿ ✿ ✿
株高18厘米 冠幅10厘米

铃兰
Convallaria majalis

铃兰为匍匐生长的多年生植物。花朵细小，白色，香气甚浓，在暮春或初夏时于拱形的花梗上开放。叶片狭卵形，中绿色至深绿色。为树木园与其他荫蔽之地的十分理想的地被植物。在适宜的条件下，植株能够迅速生长。

栽培 种植在保水力强、富含腐殖质的肥沃腐叶质土壤中，喜浓荫或疏荫环境。在秋季时用落叶进行覆盖保护。

☼ ◑ ◊ ◊ ♡ ✿ ✿ ✿
株高23厘米 冠幅30厘米

橄榄叶旋花
Convolvulus cneorum

这种株形紧凑、树冠圆形的常绿灌木，自暮春至夏季间能够开放出大量的具黄心的白色漏斗形花朵。叶片狭披针形，浅灰绿色。为美化岩石园十分理想的大型植物，也可种植于向阳的河岸上。在冬季寒冷潮湿之地，应该进行分栽，于冷室越冬。

栽培 种植在含有砂砾、排水极其良好、瘠薄至肥力适中的土壤里，宜选向阳、背风之地。如果必要的话，在开花后进行整形。

☼ ◊ ♀ ❀❀　株高60厘米 冠幅90厘米

地被旋花
Convolvulus sabatius

为拖曳生长的小型多年生植物。花朵喇叭状，亮蓝紫色，自夏季至初秋间开放。茎秆纤细，生长着小型的卵圆形中绿色叶片，点缀于岩石缝中效果绝佳。在寒冷之地最好进行盆栽，搭架，在温室越冬。本种有时用毛里塔尼亚旋花(*C. mauritanicus*)进行表示。

栽培 种植在排水极其良好、含有粗砂的瘠薄至肥力适中的土壤里，喜全日照之地，要为植株设立支架。

☼ ◊ ♀ ❀❀　株高15厘米 冠幅50厘米

轮叶金鸡菊 '月光'
Coreopsis verticillata 'Moonbeam'

整个夏季，'月光'金鸡菊都盛开着雏菊形的柠檬黄色花朵，在下方浅绿色羽状叶片的衬托之下，特别容易吸引蜜蜂。这种小巧漂亮且抗旱的多年生植物非常适合装点小径和花境的边缘。

栽培　适合肥沃、排水性好的土壤，充足光照或半遮阳均可。可以将枯花摘掉来延长花期。

☼ ◊ ❀❀❀❀
株高50厘米　冠幅50厘米

'西伯利亚' 红瑞木
Cornus alba 'Sibirica'

为落叶灌木。其裸露的嫩枝呈亮珊瑚红色，常被用于营造冬季景观。乳白色的小花簇生，在暮春与初夏里于深绿色的卵形叶片间开放。叶片在秋季时由绿转红。栽培在水边效果颇佳，亦可种植在那些冬季能够很好地展示出其美丽茎秆的地方。

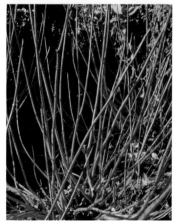

栽培　可种植在任何肥力适中的土壤里，喜日光充足。为了获得最佳的观茎效果，每年春季应对成形植株强剪并施肥一次，尽管这样做会导致植株无法开花。

☼ ◊ ◊ ❀❀❀❀　株高3米 冠幅3米

'斯佩思'红瑞木
Cornus alba 'Spaethii'

为生长势强的直立落叶灌木。叶片椭圆形，亮绿色，具黄色边缘，通常要栽种于冬季时能够欣赏到其亮红色嫩枝的地方。自暮春至初夏间，成小簇的乳白色花朵开放于叶片间。种植在冬季能够很好地展示出其茎秆之处效果最好。

栽培　可种植在任何肥力适中的土壤里，在全日照条件下生长更好。为了获得最佳的茎秆观赏效果，只有放弃植株开花，每年春季对成形植株进行强剪并施肥一次。

☀ ◊ ◑ ♦ ☺ ❀❀❀　　　　株高3米　冠幅3米

'切罗基酋长'多花山茱萸
Cornus florida 'Cherokee Chief'

这种小型的落叶乔木具有美丽的圆形树冠。春季植株能开放出十分醒目的具red粉色苞片的小型花朵，秋季叶片转为红色，随后结出红色果实。其枝条坚韧，适合种植于天井附近。也可将其点缀在花境后部以彰显春秋二季的植株美色，或孤植于草坪之上。

栽培　种植在肥沃、富含腐殖质、排水良好的中性至酸性土壤中。下午防止西晒。在干旱季节要充分浇水。

☀ ❀ ◊ ◑ ♦ ☺　　　　株高可达6米　冠幅可达8米

四照花
Cornus kousa var. *chinensis*

这种树冠呈阔圆锥形的落叶乔木，树皮薄而易剥落。其价值在于它那能够给人以深刻印象的，秋季能够由深绿色转为深红紫色的卵形叶片。花朵于初夏时开放，具白色的长苞片，尔后变为粉红色。为一种孤植乔木，当栽种在树木园中显得更加具有吸引力。'里美'日本四照花(*C.kousa* 'Satomi')在秋季时叶片颜色更为艳丽，花萼呈粉红色。

栽培 最好种植在排水良好、肥沃、富含腐殖质的中性至酸性土壤里，喜全日照，亦耐疏荫环境。在秋季时进行修剪。

☼ ◐ ◊ ♀ ❀ ❀ ❀ 　　株高7米 冠幅5米

欧亚山茱萸
Cornus mas

欧亚山茱萸为长势强健的扩展型落叶灌木或小乔木。簇生，黄色小型花朵，为暮冬裸露的植株增添了诱人之色。在秋季时，其深绿色的卵圆形叶片变为紫红色，此时它的果实也会成熟转红。为适合于树木园中栽种的一种极好的孤植乔木。

栽培 可在任何排水良好的土壤中生长，喜日光充足，亦耐疏荫环境。最好只进行轻剪。

☼ ◐ ◊ ❀ ❀ 　　株高5米 冠幅5米

'黄枝'匍茎山茱萸
Cornus sericea 'Flaviramea'

为长势强健的落叶灌木。在春季深绿色的卵圆形叶片萌生之前，其冬季裸露的黄绿色嫩枝为环境增添了亮丽景观。白色的花朵簇生，自暮春至初夏间开放。叶片在秋季时转红。种植于沼泽园或水边湿润之地效果很好。

栽培　种植在保水力强的土壤中，喜全日照。每年剪去1～4根老枝，以使植株紧凑。为了保证冬季能够观赏到效果最佳的茎秆，每年早春要进行强剪，以除去全部枝条，并施肥一次。

☀ ◐ ♡ ❀ ❀ ❀　　　　株高2米　冠幅4米

澳洲倒挂金钟
Correa backhouseana

澳洲倒挂金钟为枝条繁茂、披散生长的常绿灌木。呈淡红绿色、乳白色的管状花朵成小簇生长，自暮秋至暮春间开放。深绿色的卵圆形叶片着生在被毛的锈红色茎秆上。在气候寒冷之地，应将其栽种在向阳的墙壁前，或于整个冬季不会使植株遭受霜害的环境里。被推荐的还有，开放红色花朵的'曼恩'澳洲倒挂金钟（*C.* 'Mannii'）。

栽培　种植在排水良好的酸性至中性土壤里，喜全日照。如果必要的话，在开花后进行删剪。

☀ ◐ ♡ ❀
株高1～2米　冠幅1.5～2.5米

'金线' 蒲苇

Cortaderia selloana 'Aureolineata'

这种蒲苇为丛生的常绿多年生植物，也被称为'金带'('Gold Band')。拱形叶片具有浓黄色边缘，当其衰老后转为深金黄色。在暮夏时，由银白色花朵所构成的羽状花序着生在高高的茎秆上，在寒冷之地可能无法越冬。花序经干燥后可作为装饰品。

栽培 种植在排水良好的肥沃土壤中，喜全日照。在暮冬时要剪去所有的枯叶，并除去头年的花茎；戴上手套以保护双手免遭锋利叶片的损伤。

☀ ◊ ❀ ✿ ❄❄

株高可达2.2米 冠幅1.5米或更宽

'森宁代尔银' 蒲苇

Cortaderia selloana
'Sunningdale Silver'

'阳光谷银'蒲苇为丛生的常绿多年生植物，对气候适应性强。暮夏，丝质的羽状银白色花序着生于粗壮的直立茎秆上。叶片狭窄、拱形、边缘锐利。在寒冷之地，冬季要用干燥的覆盖物对其根部进行保护。花序可被脱水处理。

栽培 种植在排水良好、肥沃但不是很黏重的土壤中，喜全日照。在暮冬时要除去衰老的花茎与所有的叶片；戴上手套以保护双手免遭锋利叶片的损伤。

☀ ◊ ❀ ✿ ✿

株高3米或更高 冠幅可达2.5米

'乔治·贝克' 密花紫堇
***Corydalis solida* 'George Baker'**
为低矮、丛生的多年生草本植物。深肉红色花朵着生在直立的新枝上，当春季时高于具深裂的灰绿色细叶开放。用来美化岩石园或高山植物温室效果极好。

栽培 种植在排水迅速、肥力适中的土壤或基质里，栽培地点宜全日照，但稍耐阴。

☀ ◊ ♀ ❀ ❀ ❀
株高可达25厘米　冠幅可达20厘米

疏花蜡瓣花
Corylopsis pauciflora
这种落叶灌木，在早春至仲春间开花，细小的具芳香之淡黄色花朵簇生于裸露的枝条上，构成悬垂状柔荑花序。叶片椭圆形，亮绿色，刚抽生时呈青铜色。在自然生长的条件下，植株通常具有兜美的外形，能够作为荫点间有日光之地的美丽灌木。花朵容易遭受霜害。

栽培 种植在湿润且排水良好、富含腐殖质的酸性土壤中，宜选背风的疏荫之地。要考虑到植株会四处蔓延，由于其自然美感容易丧失，因此修剪仅需清除枯死枝条。

☀ ◊ ♀ ❀ ❀ ❀　株高1.5米　冠幅2.5米

'龙爪' 欧洲榛
Corylus avellana 'Contorta'

'龙爪' 欧洲榛为落叶灌木。其枝条在冬季里看起来显得更加扭曲，它们也能用于插花。在这个季节的晚些时候所长出的淡黄色柔荑花序，增添了植株的冬趣。叶片中绿色，近圆形，具齿。

栽培　可种植在任何排水良好的肥沃土壤中，喜日光充足，亦耐半阴环境。一旦成形，扭曲的枝条就会显得拥挤，并有可能开裂，因此在暮冬时要对枝条进行疏剪。

☀ ◑ ◊ ❈ ❈ ❈　　株高15米　冠幅15米

'紫叶' 巨榛
Corylus maxima 'Purpurea'

'紫叶' 巨榛为生长势强、树冠开展的落叶灌木，经修剪后可长成小乔木。在暮冬时，微紫色的柔荑花序先于呈圆形的紫色叶片长出。可食的坚果于秋季里成熟。能够进行孤植栽种在灌木花境里，或作为树木园颇具吸引力的组成部分。

栽培　可种植在任何排水良好的肥沃土壤中，喜日光充足，亦耐疏荫环境。为了获得最佳的叶片观赏效果，在不影响植株结果的前提下，应于初春进行强剪。

☀ ◑ ◊ ❈ ❈ ❈
株高可达6米　冠幅5米

'索纳塔白' 波斯菊
Cosmos bipinnatus 'Sonata White'
为具分枝且株形紧凑的一年生植物。
花朵单生，碟状，白色，具黄心，自
夏季至秋季间在直立的枝条顶端开
放。叶片亮绿色，呈羽毛状。种植在
开放式花园中效果颇佳，亦是很好的
切花材料。

栽培 种植在湿润且排水良好的肥沃
土壤中，喜全日照。为了延长绽蕊时
间应摘去残花。

☼ ◊ ◊ ❄ ☒ ✿✿✿
株高30厘米 冠幅30厘米

'第一紫' 黄栌
Cotinus coggygria 'Royal Purple'
这种落叶灌木，因其具有圆形的紫红
色叶片而被种植，其在秋季时变为艳
丽的猩红色。由细小的粉紫色花朵所
构成的像烟雾一样的羽状花序，着生
于较老的枝条上，但是植株仅在漫长
的炎热夏季里才能化育。用于灌木化
境或作为孤植树木效果不错，也可群
植于空间开阔之地。

栽培 种植在湿润且排水良好、肥力
很足的土壤中，喜全日照，亦耐疏荫
环境。为了获得最佳的叶片观赏效
果，每年春季在新枝抽生前要对植株
上的较老枝条进行强剪。

☼ ☀ ◊ ◊ ❄ ☒ ✿✿✿ 株高5米 冠幅5米

'优雅'黄栌
Cotinus 'Grace'

为速生的落叶灌木或小乔木。叶片卵
形，紫色，在深秋时变为清晰醒目的
红色。粉紫色的细小花朵簇生成烟雾
状花序，仅于炎热的夏季里才大量开
放。单独对它进行栽种或配植在花境里
效果都很好。如需夏季叶片呈绿色，而
秋季叶色与之同样亮丽的品种时，可选
择'火焰'黄栌(*C.* 'Flame')。

栽培　种植在湿润且排水良好、肥力
适度的土壤中，喜日光充足，亦耐疏
荫环境。为了保证能够观赏到最佳的
叶片，每年春季在新枝即将长出前进
行强剪。

☼ ◐ ◊ ◊ ❀ ❀ ❀
株高6米　冠幅5米

'花叶'黑紫栒子
Cotoneaster atropurpureus 'Variegatus'

这种株形紧凑、低矮生长的灌木，有时
被称为'花叶'平枝栒子(*C. horizontalis*
'Variegatus')。在夏季时，植株能够
开放出不引人注意的白色*花朵。当进
入秋季后，会结出美丽的橙红色果实。
叶片细小，卵圆形，具白边，于冬季脱
落。它们在枯萎前变为红粉相间的颜
色，从而给环境里增添了秋季色彩，作
为地被植物或用于岩石园效果很好。
(*：原译为：红色花朵，正确为：白
色花朵。——译者注)

栽培　种植在排水良好、肥力适中的
土壤里，喜全日照。耐干旱与疏荫环
境，最好不要进行强剪。

☼ ◐ ◊ ◊ ❀ ❀ ❀
株高45厘米　冠幅90厘米

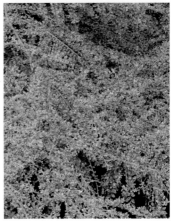

'美丽'大果枸子

Cotoneaster conspicuus 'Decorus'

这种株形紧凑、呈垫状生长的常绿灌木，因其发亮的红色果实而被种植。它们在秋季里成熟，常能于枝条上宿存至暮冬。夏季，白色小花开放在深绿色的叶丛间，用来美化灌木花境或栽种于落叶乔木的冠层下效果不错。

栽培　种植在排水良好、肥力适中的土壤里，在全日照下最为理想，但植株也较耐荫。如果必要的话，于开花后疏剪进行整形。

☼ ◐ ◊ ♈ ❀❀❀
株高1.5米　冠幅2～2.5米

平枝枸子

Cotoneaster horizontalis

为枝条呈鱼骨状开展的落叶灌木。白粉色的细小花朵为蜜蜂所喜爱，夏季开放，亮红色的果实于秋季成熟。叶片深绿色，具光泽，在脱落前转为红色。适合作为地被植物，但是将其靠着墙壁栽种，伸之平卧生长能给人留下极其深刻的印象。

栽培　可种植在除渍水外的任何土壤中，栽培地点日光充沛，能够促使植株结出更好的浆果，亦耐半阴环境。应将修剪保持在最小范围内，如果倚墙栽种，在暮冬时要短截朝外生长的枝条。

☼ ◐ ◊ ♈ ❀❀❀
株高1米　冠幅1.5米

白花枸子
Cotoneaster lacteus

这种株形紧凑的常绿灌木，具有拱形枝条，自初夏至仲夏期间，在它们的上面会着生有成簇的杯形乳白色小花，当进入秋季后，植株会结出醒目的红色果实。叶片卵圆形，深绿色，革质，叶背具灰毛。由于其果实是蜂类与鸟类的食物来源，因此种植在野趣园里十分理想，亦为构建防风墙或自然式树篱的良好材料。

栽培　种植在排水良好、十分肥沃的土壤中，在日光充足或半阴条件下生长良好。如果必要的话，于夏季剪除树篱，应将修剪保持在最小范围内。

☀ ◐ ◊ △ ❀ ❀ ❀ ❀　　株高4米　冠幅4米

西蒙斯枸子
Cotoneaster simonsii

为直立的落叶或半常绿灌木。细小的杯形花朵在夏季开放，果实于秋季成熟，亮橙红色，能够在枝条上很好地宿存到冬季。其具光泽的深绿色叶片也是秋季的看点，因为届时它们会从深绿色变为红色。适合作为绿篱使用，也能将枝条修剪得十分短，使之形成半规整式框架。

栽培　可种植在任何排水良好的土壤中，喜全日照，亦耐疏荫环境。在暮冬或早春时剪除篱栽植株以进行整形，也可使其保持自然状态生长。

☀ ◐ ◊ △ ❀ ❀ ❀ ❀　　株高3米　冠幅2米

斯特恩枸子
Cotoneaster sternianus

为株形优雅的常绿或半常绿灌木。具粉晕的白色花朵于夏季簇生于拱形枝条上，在随后到来的秋天里，植株会结出难以数清的大型橙红色果实。叶片灰绿色，背面白色。适合作为树篱材料。

栽培 可种植在任何排水良好的土壤中，喜日光充足，亦耐半阴环境。如果必要的话，在开花后轻剪树篱，最好将修剪保持在最小范围内。

☀ ☼ ◊ ♡ ❀ ❀ ❀   株高3米 冠幅3米

'约翰·沃特勒' 枸子
Cotoneaster × watereri 'John Waterer'

为速生的常绿、半常绿灌木或小乔木。其价值主要表现在，当秋季时枝条上密缀的大量红色果实。夏季，簇生的白色花朵开放在深绿色的披针形叶片间。适合孤植或作为灌木花境的背景材料。

栽培 可种植在除渍水外的任何土壤中，喜日光充足，亦耐半阴环境。当植株幼小时，要剪去杂乱枝，以保证成形枝条有着良好间距的骨架。尔后，几乎不需进行修剪。

☀ ☼ ◊ ♡ ❀ ❀ ❀   株高5米 冠幅5米

心叶二节芥
Crambe cordifolia

为生长强健、高大的丛生多年生植物，因其株高与芳香、轻盈、能随风摆动的花枝而被种植。细小的白色花朵对蜜蜂特别具有吸引力，在夏季里，它们绽放于生长有外形美观的深绿色大型叶片的枝条上。种植在混栽花境中颇为壮观，但是在定植时要留下能够保证其正常生长的足够空间。

栽培　可种植在任何排水良好之地，喜土层深厚的肥沃土壤，喜全日照，亦耐疏荫环境。要设立屏障以防强风劲吹。

☀ ☀ ◐ ◇ ❄❄ ❄❄❄❄　株高可达2.5米　冠幅1.5米

'保罗猩红' 光叶山楂
Crataegus laevigata 'Paul's Scarlet'

这种树冠呈圆形、具刺的落叶乔木，其价值在于它能够表现出丰富的季节变化。自暮春至夏季间，植株会开放出由重瓣的深粉色花朵所构成的大量花簇，当秋季来到时，植株会结出小型的红色果实。叶片3～5裂，具光泽、中绿色。为城镇、海边或露地庭园特别常用的孤植乔木。品种'粉重瓣'（'Rosea Flore Pleno'）与之极为相似，为很好的替代材料。

栽培　可种植在除渍水外的任何土壤中，喜全日照，亦耐疏荫环境。最好将修剪保持在最小范围内。

☀ ☀ ◐ ◇ ❄❄ ❄❄❄❄❄　株高8米　冠幅8米

'招贤纳士'拉瓦利山楂

Crataegus × *lavalleei* 'Carrierei'

这种生长强健的拉瓦利山楂为树冠开展的半常绿乔木。枝条具刺。叶片绿色，革质，当暮秋与冬季时变为红色。花簇扁平，花朵白色，于初夏时开放，植株在秋季里能够结出圆形的红色果实，它们可以宿存到冬季。耐环境污染，因此用于城镇花园效果很好。常以拉瓦利山楂(*C.*×*lavallei*)的名称进行分类。

栽培　可种植在除渍水外的任何土壤中，喜全日照，亦耐疏荫环境。最好将修剪保持在最小范围内。

☼ ◐ ◊ △ ♡ ♣ ❀ ❀ ❀

株高7米　冠幅10米

红花百合木

Crinodendron hookerianum

红花百合木为直立的常绿灌木。之所以这样称呼它，是因其直立的枝条上开放着悬垂的猩红色至洋红色的大型花朵。花期暮春至初夏。叶片狭长，深绿色，具光泽。红花百合木不喜碱性土壤，在冬季寒冷地区无法存活。

栽培　种植在湿润且排水良好、富含腐殖质的酸性肥沃土壤中，宜选疏荫、背风之地。如使其根系位于背阴凉爽的环境里，则植株也可在日光充沛之地生长。必要的话，可在开花后稍做整形。

☼ ◊ ♡ ❀ ❀　　株高6米　冠幅5米

'白花'鲍威尔文殊兰
Crinum ×*powellii* 'Album'

为长势强健的多年生球根植物。花朵
纯白色、大型、外展、具芳香，数朵
至十朵簇生于直立的花葶上，自暮夏
与秋季间开放。花朵粉色的鲍威尔文
殊兰(*C.*×*powellii*)也同样诱人。叶片带
状，长度可达1.5米，中绿色，呈拱垂
生长状。在寒冷地区，要选择背风之
地，用大量干燥的覆盖物对休眠的球
根进行深埋，以保护其顺利越冬。

栽培　种植于土层深厚、湿润且排水
良好之地，土壤宜富含腐殖质。应选
能够抵御霜害、干冷风侵袭的全日照
之地进行栽培。

☼ ◐ ❄ ❀ ❀ 　株高1.5米　冠幅30厘米

'索尔法塔雷'雄黄兰
Crocosmia ×
crocosmiiflora 'Solfatare'

这种丛生的多年生植物，在拱形的花
梗上能够绽放出杏黄色的漏斗状花
朵，花期仲夏。叶片带状，铜绿色，
自茎秆基部的膨大球茎上抽生，在冬
季时枯萎。用于花境效果极好。花朵
是良好的切花材料。在寒冷之地会受
到冻害。

栽培　种植在湿润且排水良好、富含
腐殖质的肥沃土壤中，喜全日照。要
用干燥的覆盖物进行保护，以保证其
顺利越冬。

☼ ◐ ❄ ❀ ❀ 　株高60～70厘米　冠幅8厘米

'金星' 雄黄兰
Crocosmia 'Lucifer'

为长势强健的丛生多年生植物。茎秆基部具膨大球茎。叶片亮绿色，具褶。夏季，于拱形的花梗上抽生出朝上开放的红色花朵。种植在灌木花境边缘或靠着池塘效果特别好。

栽培 种植在湿润且排水良好、肥力适中、富含腐殖质的土壤里，栽培地点应保持全日照，亦可在间有荫蔽的环境中正常生长。

☀ ◑ ◊ ♨ ❀ ❀❀❀

株高1~1.2米 冠幅8厘米

梅森雄黄兰
Crocosmia masoniorum

为长势强健、暮夏开花的多年生植物。花朵亮朱红色，朝上开放，高于着生在拱形茎秆上的深绿色叶片绽放，花茎与叶片均抽生于膨大的鳞茎状球茎。可种植在海滨花园中，在可能遭受冻害之地，应将其栽种于背风的温暖向阳之墙壁前。

栽培 最好种植在湿润且排水良好、十分肥沃、富含腐殖质的土壤中，喜全日照，亦耐疏荫环境。在寒冷地区，要用干燥的覆盖物进行保护。

☀ ◊ ♨ ❀❀❀

株高1.2米 冠幅8厘米

春花型番红花

Spring-flowering Crocus

春花型番红花为低矮型多年生植物，它是给早春花园增添宜人色彩不可或缺的材料。一些希伯番红花（*C.sieberi*）的品种，如'三色'（'Tricolor'）或'休伯特·埃德尔斯坦'（'Hubert Edelstein'）开花甚至更早，可于暮冬时开放。高脚杯状花朵与狭窄、近乎直立的叶片，同时或刚好早些抽生于膨大的地下球茎上。叶片中绿色，中部具银绿色条纹，在花朵凋谢后生长迅速。成片种植在混栽花境或草本植物花境的前缘效果很好，也可簇栽于岩石园或高台花坛里。

栽培　种植在含有粗砂、排水极其良好、瘠薄至肥力适中的土壤里，喜全日照。生长阶段大量浇水，每月施用含氮量低的肥料一次。在整个夏季里，必须使科西嘉番红花（*C. corsicus*）保持充分干燥。于理想的环境条件下，能够展示出植株的自然风貌。

☀ ◐ △ ❀❀❀❀

株高8~10厘米　冠幅4厘米

株高5~8厘米　冠幅2.5厘米

株高7厘米　冠幅5厘米

株高5~8厘米　冠幅2.5厘米

株高5~8厘米　冠幅2.5厘米

1 科西嘉番红花（*Crocus corsicus*）♥2 '鲍尔斯'金番红花（*C.chrysanthus* 'E.A.Bowles'）♥3 '白花'希伯番红花（*C.sieberi* 'Albus'）♥4 '三色'希伯番红花（*C.sieberi* 'Tricolor'）♥5 '休伯特·埃德尔斯坦'希伯番红花（*C.sieberi* 'Hubert Edelstein'）♥

秋花型番红花

Autumn-flowering Crocus

这些晚花型番红花具有极高的观赏价值，其小球形花蕾在开放后鲜艳夺目。它们为低矮的多年生植物，叶片自地下球茎中抽生，花期秋季。叶片狭窄，中绿色，中部具银绿色条纹，与花朵同时或花后抽生。在正确的管理条件下，所有种类均可很好生长，成片栽种于岩石园看起来效果极好。能够迅速生长的番红花，像大褚番红花(*C.ochroleucus*)，能为草地增添自然景观，或种植在落叶乔木下。巴纳特番红花(*C.banaticus*)成片栽种在花境前缘能够给人留下深刻印象，但是所需日光不要被其他较大的植物挡住。

栽培 种植在含有粗砂、排水极其良好、瘠薄至肥力适中的土壤里，喜全日照。在整个夏季里，要对除巴纳特番红花(*C.banaticus*)外的所有种类减少浇水，其更喜较为潮湿的土壤，并耐疏荫环境。

☼ ◊ ✿ ✿ ✿

株高10厘米 冠幅5厘米

株高6~8厘米 冠幅5厘米

株高5厘米 冠幅2.5厘米

株高10厘米 冠幅5厘米

株高8厘米 冠幅2.5厘米

株高10~12厘米 冠幅4厘米

1 巴纳特番红花(*Crocus banaticus*) ♥ 2 古氏番红花(*C.goulimyi*) ♥ 3 黎巴嫩番红花(*C.kotschyanus*) ♥ 4 意大利番红花(*C.medius*) ♥ 5 淡赭番红花(*C.ochroleucus*) ♥ 6 美丽番红花(*C.pulchellus*) ♥

日本柳杉'万代衫'
Cryptomeria japonica 'Bandai-sugi'
来自日本的杉树在园艺中用途广泛，是替代其他针叶树的上佳之选。生命力顽强，并且叶片颜色随着季节而变幻。'万代衫'的株形相对较小，非常适合用作树篱。其本身是一种圆形的灌木。绿色的枝叶在冬季会变成深红棕色。

栽培 需种植在潮湿但排水性好其富含有机物的土壤，适合较背阴处，光照或半遮阳均可。不需要日常修剪。

☼ ◐ ◊ ◊ ❦ ✿ ❀ ❀
株高2米 冠幅2米

'雅密'日本柳杉
Cryptomeria japonica 'Elegans Compacta'
把这种生长缓慢的小型针叶树，种植在石楠花坛或岩石园的低矮松柏类间看起来效果不错。其羽状枝纤细，叶片呈柔绿色，冬季变为浓郁的青铜紫色。成年植株树冠常呈规则的锥形。

栽培 可种植在排水良好的全日照或半阴之地。除非枝条凌乱，无需修剪。春季于地上部大约70厘米处进行修剪。

☼ ◐ ◊ ❀ ❀ ❀
株高2~4米 冠幅2米

'金骑士'莱兰扁合柏

× *Cuprocyparis leylandii* 'Gold Rider' *

莱兰扁合柏是很有名的，其生长强健，在不加修剪的情况下植株能够长得很高。因此，千万不要将其靠近建筑物进行栽种，否则容易造成管理失控。这与有着冬季不凋的诱人黄绿色叶片之品种'骑士'（'Gold Rider'）恰好相反。将其密植作为篱墙具有很好的遮蔽效果，亦可作为防风篱栅。

（*：原著学名：× *Cuprocyparis leylandii* 'Gold Rider'，正确为：× *Cupressocyparis leylandii* 'Gold Rider'——译者注。）

栽培　可种植在土层深厚、排水良好的土壤中。在全日照的条件下其叶片颜色显得最美。要定期对植株进行修剪。

☼ ☀ ◐ ◊ ♈ ❀ ❀ ❀ ❀
株高3米或更高　冠幅3米或更宽

'哈格斯顿·格雷'莱兰扁合柏

× *Cupressocyparis leylandii* 'Haggerston Grey'

莱兰扁合柏的常见品种，为树冠呈圆锥形的松柏状速生乔木。其具有茂密的灰绿色叶片，这种植物作为屏障或防风墙栽种后虫长迅速，在栽培中未见开花。

栽培　种植在土层深厚、排水良好、全日照或有疏荫之地。无需正式整形，除非作为绿篱栽培，这时在每年的生长季节里要整形2～3次。

☼ ☀ ◊ ❀ ❀ ❀ ❀
株高可达35米　冠幅可达5米

裂叶蓝钟花
Cyananthus lobatus

为披散生长的垫状多年生植物，因其在暮夏能够开放出亮蓝紫色的阔漏斗形花朵而被种植。花朵单生于茎秆上，萼片被棕色毛。叶片肉质，具深裂，暗绿色。种植在岩石园里或进行槽栽十分理想。

栽培 种植在贫瘠至肥力适中、湿润且排水良好之地，在中性至微碱性的富含有机质的土壤里生长最好。栽培地点宜选疏荫环境。

☀ ◐ ◊ ▽ ❀❀❀

株高5厘米 冠幅可达30厘米

西里西亚仙客来
Cyclamen cilicium

这种具块茎的多年生植物，其价值在于它那纤细俯垂的白色或粉色花朵。在秋季时，它们于圆形或心形的中绿色叶片间绽放，花期常可延续到冬季。在夏季休眠时，这种典雅的植物需要温暖与干燥的环境，在凉温带气候条件下，将其栽种在冷室中，植株可能会生长得更好，亦可在夏季里将其置于乔木或灌木下，以避免受到土壤过湿的影响。

栽培 种植在肥力适中、排水良好、富含腐殖质的土壤里，喜疏荫环境。每年在花后当叶片枯萎时，要用落叶覆盖物进行保护。

☀ ◊ ▽ ❀

株高5厘米 冠幅8厘米

小花仙客来，白蜡组
Cyclamen coum Pewter Group
这种冬春开花的具块茎多年生植物，能够在乔木或灌木下营造出与众不同的自然景观，其紧凑的花朵具有翻卷的花瓣，有从白色至粉色与洋红色相间变化的色彩。它们与圆形的银绿色叶片自膨大的地下块茎上同时抽生。在寒冷地区，要为其提供深厚的干燥覆盖物进行保护。

栽培 种植在含有粗砂、排水良好的肥沃之地，土壤在夏季时不宜失水，喜日光充足，在无日光直射的明亮之处亦可生长。每年当叶片枯萎后，要用覆盖物进行保护。

☀ ◈ ◊ ♀ ❀
株高5~8厘米 冠幅10厘米

常春藤叶仙客来
Cyclamen hederifolium
为具块茎的秋花型多年生植物，能够开放出羽毛球状花朵，其颜色从淡粉色至深粉色，口部具深栗色晕。叶片呈常春藤状，具绿色与银色斑驳，于花后自膨大的地下块茎上抽生。容易自播，特别是当夏季进行遮雨处理后，在乔木或灌木下会形成大量的新株。

栽培 种植在排水良好的肥沃土壤中，喜日光充足，亦耐疏荫环境。每年在植株叶片枯萎后，要进行覆盖处理。

☀ ◈ ◊ ♀ ❀❀❀
株高10~13厘米 冠幅15厘米

小菜蓟
Cynara cardunculus

小菜蓟为轮廓清晰、暮夏开花的丛生多年生植物，栽种在花境中显得十分美观。其大型的紫色蓟状花朵对蜜蜂有着很强的吸引力，银白色的叶片具深裂，茎秆粗壮，被灰毛。其花序经充分干燥后可用于室内装饰，它对蜜蜂极具吸引力，经清洗后其叶柄可供食用。

栽培　可种植在任何排水良好的肥沃土壤中，应选能够抵御干冷风侵袭的全日照之地进行栽培。为了获得最佳的叶片观赏效果，在花茎抽生时应该将它们除去。

☀ ◊ ❀ ❀ ❀ ❀　　株高1.5米　冠幅1.2米

巴氏金雀花
Cytisus battandieri

巴氏金雀花为半常绿灌木，能够逐渐形成松散且开展的树冠。亮黄色的花朵紧密簇生，具菠萝香气，花期初夏至仲夏。叶片3裂，银灰绿色。栽种在草本植物与混栽植物后作为背景观赏效果很好，寒冷地区，最好栽培于向阳的墙壁前。被推荐的品种有‘黄尾’（‘Yellow Tail’）。

栽培　可种植在任何排水良好、不很肥沃的土壤中，喜全日照。尽管仅需轻度修剪，但是为了使强壮的嫩枝抽生，还是要在花后剪去老枝。植株不喜移栽。

☀ ◊ ❀ ❀ ❀ ❀　　株高5米　冠幅5米

比恩金雀花

Cytisus × *beanii*

为低矮的半拖曳状春花型落叶灌木。在拱形的枝条上能够开放出大量的豌豆花状花朵。叶片小，深绿色。可作为美化岩石园或高台花坛的彩色低矮灌木，如果让其自墙壁上向下悬垂生长也十分诱人。阿氏金雀花(*C.* × *ardoinii*)与之相似，但扩展度较小，因此适合在那些场地受到限制的空间进行种植。

栽培 种植于排水良好、贫瘠至肥力适中的土壤里，喜全日照之地。在开花后应该轻度整形，但是要避免伤及老枝。

☼ ◊ ♀ ❀ ❀ ❀
株高可达60厘米 冠幅可达1米

'纯金'早花金雀花

Cytisus × *praecox* 'Allgold'

这种株形紧凑的落叶灌木，自仲春至暮春间会开放出大量的令人满目春光的豌豆花状深黄色花朵，叶片细小，灰绿色，着生在拱形的枝条上。适合用于向阳的灌木花境或大型岩石园中。'沃明斯特'('Warminster')为与之非常相似，但开放着淡乳黄色花朵的品种。

栽培 种植在排水良好的酸性至中性土壤里，喜日光充足之地。为了促发分枝，应该对枝条进行摘心，在开花后将新枝短截至其总长的2/3，避免伤及老枝，对基部秃杆的植株进行更新。

☼ ◊ ♀ ❀ ❀ ❀   株高1.2米 冠幅1.5米

'二色'钟花杜鹃

Daboecia cantabrica 'Bicolor'
为呈欧石楠状的披散灌木。钟状花朵
着生在细长的枝条上，自春季至秋季
间绽放，花朵呈白色、粉色或甜菜根
红色，有时具双色条纹。叶片小，深
绿色。栽培在石楠花坛里或其他喜酸
性土壤的植物间效果很好。被推荐的
品种有'韦利红'（'Waley's Red'），
植株能够开放出悦目的深洋红色花朵。

栽培　最好种植在砂质、排水良好的
土壤呈酸性反应之地，喜全日照，也
可在中性土壤里与有些荫蔽的环境中
生长。于早春轻剪以去掉残花，但是
不能伤及老枝。

☼ ◑ ◊ ❦ ❀❀❀
株高45厘米　冠幅60厘米

'威廉·布坎南' 钟花杜鹃

Daboecia cantabrica 'William Buchanan'
为长势强健、株形紧凑的欧石楠状灌
木。绯紫色的钟形花朵着生在细长的
枝条上，花期暮春至仲秋。叶片狭
窄，叶面深绿色，叶背银灰色。与其
他喜酸性土壤的植物栽种在一起效果
很好，也能点缀于岩石园的松柏类植
物间。可以尝试着与需要开阔场地、
绽放着白色花朵的品种'银泉'（'Sil-
verwells'）种植在一起。

栽培　种植在排水良好、酸性至中性
的砂质土壤里，可在无日光直射的明
亮之处生长，但是更喜日光充足。自
早春至仲春间进行整形，以清除快要
凋谢的花朵，但是不能伤及老枝。

☼ ◑ ◊ ❦ ❀❀❀
株高45厘米　冠幅60厘米

大丽花

Dahlias

大丽花为鲜艳夺目的多年生植物。冬天，其地上部枯萎，在寒冷地区作为一年生植物栽培。其具有肿胀的地下根，在冬季气候寒冷之地应储存于不受冻害的条件下。它们的价值在于那些色彩变化丰富的亮丽花朵。自仲夏至秋季间，当许多其他植物的最佳观赏时段过后，它们的花朵依然能够持续开放。叶片中绿色至深绿色，具裂。当小型花园中有足够的空间时，进行簇栽效果很好。可以将矮型品种点缀在花境的间隙里，或进行盆栽观赏。为理想的切花材料。

栽培　最好种植在排水良好的土壤中，喜日光充足，在下霜的气候条件下掘出块根，储存在泥炭中，置于凉爽之处越冬。当块根不会遭受冻害时，可将其移至室外种植。在初夏时，每周道施一次富含氮素的肥料，植株较高的品种需要设立支架。剪去残花以延长观赏时间。

☼ ◊ ❀❀

1
株高1.1米　冠幅45厘米

2
株高1.1米　冠幅60厘米

3
株高60厘米　冠幅45厘米

4
株高1.2米　冠幅60厘米

5
株高1.1米　冠幅60厘米

1 '兰达夫之主教' 大丽花(*Dahlia* 'Bishop of Llandaff') ♀ 2 '月光' 大丽花(*D.* 'Clair de Lune') ♀ 3 '魅力' 大丽花(*D.* 'Fascination')(矮生型) ♀ 4 '哈玛里·艾科德' 大丽花(*D.* 'Hamari Accord') ♀ 5 '康威' 大丽花(*D.* 'Conway')

6 '哈玛里金' 大丽花(*D.* 'Hamari Gold')♀7 '皇家' 大丽花(*D.* 'Hillcrest Royal')♀8 '凯思琳之爱神' 大丽花(*D.* 'Kathryn's Cupid')♀9 '小罗克斯利' 大丽花(*D.* 'Rokesley Mini')♀10 '明黄' 大丽花(*D.* 'Sunny Yellow')(矮生型)11 '如此精美' 大丽花(*D.* 'So Dainty')♀12 '伍顿丘比特' 大丽花(*D.* 'Wootton Cupid')♀13 '黄锤' 大丽花(*D.* 'Yellow Hammer')(矮生型)♀14 '佐罗' 大丽花(*D.* 'Zorro')♀15 '伍顿效果' 大丽花(*D.* 'Wootton Impact')♀

'廓尔喀族'藏东瑞香
Daphne bholua 'Gurkha'

为直立的落叶灌木。散发着浓烈香气、管状的白粉色花朵簇生在裸露的枝条上，于暮冬时开放。花蕾深粉紫色，在绽蕊后会结出黑紫色的球形果实。叶片披针形，革质，深绿色，为冬季花园中的良好植物。但是在寒冷地区则需要进行保护。如内服则全株均对人体会有很强的毒性。

栽培 种植在排水良好的湿润土壤中，喜日光充足，亦耐半阴环境。覆盖保护以使根系处于凉爽之地，最好保持枝条自然生长。

☀ ❋ ◊ ❀ ❈❈

株高2~4米 冠幅1.5米

西藏瑞香，凹叶组
Daphne tangutica Retusa Group

这些西藏瑞香矮化型有时以凹叶瑞香（*D.retusa*）表示，为常绿灌木。其价值在于它们那自暮春至初夏间开放的异常芳香、白色至紫红色之簇生花朵。叶片披针形，具光泽，深绿色。适用于装饰多种场地，例如大型岩石园、灌木花境或进行混栽。全株具毒性。

栽培 种植在排水良好、肥力适中的富含腐殖质之地，土壤不宜失水，喜全日照，在间有荫蔽之地亦可生长。无需修剪。

☀ ❋ ◊ ❅ ❈❈❈

株高75厘米 冠幅75厘米

雪叶草

Darmera peltata

为株形潇洒、枝叶舒展的多年生植物。有时将其纳入盾叶草属（*Peltiphyllum*）这个属中。伞状的大型圆叶丛生，中绿色，直径可达60厘米，十分壮丽，在秋季时转红。叶片于白色至亮粉色的紧凑星状花簇抽生后萌发。花期春季。种植在沼泽园、池塘或河流边缘均十分理想。

栽培 种植在保湿力强、肥力适中的土壤里，喜日光充足，亦耐疏荫环境，在荫蔽之地可于较干的土壤中生长。

☼ ◐ ◑ ♀ ❀❀❀

株高可达2米 冠幅1米

珙桐

Davidia involucrata

珙桐因其在仲春至暮春间缀满枝条的艳丽、大型的色苞片而得名。这种很被看好的乔木，需要开阔的生长空间。这种落叶乔木在未进入花期时看起来并不起眼，但是其圆锥形的树冠，亮绿色的心形叶片看起来依然令人赏心悦目。树皮剥落，呈橙褐色。

栽培 种植在湿润且排水良好、肥沃的向阳或半阴之地。

☼ ◐ ◑ ♀ ❀❀❀

株高15米 冠幅10米

翠雀
Delphiniums

翠雀为丛生的多年生植物，因其优美的高耸花穗而被栽培，具冲击力的杯状悦目花朵单瓣或重瓣，自初夏至仲夏间绽放，有乳白色至丁香粉色，碧空蓝色至深靛蓝等色彩。叶片中绿色，浅裂，具齿，环绕着茎秆基部着生。要将翠雀的高生品种栽培在有遮挡的混栽花境或岛式花坛里，以免它们被强风刮倒。较矮品种适用于美化岩石园，花朵是良好的切花材料。

栽培 种植在排水良好的肥沃土壤中，喜全日照。为了获得高品质的花朵，在春季时每周施用一次平衡肥料，当嫩枝长到7厘米高时，要进行疏芽。绝大多数品种需要设立支架。清除已经开败的花穗，于秋季时剪除地上部。

☼ ◊ ✽✽✽

株高1.7米 冠幅60～90厘米　　株高2米 冠幅60～90厘米　　株高1.7米 冠幅60～90厘米

1 '蓝色尼罗河' 翠雀(*Delphinium* 'Blue Nile') ♀ 2 '布鲁斯' 翠雀(*D.* 'Bruce') ♀ 3 '凯细欧紫' 翠雀(*D.* 'Cassius') ♀

4

株高可达2米　冠幅60～90厘米

5

株高可达1.5米　冠幅60～90厘米

6

株高1.7米　冠幅60～90厘米

7

株高2米　冠幅60～90厘米

8

株高1.7米　冠幅60～90厘米

4 '克莱尔' 翠雀（*D.* 'Claire'）♀5 '出类拔萃' 翠雀（*D.* 'Conspicuous'）♀6 '埃米莉霍金斯' 翠雀（*D.* 'Emily Hawkins'）♀7 '鼓吹' 翠雀（*D.* 'Fanfare'）8 '乔托' 翠雀（*D.* 'Giotto'）♀

更多选择

'蓝色黎明'('Blue Dawn')花朵粉蓝色，花心褐色。

'康斯坦斯·里韦特'('Constance Rivett')花朵白色。

'浮士德'('Faust')花朵矢车菊蓝色，花心靛蓝色。

'费内拉'('Fenella')花朵深蓝色，花心黑色。

'吉莉安·达拉斯'('Gillian Dallas')花朵白色。

'利文湖'('LochLeven')花朵中蓝色，花心白色。

'迈克尔·埃里斯'('Michael Ayres')花朵紫罗兰色。

'一瞬间'('Min')花朵深紫色，具紫红色脉纹，花心棕色。

'奥利弗'('Oliver')花朵浅蓝色或紫红色，具深色花心。

'浪花'('Spindrift')花朵钴蓝色，花心乳白色。

'泰德尔斯'('Tiddles')花朵灰蓝色。

9 株高可达2米 冠幅60~90厘米

10 株高可达1.5米 冠幅60~90厘米

11 株高可达1.5米 冠幅60~90厘米

9 '凯瑟琳·库克'翠雀(*D.* 'Kathleen Cooke')10 '兰登同花顺'翠雀(*D.* 'Langdon's Royal Flush')♀11 '巴特勒勋爵'翠雀(*D.* 'Lord Butler')♀

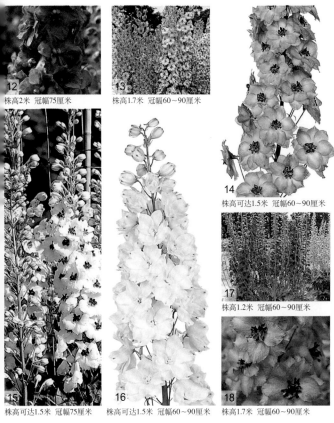

12
株高2米 冠幅75厘米

13
株高1.7米 冠幅60～90厘米

14
株高可达1.5米 冠幅60～90厘米

17
株高1.2米 冠幅60～90厘米

15
株高可达1.5米 冠幅75厘米

16
株高可达1.5米 冠幅60～90厘米

18
株高1.7米 冠幅60～90厘米

12 '大原子'翠雀(*D*. 'Mighty Atom') 13 '德布'翠雀(*D*. 'Our Deb') ♀ 14 '罗斯玛丽·布鲁克'翠雀
(*D*. 'Rosemary Brock') ♀ 15 '矶鹬'翠雀(*D*. 'Sandpiper') ♀ 16 '阳光一现'翠雀(*D*. 'Sungleam') ♀ 17 '泰晤士米德'翠雀(*D*. 'Thamesmead') ♀ 18 '沃尔顿宝石'翠雀(*D*. 'Walton Gemstone') ♀

'金头'发草
***Deschampsia cespitosa* 'Goldtau'**
'金头'发草为一种紧凑的簇生的半常绿植物，在夏季里，成簇的红褐色小穗抽生于叶片之上。在秋季时，小穗和深绿色的线状叶片都会变为金黄色。适合成丛栽种，用来围边，或作为地被植物。

栽培 种植在干燥或潮湿、中性至酸性的向阳或半阴之地。早春在新株生长前要将残花摘掉。

☀ ☀ ◐ ✿ ✿ ✿ ✿
株高70厘米 冠幅50厘米

'罗莎琳德'优雅溲疏
***Deutzia* × *elegantissima* 'Rosealind'**
这种株形紧凑、树冠圆形的落叶乔木，能够开放出大量细小的簇生深粉红色花朵，它们自暮春至初夏间绽放于卵形的暗绿色叶片间，用于混栽花境非常适宜。

栽培 可种植在任何排水良好、不易变干的肥沃土壤中，喜全日照，亦耐疏荫环境。对嫩枝摘心以促发分枝；在开花后自地表齐平处，对较老的枝条进行疏剪。

☀ ☀ ◌ ♈ ✿ ✿ ✿
株高1.2米 冠幅1.5米

花境石竹

Border Carnations （*Dianthus*）
此组石竹为高度中等的一年生或常绿多年生植物，适合用于混栽花境或草本植物花境。在每根花茎上生长着5枚或更多重瓣花朵，其直径可达8厘米，每朵花瓣不少于25枚，它们在仲夏时开放，可以作为切花使用。有仅为一种颜色的品种，像'金十字'（'Golden Cross'）；微具斑点的品种，像'灰鸽'（'Grey Dove'）；或花瓣边缘常呈白色，表面具深色条纹的品种，有些花朵具丁香气味。所有这些石竹类的植物叶片均呈线形，蓝灰色或灰绿色，花朵蜡质。

栽培　种植在排水良好、中性至碱性、富含充分腐熟的粪肥或园艺肥料之地十分理想。在春季时施用一次平衡肥料。种植在全日照之地。暮春，使用细竿、树枝或铁丝进行固定，剪去残花以延长绽蕊时间，并保持株形紧凑。

☼ ◊ ✿ ❀❀

株高45～60厘米　冠幅45厘米

株高45～60厘米　冠幅45厘米

株高45～60厘米　冠幅45厘米

株高45～60厘米　冠幅45厘米

株高45～60厘米　冠幅45厘米

株高45～60厘米　冠幅45厘米

1 '戴维·拉塞尔'香石竹（*Dianthus* 'David Russell'）♀ 2 '德文·卡拉'香石竹（*D.* 'Devon Carla'）♀ 3 '金十字'香石竹（*D.* 'Golden Cross'）♀ 4 '灰鸽'香石竹（*D.* 'Grey Dove'）♀ 5 '露丝·怀特'香石竹（*D.* 'Ruth White'）♀ 6 '斯宾菲尔德·威泽德'香石竹（*D.* 'Spinfield Wizard'）♀

石竹

Pinks (*Dianthus*)

为夏花型石竹类，像本集中的香石竹，因其常具了香香气的妩媚花朵与狭窄的灰蓝绿色叶片受到欢迎而广为种植。它们的花朵能够绽放很长时间；当作为切花使用时，笔挺的茎杆能够很好地支撑着花朵开放。有上千个品种可供选择，花朵为重瓣或单瓣，通常呈粉色、白色、洋红色、鲑肉色或紫红色。它们能够单独栽种(单一品种)，用对比色来构筑图案或用来镶边，多数为优良的花境植物。微型的高山石竹如 '派克粉'('Pike's Pink')与开放着洋红色花朵的 '琼之血'('Joan's Blood')为适合于岩石园或高台花坛使用的优良品种。

栽培 最好种植在排水良好的中性至碱性土壤里，宜选开阔向阳之地。高山石竹需要排水极其良好的环境。在春季时施用一次平衡肥料。除去残花有助于所有的品种延长花期，并使株形保持紧凑。

☀ ◊ ❋❋❋❋

株高25~45厘米 冠幅40厘米

株高25~45厘米 冠幅40厘米

株高25~45厘米 冠幅40厘米

株高25~45厘米 冠幅40厘米

株高25~45厘米 冠幅40厘米

株高25~45厘米 冠幅40厘米

1 '贝基·鲁宾逊' 香石竹(*Dianthus* 'Becky Robinson') ♀2 '德文新娘' 香石竹(*D.* 'Devon Pride') ♀ 3 多丽丝 香石竹(*D.* 'Doris') ♀4 '祖母最爱' 香石竹(*D.* 'Gran's Favourite') ♀5 '海特白' 香石竹(*D.* 'Haytor White') ♀6 '红眼圈' 香石竹(*D.* 'Houndspool Ruby') ♀

7　株高25～45厘米　冠幅40厘米　　8　株高8～10厘米　冠幅20厘米　　9　株高25～45厘米　冠幅40厘米

10　株高25～45厘米　冠幅40厘米　　11　株高25～45厘米　冠幅40厘米　　12　株高25～45厘米　冠幅40厘米

更多选择

高山石竹（*D.alpinus*）为高山石
竹类植物原种，花朵呈浅粉色
细斑。

'琼之血'高山石竹
（*D.alpinus* 'Joan's Blood'）花
朵深粉色，中部发暗。

'博维美女'（'Bovey Belle'）
花朵具丁香气味，呈倒挂金钟
粉色。

'王冠红宝石'（'Coronation
Ruby'）花朵具丁香气味，暖粉
色，被红宝石色斑痕。

'眼花缭乱'（'Inschriach
Dazzler'）为花朵洋红色，具流
苏状边缘的高山石竹。

'瓦尔达·怀亚特'（'Valda
Wyatt'）花朵具丁香气味，重
瓣，薰衣草色。

13　株高8～10厘米　冠幅20厘米

14　株高25～45厘米　冠幅40厘米

15　株高25～45厘米　冠幅40厘米　　16　株高25～45厘米　冠幅40厘米

7　'凯瑟琳·希契科克'香石竹（*Dianthus* 'Kathleen Hitchcock'）☑8　'拉布尔布勒'香石竹（*D.* 'La Bourboule'）☑9　'莫尼卡·怀亚特'香
石竹（*D.* 'Monica Wyatt'）☑10　'纳塔莉·桑德斯'香石竹（*D.* 'Natalie Saunders'）☑11　'奥克伍德传奇'香石竹（*D.* 'Oakwood
Romance'）☑12　'奥克伍德光辉'香石竹（*D.* 'Oakwood Splendour'）☑13　'派克粉'香石竹（*D.* 'Pike's Pink'）☑14　'萨福克新娘'香
石竹（*D.* 'Suffolk Pride'）☑15　'特丽莎之精品'香石竹（*D.* 'Trisha's Choice'）☑16　'怀特·乔伊'香石竹（*D.* 'White Joy'）☑

'黑刺杏'双距花
Diascia barberae 'Blackthorn Apricot'
为垫状的多年生植物。松散的花序穗状，自夏季至秋季的很长时间里，杏黄色花朵在狭心形的中绿色叶片之上持续开放。用于岩石园装饰、在混栽花境前缘或向阳河堤种植效果很好。被推荐的品种有'费希尔之花'双距花（*D.barberae* 'Fisher's Flora'）与'鲁比·菲尔德'（'Ruby Field'）。

栽培 种植在湿润且排水良好的肥沃土壤中，喜全日照。在寒冷的气候条件下，要预防严霜侵袭。幼株要在温室里越冬。

☼ ◊ ♥ ✿ ✿
株高25厘米 冠幅可达50厘米

硬茎双距花
Diascia rigescens
这种枝条拖曳的多年生植物，其价值在于它那肉粉色的高大塔尖状花序，它们于夏季时开放在中绿色的心形叶片之上。用于装饰岩石园、高台花坛或花境前缘效果极好，在寒冷地区，要将其种植在温暖向阳的墙角下。

栽培 种植在湿润且排水良好的肥沃之地，土壤宜富含腐殖质，栽培地点需全日照。幼株要在温室里越冬。

☼ ◊ ♥ ✿ ✿
株高30厘米 冠幅可达50厘米

荷包牡丹

Dicentra spectabilis

荷包牡丹为株形优雅的小丘状多年生植物。自暮春与初夏间，在其拱形枝条上开放着成排的悬垂粉红色心形花朵。叶片具深裂，中绿色。为荫地花境或树木园所使用的美丽植物。

栽培 种植在保湿力强的肥沃、富含腐殖质的中性至微碱性土壤里，喜疏荫环境之地，亦耐全日条件。

☀ ◑ ❄❄❄

株高可达1.2米 冠幅45厘米

'白花'荷包牡丹

Dicentra spectabilis 'Alba'

这种开放着白色花朵的荷包牡丹，与其原种十分相似(参阅上文)，因此为了避免可能出现的品种混淆，要在花期里进行购买。叶片具深裂，亮绿色。花朵心形，自暮春至初夏间开放在拱形的花梗上。

栽培 种植在保湿力强且排水良好之地，土壤宜富含充分腐熟的有机肥料。喜疏荫环境，亦耐全日条件。

☀ ◑ ❄❄❄

株高可达1.2米 冠幅45厘米

'斯图尔特·布斯曼'荷包牡丹
Dicentra 'Stuart Boothman'

为株形舒展的多年生植物。心形粉色花朵沿着拱形的花梗先端着生，自暮春与夏季间开放。叶片缺刻很细，如蕨类植物状，灰绿色。用于荫地花境或树木园颇具吸引力。

栽培 最好种植在湿润且排水良好、富含腐殖质的中性至微碱性土壤里，喜疏荫环境。对叶片生长日趋衰弱的植株，要在早春对其进行分栽与更新。

☀ ◐ ◑ ❅❅❅

株高30厘米 冠幅40厘米

南树蕨
Dicksonia antarctica

有几种树蕨是能够在花园里种植的，而南树蕨或许是其中最耐寒的。主干具纤维状附着物，大型的亮绿色羽状复叶自其顶部长出，高度可达3米。南树蕨不能开花，且生长缓慢。它们能够成为很好的孤植种类，适宜栽植在背阴的湿润之地，或冷室中。

栽培 种植在富含腐殖质、湿润、中性至酸性的全日照或半阴之地。冬季要将栽种于室外的植株进行覆盖保护，以保证它们免遭霜害。

☀ ◐ ◑ ❅❅

株高可达4米或更高 冠幅4米

紫花白鲜
Dictamnus albus var.*purpureus*

这种开紫色花朵的多年生植物，在其他方面与原种完全相同(参阅前页，下文)。直立的穗状花序在初夏时抽生于香气很浓的淡绿色叶片之上。用于盆栽花境或草本植物花境中具有吸引力。

栽培　可种植在任何干燥、排水良好、肥力适中的土壤里，喜全日照，亦耐疏荫环境。

☼ ◐ ◊ ♀ ❈ ❈ ❈
株高40～90厘米　冠幅60厘米

默顿毛地黄
Digitalis × *mertonensis*

为常绿、丛生、观赏期短的多年生植物，因其由外展的草莓粉色花朵所构成的塔尖状花序而被种植，花期暮春至初夏。叶片深绿色，披针形。为混栽花境或草本植物花境，以及树木园所使用的美丽植物。被推荐的品种还有，开放着暗粉色花朵的'悬钩子'('Raspberry')。

栽培　最好种植在湿润且排水良好的土壤中，喜遮荫环境，亦可在全日照条件下与干燥之地生长。

☀ ☼ ◐ ◊ ♀ ❈ ❈ ❈
株高可达90厘米　冠幅30厘米

白花毛地黄
Digitalis purpurea f. *albiflora*

这个毛地黄的变型看起来令人感到有些恐惧，为高大的二年生植物。在夏季里，植株会抽生出由纯白色管状花朵所构成的高大肃穆的塔尖状花序。叶片粗糙，灰绿色，披针形。将其点缀于树木园或混栽花境中显得十分可爱，在出售时也被称作'白花'毛地黄(*D.purpurea* 'Alba')。

栽培 种植在湿润且排水良好的土壤中，喜疏荫环境，但在全日照条件下也能于干燥之地生长。

☼ ❁ ◐ ◇ ♈ ❀❀❀

株高1~2米 冠幅可达60厘米

紫荆叶双花木
Disanthus cercidifolius

紫荆叶双花木的树冠圆形，为中型灌木，在庭园里十分少见。它是一种十分好看的秋色植物，在酸性土壤中生长良好。其叶片心形，秋季在脱落前能够呈现各种深浅不同的橙色、红色、紫色和黄色。具微香的红色花朵秋季绽放。暮春应对植株进行保护，以免遭受霜害。

栽培 种植在湿润且排水良好、中性至酸性的半阴或轻荫之地。宜选背风之地进行栽种，否则当花芽萌动后，容易被暮春的严霜冻坏。

☼ ❁ ◐ ◇ ♈ ❀❀❀

株高3米 冠幅3米

白花流星花
Dodecatheon meadia f.*album*

这种多年生草本植物的诱人之处是它那开展的花簇。乳白色的花朵深反卷，自仲春至暮春间开放于拱形的枝条上，卵形的叶片呈莲座状排列，淡绿色。

栽培　种植在湿润、富含腐殖质的土壤中，喜疏荫环境。在春季时可能会受到蛞蝓与蜗牛的危害。

☼ ◐ ♀ ❀❀❀
株高40厘米　冠幅25厘米

欧洲鳞毛蕨
Dryopteris filix-mas

欧洲鳞毛蕨为落叶多年生植物。春季，由披针形的中绿色叶状体所构成的大型羽片自被有鳞片的短粗根茎上抽生，植株不开花。栽种在荫地花境角隅，沿着河岸、池塘边或林下均十分适宜。'鸡冠'（'Cristata'）为此蕨类的品种，其株形潇洒，叶状体呈鸡冠状。

栽培　种植在保水力强、富含腐殖质的土壤中，应选能够抵御干冷风侵袭的疏荫之地进行栽培。

☼ ◐ ♀ ❀❀❀
株高1米　冠幅1米

大羽鳞毛蕨
Dryopteris wallichiana

大羽鳞毛蕨为落叶多年生植物。株形直立，黄绿色的叶状体于春季时抽生，在夏季里变成深绿色，为湿润的荫蔽之地良好的骨架植物。

栽培 最好种植在潮湿之地，土壤宜富含腐殖质。应选背风的疏荫之地。

☀ ◐ ♨ ❀ ❀ ❀
株高1～2米 冠幅75厘米

智利垂果藤
Eccremocarpus scaber

智利垂果藤为速生的攀缘植物，成簇的亮橙红色管状花朵于夏季开放。叶片具裂，中绿色。作为一种观赏期短的多年生植物栽培，以点缀拱门或棚架，也可令其依附在大型灌木上生长。在有霜害之地，可作为拖曳生长的一年生植物使用。

栽培 种植在排水顺畅的肥沃土壤中，宜选背风、向阳之地。在春季时，于植株基部30～60厘米处进行短截。

☀ ❀ ❀
株高2～3米或更高

'马格纳斯'松果菊

Echinacea purpurea 'Magnus'

'马格纳斯'松果菊为日渐流行的暮夏开花之多年生植物，现有很多花色品种可供选择。其雏菊状的花朵中部凸起或呈"球果"状。当夏季其他多年生植物渐入凋零时，它们开始绽蕊，并在整个夏季里持续开放。'马格纳斯'松果菊的花朵较大，紫粉色，花心球果状，橙色。

栽培　可种植在土层深厚、排水良好的向阳之地。定植前要为土壤添加充分腐熟的有机肥料。如果必要的话，可在春季行分株繁殖。

☼ ◐ ◊ ❀ ❀ ❀
株高60厘米　冠幅60厘米

小蓝刺头

Echinops ritro

小蓝刺头为株形紧凑的多年生植物。其抢眼的花序成簇生长，花朵在初开时呈金属蓝色，当盛开后变的更为鲜艳。革质的绿色叶片背面具白色茸毛，用于美化野生植物花园效果极好。如果想要将其加工成造型良好的干花，需在花朵完全开放前采摘。如果找不到这种植物，可以使用'塔普洛蓝'巴纳特蓝刺头（*E.bannaticus* 'Taplow Blue'），它是良好的替代品，可能会长得更高一些。

栽培　种植在排水良好、瘠薄至肥力适中的土壤里，宜选全日照之地，但在疏荫环境里也能生长。除去残花以防自播。

☼ ◐ ◊ ♥ ❀ ❀ ❀
株高60厘米　冠幅45厘米

'金边' 埃宾胡颓子

Elaeagnus × ebbingei 'Gilt Edge'

为大型的株形紧凑的常绿灌木，因其具有深金黄色边缘的深绿色卵形叶片而被种植，不显眼但却很香的乳白色花朵于秋季里开放。是生长迅速、外形完美的优良园景灌木，也可作为随意式绿篱使用。

栽培 种植在排水良好的肥沃之地，喜全日照。植株不喜含钙量很高的土壤。在暮春时进行整形，需将枝条上所看到的全绿叶片彻底清除。

☀ ◊ ♀ ❀ ❀ ❀ ❀   株高4米 冠幅4米

'斑叶' 胡颓子

Elaeagnus pungens 'Maculata'

这种大型的常绿灌木，生长着中部具大型黄斑的卵形深绿色叶片。细小但却很香的花朵于仲秋时开放，尔后植株结出红色果实。能够在滨海之地正常生长。

栽培 种植在排水良好、十分肥沃的土壤中，喜日光充足。在钙质含量高的土壤中生长不良。在春季时需要轻度整形。将枝条上所看到的全绿叶片彻底清除。

☀ ◊ ❀ ❀ ❀   株高4米 冠幅5米

'水银' 胡颓子
Elaeagnus 'Quicksilver'

为具有开展树冠的速生灌木。夏季，植株能够开放出黄色的细小花朵，尔后结出黄色果实。披针形的银白色脱落性叶片着生在呈银白色的枝条上。能够作为良好的孤植灌木，与其他银白色叶片的植物种植在一起也可获得极佳的效果。亦被称为里海狭叶胡颓子(*E.angustifolia* var.*caspica*)。

栽培 可种植在除钙质土壤外的任何肥沃且排水良好之地，喜全日照。可耐于燥土壤与海滨强风。几乎不需进行修剪。

☀ ◊ ♡ ❁ ❄ ❋ ❋   株高4米 冠幅4米

吊钟花
Enkianthus campanulatus

为枝条舒展的落叶灌木，因其在暮春时开放的，呈悬垂簇生的乳黄色钟形繁茂花朵而被种植。叶片暗绿色，当进入秋季后转为橙红色，届时能够为环境增加美感。适合点缀在树木园的开阔之地，随着栽培时间的增长植株呈乔木状。开放着深粉色花朵的红垂序吊钟花(*E.cernuus* var. *rubens*)，株高仅为2.5米，更适合在小型庭院里栽种。

栽培 种植在保湿力强且排水良好、泥炭质或富含腐殖质的酸性土壤中，最好选择全日照之地。但植株也稍耐荫。几乎不需进行修剪。

☀ ◐ ◊ ♡ ❁ ❋   株高4~5米 冠幅4~5米

黄花淫羊藿

Epimedium × perralchicum

为强健的簇生常绿多年生植物。自仲春至暮春间，由外形优雅的亮黄色花朵所构成的花序，高于深绿色的叶片生长，叶片在幼嫩时稍被青铜色，作为地被植物栽培在乔木或灌木下特别合适。

栽培 种植在湿润且排水良好、肥力适中之地，土壤应富含腐殖质，喜疏荫环境。设立屏障以防干冷风侵袭。

☀ ◑ ◊ ❄ ❀❀❀

株高40厘米 冠幅60厘米

红花淫羊藿

Epimedium × rubrum

为株形紧凑的多年生植物。在春季时，植株能够抽出松散的花簇；优雅的花朵绯红色，距呈黄色。具裂的叶片在幼嫩时带铜红晕，随着生长而转为中绿色，在秋季里开始变红。嫫栽于潮湿的荫地花境或在树木园中使之成片种植。'玫瑰皇后'大花淫羊藿(*E.grandiflorum* 'Rose Queen')与之十分相似。

栽培 种植在湿润且排水良好、富含腐殖质、肥力适中的土壤里，喜疏荫环境。在暮冬时清除衰老残破的叶片，这样才能于春季见到植株开花。

☀ ◑ ◊ ❄ ❀❀❀

株高30厘米 冠幅30厘米

'白雪' 杨氏淫羊藿

Epimedium × youngianum 'Niveum'

为簇生的多年生植物。在暮春时，植株能够抽生出细小的白色花朵所构成的秀美花簇。叶片亮绿色，在幼嫩时具青铜晕，尽管其叶片是脱落性的，但还是能够很好地宿存到冬季。可以作为湿润的荫地花境与林地良好的地被植物。

栽培　种植在湿润且排水良好、富含腐殖质的肥沃土壤中，喜疏荫环境。在暮冬时剪去衰老、残破的叶片，以保证于春季能看到新开的花朵。

☀ ◐ ◊ △ ❄❄❄❄

株高20～30厘米　冠幅30厘米

冬菟葵

Eranthis hyemalis

冬菟葵为春花型球根植物中开花最早的种类之一。花朵呈毛茛状，亮黄色，绽放于淡绿色的环领状叶片之上，植株从暮冬至早春间覆盖着地面生长。栽培在落叶乔木与大型灌木之下营造自然景观十分理想。品种'几内亚金'（'Guinea Gold'）有着与之相似的花朵和铜绿色叶片。

栽培　种植在湿润且排水良好的肥沃土壤中，在夏季时不宜失水。于间有荫蔽之地生生最好。

☀ ◐ ◊ △ ❄❄❄❄

株高5～8厘米　冠幅5厘米

高山树欧石楠
Erica arborea var. *alpina*

这种树欧石楠为直立灌木，比其他欧石楠要大得多。自暮冬至暮春间，植株为细小的散发着蜜香的白色花簇所密缀。四季常青的叶片呈针状，深绿色。为在欧石楠园中使用的良好主体植物。

栽培 种植在排水良好之地，在砂质的酸性土壤中生长最为理想，栽培地点宜开阔向阳。可耐碱性土壤。在早春时，将幼株枝条剪去约2/3，以促进枝条繁茂。在第二年里，无需进行修剪。在更新植株时可以强剪。

☼ ◊ ♀ ✿ ✿ ✿　　株高2米　冠幅85厘米

'埃克塞特'　维奇欧石楠
Erica × *veitchii* 'Exeter'

为树冠开展的直立常绿灌木。自仲冬至春季间，植株能够开放出成片的具浓香的管状至钟状白色花朵。叶片针状，亮绿色。与松柏类栽种在大型岩石园中或在矮生欧石楠间作为主体植物效果很好，但是在寒冷的气候条件下植株不能露地越冬。

栽培 种植在砂质土壤中，要求排水良好的向阳之地，在酸性土壤里生长最好，亦耐轻碱的环境。当植株幼小时，于春季时将枝条剪去2/3，以培育出良好的树形。随着植株逐渐长大，应该减少修剪。

☼ ◊ ♀ ✿ ✿　　株高2米　冠幅65厘米

早花型欧石楠

Early-flowering Ericas

这些矮生的早花型欧石楠为常绿灌木，其价值在于它们那自冬季与春季间所开放出的瓮形花朵，花朵呈白色与多种粉色，可以为冬月增加春意，在此方面的价值是难以替代的。这种效果能够通过使用彩叶品种，例如具有亮金黄色叶片的'金女士'春欧石楠(*E.erigena* 'Golden Lady')，与带有铜绿色叶尖的黄色叶片，在寒冷季节变为深橙色的'狐穴'肉粉欧石楠(*E.carnea* 'Foxhollow')加以烘托。作为地被植物效果极好，既可

与相同品种群栽，也能与其他欧石楠及矮生松柏混栽。

栽培　种植在开阔的排水良好之地，于酸性土壤中生长更好，但也可在碱性土壤里生长，宜选全日照之地。在春季时修剪开过花的枝条，以保证将大量的头年枝条剪去。春欧石楠(*E.erigena*)的品种可能会被严霜打蔫。在春季时要清除受损的枝条。

☼ ◊ ❊ ❊ ❊

株高15厘米　冠幅25厘米

株高15厘米　冠幅40厘米

株高15厘米　冠幅45厘米

株高15厘米　冠幅35厘米

株高30厘米　冠幅60厘米

株高30厘米　冠幅40厘米

1 '安·斯帕克斯'肉粉欧石楠(*Erica carnea* 'Ann Sparkes')2 '狐穴'肉粉欧石楠(*E.carnea* 'Foxhollow')
3 '史普林伍德白'肉粉欧石楠(*E.carnea* 'Springwood White') 4 '维尔'肉粉欧石楠(*E.carnea* 'Vivellii')
5 '詹妮·波特'达利欧石楠(*E.×darleyensis* 'Jenny Porter') 6 '金夫人'春欧石楠(*E.erigena* 'Golden Lady')

晚花型欧石楠
Late-flowering *Ericas*

多数为植株低矮、枝条披散的品种。夏花型欧石楠是十分耐寒的常绿灌木，它们在进行孤植或与其他欧石楠及矮生松柏类混栽时效果很好。花朵开放的时间很长，品种'爱尔兰柠檬'斯图亚特欧石楠（*E.×stuartii* 'Irish Lemon'）始于暮春绽蕊，原种睫毛欧石楠（*E.ciliaris*）与康沃尔欧石楠（*E.vagans*）的花朵能够很好地开放到秋季。可以通过选择彩叶的类型来拓展它们的季相，'威廉斯'欧石楠（*E.Williamsii* 'P.D.Williams'）的嫩枝先端在春季时呈黄色，而'温德尔布鲁克'灰叶欧石楠（*E.cinerea* 'Windlebrooke'）的金黄色叶片于冬季里变为深红色。

栽培　尽管康瓦尔欧石楠（*E.vagans*）与威廉斯欧石楠（*E.williamsii*）可在碱性土壤中生长，但是其他种类适宜种植在排水良好的酸性土壤中。宜选开阔的全日照之地。可在早春时轻剪或整形，应该全掉在花簇下的强壮枝条，或用大型剪刀对植株上部整体进行修剪。

☼ ◊ ✽✽✽

株高22厘米 冠幅35厘米

株高可达40厘米 冠幅45厘米

株高20厘米 冠幅50厘米

株高25厘米 冠幅50厘米

株高15厘米 冠幅45厘米

1 '科夫堡'睫毛欧石楠（*Erica ciliaris* 'Corfe Castle'）2 '戴维·麦克林托克'睫毛欧石楠（*E.ciliaris* 'David McClintock'）
3 '世外桃源'灰叶欧石楠（*E.cinerea* 'Eden Valley'）4 '伊森'灰叶欧石楠（*E.cinerea* 'C.D.Eason'）5 '温德尔布鲁克'灰叶欧石楠（*E.cinerea* 'Windlebrooke'）6 '菲德勒金'灰叶欧石楠（*E.cinerea* 'Fiddler's Gold'）

7 '爱尔兰柠檬' 斯图亚特欧石楠(*E.×stuartii* 'Irish Lemon')8 '柔白' 四齿欧石楠(*E.tetralix* 'Alba Mollis')9 '伯奇光辉' 康沃尔欧石楠(*E.vagans* 'Birch Glow')10 '莱昂瑟' 康沃尔欧石楠(*E.vagans* 'Lyonesse')11 '马克斯韦尔夫人' 康沃尔欧石楠(*E.vagans* 'Mrs.D.F.Maxwell')12 '瓦莱丽·普劳德莉' 康沃尔欧石楠(*E.vagans* 'Valerie Proudley')13 '黎明' 沃森欧石楠(*E.Watsonii* 'Dawn')14 '威廉斯' 欧石楠(*E.× Williamsii* 'P.D.Williams')

卡氏飞蓬
Erigeron karvinskianus

这种地毯状常绿多年生植物，叶片灰绿色，于夏季能够开放出大量的雏菊状黄心花朵，外部花瓣初开时白色，尔后变为粉色与紫色。栽培在墙壁或路面的缝隙中十分理想，在冬季寒冷的气候条件下无法存活，有时以*E.mucronatus*的名称出售。

栽培 种植在排水良好的肥沃土壤中，宜选全日照之地，以中午有阴凉的地点最为理想。

☀ ◊ ♡ ❀ ❀
株高15～30厘米 冠幅1米或更宽

高山岩唐草
Erinus alpinus

高山岩唐草为株形小巧、花期短暂的常绿多年生植物。自暮春与夏季间，植株能够抽生出由粉色、紫色或白色雏菊状花朵所构成的不高花穗。披针形至楔形的叶片柔软，具黏液，中绿色。种植在岩石园里或旧墙缝隙中十分理想。被推荐的品种有'查尔斯·博伊尔夫人'（'Mrs Charles Boyle'）。

栽培 要求土质疏松、肥力适中、土壤排水良好的种植条件。可在半阴之地生长，但最好保持全日照。

☀ ◊ ♡ ❀ ❀ ❀
株高8厘米 冠幅10厘米

高山刺芹

Eryngium alpinum

这种具刺的蓟状直立多年生植物，在夏季时能够生长出圆锥形的蓝紫色头状花序，在它们的周围环绕着十分明显的革质苞片。叶片于茎秆基部四周着生，中绿色，缘具深齿。是装饰向阳花园极其理想的造型植物，其在头状花序被采摘后，经过充分干燥能够用于插花。

栽培 种植在排水顺畅且不十分干燥、贫瘠至肥力适中的土壤里，喜全日照。不要选择冬雨过多之地进行栽培。

☼ ◊ 🏆 ❄❄❄

株高70厘米 冠幅45厘米

奥利弗刺芹

Eryngium × oliverianum

为直立的多年生草本植物。头状花序圆锥形，亮银蓝色，基部环绕着银白色的扁环状剑形苞片，花期仲夏至初秋，于具刺状齿的暗绿色叶片之上开放。比其亲本大刺芹(*E.giganteum*)开花的时间更长，为银白色或灰色叶片的主题植物，是点缀于干燥的阳地花境间的构架材料。

栽培 种植在排水顺畅、十分肥沃的土壤中，喜全日照。不要选择冬雨过多之地进行栽培。

☼ ◊ 🏆 ❄❄❄

株高90厘米 冠幅45厘米

三裂刺芹

Eryngium × *tripartitum*

这种外观精巧且株形细高的直立多年生植物，于暮夏与秋季间会长出由细小的金属蓝色花朵所构成的圆锥状头状花序，其生长在灰绿色叶片的叶丛之上，位于具蓝晕的线状茎秆顶端。如在盛开前采摘，制作出来的干花效果会更好。

栽培　种植在排水顺畅、肥力适中的土壤里，不要选择冬雨过多之地，喜全日照。在开花后轻度整形，以避免植株下部秃秆。

☀ ◊ ♀ ❀ ❀ ❀
株高60～90厘米　冠幅50厘米

'鲍尔斯紫红' 糖芥

Erysimum 'Bowles' Mauve'

这种长势强健的灌木状糖芥，为所有多年生植物中花期最长的一种。植株呈球形，常绿灌木状，叶片灰绿色。花朵细小，4瓣，浓紫红色，构成紧凑的花穗，周年开放，春夏二季为其盛花期。为绝佳的花境植物，在有霜冻出现之地应该种植在温暖的墙角下，以保证植株更好生长。

栽培　可种植在任何排水良好之地，植株在碱性土壤中生长更好，喜全日照。在开花后轻度整形，以保持株形紧凑。植株多寿命不长，但夏季易于用扦插法繁殖。

☀ ◊ ♀ ❀ ❀ ❀
株高可达75厘米　冠幅60厘米

'温洛克美人' 糖芥
Erysimum 'Wenlock Beauty'

为灌木状常绿多年生植物，被青铜色晕的微蓝粉色与鲑肉色相间的花朵簇生，在初春至暮春间开放。叶片披针形，被柔毛，中绿色。为岩石园或干燥、向阳的墙壁增添早春美色效果很好。冬季寒冷的栽培地点，要在温暖背风之处种植。

栽培　种植在贫瘠或十分肥沃之地，在排水良好的碱性土壤中生长更好，喜全日照。在开花后轻度修剪，以保持株形紧凑。

☀ ◊ ❀❀❀　株高45厘米　冠幅45厘米

犬齿猪牙花
Erythronium dens-canis

犬齿猪牙花为一种林地植物或高山草甸植物，能够种植在野生植物园、湿地公园或遮阳花园。这种多年生植物丛生，叶片中绿色，对生，具多变的青铜色斑痕。自春季至初夏，纤细的花葶抽生于叶片之间，花朵下垂，有白色、粉色或淡紫色，花被反折。植株耐移栽。

栽培　要把种球贮藏于微潮的环境里，秋季可将其种植在富含腐殖质的疏荫之地，其覆土深度至少为10厘米。

❀ ◐ ❦ ❀❀❀
株高10～15厘米　冠幅10厘米

'宝塔'猪牙花
Erythronium 'Pagoda'

这种长势极其强健的丛生球根多年生
植物，与狗牙堇(*E.dens-canis*)有关联，
且习性相似。成片种植在落叶乔木与
灌木丛下，观赏效果很好。春季，自
纤细花茎上呈俯垂状的淡硫黄色花朵
簇生，高于具青铜斑驳的大型、卵圆
状、具光泽的深绿色叶片。

栽培 种植在湿润且排水良好、含有
大量腐殖质的土壤中，应选疏荫环境
之地进行种植。

☀ ◊ ❀ ❄❄❄
株高15～35厘米 冠幅10厘米

'苹果花'鼠刺
Escallonia 'Apple Blossom'

为株形紧凑的常绿灌木，着生有繁茂
的具光泽的深绿色叶片，大量的小型
具粉晕的白色花朵自春季至仲夏间开
放。用于灌木花境恰到好处，它也能
作为树篱、栅栏、防风墙使用。十分
适合种植在经常刮风但又不是很冷的
沿海地区。'多纳德实生'鼠刺
(*E.* 'Donard Seedling')也是看起来与
之十分相似、容易获得的较为耐寒之
品种。

栽培 可种植在任何排水良好的肥沃
土壤中，喜全日照。在特别寒冷的地
区，应该种植在背风之地。在开花后
剪去衰老枝条或受损枝。

☀ ◊ ❀ ❄❄❄ 株高2.5米 冠幅2.5米

'艾维'鼠刺

Escallonia 'Iveyi'

为生长强健的直立常绿灌木，自仲夏至暮夏间，植株能够开放出呈大簇的纯白色芳香花朵。叶片圆形，具光泽，深绿色。可种植在灌木花境中，或于冬季不见霜冻之处作为树篱使用。在气温较低的季节里叶片先端常呈青铜晕，但是在有霜冻的地区栽种，冬季要进行覆盖保护。

栽培 可种植在任何肥沃、具有良好排水性的土壤中，宜选能够抵御干冷风侵袭的全日照之地进行栽培。秋季或春季，在植株开花结束时剪去受损枝条。

☼ ◊ ❀❀❀　　　株高3米　冠幅3米

'兰利'鼠刺

Escallonia 'Langleyensis'

这种株形优雅的常绿灌木，能够开放出大量由小型的玫瑰粉色花朵所构成的花簇。它们在初夏至仲夏间，开放于卵形的具光泽的亮绿色叶片之上，可在相对来说不是很冷的海滨花园中作为不规则式绿篱或灌木花境种植。

栽培 最好种植在排水良好的土壤肥沃的向阳之地，在易遭霜害地区要进行保护，以防干冷风侵袭。在开花后剪去枯死枝或受损枝。老株可通过春季强剪进行复壮。

☼ ◊ ❀❀❀　　　株高2米　冠幅3米

丛生花菱草
Eschscholzia caespitosa

为丛生的一年生草本植物，夏季开放着繁茂的具香气之亮黄色花朵，叶片蓝绿色，具细裂，近线状。适合种植在阳地花境、岩石园里或砾滩上，在天气渐冷时停止开花。

栽培 种植在排水良好的瘠薄土壤中，宜选全日照之地。为了使来年提早开花，可于秋季在户外进行直播。

☀ ◊ ♀ ❀ ❀ ❀ ❀

株高可达15厘米 冠幅可达15厘米

加州花菱草
Eschscholzia californica

花菱草为垫状生长的一年生草本植物。整个夏季，杯形的花朵开放于纤细的茎秆上，其花色丰富，包括白、红或黄色，但是多数常呈橙色。仅有'达利'（'Dali'）这个品种的花朵为猩红色。叶片灰绿色，具细缺刻。可种植在阳地花境或岩石园中。作为切花使用开放持久。

栽培 最好种植在排水良好、土质疏松的瘠薄之地，喜全日照。为了使植株在来年更早开花，可于秋季在户外进行直播。

☀ ◊ ♀ ❀ ❀ ❀ ❀

株高可达3厘米 冠幅可达15厘米

刃恩桉
Eucalyptus gunnii

刃恩桉为生长势强的常绿乔木，速生树种，常在新建庭院中使用。在暮夏时，因微白绿色的老树皮脱落，而露出黄色至微灰绿色的新树皮。幼树叶片圆形，灰绿色，老树会生长出披针形叶片。寒冷地区，要在越冬时用厚的干燥覆盖物进行保护，特别是对于幼树来说尤应如此。

栽培　种植在排水良好的肥沃土壤中，喜日光充足。为了保持株形紧凑，并使新叶更为美观，每年春季进行强剪。

☼ ◊ ♀ ❀❀

株高10~25米　冠幅6~15米

雪桉
Eucalyptus pauciflora subsp.*niphophila*

雪花桉为株形潇洒、色呈银白的常绿乔木，其枝条舒展，诱人的灰白色树皮呈剥落状。幼株叶片呈卵圆形，暗蓝绿色，在成株茎秆上生长的叶片为披针形，深蓝绿色。花朵不明显。常以灌木的形式进行栽种，在管理时注意要定期进行强剪。

栽培　种植在排水良好的肥沃土壤中，喜全日照。为了使新叶更加好看，每年春季应该进行强剪。

☼ ◊ ♀ ❀❀❀

株高可达6米　冠幅可达6米

'尼曼斯花园'香花木

Eucryphia × nymansensis 'Nymansay'

为株形呈圆柱状的常绿乔木。耀眼的白色花朵气味芬芳，大型、具黄色花药，在暮夏至初秋间，簇生于具光泽的卵圆形深绿色叶片之上。为外观雄伟的孤植开花乔木，最好种植在温暖湿润、无霜害侵袭的环境中。

栽培 种植在排水良好、保湿力强的土壤中，喜冠部处于日光充沛，而根部保持荫蔽无阳的环境，在半阴条件下也能生长。要防止植株受到寒风侵袭。在春季时剪去受损枝条。

☀ ◐ ◊ ❦ ❄❄❄ 　　株高15米 冠幅5米

卫矛

Euonymus alatus

卫矛为生长繁茂、枝条具翼的落叶灌木，因其能够为秋季增添引人入胜的景观而具有很高的价值。果实小型，红紫相间，开裂后露出橙色种子。叶片卵圆形，深绿色，尔后变为猩红色。花朵不十分明显。栽培于灌木花境或向阳林地效果极好。果实具毒性。'密集'（'Compactus'）为本种的矮生品种，其高度仅为卫矛的一半。

栽培 可种植在任何排水良好的肥沃土壤中。能于无日光直射的明亮之处生长，但为了保证植株正常结果，秋季叶色更美，最好将其栽种在全日照之地。几乎不需要进行修剪。

☀ ◑ ◊ ❦ ❄❄❄ 　　株高2米 冠幅3米

'红色瀑布' 欧洲卫矛
Euonymus europaeus 'Red Cascade'

为秋季着生有彩色叶片的乔木状落叶灌木。不显眼的花朵初夏开放，尔后结出玫瑰红色的果实，其在开裂后会露出橙色种子。叶片卵形，中绿色，在生长季节接近结束时转为猩红色。果实具毒性。

栽培 可种植在任何肥沃、具有良好排水性的土壤里，但在富含钙质的土壤中亦能存活。能于无日光直射的明亮之处生长，但为了保证植株正常结果与秋季叶色更美，最好栽培在全日照之地。为了使其能够更好地结果，需要将两棵或更多棵植株种在一起。仅需很轻修剪。

☀ ◐ ◊ ♀ ✸ ✸ ✸ 　株高3米　冠幅2.5米

'翡翠黄金' 扶芳藤
Euonymus fortunei
'Emerald 'N' Gold'

为小型的常绿攀缘状灌木。在有支撑物的情况下，能够攀缘生长。叶片圆锥形，亮绿色，具宽阔的亮金黄色边缘，在寒冷的气候条件下具粉晕。不起眼的花朵在春季开放。可种植于灌木花境的空隙之地，或倚墙栽种。

栽培 可种植在除渍水外的任何土壤中，在全日照之地叶色最美，但在无日光直射的明亮之处也能生长。在仲春时整形。倚墙栽种，植株高度可达5米。

☀ ◐ ◊ ◊ ♀ ✸ ✸ ✸
株高60厘米或更高　冠幅90厘米

'银皇后'扶芳藤
Euonymus fortunei 'Silver Queen'

为株形紧凑、直立或攀缘状常绿灌木。当靠着墙壁或依附着乔木作为攀缘植物栽种时,能够给观赏者留下十分深刻的印象。叶片深绿色,具白色宽边,经受较长时间的霜打后其粉晕。花朵不明显,微白绿色,春季开放。

栽培　可种植在除渍水外的任何土壤中,喜日光充足,在无日光直射的明亮之处也能生长,在全日照条件下叶色最美。仲春要对灌丛进行整形。令其攀缘生长,则植株高度能够达到6米。

☼ ☀ ◊ ◗ ❄ ❄ ❄
株高2.5米　冠幅1.5米

斑点泽兰　墨紫系列
Eupatorium maculatum Atropurpureum Group

斑点泽兰为一种很有气派的多年生植物,自暮夏至初秋,在其高大的红色花葶上簇生着灰粉色花朵;它们吸引着蝴蝶和蜜蜂。漂亮的果实能够宿存至冬季。可成片栽种在花境的后部,或点缀于观赏草坪上。其中的'盖特韦'('Gateway')为株形紧凑的流行品种。

栽培　种植在湿润、肥沃、排水良好的全日照或半阴之地。必要时进行分株。

☼ ☀ ◗ ❧ ❄ ❄ ❄
株高可达2.2米　冠幅可达1米

罗布大戟

Euphorbia amygdaloides var.*robbiae*

罗布大戟也常被简写为E.*robbiae*，为株形开展的常绿多年生植物。由微黄绿色花朵所构成的开放式花序春季绽放。叶片自茎秆基部呈莲座状着生，狭长，深绿色。特别适用于荫蔽之地栽培，有可能成为入侵物种。

栽培　种植在排水良好且湿润的土壤中，喜全日照，亦耐疏荫环境。在贫瘠干燥之地也能生长。掘出四处扩散的根系以避免其蔓延。植株的乳白色汁液会刺激皮肤。

☀ ◐ ◊ ⚘ ✿ ❀ ❀ ❀

株高75～80厘米　冠幅30厘米

‘约翰·汤姆林森’乌氏大戟

Euphorbia characias subsp. *wulfenii* ‘John Tomlinson’

这种呈波浪状层次感的灌木状多年生植物，比其原种（参阅上文）能够开放出更大的花序。无深色花心，花朵亮黄绿色，在狭窄的灰绿色叶片之上呈圆头状着生。在有霜冻危害的气候条件下，最好种植在温暖向阳的墙壁旁。

栽培　种植在土质疏松的排水良好之地，喜全日照。要防止植株受到寒风侵袭。秋季自基部剪去花茎，要戴手套，因为植株的乳白色汁液会刺激皮肤。

☀ ◊ ⚘ ❀ ❀

株高1.2米　冠幅1.2米

马丁大戟

Euphorbia × *martini*

这种直立的丛生常绿亚灌木，能够抽生出由黄绿色花朵所构成的花穗，深红色的蜜腺十分醒目，自春季至仲夏间，它们开放于稍被红晕的枝条上。叶片披针形，中绿色，幼嫩时常具紫晕。为适宜炎热、干燥之地所选择的构架型植物，在寒冷的冬季里其可能会受到伤害。

栽培　种植在排水良好的土壤中，宜选背风向阳之地。在开花后剪去残花，要戴上手套保护双手以使皮肤免遭乳白色汁液的刺激。

☼ ◊ ♡ ❀❀ ❀❀　　林高1米　冠幅1米

桃金娘大戟

Euphorbia myrsinites

为小型的常绿多年生植物，茎秆蔓生，密着缀呈螺旋状排列的椭圆形蓝绿色肉质叶片，在春季时，于枝条先端能够抽生出耀目的黄绿色花簇。种植在干燥向阳的岩石园，或令其在高台花坛边缘拖曳生长效果绝佳。

栽培　种植在排水良好的土质疏松之地，喜全日照。因为容易自播，所以在开花后应剪去残花。要戴上手套以避免与植株的乳白色汁液接触，其会刺激皮肤。

☼ ◊ ♡ ❀❀ ❀❀　　林高10厘米　冠幅可达30厘米

多色大戟
Euphorbia polychroma

为常绿多年生植物，被柔毛的中绿色叶片丛生，呈规整的圆形。在春季的很长时间里，植株密缀着耀眼的微绿黄色花簇。与春季球根花卉配植，装饰花境或在明亮的林地中使用效果很好，对不同类型的土壤均具有很强的适应性。其品种'大花'（'Major'）长得要略高一些。

栽培　可种植在排水良好、土质疏松的土壤里，喜日光充足，或湿润、富含腐殖质的明亮间有荫蔽之地。在开花后剪去残花，植株的乳白色汁液会刺激皮肤

☼ ◊ ◌ ❅ ✿ ✿ ✿ ✿
株高40厘米　冠幅60厘米

先令大戟
Euphorbia schillingii

这种生长强健的丛生多年生植物不像许多大戟属植物那样，冬季枝叶会枯萎，自仲夏至仲秋间，植株会开放出由微黄绿色花朵所构成的不易凋谢的花簇。叶片披针形，深绿色，中脉淡绿色或白色。用于树木园装饰或为荫蔽的野生植物园增色十分理想。

栽培　种植在保湿力强、富含腐殖质、明亮的间有荫蔽之地。在开花后剪去残花，植株的乳白色汁液会刺激皮肤。

◖ ◊ ❅ ✿ ✿ ✿　株高1米　冠幅30厘米

'新娘'大花白鹃梅

Exochorda × *macrantha* 'The Bride'

为株形紧凑、枝条舒展的落叶灌木，因其微拱的枝条与由大量的芳香花朵所构成的花簇而被种植。纯白色的繁茂花朵簇生，于暮春与初夏时在卵形的鲜绿色叶片间开放。装点于混栽花境的其他植物间，能够成为它们的优雅后衬。

栽培 可种植在任何排水良好的土壤中，喜全日照，在明亮的间有荫蔽之地也能生长。不喜浅薄的钙质土壤。仅需很轻地修剪。

☼ ☀ ◊ ♡ ❅❅❅　　　株高2米　冠幅3米

'达维克金'林地山毛榉

Fagus sylvatica 'Dawyck Gold'

与原种相比，'达维克金'林地山毛榉的主干显得更直，树冠呈锥形，其春季能够抽生出鲜绿色的叶片，随着时间的推移它们逐渐变成淡绿色，秋季叶片在脱落前会变为黄色，干枯的铜褐叶片能够宿存至冬季。这种树木的遮蔽效果要比多数落叶绿篱植物更好。

栽培 可种植于排水良好的向阳或半阴之地。这个叶片金黄色的品种在半阴之地生长最好。冬季要将染病枝或交叉枝剪除。

☼ ☀ ◊ ♡ ❅❅❅
株高18米　冠幅7米

华西箭竹
Fargesia nitida

华西箭竹为生长缓慢的多年生植物。其直立的深紫绿色茎秆形成了茂密的株丛，在种植后的第二年，枝条顶端所长出的深绿色狭窄叶片呈悬垂状。栽培在野生植物园中显得雅致而美观，为了限制其四处蔓延可将其种植在大型容器中。可能会以*Sinarundinaria nitida*的名称被出售，神农箭竹(*F.murielae*)为与之相似，但有着黄色的茎秆与鲜亮的叶片，为颇具吸引力之种类。

栽培　种植在保湿力强的肥沃土壤中，喜明亮的间有荫蔽之地。要防止植株受到干冷风侵袭。

❁ ◐ ❄❄❄❄
株高可达5米　冠幅1.5米或更宽

熊掌木
× *Fatshedera lizei*

熊掌木为树冠丘形的常绿灌木，因其具有典雅、大型的具光泽深绿色常春藤状叶片而被种植。小型的白色花朵秋季开放。栽培在荫蔽之地效果极好，在寒冷的气候条件下要种植在向阳背风之地。当进行扶持时，它能够倚着墙壁生长，也能作为良好的室内或温室花卉栽培。如需叶片具乳白色边缘的品种，可参阅'花叶'('Variegata')。

栽培　最好种植在湿润且排水良好的肥沃土壤中，喜日光充足，亦耐疏荫环境。如果需要的话，可以不定期进行修剪。将枝条紧靠着支撑物进行固定。

❁❁ ◐ ◑ ❄♡❄ ❄❄
株高1.2~2米或更高　冠幅3米

八角金盘
Fatsia japonica
八角金盘为株形开展的常绿灌木，因其棕榈状的大型具光泽绿色叶片而被种植。开放着乳白色花朵的圆形头状花序所构成的直立圆锥状花簇于秋季抽生。

栽培 可种植在任何排水良好的土壤中，喜日光充足，但在荫蔽之地也能生长。要防止植株受到寒风与严霜的侵袭，特别对幼株更应如此。除在春季时要剪掉杂乱枝与受损枝外，稍做修剪也是必要的。

☀ ☀ ◊ ▽ ❈ ❈ ❈
株高1.5~4米 冠幅1.5~4米

'蓝狐' 蓝羊茅
Festuca glauca 'Blaufuchs'
这个蓝羊茅的品种为繁茂的丛生常绿多年生草，栽培在花境或岩石园中的其他植物后部作为衬景效果绝佳。具紫罗兰晕的蓝绿色花朵，在初夏时开放于叶丛之上，其花序不是特别显眼。它那狭窄的亮蓝绿色叶片为主要的吸引人之处。

栽培 可种植在任何干燥、排水良好、贫瘠至肥力适中的土壤里，喜日光充足。为了使植株具有最佳的叶色，每隔二或三年分株一次进行更新。

☀ ◊ ▽ ❈ ❈ ❈
株高可达30厘米 冠幅25厘米

'棕色火鸡' 无花果
Ficus carica 'Brown Turkey'

可作为孤植乔木或倚着向阳墙壁进行栽种。'棕色火鸡'无花果因其硕大的具裂亮绿色叶片及收获颇丰的可食果实而著称，然而它们要经过漫长的炎夏才能成熟。秋季叶片脱落，未成熟的果实能在枝条上宿存至冬季。无花果倚墙栽种比孤植更容易进行管理。

栽培 种植在湿润且排水良好的向阳之地，应该限制根部生长，以保证更好结实。

☀ ◊ ✿ ♈ ❀ ❀ ❀
株高3米或更高 冠幅4米

紫花蚊子草
Filipendula purpurea

为直立的簇生多年生植物，进行群栽以观赏其成片的深绿色典雅叶丛效果很好。红紫色的花朵呈羽状簇生于稍被紫晕的茎秆，在夏季里在叶片之上绽放。适合在水边或沼泽园种植，也能为湿润的林地营造自然景观。

栽培 种植在保湿力强、肥力适中、富含腐殖质的土壤里，喜疏荫环境。能够栽种在土壤不会干透的全日照之地。

☀ ☀ ◊ ✿ ♈ ❀ ❀ ❀
株高1.2米 冠幅60厘米

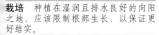

'可爱' 粉红蚊子草
***Filipendula rubra* 'Venusta'**

为生长强健的直立多年生植物。在夏季里，于高大的分枝上，会抽生出由细小的柔粉色花朵所构成的羽状花序。叶片大型，深绿色，呈锯齿状分裂成数片。栽种在沼泽园水边的湿润土壤里，或点缀在潮湿的野生植物园中效果绝佳。

栽培　种植在保湿力强、肥力适中、富含腐殖质的土壤里，喜疏荫环境。在潮湿或渍水的土壤中存活时可耐全日照。

☀ ◐ ◑ ♥ ✿ ✿ ✿
株高2~2.5米　冠幅1.2米

'林伍德' 金钟连翘
***Forsythia × intermedia*
'Lynwood Variety'**

生长强健的落叶灌木。茎秆直立，先端微拱，早春，其金黄色的花朵密缀于裸露的枝条上。叶片椭圆形，中绿色，花后抽生。为混栽花境中的易干管理的植物，或作为随意式绿篱使用，与春花型球根花卉种植在一起十分抢眼。其绽蕊的枝条可作为良好的切花。

栽培　种植在排水良好的肥沃土壤的全日照之地。虽可在疏荫环境中生长，但植株开花并不繁茂。已经成形的植株，在开花后应该剪去部分老枝。

☀ ☀ ◐ ♡ ✿ ✿ ✿
株高3米　冠幅3米

连翘
Forsythia suspensa

这种直立的落叶灌木有时被称作金钟花，与金钟连翘(*F.×intermedia*)(参阅左页，下文)相比分枝较少，且具有显得更弯的枝条。其价值在于自初春至仲春间开放在裸露枝条上的俯垂亮黄色花朵。叶片卵圆形，中绿色。作为随意式绿篱使用，或在灌木花境中孤植效果很好。

栽培 最好种植在排水良好的肥沃土壤中，选择全日照之地更为理想。在荫蔽之处栽培时，花朵的观赏价值大为下降。在开花后，应该剪去已经成形植株的部分老枝。

☼ ◑ ○ ✿ ✿✿✿   株高3米   冠幅3米

瓶刷树
Fothergilla major

这种生长缓慢的直立灌木，花穗呈瓶刷状，在暮春时，能够开放出具芳香的白色花朵，其秋季的悦目叶片也具有观赏价值。叶片在夏季时呈深绿色，具光泽，尔后转为橙色、黄色与红色，最终它们脱落。配植在灌木花境或林地的明亮之处具有吸引力。

栽培 最好种植在湿润且排水良好、富含腐殖质的酸性土壤中。选择全日照之地进行栽培植株开花最好，秋叶最佳。仅需进行很轻的修剪。

☼ ○ ◖ ♀ ✿✿✿   株高2.5米   冠幅2米

‘荣耀’加州桐

Fremontodendron ‘California Glory’

为生长强健的直立半常绿灌木，杯状的大型金黄色花朵自暮春至仲秋间陆续开放。叶片圆形，具裂，深绿色。倚墙栽培效果绝佳，在易遭受霜害之地应该靠着墙壁种植，以使其容易接受到大量的日光。

栽培 最好种植在排水良好、贫瘠至肥力适中的中性至碱性土壤里，喜日光充足。应为植株设立风障。最好不对植株进行修剪，但倚墙栽种者要在春季时整形。

☼ ◊ ♥ ❈ ❈ ❈   株高6米 冠幅4米

‘红花’皇冠贝母

Fritillaria imperialis ‘Rubra’

这个皇冠贝母的红花品种在初春时能够长出直立的茎秆，钟形花朵自其先端悬垂生长，在轮生的鲜绿色叶片之上成簇开放。一束狭窄的叶状苞片*在花朵基部长出。这个高大的多年生植物用于大型花境能够给人以深刻的印象。球根要在暮夏进行栽种。原种花朵橙色。
(*：原著为：叶片leaves，正确为：叶状苞片bract——译者注。)

栽培 宜选肥沃、排水良好的向阳花境。植株最好不要进行移栽。

☼ ◊ ◑ ❈ ❈ ❈
株高1.5米 冠幅可达1米或更宽

阿尔泰贝母

Fritillaria meleagris

阿尔泰贝母为具球根的多年生植物。其能够为夏季凉冷、湿润的草地增添十分优美的自然景观。花朵俯垂，钟状，呈粉色、微粉紫色或白色，具有明显的网格状斑纹。它们在春季单独或成对绽放。叶片狭窄，灰绿色。白花阿尔泰贝母(f.*alba*)为被推荐的白花变型。

栽培 可种植在任何湿润且排水良好、土壤富含腐殖质之地，喜全日照，在无日光直射的明亮之处也能生长。在暮夏时分栽并更新球根。

☼ ◐ ◊ △ ♦ ❀ ❀ ❀

株高可达30厘米 冠幅5~8厘米

伊犁贝母

Fritillaria pallidiflora

在暮春时这种生长强健的多年生球根植物，高于灰绿色的披针形叶片之上开放出具恶臭的钟状花朵，它们为乳黄色，基部呈绿色，内侧具棕红色网纹。可用于岩石园装饰或夏季凉爽湿润地区的花境。非常适合为湿地营造自然景观。

栽培 种植在湿润且排水良好、肥力适中的土壤里，喜日光充足，亦耐疏荫环境。在暮夏时分栽并更新球根。

☼ ◐ ◊ △ ♦ ❀ ❀ ❀

株高可达40厘米 冠幅5~8厘米

耐寒倒挂金钟
Hardy Fuchsias

耐寒倒挂金钟为栽培极其广泛的灌木，可种植在混栽花境中以及作为花篱使用，它们也能经过造型作为树墙装饰环境，是靠着温暖向阳的墙壁栽种的扇面造型植物，也可进行孤植，还可作为花柱使用。悬垂的花朵有自单瓣至重瓣的多变化，于整个夏季至秋季间开放。在寒冷的冬天里，耐寒倒挂金钟在遭受霜害后虽然损失了其上部的枝条，但是植株仍然能够存活，它们可以迅速恢复生机，但是如果在冷室越冬，或将温度

维持在4℃以上，则绝大多数种类可以保留住它们的叶片。品种'魔仆'('Genii')(H4)最为耐寒。

栽培　种植在排水良好且湿润的肥沃土壤中，宜选能够抵御寒风侵袭的日光充足或半阴之地进行栽培。冬季要用深厚覆盖物进行保护。要为幼株摘心，以促其多发分枝。早春清除被冻坏的枝条，对健壮枝条自最低叶芽处进行重剪。

☼ ☀ ◐ ◊ ◊

株高75~90厘米　冠幅75~90厘米

株高15~30厘米　冠幅45厘米

株高1~1.1米　冠幅1~1.1米

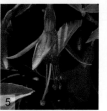
株高2~3米　冠幅1~2米

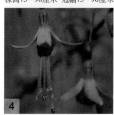
株高15~30厘米　冠幅15~30厘米

株高可达3米　冠幅2~3米

1 '魔仆'倒挂金钟(*Fuchsia* 'Genii') ♀ ❀❀❀ 2 '姆指姑娘'倒挂金钟(*F.* 'Lady Thumb') ♀ ❀❀❀ 3 '波普尔夫人'倒挂金钟(*F.* 'Mrs. Popple') ♀ ❀❀❀ 4 '里卡顿'倒挂金钟(*F.* 'Riccartonii') ♀ ❀❀❀ 5 '大拇指汤姆'倒挂金钟(*F.* 'Tom Thumb') ♀ ❀❀ 6 '十八变'短筒倒挂金钟(*F.magellanica* 'Versicolor') ❀❀

半耐寒与不耐寒的倒挂金钟
Half-hardy and Tender Fuchsias

半耐寒与不耐寒倒挂金钟为观花灌木，在寒冷的气候条件下，冬季至少要进行一些保护。作为这种额外管理的补偿，它们美丽的夏季花朵能够在花园中、暖房或展览温室里开放更长的时间。所有的种类都能于夏日种植于户外。当栽培于容器中时可以成为极好的院落植物，需要摘心使之成为枝条繁茂的灌木状或造型成花柱或独干树株。在有霜害侵袭的地区，要将半耐寒倒挂金钟置于暖房

或凉冷的展览温室中进行保护，使之度过冬日。不耐寒的倒挂金钟品种，包括'塔利亚'（'Thalia'）在整个栽培过程中环境温度不宜低于10℃。

栽培 种植在湿润且排水良好的肥沃土壤或基质中，喜日光充足，亦耐疏荫环境。要对幼株进行摘心以促发分枝，在开花后整形以除去残花。早春短截以固定树冠骨架。

☼ ☀ ◐ ◊ ◖

株高30~60厘米 冠幅30~60厘米

株高60厘米 冠幅可达45厘米

株高可达4米 冠幅1~1.2米

1 '安娜贝尔' 倒挂金钟(*Fuchsia* 'Annabel') ♀✿ 2 '比利·格林' 倒挂金钟(*F.* 'Billy Green') ♀✿ 3 白萼倒挂金钟(*F. boliviana* var. *alba*) ♀✿

株高45~75厘米　冠幅45~75厘米

株高可达90厘米　冠幅可达75厘米

株高可达90厘米　冠幅可达60厘米

株高1.5米　冠幅可达80厘米

株高可达45厘米　冠幅可达60厘米

株高75厘米　冠幅可达60厘米

4 '西莉亚·斯梅德利'倒挂金钟(*Fuchsia* 'Celia Smedley') ♀ ❀❀❀ 5 '棋盘'倒挂金钟(*F.* 'Checkerboard') ♀ ❀❀❀ 6 '珊瑚'倒挂金钟(*F.* 'Coralle') ♀ ❀❀ 7 长筒倒挂金钟(*F. fulgens*) ♀ ❀8 '乔伊·帕特莫尔'倒挂金钟(*F.* 'Joy Patmore') ❀❀ 9 '利奥诺拉'倒挂金钟(*F.* 'Leonora') ❀❀

10
株高30~60厘米　冠幅30~60厘米

11
株高可达45厘米　冠幅45厘米

12
株高可达75厘米　冠幅可达60厘米

14
株高可达60厘米　冠幅75厘米

15
株高45~90厘米　冠幅45~90厘米

更多选择

'布鲁克伍德美女'('Brookwood Belle')(H3) 花朵樱桃色与白色相间。
'帕克奎萨'('Pacquesa')(H3) 花萼红色，花瓣白色，具红色脉纹。
'温斯顿邱吉尔'('Winston Churchill')(H3) 花朵薰衣草色与粉色相间。

13
株高60厘米　冠幅45厘米

10 '玛丽'倒挂金钟(*F.* 'Mary') ♀❀❁ 11 '内莉·纳托尔'倒挂金钟(*F.* 'Nellie Nuttall') ♀❀❁ 12 '极品天鹅绒'倒挂金钟(*F.* 'Royal Velvet') ♀❀❁ 13 '积雪'倒挂金钟(*F.* 'Snowcap') ♀❀❁ 14 '欢乐时光'倒挂金钟(*F.* 'Swingtime') ♀❀❁ 15 '塔利亚'倒挂金钟(*F.* 'Thalia') ♀❀

蔓生倒挂金钟
Trailing Fuchsias

枝条具蔓性或披散生长的倒挂金钟品种能够从高大容器、窗箱或吊篮边缘向下拖曳生长的理想植物，这时其悬垂的花朵将会尽显美色。它们能够在整个夏季里持续开花直至进入初秋，并能在不受干扰的情况下于原地生长到这个季节结束。在此之后，最好将其丢弃，并在来年购买新株。另外一种使植株栽培时间较长的方法为，将蔓生倒挂金钟进行整形，使之成为具有吸引力的悬垂状单干的盆栽植物。但是必须于冬季里使它们在免遭霜害的条件下生长。

栽培 种植在肥沃、湿润且排水良好的土壤或基质中，喜全日照或日光充足之地。要防止植株受到干冷风侵袭。除非要剪去杂乱枝，必要时稍做修剪。定期对幼株进行摘心以促发分枝，并获得匀称的外形。

☀ ◑ ○ △ ❀❀❀

株高15～30厘米 冠幅45厘米

株高15～30厘米 冠幅45厘米

株高45厘米 冠幅60厘米

株高可达60厘米 冠幅75厘米

1 '坎帕奈拉'倒挂金钟(*F.* 'La Campanella') ♀ 2 '金玛琳卡'倒挂金钟(*F.* 'Golden Marinka') ♀ 3 '杰克·谢安'倒挂金钟(*F.* 'Jack Shahan') 4 '莉娜'倒挂金钟(*F.* 'Lena') ♀

'炫耀'天人菊
Gaillardia 'Dazzler'

为观赏期短的灌木状多年生植物，在夏季相当长的时间里，植株能够开放出大型的雏菊状花朵，它们带有黄尖的亮橙色花瓣，环绕于橙红色的花心周围。叶片柔软，披针形，中绿色。栽培于向阳的混栽花境或草本植物花境中能给人留下深刻印象。花朵为优良的切花。在寒冷的气候条件下可能无法于冬季存活。

栽培　种植在排水良好、并不十分肥沃的土壤中，喜全日照。可能需要进行裱杆。通常寿命较短，但植株能够在冬季通过分株繁衍后代。

❀◐◊♡❀❀❀

株高60～85厘米　冠幅45厘米

大雪花莲
Galanthus elwesii

这种生长强健的大雪花莲为具球根的多年生植物，于暮冬在微蓝绿色的叶片上能够开放出纤弱的具蜜香的纯白色花朵。内侧花瓣具绿色斑痕。用于花境与岩石园效果很好，非常适合为明亮的林地营造自然景观。

栽培　种植在湿润且排水良好、富含腐殖质、土壤夏季不会失水之地。宜选疏荫环境进行栽培。

❀◐◊♡❀❀❀

株高10～15厘米　冠幅8厘米

'吸铁石'雪花莲
Galanthus 'Magnet'

这个高大的雪花莲品种为生长强健的具球根多年生植物，在暮冬与初春时开放着俯垂的纯白色梨形花朵，其内侧花瓣的先端具有深绿色的V形斑痕。带状的灰绿色叶片环绕于植株基部着生，用来为草地或树木园营造自然景观效果很好。

栽培　种植在湿润且排水良好、肥沃的、土壤夏季不会失水之地。宜选疏荫环境进行栽培。

☀ ◐ ◑ ♥ ✤ ✤ ✤
株高20厘米　冠幅8厘米

'重瓣'雪花莲
Galanthus nivalis 'Flore Pleno'

这种重瓣的雪花莲为生长强健的具球根多年生植物，自暮冬至初春间，俯垂的纯白色梨形花朵开放，在内侧花瓣的先端具绿色斑痕。狭窄的叶片呈灰绿色，种植在落叶乔木或灌木下能够营造出良好的自然景观。

栽培　种植在保湿力强且排水良好的肥沃土壤中，喜无日光直射的明亮之处。每隔数年在开花后分栽并更新植株，以促使其生长旺盛。

☀ ◐ ◑ ♥ ✤ ✤ ✤
株高10厘米　冠幅10厘米

'阿诺特' 雪花莲
Galanthus 'S.Arnott'

这个具蜜香的雪花莲品种具有比品种'吸铁石'('Magnet')(参阅对面页，上文)具有更大一些的花朵，为速生的具球根多年生植物。下垂的纯白色梨形花朵自暮冬至早春间抽生，在每个内侧花瓣的先端具绿色的V形斑痕。狭窄的叶片灰绿色，适用于岩石园或高台花坛。另一种被推荐的品种'英国士兵'('Atkinsii')，为与本品种相似的大型雪花莲。

栽培　种植在湿润且排水良好的肥沃土壤中，喜间有荫蔽的环境。宜选夏季保水力强之地。在开花后对植株进行分栽与更新。

☼ ◐ ◊ ♡ ✻✻✻　株高20厘米　冠幅8厘米

'极点' 椭圆叶绞木
Garrya elliptica 'James Roof'

这个椭圆叶绞木的品种为直立的常绿灌木，随着株龄的增加呈乔木状。因其在冬季与初春时自枝杈上悬摆着修长的银灰色柔荑花序而被种植，叶片深海绿色，缘波状。用于灌木花境，靠着荫墙，或作为树篱栽种效果极好，可在沿海之地生长。

栽培　种植在排水良好、肥力适中的土壤里，喜全日照，亦耐疏荫环境。可耐贫瘠、干旱之地。如果需要的话，于花后整形。

☼ ◐ ◊ ♡ ✻✻✻　株高4米　冠幅4米

'桑椹酒' 尖叶白珠树(雌株)

Gaultheria mucronata
'Mulberry Wine' (female)

这种枝条披散的常绿灌木有时在
*Pernettya*属中加以介绍,为能够展示秋
季美景的价值极高的植物。浆果大
型、圆球状,红紫色至紫色,映衬在
油亮的深绿色具齿叶片间尽展美色。
细小白色花朵能够于整个夏季开放。

栽培 种植在保湿力强、泥炭质、酸
性至中性的土壤里,喜疏荫环境,亦
耐全日照。要种植在靠近雄株之处,
以保证能够收获到浆果。用铁锹铲断
蔓延的根系,以避免植株生长过大。

株高1.2米 冠幅1.2米

'冬季' 尖叶白珠树(雌株)

Gaultheria mucronata
'Wintertime' (female)

为枝条披散的常绿灌木, 有时在
*Pernettya*属中加以介绍,植株所孳生的
大型显眼的白色浆果能够很好地宿存
到冬季。细小的白色花朵开放于暮春
至初夏间。具光泽的深绿色叶片椭圆
形至长椭圆形,缘具齿。

栽培 种植在保湿力强、酸性至中性
的泥炭质土壤里。可在日光充足之地
生长,但在无日光直射的明亮之处生
长最好。要种植在靠近雄株之处,以
保证能够收获到浆果。如果需要的
话,挖断蔓延的根系,以避免植株生
长过旺。

☼ ◑ ◗ ♥ ❋❋❋ 株高1.2米 冠幅1.2米

匍匐白珠树
Gaultheria procumbens

匍匐白珠树为匍匐状灌木，夏季开放着俯垂的瓮状白色或粉色花朵，尔后结出具芳香的猩红色果实。它们通常可以宿存到春季，从而增添冬季美色。当其光泽的深绿色叶片被搓碎后，会散发出浓烈香气，从而使此种植物获得了其他名称：冬季常绿。为优良的耐阴地被植物。

栽培　种植在酸性至中性的泥炭质、土壤湿润的疏荫之地。仅在土壤经常处于潮湿状态时才能在全日照下生长。在开花后整形。

☼ ◐ ❍ ♦ ♡ ❀ ❀ ❀
株高15厘米　冠幅可达1米或更宽

山桃草
Gaura lindheimeri

为高大的丛生多年生植物。茎秆纤细，叶片基生，呈微粉色的蓓蕾生长在松散的塔尖状花序上，白色的花朵自暮春至秋季间于清晨开放。为在混栽花境中使用的一种优雅植物，既耐炎热也耐干旱。

栽培　种植在肥沃、湿润且排水良好的土壤中，宜选全日照之地，但在非全日荫蔽的环境里亦可生长。如果需要的话，春季对植株进行分栽。

☼ ◐ ◊ ♦ ❀ ❀
株高可达1.5米　冠幅90厘米

勋章花

Gazanias

这些实用的夏季花坛植物为生长旺盛、株形披散的多年生植物，通常作为一年生植物栽培。因其花期很长、多彩的大型雏菊状花朵而被栽培，与向日葵十分相似，它们在阴霾或凉冷的季节里不爱绽蕊。花朵有橙、白、金黄、米黄、青铜或亮粉色，其中部常具引人注目的明显环带。头状花序色彩变化丰富的杂交品种应用也十分普遍。披针形的叶片深绿色，叶背具白色丝状细毛。勋章花能够很好地在容器中生长，并可耐受滨海环境。

栽培 种植在土质疏松、排水良好的砂质之地，喜全日照。为了延长花期，应剪去衰老或凋谢的花朵。生长季节充分浇水。当遭遇初霜时，植株枝叶将会枯萎。

☼ ◐ ◊ ❋

更多选择

勋章花，钱索奈特复色系，色彩对比鲜明。
勋章花，迷你复色系或单色系。
勋章花，美人复色系或单色系。

株高20厘米 冠幅25厘米

株高20厘米 冠幅25厘米

株高20厘米 冠幅25厘米

株高20厘米 冠幅25厘米

株高20厘米 冠幅25厘米

1 '阿芝台克' 勋章花(*Gazanias* 'Aztec') ♀2 '甜点' 勋章花(*G.* 'Cookei') ♀3 '庭院曙光' 勋章花
(*G.* 'Daybreak Garden Sun')4 '迈克尔' 勋章花(*G.* 'Michael') ♀5 勋章花(*G.rigens* var.*uniflora*) ♀

火山染料木
Genista aetnensis

火山染料木为直立、近无叶的落叶灌木，在炎热干燥的条件下进行孤植或为花境衬景效果绝佳。在夏季时，繁茂的具芳香的豌豆状金黄色花朵点缀于下垂的中绿色茎秆上。

栽培 种植在排水良好、土质疏松、贫瘠至肥力适中之地，喜全日照。要将修剪控制在最小范围内，最好将已经衰老、枝条散乱的植株进行更新。

☼ ◊ ♀ ❀ ❀ ❀   株高8米　冠幅8米

小亚细亚染料木
Genista lydia

这种由先端具刺的拱形枝条所构成的丘状低矮落叶灌木，于初夏开放出密缀的豌豆状黄色花朵。细小的狭窄叶片蓝绿色。种植在炎热干燥之地，如岩石园或高台花坛十分理想。

栽培 种植在排水良好、土质疏松的贫瘠至肥力适中之地，喜全日照。将修剪保持在最小范围内，最好将枝条衰老、外形散乱的植株进行更新。

☼ ◊ ♀ ❀ ❀ ❀

株高可达60厘米　冠幅可达1米

'波洛克'染料木
Genista 'Porlock'

这个品种为半常绿的中型灌木，繁茂的花簇春季呈现，花朵豌豆状，亮黄色，具香气。复叶中绿色，小叶3。花后要进行修剪以保持株形，注意不要重剪。将其栽种在滨海地区是不错的选择。

栽培 种植在排水良好、肥沃的向阳之地，要设立风障以防严霜危害。

☀ ◌ ◊ ♈ ❀ ❀ ❀
株高2.5米 冠幅2.5米

矮龙胆
Gentiana acaulis

矮龙胆为垫状的常绿多年生植物，在春季时开放出大型的艳深蓝色喇叭状花朵。叶片卵形，具光泽、深绿色。种植在岩石园、高台花坛或木槽中效果很好。在夏季凉爽、潮湿的地区能够存活。

栽培 种植在保湿力强且排水良好、富含腐殖质的土壤中，喜全日照，亦耐疏荫环境。温暖地区，在干燥的夏季里要进行保护，使植株免受烈日伤害。

☀ ☼ ◌ ◊ ♈ ❀ ❀ ❀
株高8厘米 冠幅可达30厘米

萝藦龙胆

Gentiana asclepiadea

萝藦龙胆为枝条拱形的丛生多年生植物，自暮夏与秋季间开放出深蓝色的喇叭状花朵，它们常具有斑点或在内侧带有紫色条纹。叶片披针形，鲜绿色。适合用于花境或大型岩石园。

栽培　种植在湿润、肥沃、富含腐殖质的土壤中。如果土壤保湿性强，可栽培于日光充足的环境里，但在无日光直射的明亮之处生长最好。

☀ ◐ ◊ ♡ ✿✿ ❀❀❀

株高60～90厘米　冠幅45厘米

七裂龙胆

Gentiana septemfida

这种暮夏开花的七裂龙胆，为株形披散或直立的丛生草本多年生植物，由喉部白色的亮蓝色狭钟形花朵所构成的花簇着生于卵形的中绿色叶片间。用于岩石园或高台花坛效果很好。在凉爽、潮湿的夏季里能够存活。被推荐的变种有冠毛龙胆(var.*lagodechiana*)，其每茎仅有一花。

栽培　种植在湿润且排水良好、富含腐殖质之地，喜全日照，亦耐疏荫环境。温暖地区，在干燥的夏季里要进行保护，使植株免受烈日伤害。

☀ ☀ ◐ ◊ ♡ ✿✿ ❀❀❀

株高可达15～20厘米　冠幅可达30厘米

耐寒小型老鹳草
Small Hardy Geraniums

这些老鹳草属(*Geranium*)(常以不正确的名称为天竺葵而被引用，参阅319至321页)的生长缓慢之种类为多用植物，不仅在花境前缘，也能在岩石园中或作为地被植物使用。这些极其耐寒的常绿多年生植物的寿命很长，管理容易，能够在不同地区的各种类型土壤中生长。其裂或齿的叶片，富于变化或具香气。在夏季时它们开放出标准的碟形花朵，颜色范围自白色至柔蓝色，如品种‘约翰逊蓝’(‘Johson's Blue’)至艳粉色的短茎

灰叶老鹳草(*G.cinereum* var.*subcaulescens**)，常具有明显的脉纹、花心或其他斑痕。(*：原著为：*G.cinereum* var.*caulescens*，正确为：*G.cinereum* var.*subcaulescens*。——译者注)

栽培 种植在排水迅速、富含腐殖质的土壤中，喜全日照。生长阶段每月施用平衡肥料一次，但冬季应加大浇水间隔。为了促进新枝生长，要剪去残花枝与衰老叶。

☼ ◐ ❀❀❀

株高可达45厘米 冠幅1米或宽

株高可达15厘米 冠幅可达30厘米

1 ‘安·福卡德’老鹳草(*Geranium* 'Ann Folkard')♀ 2 ‘芭蕾女郎’老鹳草(*G.* 'Ballerina')♀

3
株高可达15厘米　冠幅可达30厘米

株高可达45厘米　冠幅不确定

5
株高可达15厘米　冠幅可达50厘米

6
株高30厘米　冠幅60厘米

7
株高可达45厘米　冠幅75厘米

8
株高可达30厘米　冠幅可达1米

9
株高30厘米　冠幅1.2米

3 短茎灰叶老鹳草(*G.cinereum* var.*subcaulescens*)应改为*G.cinereum* var. *subcauleseens*。——译者注 ♀4 '克什米尔白' 克拉克老鹳草(*G.clarkei* 'Kashmir White')♀5 南斯拉夫老鹳草(*G.dalmaticum*)♀6 '格拉维提' 喜马拉雅老鹳草(*G.himalayense* 'Gravetye')♀7 '约翰逊蓝' 老鹳草(*G.* 'Johnson's Blue')♀8 '拉塞尔·普里查德' 老鹳草(*G.×riversleaianum* 'Russell Prichard')♀9 '巴克斯顿' 沃利克老鹳草(*G.wallichianum* 'Buxton's Variety')♀

耐寒大型老鹳草
Large Hardy Geraniums

植株较高的丛生耐寒多年生老鹳草——不能与天竺葵(参阅404—409页)相混淆——能够成为效果很好的观赏期长的花境植物，或在灌木丛间填补空隙，需要很少的照顾。它们特别适合于乡村花园与在月季间的种植。它们具羽裂的叶片常绿，可能为彩色或具香气，观赏期长。整个夏季，植株所开放的被蓝、粉与紫晕、呈白色的大量碟形花朵使之显得更为好看。花朵的斑纹富于变化，例如，裸蕊老鹳草(*G.psilostemon*)有着醒目的深色花心，条纹老鹳草(*G.sanguineum* var.*striatum*)有着精美的脉状斑纹。

栽培 虽最好种植在排水良好、十分肥沃的土壤中，但亦可在任何不渍水之地生长。喜全日照，亦耐疏荫环境。为了促进新枝生长，要剪去衰老叶与残花枝。

☼ ☀ ◊ ◊ ✻ ✻ ✻

株高45厘米 冠幅60厘米

株高60厘米 冠幅60厘米

株高50厘米 冠幅50厘米

1 恩氏老鹳草(*Geranium endressii*) ♀ 2 华丽老鹳草(*G.×magnificum*) ♀ 3 '英沃森'大根老鹳草(*G.macrorrhizum* 'Ingwersen's Variety') ♀

株高60~90厘米　冠幅60厘米

株高60~120厘米　冠幅60厘米

株高30厘米　冠幅30厘米

株高10厘米　冠幅30厘米

株高60厘米　冠幅90厘米

株高60厘米　冠幅90厘米

4 '肯德尔·克拉克夫人'草甸老鹳草(*G.pratense* 'Mrs.Kendall Clark') ♀5 裸蕊老鹳草(*G.psilostemon*)
(syn.*G.armenum*) ♀6 雷纳德老鹳草(*G.renardii*)7 条纹老鹳草(*G.sanguineum* var.*striatum*) ♀8 '五月花'林
地老鹳草(*G.sylvaticum* 'Mayflower') ♀9 '沃格雷弗粉'牛津老鹳草(*G.×oxonianum* 'Wargrave Pink') ♀

'斯特拉斯登女士'水杨梅
Geum 'Lady Stratheden'

为丛生的多年生植物，于夏季很长的时间里，在拱形茎秆上能够开放出重瓣的亮黄色花朵。中绿色叶片大型，具裂。为一种管理容易、花期很长的植物。能够使混栽花境或草本植物花境增色不少。'火红猫眼'（'Fire Opal'）为与之关系很近的、能够在紫色茎秆上开放出微红橙色花朵的较高品种。

栽培 种植在湿润且排水良好的肥沃土壤中，喜全日照。不要选择冬季渍水的栽培地点。

☀ ◐ ◊ ⚲ ❀ ❀ ❀
株高40～60厘米 冠幅60厘米

山地水杨梅
Geum montanum

为小型的丛生多年生植物，因其单生的深金黄色杯状花朵而被种植。它们在春季与初夏间高于大型的具裂深绿色叶片之上开放。种植在岩石园、高台花坛或木槽中效果绝佳。

栽培 种植在湿润且排水良好的肥沃土壤中，更喜含有砂砾之地，喜全日照。冬季不耐渍水。

☀ ◊ ⚲ ❀ ❀ ❀
株高15厘米 冠幅可达30厘米

三叶美吐根
Gillenia trifoliata

为直立的株形优雅的常绿多年生植物，由橄榄绿色所形成的叶丛秋季变为红色，在夏季时，具纤细花瓣的柔弱花朵着生在线状的红色花梗上。种植在荫地花境或明亮林地能够给人留下深刻的印象，切花水养持久。

栽培　种植在湿润且排水良好的肥沃土壤中。最好种植在疏荫条件下，可以使其接受一些阳光照射，但如果在白天最热时要对植株进行遮荫。

☀ ◐ ◊ ❀ ♨ ❀ ❀ ❀
株高可达1米　冠幅60厘米

拜占庭唐菖蒲
Gladiolus communis subsp.*byzantinus*

在暮春时，这种直立的具球茎多年生植物，会开放出唇部具紫色斑痕的被洋红色浅斑的花朵，它们列生于呈扇状排列的中绿色狭窄叶片之上的花穗中。种植在混栽花境或草本植物花境中，能够成为优雅的主体。花朵可作为良好的切花。

栽培　种植在肥沃的土壤中，喜全日照。要将球茎栽培在垫有粗砂的苗床里，这样利于排水。冬季时不用掘出球茎，但在易遭受冻害地区进行覆盖保护是有益的。

☀ ◊ ❀ ❀ ❀ ❀　株高可达1米　冠幅8厘米

穆里尔唐菖蒲
Gladiolus murielae

为直立生长的多年生球根植物，叶片狭窄，中绿色，呈扇形生长，优雅的花葶在夏季悬垂于叶丛之上，花朵白色，具浓香，喉部紫红色。为混栽花境使用的理想植物；适合用来生产切花。冬季寒冷之地植株不能存活。

栽培 种植在肥沃的土壤中，宜选日光充沛之地。要铺设砂层进行排水。当开始下霜，植株叶片变成黄褐色后，掘出球茎并去掉叶片，贮藏于免遭霜害之处。

☀ ◊ ♀ ❀
株高70~100厘米 冠幅5厘米

‘骤晴’三刺皂荚
Gleditsia triacanthos ‘Sunburst’

这个速生的三刺皂荚品种为树冠呈圆锥形的落叶乔木，其价值在于它那美丽的叶片与轻盈的冠层。具细裂的叶片在春季抽生时呈亮金黄色，成形后转为深绿色，在脱落前又转为黄色。为一种适合十小型庭园中种植的抗污染乔木。

栽培 可种植在任何排水良好的肥沃土壤中，喜全日照。自暮夏至仲冬间仅需剪去枯死、受损或染病的枝条。

☀ ◊ ♀ ❀❀❀❀ 株高12米 冠幅10米

'花叶'海滨夷茱萸
Griselinia littoralis 'Variegata'

为一种生长茂密的常绿灌木,能够长出具光泽的叶片,其不规则的花纹,乳白色的边缘和灰色的斑痕极具吸引力。它是优良的常绿绿篱或孤植灌木,在沿海地区使用效果特别好,植株能够迅速成形。这种灌木颇耐强剪,如果需要可于春季进行。其花朵不甚起眼。

栽培　种植在排水良好的向阳之地。

☼ ◊ ○ ✿ ✿ ✿
株高8米　冠幅5米

大叶洋二仙草
Gunnera manicata

为大型的丛生多年生植物,是耐寒花园中叶片最大的种类。其叶片圆形,浅裂,具锐齿,暗绿色,叶柄粗壮,具刺。由细小的微绿红色花朵所构成的高大花穗于夏季抽生。是一种令人难忘的水边植物,也可以在沼泽园中种植,在寒冷的气候条件下需保护越冬。

栽培　在不见干的湿润、肥沃的土壤中生长最好,喜全日照,也可种植在半阴之地。要防止植株受到寒风侵袭。在冬季到来前,用枯叶盖好休眠的根茎,以使之免遭冻害。

☼ ◐ ○ ✿ ✿ ✿
株高2.5米　冠幅3~4米或更宽

'羽翼'鳞毛羽节蕨
Gymnocarpium dryopteris 'Plumosum'

'羽翼'鳞毛羽节蕨为优雅的林地植物，适合用来点缀背阴的湿润之地。其三角状复叶颇具特色，于春季抽生于细长的匍匐性根状茎上，随着株龄的增长叶片的颜色会逐渐变深。根状茎呈披散状生长，但不会侵占其他植物的地盘。春季用根状茎进行繁殖。

栽培 种植于湿润的疏荫之地。

☀ ◑ ♀ ❀❀❀
株高20厘米 冠幅不确定

'布里斯托尔美女'满天星
Gypsophila paniculata 'Bristol Fairy'

这种草本多年生植物，其稍肉质的披针形蓝绿色叶片呈圆丘状生长，茎秆十分纤细，线状。在夏季时开放的繁茂细小之重瓣白色花朵，给环境里增添了云朵状的景观。悬栽于矮墙之上使之向下生长，或作为株形较为直立、花朵看起来十分清晰的植物之后衬，能够使人过目不忘。

栽培 种植在排水良好、土层深厚、肥力适中之地，植株更喜碱性土壤，喜全日照。在移栽后受损的根系不易恢复。

☀ ◔ ♀ ❀❀❀
株高可达1.2米 冠幅可达1.2米

'玫瑰纱'满天星

Gypsophila 'Rosenschleier'

为圆丘状多年生植物，也以'Rosy
Veil'或'Veil of Roses'的名称出售，
悬垂在墙垣上种植，其拖曳的枝条看
起来效果很好。在夏季里，细小的重
瓣白色花朵开放于轻盈的花枝上，它
们会渐变为淡粉色，看起来宛如缜密
的花云。叶片稍肉质，披针形，蓝绿
色。花朵经充分干燥后可用于环境
装饰。

栽培　种植在排水良好、土层深厚、
肥力适中之地，植株更喜碱性土壤。
宜选全日照之地进行栽培。根系受损
不易恢复。

☼ ◊ ◊ ❀ ❀ ❀

株高40～50厘米　冠幅1米

'日冕'大箱根草

Hakonechloa macra 'Aureola'

这种彩色草类为落叶的多年生植物，
具乳白与绿色条纹的狭窄、拱形的亮
黄色叶片成丛生长。它们在秋季里开
始发红，能够宿存至冬季。微红褐色
的花梗深秋抽生。为能够用于花境、
岩石园或容器中的多用植物。

栽培　种植在湿润且排水良好、肥
沃、富含腐殖质的土壤中。在疏荫环
境里叶色最佳，但于全日照条件下也
能生长。

☼ ◊ ◊ ❀ ❀ ❀

株高35厘米　冠幅40厘米

海岩蔷薇
× *Halimiocistus sahucii*

为株形紧凑的灌木，背面具茸毛的线状深绿色叶丛呈圆丘状生长。整个夏季能够开放出大量的白色碟形花朵。种植在花境、温暖向阳的墙壁基部或岩石园中效果很好。

栽培　最好种植在土质疏松、排水顺畅、贫瘠至肥力适中、含有砂砾的向阳之地。要避免植株受到过量的冬雨侵袭。

☼ ◊ ♈ ❀❀❀
株高45厘米　冠幅90厘米

‘梅里斯特·伍德白’温顿海岩蔷薇
× *Halimiocistus wintonensis* ‘Merrist Wood Cream’

为株形披散的常绿灌木，在暮春与初夏间，能够开放出心部黄色、具红色带纹的乳黄色花朵。叶片披针形，灰绿色。种植在混栽花境前缘或温暖的墙角效果俱好。也适用于高台花坛或岩石园中。在寒冷的冬季可能不会存活。

栽培　种植在排水顺畅、贫瘠至肥力适中的土壤里，喜全日照。宜选免遭过多冬雨侵袭之地进行栽培。

☼ ◊ ♈ ❀❀
株高60厘米　冠幅90厘米

毛海蔷薇

Halimium lasianthum

为株形披散的灌木，自暮春与初夏时，植株会长出由碟形金黄色花朵所构成的花簇。通常，每枚花瓣基部具有微棕红色的斑痕。叶片灰绿色。毛海蔷薇在夏季漫长炎热的地区开花最好，本种适合种植于海滨花园。

栽培　最好种植在排水良好、肥力适中的砂质土壤里，宜选全日照、免遭干冷风劲吹之地。成形植株不喜移栽，在开花后修剪以使株形匀称。

☼ ◊ ♀ ❈❈　｜　株高1米　冠幅1.5米

'苏珊'海蔷薇

Halimium 'Susan'

为株形披散的小型常绿灌木。其价值在于它那夏季开放的亮黄色花朵，它们为单瓣或半重瓣，具深紫色斑痕。叶片卵圆形，灰绿色。栽培于温暖的滨海地区效果很好。在冬季寒冷之地，要将其种植在温暖的墙角下以进行保护。在漫长炎热的夏季里开花最好。被推荐的还有拟罗勒海蔷薇（*H.ocymoides*），为与之相似，但直立性更强的种类。

栽培　种植在排水顺畅、十分肥沃、土质疏松的砂质土壤中，宜选全日照、免遭干冷风劲吹之地。如果需要的话，春季稍做整形。

☼ ◊ ♀ ❈❈

株高45厘米　冠幅60厘米

金缕梅

Witch Hazels（*Hamamelis*）

这些株形披散的灌木，因其通常呈黄色，有着如同蜘蛛般花朵所构成的大型花序而被种植。当在冬季植株叶片脱落后，它们开放于枝杈上。那些春金缕梅（*H.vernalis*）的品种可能随着叶片长出而绽蕊。每个花朵有4枚狭窄的花瓣，散发着令人心醉的香气。多数园艺种类秋季具有诱人的叶片，其宽阔的亮绿色叶片在脱落前变红或转黄。金缕梅能为冬季庭院增色添香，它们是灌木花境或树木园中良好的孤植或群植树木。

栽培 种植在肥力适中、湿润且排水良好的酸性至中性之地，喜全日照，亦耐疏荫环境。宜选开阔但不完全暴露的场地。金缕梅也能在土层深厚、富含腐殖质的钙质土壤中生长。在暮冬或早春间的休眠阶段，要清除杂乱枝或交叉枝，以保证植株骨干通风透光。

☼ ☀ ◐ ❉ ❉ ❉

株高4米　冠幅4米

株高4米　冠幅4米

1 '阿诺德诺言' 倭金缕梅（*Hamamelis × intermedia* 'Arnold Promise'）♀ 2 '巴姆斯特德金' 倭金缕梅（*H.×Intermedia* 'Barmstedt Gold'）♀

株高4米　冠幅4米

株高4米　冠幅4米

株高4米　冠幅4米

株高4米　冠幅4米

株高5米　冠幅5米

3 '黛安' 倭金缕梅(*H.×intermedia* 'Diane')♀4 '杰莉娜' 倭金缕梅(*H.×intermedia* 'Jelena')♀5 '帕丽达' 倭金缕梅(*H.×intermedia* 'Pallida')♀6 金缕梅(*H.mollis*)♀7 '桑德拉' 春金缕梅(*H.vernalis* 'Sandra')♀

白花玄参木
Hebe albicans

为株形规整的圆丘状灌木，被白粉的灰绿色叶片紧贴着生长在一起。花序低矮、紧凑，花朵白色，于夏季的前半段里开放于分枝的基部。为荒芜滨海地区的有用常绿篱栽植物，亦可栽种在灌木花境中。

栽培　种植在贫瘠至肥力适中、湿润且排水良好的中性至微碱性土壤里，喜全日照，亦耐疏荫环境。要防止植株受到干冷风侵袭。需要轻度修剪或完全不用修剪。

☼ ☀ ◊ ◊ ♀ ✽ ✽ ✽
株高60厘米　冠幅90厘米

‘鲍顿圆冠’柏叶玄参木
Hebe cupressoides ‘Boughton Dome’

这种低矮的常绿乔木，因其规整的外形与紧凑的叶丛而被栽培，植株看起来如同淡绿色的半圆形。罕见开花。鳞片状的淡绿色叶片着生在拥挤、纤细的微灰绿色枝条上。可种植在岩石园，不经任何修剪作为造型树使用的效果极好。适合在滨海公园生长。

栽培　种植在湿润且排水良好、贫瘠至肥力适中的土壤里，喜全日照，亦耐疏荫环境。没有必要定期修剪。

☼ ☀ ◊ ◊ ✽ ✽ ✽
株高30厘米　冠幅60厘米

'大奥姆'玄参木
Hebe 'Great Orme'

为枝条开展、树冠圆形的常绿灌木。
生长着由深粉色、刚凋谢时变白的细
小花朵所构成的纤细花穗，它们从仲
夏至仲秋间抽生于披针形的具光泽深
绿色叶片间。用于混栽花境或灌木花
境效果很好。在寒冷的气候条件下，
要种植在温暖向阳的墙壁基部予以
保护。

栽培　种植在湿润且排水良好、贫瘠
至肥力适中的土壤里，喜日光充足，
在无日光直射的明亮之处也能生长。
要防止植株受到寒风侵袭。修剪是不
必要的，但是植株下部秃杆者应于春
季进行修剪。

☼ ○ ◊ ♀ ❉❉❉　株高1.2米 冠幅1.2米

大花玄参木
Hebe macrantha

这种直立、株形披散的灌木具有革质
的叶片。其生长着与玄参木类似的大
型花朵，于初夏时3朵成簇开放。为在
荒野地区、海滨花园有用的常绿围边
植物。

栽培　种植在湿润且排水良好、肥力
适度、土壤呈中性至微碱性的全日照
或疏荫之地。要防止植株受到干冷风
侵袭。需要少修剪或完全不修剪。

☼ ○ ◊ ♀ ❉❉❉
株高60厘米 冠幅90厘米

'詹姆斯·斯特灵'赭叶玄参木
Hebe ochracea 'James Stirling'

为紧凑型灌木,自暮春至初夏间,植株开放着成簇的中型白色花朵。如同其他玄参木一样,它具有紧贴着茎秆叠生、细小的鳞片状叶片,使之看起来好像是低矮的松柏类植物。为岩石园使用的效果绝佳的常绿植物,其淡赭黄色的叶片在冬季里看起来非常富有吸引力。

栽培 最好种植在湿润且排水良好的中性至微碱性土壤里。宜选能够抵御干冷风侵袭的全日照或疏荫之地进行栽培。除非特别需要,否则不用进行修剪。

☀ ◐ ◇ ◆ ♡ ❄❄❄
株高45厘米 冠幅60厘米

'佩奇'厚叶玄参木
Hebe pinguifolia 'Pagei'

为缓生型常绿灌木,叶片蓝绿色,革质、卵圆形,呈四列着生在紫色茎秆上。自暮春至初夏间,枝条先端开放着由白色花朵所构成的大量花簇。可成片作为地被植物栽培,可用于岩石园中。

栽培 种植在湿润且排水良好、贫瘠至肥力适中的土壤里,喜日光充足,亦耐疏荫环境。最好为植株设立一些屏障,以使之免受干冷风侵袭。如果需要的话,于早春进行整形,以使植株显得更加好看。

☀ ◐ ◇ ◆ ♡ ❄❄❄
株高30厘米 冠幅90厘米

拉卡伊玄参木
Hebe rakaiensis

为树冠圆形的常绿灌木，由白色花朵所构成的花穗自初夏至仲夏间抽生。叶片椭圆形，具光泽，亮绿色。作为小型的孤植披散型灌木或作为大型岩石园的焦点植物均十分理想。

栽培　种植在湿润且排水良好、贫瘠至肥力适中的土壤里，喜日光充足，亦耐疏荫环境。最好对植株进行保护，以使之免受干冷风侵袭。如果需要的话，于早春进行整形，以使植株更为美观。

☼ ※ ◐ ◊ ❀❀❀ ❀❀　株高1米　冠幅1.2米

'银色女王'玄参木
Hebe 'Silver Queen'

为常绿灌木，其生长繁茂，树冠圆形，具彩色的卵形叶片；叶片中绿色，具乳白色的边缘。其紫色花朵与叶片形成了鲜明的对照，在夏季至秋季间浓密的花穗抽生于叶片之上。为混栽花境或岩石园中耐污染的优良植物。在寒冷地区，要将其种植在背风向阳的墙脚。'蓝宝石'（'Blue Gem'）是与单色叶种类相似的品种。

栽培　种植在湿润且排水良好、贫瘠或肥力适中的土壤中。宜选阳或轻荫之地，要避免干燥的冷风直吹。无需经常修剪。

☼ ※ ◐ ◊ ❀ ❀❀
株高60~120厘米　冠幅60~120厘米

'雷文索斯特'加那利常春藤

Hedera algeriensis 'Ravensholst'

这个生长旺盛的加那利常春藤品种为能够自身攀缘的常绿植物，可用来覆盖地面或掩饰裸露的墙壁。叶片具浅裂，深绿色，具光泽。不见开花。在严冬之地可能会受到伤害，但是其通常能够迅速地恢复生长。

栽培　最好种植在湿润且排水良好、富含有机物的土壤中。植株耐荫，在全年的任何时间里均可修剪与整形。

☼ ◐ ◊ △ ♥ ❈ ❈ ❈　　　　株高5米

波斯常春藤

Hedera colchica 'Dentata'

波斯常春藤为生长旺盛、能够自身攀缘的常绿植物，其所生长的巨大心形叶片为它获得了牛心常春藤的别名。叶片革质，具纹理，深绿色。不见开花。为能够迅速地遮蔽不雅观墙壁的极其有用的攀缘植物，亦可用于地表覆盖，或使之攀爬在大型的落叶乔木上生长。

栽培　种植在肥沃、湿润且排水良好之地，更喜富含有机物的碱性土壤。植株耐荫，在全年的任何时间里均可修剪。

☼ ◐ ◊ △ ♥ ❈ ❈ ❈　　　　株高10米

'磺心' 波斯常春藤

Hedera colchica 'Sulphur Heart'

这个叶片彩色的波斯常春藤的品种，为生长极其旺盛、能够自身攀缘的常绿植物，也能在土地表面上生长。心形的叶片深绿色，大型，随着它们的不断生长，其表面开始布满乳黄色的斑纹，颜色也会越变越深。植株能够很好地覆盖住荫蔽之地的墙壁。

栽培　种植在湿润且排水良好的肥沃之地，更喜碱性土壤。耐疏荫环境，但在阳光的照射下叶片颜色更深。为了控制株形，在全年的任何时间里均可进行修剪。

☼ ◑ ○ △ ▽ ❀ ❀ ❀　　　　　株高5米

爱尔兰常春藤

Hedera hibernica

爱尔兰常春藤为一种生长旺盛的常绿植物，其价值在于它那具有灰绿色叶脉和5枚三角形裂片的阔卵形的深绿色叶片。适合靠墙或倚着大树栽种，或作为速生地被植物在乔木、灌木下使用。

栽培　最好种植在排水良好、肥沃的碱性土壤中，宜选半荫至全荫之地。为了保持良好的株形，全年都要对其进行修剪。

☼ ◑ ○ △ ▽ ❀ ❀ ❀　　　　株高可达10米

常春藤

Hedera helix

常春藤(*Hedera helix*)，亦称普通常春藤或英国常春藤，为茎秆木质化、能够自身攀爬的常绿植物，是所选择出的大量品种之亲本。叶形的变化自心形至深裂不等，颜色的变化有从亮黄色的'毛莨'('Buttercup')到深紫色的'紫叶'('Atropurpurea')。它们能够成为极其优良的地被植物，在荫蔽之地能够忍受长期干旱，并能迅速地掩饰平淡无奇的墙壁。如果不加以阻止，它们将会损害所涂油漆或造成排水檐槽堵塞。彩

叶的常春藤用于装饰昏暗的角落或荫蔽的墙壁，能够使那里显得生机勃发。小型的常春藤可以作为良好的室内植物，并能被牵引到造型框架上生长。

栽培 最好种植在湿润且排水良好、富含腐殖质的碱性土壤中，宜选全日照之地，在荫蔽之地也能生长，光照不足，常春藤的花叶常会退色。必要时修剪，以控制株形。品种'金童'('Goldchild')与'小钻石'('Little Diamond')可在有严霜之地生长。

☀ ◐ ◑ ○ ▲ ◆

株高8米

株高2米

株高2米

株高1米

株高1米

株高30厘米

1 '紫叶'常春藤(*Hedera helix* 'Atropurpurea') ❀❀❀ 2 '毛莨'常春藤(*H.helix* 'Buttercup') ♡❀❀❀ 3 '冰川'常春藤(*H.helix* 'Glacier') ♡❀❀❀ 4 '金童'常春藤(*H.helix* 'Goldchild') ♡❀❀ 5 '卷边'常春藤(*H.helix* 'Ivalace') ♡❀❀❀ 6 '小钻石'常春藤(*H.helix* 'Little Diamond') ❀❀

'美人莫尔海姆'堆心菊
Helenium 'Moerheim Beauty'

这种可爱的多年生植物夏季开花，是受人欢迎的庭园植物。在暮夏多数花卉处于凋零状态时，它们能够展现出王盛的生命力，届时其浓艳的铜红色的雏菊状花朵竞相开放。可与观赏草类、松果菊和金光菊栽植在一起。应定期清除残花，并进行分栽，以保持植株的活力。

栽培　种植在湿润且排水良好的向阳之地。

☼ ◔ ◊ ❦ ❀ ❀ ❀
株高90厘米　冠幅60厘米

'早花沙欣'堆心菊
Helenium 'Sahin's Early Flowerer'

这个堆心菊的实生苗品种是1990年被意外发现的，因花期持久而著称。其花朵雏菊状，微红橙色至黄色，要比绝大多数堆心菊开得早，有时于仲夏前就能绽蕊，能够持续开放至暮秋。这个品种与橙色或红色的大丽花、雄黄兰及多数萱草配植在一起效果很好。

栽培　种植在湿润且排水良好的向阳之地。

☼ ◔ ◊ ❦ ❀ ❀ ❀
株高60厘米　冠幅60厘米

‘亨菲尔德光辉’半日花

Helianthemum ‘Henfield Brilliant’

这个半日花的品种为株形扩展的小型常绿灌木，其在暮春与夏季里绽放着碟形的砖红色花朵。叶片狭窄，灰绿色。群栽于向阳的堤岸能够给人留下深刻的印象，用于岩石园、高台花坛，或种植在花境前缘效果也很好。

栽培 种植在肥力适中、排水良好的中性至碱性土壤里，喜日光充足。在开花后整形，以促使植株繁茂，通常寿命较短，但在暮春易于用扦插嫩枝法繁殖。

☼ ◊ 🏆 ❄❄❄

株高20～30厘米 冠幅30厘米或更宽

‘肉粉鳞托菊’半日花

Helianthemum ‘Rhodanthe Carneum’

这个花期很长的半日花品种，也以‘Wisley Pink’的名称出售，为株形扩展的低矮常绿灌木。自暮春至夏季间，在狭窄的灰绿色叶片间抽生出花心具黄晕的淡粉色碟形花朵。用于岩石园、高台花坛或混栽花境效果很好。

栽培 最好种植在排水良好、肥力适中的中性至碱性土壤里，喜全日照。在开花后整形，以促进尔后开花。

☼ ◊ 🏆 ❄❄❄

株高可达30厘米 冠幅可达45厘米或更宽

'威斯利黄' 半日花

Helianthemum 'Wisley Primrose'

这个报春黄色的半日花品种为株形扩展的速生常绿灌木。在暮春与夏季的很长时间里绽放着繁茂的花心金黄色的碟形花朵。叶片狭椭圆形，灰绿色。可群植于岩石园、高台花坛或向阳堤岸。如需颜色较浅的乳白色品种，可参阅'威斯利白'（'Wisley White'）。

栽培　种植在排水良好、肥力适中的土壤里，更喜中性至碱性之地，喜全日照。在开花后整形，以促进尔后开花。

☼ ◊ ♅ ✿ ❀❀❀

株高可达30厘米　冠幅可达45厘米或更宽

'伦敦金' 向日葵

Helianthus 'Loddon Gold'

这种重瓣的向日葵为株形扩展的高大多年生植物，其叶片卵形，粗糙，中绿色，排列于笔直的茎秆上。因其自暮夏持续开放至初秋的大型亮黄色花朵而被种植。用于草本花境或混栽花境中能够延长观赏季节。

栽培　种植在湿润且排水良好、肥力适中、富含腐殖质的土壤里。宜选背风的全日照之地。在漫长的炎夏中开花最好，要为绽蕾的枝条进行掇秆。

☼ ◊ ♅ ✿ ❀❀❀

株高可达1.5米　冠幅90厘米

'君主'向日葵
Helianthus 'Monarch'

这种半重瓣的向日葵为株形扩展、高大的多年生植物，其卵状、具齿的中绿色叶片着生在强健的直立茎秆上。自暮夏至秋季间，植株开放出心部呈黄褐色的大型星状亮橙黄色花朵。为用于草本植物花境或混栽花境中，能够表现出暮夏情趣的轮廓清晰植物。被推荐的另一个品种是花心呈金黄色，花朵为柠檬黄色的多年生向日葵'凯纳星'（'Capenoch Star'），其株高可达1.5米。

栽培 可种植在任何排水良好、肥力适中的土壤里。选择向阳背风之地进行栽培。茎秆需要支撑。

 株高可达2米 冠幅1.2米

华丽蜡菊
Helichrysum splendidum

为株形紧凑、被白毛的常绿灌木，其叶片线形、灰绿色，具芳香。自仲夏至秋季间，小型的亮黄色头状花序开放于直立的茎秆先端，花期能够持续到整个季。适合用于混栽花境或岩石园，花朵被干燥后可用于冬季装饰。在寒冷的冬季，于室外可能无法存活。

栽培 种植在排水良好、贫瘠至肥力适中的中性至碱性土壤里，喜全日照。春季剪去枯死枝或受损枝，对落叶的老枝要重剪。

☼ ◊ ♥ ❀❀ 株高1.2米 冠幅1.2米

常绿异燕麦
Helictotrichon sempervirens

常绿异燕麦呈丘状生长，叶色灰蓝，在以混栽式花园中配植效果俱佳。自初夏起，其高大的燕麦状花穗抽生于叶片之上，非常优雅、低垂的颖花能够持续开放至暮夏。与叶片蓝色或银色的植物混栽、簇栽或孤植都是十分理想的。秋季或春季，可结合整形对老株进行分栽。

栽培　种植在排水良好的碱性土壤中，宜选全日照或轻荫之地。

☼ ◑ ◊ ❀❀❀

株高可达1.4米　冠幅60厘米

刺毛日光菊　"伦敦之光"
Heliopsis helianthoides var. *scabra* 'Light of Loddon'

这种生长旺盛的多年生植物开出金黄色的半重瓣花朵，从盛夏持续到秋初。春季种植时可以用一些比较隐蔽的支撑物，这样植株就会穿插着这些支撑物而茂盛生长。时常掐掉枯萎的花头，可以促进开花并延长花期。这种植物是制作鲜切花的上好材料。春季通过分簇可以使植株保持旺盛的生命力。

栽培　适合种植于肥沃潮湿但排水性好的土壤，需要光照。

☼ ◑ ◊ ❀❀❀

株高1.1米　冠幅60厘米

尖叶嚏根草
Helleborus argutifolius

这种大型的尖叶嚏根草有时被称为 *H.corsicus*，为开花早的丛生常绿多年生植物，其大型花簇上绽放着俯垂的淡绿色花朵。它们于冬季与初春间抽生于分裂成三个具锐齿小叶的俊美的深绿色叶片之上。用来为树木园或混栽花境营造早春花趣效果极佳。

栽培 种植在湿润的肥沃之地，在中性至碱性的土壤里生长更好，喜全日照，亦耐疏荫环境。寿命通常较短，但植株能进行自播。

☀ ◑ ◐ ❁ ❀ ❀ ❀
株高可达1.2米 冠幅90厘米

嚏根草
Helleborus × *hybridus*

嚏根草为冬季至初春开花的多年生植物。花朵单瓣或重瓣、下垂、碟形，花期可达数月之久，其花色丰富，有白色、黄色、粉色和紫色，常具斑点或颜色较深的边缘。绝大多数种类常绿，大型叶片具裂、边缘具齿。适合作为地被植物，或栽种在较高的植物下面。

栽培 最好种植在湿润、中性至碱性的疏荫之地，可耐渍水或干旱。嚏根草于冬季有强风侵袭之处需进行保护。它们能够杂交，可以自播。

☀ ◑ ◐ ❀ ❀ ❀
株高可达45厘米 冠幅可达45厘米

黑嚏根草

Helleborus niger

这种常绿多年生植物白色花朵杯形，它们在冬季与初春间成簇开放。叶片深绿色，分裂为数枚小叶。与雪滴花一同种于冬花型灌木之下给人留下深刻印象，但不易移栽。'陶工旋盘'（'Potter's Wheel'）为这种黑嚏根草的一个漂亮品种，其花朵大型，是适合种植在较为黏重土壤中的种类，对于黑科嚏根草(*H.×nigercors*)而言，黑嚏根草(*H.niger*)是其亲本之一。

栽培　种植在深厚、肥沃、中性至碱性、保湿性强的土壤里，选择间有荫蔽能够抵御干冷风之地。

株高可达30厘米　冠幅45厘米

黑科嚏根草

Helleborus × *nigercors*

这种杂交的嚏根草长势强健，其花开持久，自暮冬至初春间均可观赏。它那具绿晕的白色大花能为冬季增添美色。厚实的绿色叶片非常茂密，需要对其进行修剪，否则它们能将花朵遮住。暮春要将开过花的茎秆进行删剪。

栽培　种植在湿润且排水良好的向阳或荫蔽之地。

☀ ◑ ● ♡ ❀❀❀
株高可达30厘米　冠幅90厘米

萱草

Daylilies (*Hemerocallis*)

萱草为簇生的草本多年生植物。其英文名称的由来是因为它们的美丽花朵仅开放一天左右，对于夜花性萱草来说，例如品种'绿色飘逸'（'Green Flutter'），花朵开放在头一天下午，然后持续开放一夜。它们的花朵繁茂，能够迅速地取次绽蕊，有些在暮春开放，其他品种的花朵能够持续到暮晨。花朵的形状变化从圆形到蜘蛛形，呈黄色至橙色。叶片带状，常绿。植株较高的萱草能给混栽花境或草本植物花境带来迷人的美色。

矮生的种类，像'金娃娃'（'Stella de Oro'），适合栽种在小型花园里或种植在容器中。

栽培 种植在排水良好但湿润的肥沃土壤中，喜日光充足，品种'考基'（'Corky'）与'绿色飘逸'（'Green Flutter'）可于半阴处种植。在春季时进行覆盖保护，每隔两周施用平衡肥料一次直至花芽形成，每隔数年于春季或秋季进行分株与重栽。

☼ ◑ ◐ ◇ ❊ ❊ ❊

株高60厘米 冠幅1米

株高90厘米 冠幅45厘米

株高50厘米 冠幅1米

株高1米 冠幅1米

株高60厘米 冠幅1米

株高30厘米 冠幅45厘米

1 '考基'萱草（*Hemerocallis* 'Corky'）2 '金色编钟' 萱草（*H.* 'Golden Chimes'）♀3 '绿色飘逸' 萱草（*H.* 'Green Flutter'）♀4 萱草（*H.lilioasphodelus*）♀5 '新星' 萱草（*H.* 'Nova'）6 '金娃娃'萱草（*H.* 'Stella de Oro'）

雪割草
Hepatica nobilis

为植株矮小、生长缓慢、如金莲花状的半常绿多年生植物，花朵碟状、紫色、白色或粉色。它们于早春开放，通常先叶绽蕊。中绿色的叶片革质，3裂，有时具斑驳。适合栽种于荫蔽的岩石园中。与开放着深蓝色花朵的'巴拉德'雪割草(*H.* × *media* 'Ballardii')十分相似。

栽培　种植在湿润且排水良好、肥沃的中性至碱性土壤里，喜疏荫环境。在春季或秋季时要用落叶进行覆盖保护。

☀ ◐ ◌ ▲ ❀ ❀ ❀
株高10厘米　冠幅15厘米

'宫殿紫'齿叶小花矾根
Heuchera micrantha var.
diversifolia 'Palace Purple'

这种丛生的多年生植物，其价值在于它那具有金属光泽的深紫红色叶丛，夏季，白色的花朵开放在耸立的花枝上。其叶片具五个锐尖。可成片栽种在荫蔽的场地作为地被植物，但是生长较为缓慢。

栽培　种植在湿润且排水良好的肥沃土壤中，喜日光充足，亦耐疏荫环境。在保湿性强之地可耐浓荫环境。每隔数年于花后将其掘起并进行分栽。

☀ ◐ ◌ ▲ ❀ ❀ ❀
株高45～60厘米　冠幅45～60厘米

'红闪光'矾根
Heuchera 'Red Spangles'

这种丛生的常绿多年生植物，其价值是它那由细小的钟形绯猩红色花朵所构成的花枝。它们开放于初夏，暮夏时再次开放于高于具裂的微紫绿色心形叶片的深红色花葶上。当作为地被材料群植时能够给人留下深刻印象。

栽培　种植在湿润且排水良好的肥沃土壤中，喜日光充足，亦耐疏荫环境。在保湿性强之地可耐浓荫环境。每隔三年于花后将其掘起并进行分栽。

☼ ◑ ◊ ◊ ❄❄❄
株高50厘米　冠幅25厘米

'蓝鸟'木槿
Hibiscus syriacus 'Oiseau Bleu'

也被称为'Blue Bird'，这种生长旺盛的直立落叶灌木，绽放着大型的花心红色的锦葵状丁香蓝色花朵，它们在仲夏至暮夏时开放于深红色的叶片间。用于混栽花境或灌木花境十分理想。在炎热的夏日开花最好，寒冷地区要将植株靠着温暖向阳的墙栽培。

栽培　种植在湿润且排水良好、肥沃的中性至微碱性土壤里，喜全日照。在暮春时对幼株进行强剪，以促使其自基部长出分枝，当植株成形后，应将修剪保持在最小范围内。

☼ ◊ ❦♡❄❄❄　株高3米　冠幅2米

'伍德布里奇'木槿
Hibiscus syriacus 'Woodbridge'

为速生的直立落叶灌木, 开放着大型的环绕花心具果色斑块的深玫瑰粉色花朵。它们在暮夏至仲秋时开放在具裂的深绿色叶片间。为有价值的, 令人感兴趣的晚季开花植物。在寒冷地区为了使植株获得最佳的开花效果, 要将其靠着温暖向阳的墙壁栽培。

栽培　种植在湿润且排水良好、肥沃的微碱性土壤中, 喜全日照。暮春对幼株进行强剪, 以促使其长出分枝。当植株成形后, 应将修剪保持在最小范围内。

☀ ◊ ♨ ♈ ❀ ❀❀❀　　株高3米　冠幅2米

沙棘
Hippophae rhamnoides

沙棘为生长着诱人果实与叶片的具刺落叶灌木。细小的黄色花朵春季开放, 尔后雌株结出橙色的果实, 它们能够很好地宿存至冬季。狭长的叶片银灰色, 爪状。作为绿篱效果很好, 特别适合在沿海地区种植。

栽培　最好种植在砂质、湿润且排水良好的土壤中, 喜全日照。为了使植株正常结果, 必须将雌株雄株种植在一起。需要时稍做修剪, 必要时于暮夏为树篱整形。

☀ ◊ ♨ ❀❀❀　　株高6米　冠幅6米

光叶花楸木
Hoheria glabrata

这种树冠披散的落叶乔木，因其优雅的株形与花朵而被种植。在仲夏时，簇生的杯状白色芳香花朵开始绽蕊，对于蝴蝶具有吸引力。开阔的深绿色叶片秋季脱落前变为黄色。在海洋性气候条件下种植在灌木花境中效果极佳，寒冷地区要靠着向阳的墙壁种植。

栽培　种植在肥力适中、排水良好的中性至碱性土壤里，选择能够抵御干冷风侵袭的全日照或疏荫之地进行栽培。尽管植株很少需要修剪，但是如果枝条遭受霜害，还是要于春季将它们剪去。

☼ ☀ ◊ ❊❊❊　　　林高7米　冠幅7米

六柱花缎木
Hoheria sexstylosa

六柱花缎木为常绿乔木或灌木，叶片狭窄，具光泽，中绿色，缘具齿。其价值在于它那优雅的株形与由白色花朵所构成的繁茂花簇，对蝴蝶具有吸引力，它们在暮夏绽放。在冬季寒冷的地区要靠着温暖向阳的墙壁种植。被推荐的品种有‘星团’（‘Stardust’）。

栽培　最好种植在肥力适中、排水良好的中性至碱性土壤里，选择能够抵御干冷风侵袭的全日照或疏荫之地进行栽培。冬季根系要用大量的覆盖物进行保护。罕做修剪。

☼ ☀ ◊ ❊❊　　　林高8米　冠幅6米

玉簪

Hostas

玉簪为栽培广泛的常绿多年生植物，叶片大型，叠生，披针形至心形，密生呈圆丘状。在叶色上有很大的选择余地，例如，呈雾蓝绿色的'翠鸟'（'Halcyon'）与呈亮黄绿色的'金色头饰'（'Golden Tiara'）。许多种类的叶片边缘具有黄色或白色的斑痕。白斑玉簪（*H. fortunei* var. *albopicta*）的叶片中部有醒目的间以乳黄色的斑驳。漏斗状花朵构成了直立的花簇，花色具有从白色、薰衣草蓝色至紫色的变化，在夏季里开放于细高的花葶

上。将玉簪种植在混栽花境前缘、容器中、或作为地被植物栽培在落叶乔木下均能够给人留下深刻印象。

栽培　种植在排水良好且保湿力强的肥沃土壤中。宜选能够抵御寒风侵袭的全日照或疏荫之地进行栽培。黄叶玉簪之色彩在日光充沛但中午见荫的条件下最为鲜艳。在春季时进行覆盖处理，这样可以为整个夏季提供湿气。

☼ ◐ ◑ △ ✿✿✿

株高50厘米　冠幅1米

株高55厘米　冠幅1米

株高55厘米　冠幅1米

株高55厘米　冠幅1米

株高60厘米　冠幅1米

株高30厘米　冠幅50厘米

1 波缘玉簪（*Hosta crispula*）♀2 白斑玉簪（*H. fortunei* var. *albopicta*）♀3 金边玉簪（*H. fortunei* var. *aureomarginata*）♀4 '法国'玉簪（*H.* 'Francee'）♀5 '弗朗西丝·威廉斯'玉簪（*H.* 'Frances Williams'）♀6 '金色头饰'玉簪（*H.* 'Golden Tiara'）♀

株高45厘米 冠幅75厘米

株高1米 冠幅75厘米

株高60厘米 冠幅1.2米

株高45厘米 冠幅75厘米

株高45厘米 冠幅1米

株高1米 冠幅1.2米

7 '蜂铃'玉簪(*Hosta* 'Honeybells')♀8 狭叶玉簪(*H.lancifolia*)♀9 '爱抚'玉簪(*H.* 'Love Pat')♀10 '王旗'玉簪(*H.* 'Royal Standard')♀11 '自吹自擂'玉簪(*H.* 'Shade Fanfare')♀12 优雅玉簪(*H.sieboldiana* var.*elegans*)♀

13
株高75厘米 冠幅1.2米

14
株高35~40厘米 冠幅70厘米

15
株高1米 冠幅45厘米

16
株高45厘米 冠幅70厘米

18
株高5厘米 冠幅25厘米

17
株高50厘米 冠幅1米

19
株高75厘米 冠幅1米

13 '总和'玉簪(*H.* 'Sum and Substance') ♀14 '翠鸟'玉簪,塔黛安娜组 (*H.*Tardiana Group 'Halcyon')
♀15 玛瑙纹玉簪(*H.undulata* var.*undulata*)♀16 缟纹玉簪(*H.undulata* var.*univittata*)♀17 紫萼
(*H.ventricosa*)♀18 可爱玉簪(*H.venusta*)♀19 '宽边'玉簪(*H.* 'Wide Brim')♀

'金叶'啤酒花
Humulus lupulus 'Aureus'

这个啤酒花品种为缠绕生长的多年生常绿攀缘植物，因其有吸引力的具裂的亮金黄色叶片而被种植。由纸质的圆锥状微绿黄色花朵所构成的悬垂花簇秋季抽生。可牵引至栅栏或格子架上，或任其顺着小乔木攀爬生长。花朵经充分干燥后可以用来制作花环与悬垂花饰。

栽培　种植在湿润且排水良好、肥力适中、富含腐殖质的土壤里。在全日照条件下，叶片颜色最为鲜艳，植株亦耐疏荫环境。要为其缠绕茎立支架。每年春季与地表齐平剪去所有枯枝。

☼ ◑ ◐ ◊ ♨ ♥ ❀ ❀ ❀　　　　株高6米

意大利蓝钟花
Hyacinthoides italica

意大利蓝钟花为一种类似于英国蓝钟花，但比它小一些的植物。美丽的蓝紫相间的星形花朵开放于春季，狭窄的叶片高于直立的茎秆。其上生长着缀满30多朵小花的花簇。将其种植于荫蔽之地或林地花境则具有吸引力。种球可于秋季进行栽种；在花后可将其掘出进行分株。

栽培　种植在湿润且排水良好的轻荫之地。

☼ ◑ ◊ ♨ ❀ ❀ ❀
株高10~20厘米　冠幅5厘米

'蓝夹克'风信子
Hyacinthus orientalis 'Blue Jacket'

这个花色为海军蓝的风信子品种为具球根多年生植物，繁茂的花穗直立生长，具香气的钟状花朵被紫脉，初春绽放。用于春季花坛效果很好。可将经过特殊处理的球根于秋季种植在花盆中，以供早春室内观花。花色较淡的品种'陶蓝'（'Delft Blue'），为开放着纯蓝色花朵的最好风信子之一。

栽培　可种植在任何排水良好、肥力适中的土壤或基质里，喜日光充足，亦耐疏荫环境。要对盆栽球根进行保护，使之免遭冬雨冲淋。

☼ ☀ ◐ ♡ ✿✿✿
株高20～30厘米　冠幅8厘米

'哈勒姆城'风信子
Hyacinthus orientalis 'City of Haarlem'

这个花色为报春黄的风信子品种为具球根多年生植物，在初春时能够绽放出由具香气的钟状花朵所构成的直立花穗。亮绿色的披针形叶片自植株基部抽生。用于春季花坛或容器栽培效果很好。可将经过特殊处理的球根于秋季种植在花盆中，以供早春室内观花。

栽培　种植在排水良好、十分肥沃的土壤或基质里，喜日光充足，亦耐疏荫环境。要对盆栽球根进行保护，使之免遭过多的冬雨侵袭。

☼ ☀ ◐ ♡ ✿✿✿
株高20～30厘米　冠幅8厘米

'粉珍珠'风信子
Hyacinthus orientalis 'Pink Pearl'

这个花色为深粉色的风信子品种，能够抽生出由具香气的钟状花朵所构成的直立花穗，为春花型球根多年生植物。狭长的叶片亮绿色。用于混栽花境或草本植物花境效果极佳。可将经过特殊处理的球根于秋季种植在花盆中，以供早春室内观花。

栽培 可种植在任何排水良好、肥力适中的土壤或基质里，喜日光充足，亦耐疏荫环境。要对盆栽球根进行保护，使之免遭冬雨冲淋。

☼ ☀ ◊ ♡ ❀❀❀
株高20～30厘米 冠幅8厘米

长柄藤绣球
Hydrangea anomala subsp. *petiolaris*

长柄藤绣球在出售时常简称为 *H.petiolaris*，为茎秆木质、自身能够攀缘生长的落叶植物。乳白色的花朵大型、夏季开放，花序半球形，通常栽培于荫蔽的墙壁旁。中绿色的叶片卵圆形，具粗齿。植株成形缓慢，在冬季寒冷、有霜害的地区可能无法存活。

栽培 可种植在任何保湿性好的肥沃土壤中，喜日光充足，亦耐浓荫环境。需要稍做整形，但在没有生长空间时，开花后要剪去过长的枝条。

☼ ☀ ◊ ♡ ❀❀❀
株高15米

'安娜贝拉' 树八仙花
Hydrangea arborescens 'Annabelle'

为直立的落叶灌木，植株自仲夏至初秋间在大型头状花序上绽放着茂密的乳白色花朵。叶片阔卵形，先端尖。单独栽培或配植于灌木花境中效果很好。花序经干燥后可用于冬季装饰。品种'大花'（'Grandiflora'）的花序更大。

栽培　种植在湿润且排水良好、肥力适中、富含腐殖质的土壤里，喜日光充足，亦耐疏荫环境。应将修剪保持在最小范围内，或于春季对植株强剪以形成低矮的树冠骨架。

☼ ☀ ◐ ◊ ♥ ❦ ❀ ❀ ❀
株高1.5米　冠幅2.5米

糙叶绣球，茸毛组
Hydrangea aspera Villosa Group

为一组株形披散至直立的落叶灌木，随着株龄的增长可能变为乔木状。暮夏，它们抽生出扁平的由细小的蓝紫色或艳蓝色花朵所构成的半球形花序，周围被较大的丁香白或丁香粉花朵所簇拥。叶片披针形，深绿色。用于林地或野生花园效果绝佳，在寒冷地区最好将它们靠着温暖的墙壁种植。

栽培　种植在湿润且排水良好、肥力适中、含有丰富腐殖质的土壤里，宜选全日照或半荫之地。必要时稍做修剪。

☼ ☀ ◐ ◊ ♥ ❀ ❀
株高1~4米　冠幅1~4米

八仙花，品种

Hydrangea macrophylla Cultivars
八仙花的品种为树冠圆形的灌木，具卵形的中绿至深绿色脱落性叶片。它们的大型耀眼的花序开放于仲夏至暮夏间，可分为两个明显的类型：半球形，像具有扁平花序的品种'维奇'('Veitchii')，与拖把头型花序的八仙花(绣球花属植物)，如具有圆形花序的品种'阿尔托纳'('Altona')。除了白色花朵的品种之外，其他品种花朵的颜色直接受到土壤pH的影响，在酸性土壤中植株开放蓝色花朵，而在碱性土壤里植株倾向于开放粉色花朵。八仙花的所有类型适合用来美化庭院，其花序经充分干燥后可用于室内装饰。

栽培 种植在湿润且排水良好的肥沃土壤中，选择能够抵御寒风侵袭的日光充足或疏荫之地进行栽培。春季重剪以促进开花，将枝条剪到恰好有一对强壮芽之处。种植在中性土壤里花色会受到影响。

☀ ◐ ◊ ▲ ❀ ❀❀

1 株高1米 冠幅1.5米

2 株高2米 冠幅2.5米

3 株高1.5米 冠幅1.5米

4 株高2米 冠幅2.5米

5 株高2米 冠幅2.5米

1 '阿尔托纳'八仙花(拖把头型)(*Hydrangea macrophylla* 'Altona')(Mop-head)♀2 '玛丽斯之完美'八仙花(异名 '蓝波')(半球型)(*H.macrophylla* 'Mariesii Perfecta')(syn.H.macrophylla 'Blue Wave')(Lacecap)♀3 '拉纳斯白'八仙花(半球型)(*H.macrophylla* 'Lanarth White')(Lacecap)♀4 '维布瑞将军夫人'八仙花(拖把头型)(*H.macrophylla* 'Générale Vicomtesse de Vibraye')(Mop-head)♀5 '维奇'八仙花(半球型)(*H.macrophylla* 'Veitchii')(Lacecap)♀

圆锥绣球

Hydrangea paniculata

圆锥绣球的品种为速生的直立落叶灌木，叶片卵圆形，中绿色至深绿色。它们因其于暮夏至初秋抽生出具花边的高大花簇而被栽培，有些品种，如'早花'（'Praecox'）在夏季的早些时候开花。花朵大部分呈乳白色，有些类型，如'多花'（'Floribunda'）随着开放渐变为粉色。这些用途广泛的灌木适合在许多不同类型的花园中使用，可孤植、群植或在容器中栽培。花序经干燥后用于室内装饰看起来极具吸引力。

栽培　种植在湿润且排水良好的肥沃土壤中，选择能够抵御干冷风侵袭的日光充足或疏荫之地进行栽培。修剪通常是不必要的，但每年早春将枝条剪短则植株开花更好，操作时在木质树冠骨架上可保留最低处的一对健壮的叶芽。

☼ ◑ ◊ ⬤ ❀ ❀ ❀

株高3~7米　冠幅2.5米

株高3~7米　冠幅2.5米

株高3~7米　冠幅2.5米

1　'多花'圆锥绣球（*H.paniculata* 'Floribunda'）2　'大花'圆锥绣球（*H.paniculata* 'Grandiflora'）♀
3　'早花'圆锥绣球（*H.paniculata* 'Praecox'）

栎叶绣球
Hydrangea quercifolia

栎叶绣球为圆丘形的落叶灌木。自仲夏至秋季间，植株会抽生由初放时为白色、凋谢时转粉色的花朵所构成的圆锥形花序。叶片中绿色，具深裂，秋季变为青铜紫色。可种植于庭院之地。

栽培 种植在湿润、肥力适中的土壤里，但是在排水良好的土壤中生长更好，喜日光充足，亦耐疏荫环境。在浅薄的钙质土壤中生长叶片会变黄。应将修剪保持在最小范围内，可在春季进行操作。

☼ ☀ ◐ ♦ ☒ ❀ ❀   株高2米 冠幅2.5米

'蓝鸟'粗齿绣球
Hydrangea serrata 'Bluebird'

为株形紧凑、花期很长的直立落叶灌木。自夏季至秋季间，植株会抽生出由细小的艳蓝色花朵构成的扁平状花序，其周围环绕着较大的淡蓝色花朵。叶片中绿色，狭卵形，具尖，秋季转为红色。花序能被干燥后用于室内插花。品种'格雷斯伍德'（'Grayswood'）为与之相似，但开放着紫红色花朵的灌木。

栽培 种植在湿润且排水良好、肥力适中、富含腐殖质的土壤里，喜日光充足，亦耐疏荫环境。在碱性土壤里栽培花朵会变为粉色。在仲春时剪去弱枝、细枝。

☼ ☀ ◐ ♦ ☒ ❀ ❀   株高1.2米 冠幅1.2米

'粉白' 粗齿绣球

***Hydrangea serrata* 'Rosalba'**

为直立、株形紧凑的落叶灌木，其价
值在于自夏季至秋季间所抽生的扁平
状花序，它们的中部由细小的粉色花
朵所构成，周围环绕着较大的白色花
朵，随着开放它们变为红色斑痕。叶
片卵形，中绿色，具尖。单独种植或
用于灌木花境中十分理想。

栽培 种植在湿润且排水良好、肥力
适中、富含腐殖质的土壤里，喜日光
充足，亦耐疏荫环境。在酸性土壤里
栽培，花朵会变为蓝色。仅需很轻的
修剪。

☼ ◑ ◊ ❄❄❄ 株高1.2米 冠幅1.2米

'希德寇特' 金丝桃

***Hypericum* 'Hidcote'**

这种枝条繁茂的常绿或半常绿灌木，
自仲夏至初秋间，生长着大量的由大
型杯状金黄色花朵所构成的花簇。叶
片深绿色，披针形。适合用于灌木花
境。如需植株较高且树冠较窄，高度
可达2米，而其他方面与之十分相似的
灌木，可参阅品种'罗瓦
林'('Rowallane')。

栽培 种植在湿润且排水良好、肥力
适中的土壤里，喜日光充足，亦耐疏
荫环境。定期剪去残花，并于每年春
季整形，以促进更好开花。

☼ ◑ ◊ ❄❄❄
株高1.2米 冠幅1.5米

贵州金丝桃

Hypericum kouytchense

有时被称为*H*. 'Sungold'。这个贵州金丝桃品种为树冠圆形、枝条拱形的半常绿灌木。它生长着深蓝绿色的叶片，但是最引人注目的为其大型花簇，金黄色星状花朵于夏季与秋季间繁茂开放，尔后会结出亮青铜红色的果实。可种植在灌木或混栽花境中，为防止兔子骚扰的有用灌木。

栽培 种植在肥力适中、湿润且排水良好的土壤里，喜日光充足，亦耐疏荫环境。如果需要的话，在开花后进行修剪或整形。

☀ ◐ ◇ ◊ ♥ ❀❀❀

株高1米 冠幅1.5米

常青屈曲花

Iberis sempervirens

为株形披散的常绿亚灌木，不规整的小型白色花朵于暮春与初夏间绽放，花序常具粉色或淡紫色晕，覆盖着深绿色的匙形叶片。最好种植在岩石园或大型壁盆中。被推荐的品种'雪花'（'Schneeflocke'）能开出更多的花朵。

栽培 种植在排水良好、贫瘠至肥力适中的中性至碱性土壤里，喜全日照。在开花后稍做整形，以使植株显得整洁。

☀ ◇ ❀❀❀

株高可达30厘米 冠幅可达40厘米

'金帝' 英国冬青(雌株)

Ilex × *altaclerensis*
'Golden King' (female)

为株形紧凑的常绿灌木。叶片具光泽，深绿色，缘金黄色。叶片边缘可能平滑或具齿。花朵不明显，但秋季能够结出红色的浆果。能够抵御污染环境并于滨海开阔之地生长。在冬季不是很难熬之地，作为防风林或绿篱使用效果很好。

栽培 种植在湿润且排水良好、肥力适中、土壤富含有机物之地。为了保证结出浆果，必须将雄株种在近旁。栽培地点以全日照最为理想。如果需要的话，于早春进行整形或修剪。

☀ ◊ ♦ ♥ ✿ ✿✿✿
株高30米 冠幅4米

'劳森' 英国冬青(雌株)

Ilex × *altaclerensis*
'Lawsoniana' (female)

这种枝条繁茂的冬青为株形紧凑的常绿乔木或灌木。其具有大型的亮绿色卵圆形叶片，通常无刺，它的中部具有金黄色与浅绿色相间的花纹。秋季长出棕红色浆果，当成熟时变红。

栽培 种植在湿润且排水良好的土壤中，日光充足叶色最佳。可将雄株种在近旁，以保证结出好看的浆果。单种的植株在幼小时需做适当整形。一经看到全绿枝条应该立即除去。

☀ ◊ ♥ ✿ ✿✿✿
株高可达6米 冠幅5米

枸骨叶冬青

English Hollies (*Ilex aquifolium*)

枸骨叶冬青具有很多不同的品种，包括直立的常绿乔木或大型灌木，通常单独种植或作为刺篱使用。它们具有紫色枝条、灰色树皮与茂密的具光泽叶片。虽然'红果'（'J.C.van Tol'）的叶片无刺，呈深绿色，但是绝大多数品种有着多彩的具刺叶片。品种'银鲑'（'Ferox Argentea'）具有多刺叶片。雄花与雌花着生在各自的植株上，如果希望它们结出丰硕的浆果，就要将冬青雌株，像'布里奥特夫人'（'Madame Briot'），必须种植在雄株附近，如'金宝宝'（'Golden Milkboy'）近旁。高大的成形植株能够长成给人深刻印象的防风树墙。

栽培 种植在湿润、排水良好、肥沃、富含腐殖质的土壤中。为了获得最佳的叶色，宜选全日照之地，但植株也可在疏荫环境里生长。在春季时清除所有受损枝条，并对幼树进行整形，篱栽者应于暮夏整形，修剪过度会破坏株形。

☼ ☀ ◌ ✿ ❋ ❋ ❋

株高可达25米 冠幅8米　　株高可达6米 冠幅2.5米　　株高可达15米 冠幅4米

1 枸骨叶冬青(*Ilex aquifolium*) ♀ 2 '琥珀'（雌株）('Amber') ♀ 3 '银边'（雌株）('Argentea Marginata') ♀

株高8米　冠幅5米

株高可达8米　冠幅4米

株高6米　冠幅4米

株高6米　冠幅4米

株高6米　冠幅5米

株高6米　冠幅5米

株高6米　冠幅4米

株高6米　冠幅4米

株高10米　冠幅4米

4 '银鲛'(雄株)('Ferox Argentea')♂5 '金宝宝'(雄株)('Golden Milkboy')6 '汉兹沃斯银边'(雌株)('Handsworth New Silver')♀7 '红果'(雌株)('J.C.van Tol')♀8 '布里奥特夫人'(雌株)('Madame Briot')♀9 '金字塔'(雌株)('Pyramidalis')♀10 '硕果累累'(雌株)('Pyramidalis Fructo Luteo')♀11 '银娃娃'(雌株)('Silver Milkmaid')]12 '银皇后'(雄株)('Silver Queen')♂

'凸叶' 钝齿冬青(雌株)

Ilex crenata 'Convexa' (female)

这个由钝齿冬青培育出来的品种，为枝条紫绿色且无刺的繁茂的常绿灌木。叶片卵形至椭圆形，中绿色至深绿色，具光泽。在秋季时能够长出大量小型的黑色果实。适合于单独种植，也可以作为树篱或造型树使用。

栽培 需要种植在湿润且排水良好、富含腐殖质的土壤中，喜全日照，亦耐疏荫环境。要将雄株种在附近，以保证结出丰硕的果实。在初春时剪去杂乱枝，夏季要对植株进行整形。

☀ ◐ ◊ ♈ ✿✿✿

株高可达2.5米 冠幅2米

'蓝公主' 梅瑟夫冬青(雌株)

Ilex × *meserveae*
'Blue Princess' (female)

这个梅瑟夫冬青品种为生长旺盛、植株繁茂的常绿灌木。微灰蓝色的叶片卵形，具软刺，显得非常光亮。白色至微粉白色的花朵暮春开放，尔后于秋季结出大量具光泽的红色果实。当作为绿篱材料时，要定期修剪，这新枝才能展示出它那美丽的深微紫绿色。不喜滨海环境。

栽培 种植在湿润且排水良好、肥力适中的土壤里，喜全日照，亦耐半阴环境。为了保证结出果实，近旁须栽种雄株。在暮夏时修剪以保持良好株形。

☀ ◐ ◊ ✿✿✿

株高3米 冠幅3米

钝花木蓝
Indigofera amblyantha

为株形开展的落叶灌木，其枝条呈拱形，叶片灰绿色，花朵美丽，呈豌豆状。自初夏至秋季间，能够抽生出些许密级着粉色小花的直立花簇。在气候寒冷的地区，最好将其置于背风向阳的墙脚。早春要将植株的地上部进行刈割。

栽培 种植在肥沃、湿润且排水良好的向阳之地。

☼ ◐ ◊ ♥ ❄❄❄
株高2米 冠幅可达2.5米

异花木蓝
Indigofera heterantha

为株形扩展的中型灌木，因其豌豆状花朵与优雅的叶片而被种植。生长在拱形枝条上的叶片由许多卵形至长圆形的小叶所组成。由紫粉色花朵所构成的繁茂直立的花穗自初夏至秋季间长出。在气候寒冷的条件下，要靠着温暖的墙壁种植。也被推荐的，与之十分相似的灌木有钝花木蓝(*I. amblyantha*)。

栽培 种植在排水良好且湿润、肥力适中的土壤里，喜全日照。于早春时进行修剪，在恰与地表齐平处剪去地上部。

☼ ◊ ♥ ❄❄❄
株高2~3米 冠幅2~3米

'弗罗伊尔·米尔'紫星花
Ipheion uniflorum 'Froyle Mill'

这个紫星花品种除了春季能开放出暗紫色的花朵之外，与品种'威斯利蓝'（'Wisley Blue'）十分相似。其叶片呈草状，在秋季开花前生长良好。秋季要将种球种植在覆土深度为8厘米、间距为5厘米的阳光充沛之地。冬季在温度低于－10℃之处要进行覆盖保护。

栽培　种植在排水良好的全日照之地。

☼◊♡❀❀
株高10～15厘米　冠幅5～8厘米

'威斯利蓝'紫星花
Ipheion uniflorum 'Wisley Blue'

为生长旺盛、多在春季绽放的丛生球根类多年生植物。花朵星形，具香气，丁香蓝色，每枚花瓣基部色淡，具深色中肋。狭窄的亮黄绿色带状叶片在秋季抽生。可用于岩石园装饰或栽培在草本植物下。'弗罗伊尔·米尔'（'Froyle Mill'）为另一个被推荐的品种，其花朵呈更深的紫红色。

栽培　种植在湿润且排水良好、肥力适中、富含腐殖质的土壤里，喜全日照。在较为寒冷的地区冬季要提供覆盖保护。

☼◊♡❀❀
株高10～15厘米　冠幅5～8厘米

'天蓝'牵牛花
Ipomoea 'Heavenly Blue'

这种夏季开花的缠绕植物为牵牛花的速生类型，作为一年生攀缘植物栽培。天蓝色的大型花朵单生，或2～3朵簇生，漏斗状，喉部纯白色。叶片心形，浅绿色至中绿色，具细尖。适合用于夏季花坛，令其攀爬在其他植物间。种子如果内服，会产生很强的毒性。

栽培　种植在排水良好、肥力适中的土壤里，选择日光充足免遭干冷风侵袭之地。在无霜害威胁的情况下才能移栽室外。

 株高可达3～4米

锐叶牵牛花
Ipomoea indica

这种牵牛花为生长旺盛的常绿攀缘植物，在无霜侵袭的条件下为多年生。众多浓蓝紫色的漏斗状花朵在凋谢时转为红色，自暮春至秋季间，3～5朵成簇开放。中绿色的叶片心形，或具3裂。温带地区，可在温暖的展览温室中作为一年生植物栽培，或用于夏季花境。种子具毒性。

栽培　种植在排水良好、十分肥沃的土壤里，选择日光充足免遭干冷风侵袭之地。在无霜害威胁的情况下才能移栽室外。环境温度不宜低于7℃。

株高可达6米

水生园用鸢尾
Irises for Water Gardens

在保湿力强或潮湿的土壤中生长繁茂的鸢尾，具膨大的水平横卧茎，即所说的在紧贴于土壤表面卧生的根茎。这些根茎每年能够长出几个新的萌蘖，因此要使植株有充分的生长空间，或定期对其分栽。它们具有带状叶片、及于春季与初夏间开放的呈蓝、紫红、白或黄色的花朵。真正的水生鸢尾不仅能在潮湿的土地里生长，而且也能在浅水中生长，这些种类包括燕子花(*I.laevigata*)与黄花菖蒲(*I.pseudacorus*)，它们生长十分旺盛，

不久就会长满小型池塘。在栽培空间受到限制之地，可尝试着种植花菖蒲(*I.ensata*)，在湿润或排水良好的土壤里，也可种植西伯利亚鸢尾(*I. sibirica*)，或它那众多具吸引力的品种。

栽培 种植在深厚、含有丰富的充分腐熟有机物的酸性土壤里，喜日光充足，在无日光直射的明亮之处也能生长。在夏季炎热的地区生长最好。干旱春时栽种根茎，在开花后可进行分株

☀ ☼ ◐ ◖ ❉ ❉ ❉

株高90厘米 冠幅不确定

株高90厘米 冠幅不确定

株高80厘米 冠幅不确定

株高80厘米 冠幅不确定

株高0.9～1.5米 冠幅不确定

株高0.9～1.5米 冠幅不确定

1 '飞虎' 花菖蒲(*Iris ensata* 'Flying Tiger')♥2 '花叶' 花菖蒲(*I.ensata* 'Variegata')♥3 燕子花(*I.laevigata*)♥4 '花叶' 燕子花(*I.laevigata* 'Variegata')♥5 黄花菖蒲(*I.pseudacorus*)♥6 '花叶' 黄花菖蒲(*I.pseudacorus* 'Variegata')♥ 7 '安玛丽·特勒格尔' 西伯利亚鸢尾(*Iris sibirica* 'Annemarie Troeger')♥8 杂色鸢尾(*I.versicolor*)♥9 '奶昔' 西伯利亚鸢尾(*I.sibirica* 'Crème Chantilly')♥

7　株高1米　冠幅不确定

8　株高20~80厘米　冠幅不确定

9　株高1米　冠幅不确定

10　株高80厘米　冠幅不确定

11　株高80厘米　冠幅不确定

12　株高1米　冠幅不确定

13　株高1米　冠幅不确定

14　株高80厘米　冠幅不确定

15　株高1米　冠幅不确定

16　株高80厘米　冠幅不确定

17　株高可达1米　冠幅不确定

18　株高可达1米　冠幅不确定

10 '梦黄' 西伯利亚鸢尾(*I.sibirica* 'Dreaming Yellow') ♀ 11 '哈普斯威尔之福' 西伯利亚鸢尾(*I.sibirica* 'Harpswell Happiness') ♀12 '美树子' 西伯利亚鸢尾(*I.sibirica* 'Mikiko') ♀ 13 '奥班' 西伯利亚鸢尾(*I.sibirica* 'Oban') ♀14 '最佳视觉' 西伯利亚鸢尾(*I.sibirica* 'Perfect Vision') ♀15 '罗辛' 西伯利亚鸢尾(*I.sibirica* 'Roisin') ♀ 16 '斯马杰之礼物' 西伯利亚鸢尾(*I.sibirica* 'Smudger's Gift') ♀ 17 '云端' 西伯利亚鸢尾(*I.sibirica* 'Uber den Wolken') ♀18 '扎科帕内' 西伯利亚鸢尾(*I.sibirica* 'Zakopane') ♀

布哈拉鸢尾
Iris bucharica

为生长迅速的春花型具球根多年生植物，在每根茎上能长出多达6朵金黄色至白色的花。具光泽的带状叶片于开花后枯萎。这种花朵黄白相间的鸢尾应用极其普遍。

栽培 种植在肥沃且排水良好的中性至微碱性土壤里，喜全日照。生长阶段适当浇水，在植株开花后，应该保持一段时间的干燥使之进行休眠。

☀ ◌ ♅ ♥ ❀ ❀
株高20~40厘米 冠幅12厘米

扁竹兰鸢尾
Iris confusa

这种扩展性强的具根茎多年生植物，有着竹子般的叶片，在每根茎上可开放出30朵一串的花来。它们呈白色，其顶部被紫斑或黄斑所环绕。叶片自植株基部呈扇面状排列。适合用于背风的混栽环境或草本植物花境中，但可能无法在冬季寒冷的地区存活。

栽培 种植在湿润且排水良好的肥沃土壤中，喜日光充足，亦耐半阴。生长阶段适当浇水。清除残花败枝，以使植株保持整洁。

☀ ☀ ◌ ♅ ❀ ❀
株高1米或更高 冠幅不确定

高葶鸢尾

Iris delavayi

这种具根茎的叶片脱落的多年生植物，夏季抽生出具3分枝的花葶，每葶顶端开放着2朵淡紫蓝至深紫蓝色的花朵。垂瓣具有白黄相间的细斑。叶片灰绿色。是具有高大花葶的俊美的多年生植物，容易在湿润之地进行栽培。

栽培 种植在湿润的土壤中，宜选全日照或疏荫环境。在开花后将拥挤的植株掘出，并进行分株。

☼ ◑ ◐ ◊ ❉❉❉

株高可达1.5米 冠幅不确定

道氏鸢尾

Iris douglasiana

为生长强健、具根茎的多年生植物，自暮春至初夏间，在分枝上绽放花有2~3朵，呈白、乳白、蓝、薰衣草蓝或红紫等色。叶片坚韧，具光泽，深绿色，基部常呈红色。为用于高台花坛或木槽中良好的景观植物。

栽培 种植在排水良好的中性至微碱性壤土里，选择全日照之地植株开花最好，亦可在无日光直射的明亮之处生长。不耐移栽，因此没有必要将其掘出并进行分株。

☼ ◑ ◊ ❉❉❉

株高15~70厘米 冠幅不确定

'花叶' 臭鸢尾

Iris foetidissima 'Variegata'

这个臭鸢尾的品种并不像所说的那样令人不愉快，虽然具有常绿的银色叶片，但是这个品种有着白色的条纹，如果被搓碎后会释放出令人讨厌的气味。为生长旺盛的具根茎多年生植物，初夏，植株绽放出具淡黄色晕的暗紫色花朵。尔后所结的种荚会于秋季开裂，会显露出具装饰性的猩红色、黄色或罕见的白色种子。为在干燥的荫蔽之地栽培的有用植物。

栽培 喜排水良好的中性至微碱性壤土，宜选荫蔽之地。在秋季时对拥挤的植株进行分株。

株高30~90厘米 冠幅不确定

云南鸢尾

Iris forrestii

为株形优雅、初夏开花的具根茎多年生植物，在每根纤细的葶上着花1~2朵，具香气，浅黄色。叶片十分狭窄，叶面中绿色，叶背灰绿色。种植在开阔的花境里能够很好生长。

栽培 种植在微潮且排水良好的中性至微酸性壤土里，栽培宜选全日照或疏荫之地。

株高35~40厘米 冠幅不确定

禾叶鸢尾
Iris graminea

为具根茎的落叶多年生植物，叶片亮绿色，带状。自暮春起，有着垂瓣的，先端白色的，并具紫脉的浓紫罗兰色花朵，单独或成对开放，它们常悬藏在叶片间。花朵具有水果香气。

栽培　种植在湿润且排水良好的中性至微酸性壤土里。宜选疏荫环境或半阴之地进行栽培。植株对移栽反应不良。

☼ ◐ ◊ △ ❄❄❄

株高20～40厘米　冠幅不确定

'凯瑟琳·霍奇金' 鸢尾
Iris 'Katharine Hodgkin'

这种生长十分旺盛、极小但生长强健的落叶性球根多年生植物，浅蓝色与黄色相间的花朵绽放于暮冬与初春间，它们有着精美的花纹，与较深蓝色与金黄色的斑痕。叶片浅绿色至中绿色，花后枯萎。用于岩石园或花境前缘效果绝佳，在那儿它将逐渐形成群栽效果。

栽培　种植在排水良好的中性至微碱性土壤里，宜选开阔的全日照之地。

☼ ◊ △ ❄❄❄

当开花时株高可达12厘米　冠幅5～8厘米

髯须鸢尾
Bearded Irises (*Iris*)

这些直立的具根茎多年生植物，生长着呈剑状扇面的宽阔叶片，茎秆单生或分枝。所开放的花朵具有丰富的色彩，当充分发育后，常具镶褶边的垂瓣、旗瓣与每个垂瓣中心的白色或彩色"须毛"。它们为栽培极其广泛的鸢尾类群，可用于增添花园景观，通常自春季至初夏间，每根花葶都能着花数朵，有时在这个季节晚些时候还能再次绽蕊。较高的鸢

尾适用于混栽花境，较小的种类可种植在岩石园、高台花坛或木槽中。

栽培 种植在排水良好、肥力适中的中性至微酸性土壤里，喜全日照。自暮夏或初秋间种种根茎，适宜覆土。它们一定不要被其他植物所遮挡。无需覆盖保护。在初秋时分栽大丛或拥挤的植株。

☼ ◊ ✿✿✿

株高70厘米或更高 冠幅60厘米

株高70厘米或更高 冠幅60厘米

株高55厘米 冠幅45~60厘米

株高70厘米或更高 冠幅60厘米

株高30厘米 冠幅30厘米

1 '杏黄'鸢尾(*Iris* 'Apricorange')♀ 2 '细浪'鸢尾(*I.* 'Breakers')♀ 3 '棕套索'鸢尾(*I.* 'Brown Lasso')♀ 4 '晨光'鸢尾(*I.* 'Early Light')♀ 5 '小米草'鸢尾(*I.* 'Eyebright')

6　株高可达70厘米　冠幅可达60厘米

7　株高20~40厘米　冠幅30厘米

8

9　株高可达70厘米　冠幅可达60厘米

10　株高70厘米或更高　冠幅60厘米

11　株高可达70厘米　冠幅可达60厘米

12　株高70厘米或更高　冠幅60厘米

13　株高可达70厘米　冠幅可达60厘米

14　株高70厘米或更高　冠幅60厘米

15　株高85厘米　冠幅60厘米

6 '愉悦' 鸢尾(*I.* 'Happy Mood') ♀ 7 '霍宁顿' 鸢尾(*I.* 'Honington') 8 '卡蒂-顾' 鸢尾(*I.* 'Katie-koo') ♀ 9 '毛伊岛月光' 鸢尾(*I.* 'Maui Moonlight') ♀ 10 '梅格的斗蓬' 鸢尾(*I.* 'Meg' s Mantle') ♀ 11 '卡拉小姐' 鸢尾(*I.* 'Miss Carla') 12 '尼古拉简' 鸢尾(*I.* 'Nicola Jane') ♀ 13 '奥里诺科河流' 鸢尾(*I.* 'Orinoco Flow') ♀ 14 '天堂' 鸢尾(*I.* 'Paradise') 15 '极乐鸟' 鸢尾(*I.* 'Paradise Bird') ♀

株高70厘米或更高 冠幅60厘米　　株高45~70厘米 冠幅45~60厘米

株高70厘米或更高 冠幅60厘米　　株高70厘米 冠幅可达60厘米

16 '菲尔·吉恩'鸢尾(*I.* 'Phil Keen')♀ 17 '粉羊皮纸'鸢尾(*I.* 'Pink Parchment')♀ 18 '宝贝希瑟'鸢尾(*I.* 'Precious Heather'♀ 19 '夸克'鸢尾(*I.* Quark')

20
株高25厘米　冠幅30厘米

21
株高可达70厘米　冠幅可达60厘米

22
株高可达70厘米　冠幅可达60厘米

23
株高可达70厘米　冠幅可达60厘米

24
株高可达70厘米或更高
冠幅可达60厘米

更多选择

'北极幻想'（'Arctic Fancy'）花朵白色，株高50厘米。

'蓝眼黑肤女郎'（'Blue-Eyed Brunette'）花朵褐色，带淡紫色斑痕，株高可达90厘米。

'布鲁姆亚德'（'Bromyard'）花朵蓝灰色与赭色相间，株高28厘米。

'惜别'（'Stepping Out'）花朵白色，花瓣蓝色，株高1米。

25
株高可达70厘米　冠幅可达60厘米

26
株高90厘米　冠幅60厘米

20 '雨之舞' 鸢尾（*I.* 'Rain Dance'）♀♀ 21 '柠檬汁' 鸢尾（*I.* 'Sherbet Lemon'）♀♀ 22 '柠檬汽水' 鸢尾（*I.* 'Sparkling Lemonade'）♀♀ 23 '阳报' 鸢尾（*I.* 'Sunny Dawn'）♀♀ 24 '日奇' 鸢尾（*I.* 'Sun Miracle'） 25 '云髻' 鸢尾（*I.* 'Templecloud'）♀♀ 26 '梳妆台' 鸢尾（*I.* 'Vanity'）♀♀

湖鸢尾

Iris lacustris

这种低矮、具根茎的落叶多年生植物，于暮春绽放着每枚垂瓣上具金黄色冠毛与白斑的紫蓝色至天蓝色的小型花朵，它们自狭窄叶片所构成的扇面状基部间抽生。适合在岩石园或木槽中进行种植。

栽培 种植在见干见湿、不含石灰质、富含腐殖质的土壤中，喜日光充足，亦耐疏荫环境。生长阶段适当浇水。

☼ ◑ ♦ 🏆 ❄❄❄

株高10厘米 冠幅不确定

‘花叶’香根鸢尾

Iris pallida ‘Variegata’

这种半常绿的具根茎多年生植物，可能是用途极其广泛、最具吸引力的鸢尾品种。带状的亮绿色叶片具清晰的金黄色条纹［如需银白色叶片的品种，可参阅‘银斑’（‘Argentea Variegata’）］，自暮春与初夏间，带有黄色须毛的大型的具香气柔蓝色花朵，2~6朵成簇开放于花葶分枝上。可种植在混栽花境或草本植物花境中。

栽培 种植在排水良好、肥沃的微碱性土壤中，喜日光充足。生长阶段适当浇水。

☼ ◊ 🏆 ❄❄❄

株高可达1.2米 冠幅不确定

刚毛鸢尾

Iris setosa

这种具根茎的多年生植物，自暮春与初夏间开花。每根花葶上着花数朵，它们高于狭窄的中绿色叶片开放，为美丽的蓝色或蓝紫色。在湿润的土壤里生长很好。

栽培 种植在湿润的中性至微酸性土壤里，喜全日照，亦耐疏荫环境。在开花后将拥挤的植株掘出，并进行分栽。

☼ ◐ ◊ ▽ ✿ ✿ ✿

株高15~90厘米　冠幅不确定

爪鸢尾

Iris unguicularis

为生长迅速的具根茎常绿多年生植物，有时被称作具有*I.stylosa*，花葶低矮，在暮冬(有时甚至更早)至初春间，能够绽放出大型的芳香花朵。淡紫色至深紫罗兰色的花瓣有着明显的脉纹，且每个垂瓣上镶有黄色带纹。叶片草状，中绿色。种植在向阳的墙壁基部十分理想。

栽培 种植在排水迅速的中性至碱性土壤里，宜选温暖、背风的全日照之地。不喜移栽。为了使植株保持整洁，在暮夏与春季时应该将枯叶清除。

☼ ◊ ▽ ✿ ✿ ✿

株高30厘米　冠幅不确定

斑纹鸢尾
Iris variegata

这种纤细且生长强健、具根茎的落□
多年生植物，在仲夏时于每个花葶□
枝上绽放着3~6枚花朵。显眼的花□
浅黄色，具棕色或紫罗兰色脉纹。□
许多花朵呈其他颜色的种类可以配□
使用。深绿色的叶片具明显的肋。

栽培 种植在排水良好的中性至碱性□
壤里，喜日光充足，在无日光直射的□
亮之处也能生长。不要用有机物进行□
盖保护，这样会导致植株腐烂。

☼ ◊ ◯ ♀ ❀❀❀
株高20~45厘米 冠幅不确定

冬青叶鼠刺
Itea ilicifolia

为常绿灌木，生长着开始直立尔后□
散的拱形枝条。卵形的叶片冬青状，□
具锐齿。细长的花序柔荑状，于仲夏□
至初秋间抽生，细小的花朵微绿白□
色。在寒冷地区需要种植在背风之地。

栽培 种植在排水良好且湿润的肥沃□
土壤中，将其靠墙栽培在全日照之地□
效果更好。当植株幼小时要进行越冬□
覆盖保护。

☼ ◊ ◯ ❀❀❀
株高3~5米 冠幅3米

野迎春

Jasminum mesnyi

云南野迎春为半耐寒不规则型常绿灌木，花朵大型，通常半重瓣，亮黄色。在春季与夏季里，它们单独或成小簇开放于分裂成3枚长椭圆形至披针形的小叶的具光泽深绿色叶片间。如将其固定在支撑物上可攀缘生长，但在有霜冻地区可能无法存活。

栽培 可种植在任何排水良好的肥沃土壤中，喜全日照，亦耐疏荫环境。在夏季时剪去开过花的枝条，以促使其自基部萌发壮枝。

☀ ◑ ◊ ▨ ❀ 株高可达3米 冠幅1～2米

迎春

Jasminum nudiflorum

迎春为株形松散、具细长拱形枝条的圆丘形落叶灌木。暮春，小型的管状黄色花朵单独开放于无叶的绿色枝条上。在植株开花后抽生的深绿色叶片分裂成3枚小叶。将枝条牵引到墙壁上，或在没有支撑物的情况下任其蔓生。

栽培 种植在排水良好的肥沃土壤中，可耐半阴，但在日光充足的条件下植株开花最好。剪去开过花的枝条，以促发壮枝。

☀ ◑ ◊ ▨ ❀❀❀ 株高可达3米 冠幅可达3米

'银灰斑'素方花

Jasminum officinale
'Argenteo variegatum'

这个由素方花形成的品种为生长旺盛的落叶或半落叶木质藤本，边缘乳白的灰绿色叶片由5～9枚锐尖的小叶所组成。从夏季至初秋间，植株开放着成簇的白色芳香花朵。如果最初进行牵引固定，植株将缠绕住整个支撑物，例如格子架或拱门。在寒冷的开阔之地可能无法存活。

栽培 种植在排水良好的肥沃土壤中。可耐荫蔽，但植株在全日照条件下开花最好。在开花后对拥挤的植株进行删剪。

☀ ◑ ◊ ♡ ❀ ❀ ❀　　　　株高可达12米

黑胡桃木

Juglans nigra

黑胡桃木是一种观赏性强的落叶树，树皮沟壑纵横，而光滑的叶片由许多小叶组成。由于能够生长成为一种大型的树木，因此种植时需要足够的空间。春季产生的柔荑花序随后会结成可食用的胡桃。比较好的果实品种包括"布罗德维尤"和"海盗"。

栽培 适宜深栽于排水性好的土壤，充足光照或半遮阳均可。

☀ ◑ ◊ ♡ ❀ ❀ ❀
株高30米 冠幅20米

'紧密' 欧洲刺柏

Juniperus communis 'Compressa'

这个生长缓慢、树形呈纺锤状的矮生欧洲刺柏品种，生长着深绿至蓝绿色的具香气的常绿鳞片状叶片，它们沿着枝条3枚轮生。小型的卵形或球形果实可在植株上宿存三年，当成熟时从绿色变为雾蓝色至黑色。'爱尔兰'（'Hibernica'）为另一个被推荐的，株形细高、生长更快些的欧洲刺柏直立品种。

栽培 可种植在任何排水良好的土壤中，更喜全日照或明亮的间有荫蔽之地。不需要修剪。

☀ ☀ ◊ ▽ ❀❀ ❀❀
株高可达80厘米　冠幅45厘米

'威廉 · 菲策' 刺柏

Juniperus × *pfitzeriana* 'Wilhelm Pfitzer'

这种株形披散、枝条繁茂的常绿灌木，具有在先端俯垂着灰绿色叶片的向上生长的枝条，植株最终长成平顶屋状，常与红色灌木一起栽培。压扁的鳞片状叶片3枚轮生。球形果实初为深紫色，随着生长颜色逐渐变淡。作为孤植树木或种植在大型岩石园中看起来效果不错。

栽培 可种植在任何排水良好的土壤中，更喜全日照，或明亮的间有荫蔽之地。如需修剪，可于暮秋进行，但应将其保持在最小范围内。

☀ ☀ ◊ ▽ ❀❀ ❀❀
株高1.2米　冠幅3米

'迷你' 偃刺柏
Juniperus procumbens 'Nana'
这种株形紧凑、垫状生长的松柏类，能够作为适用于多种地点的极好的地被植物。针形的具芳香的黄绿色或亮绿色叶片3枚簇生。所结的肉质果实棕色至黑色，浆果状，需二或三年成熟。

栽培 可种植在任何排水良好，包括砂质、干旱或钙质土壤中。宜选全日照或间有荫蔽的环境。无需修剪。

株高15~20厘米 冠幅75厘米

'蓝星' 鳞叶刺柏
Juniperus squamata 'Blue Star'
这种松柏类植物为低矮的繁茂呈圆形的紧凑型灌木，呈锈色的树皮易剥落。叶片银蓝色，具锐尖，3枚成簇轮生。成熟的果实为卵形，黑色。能够作为地被植物或在岩石园中使用。

栽培 可种植在任何排水良好的土壤中，喜全日照，或间有荫蔽的环境。注意要尽可能少做修剪。

株高可达40厘米 冠幅可达1米

狭叶山月桂

Kalmia angustifolia

狭叶山月桂是植株强壮能够抵御兔子蚕扰的灌木，因其通常为粉色至深红色的，偶尔为白色的小型花朵所构成的壮观的圆形花簇而被种植。它们于初夏在深绿色的叶片间开放。可用做灌木花境或假山庭园，植株能够自然生长成圆丘状。如果需要可对其进行整形，以使株形更显整洁。

栽培　宜选择湿润、富含有机质、土壤呈酸性反应的疏荫之地。仅在土壤保湿性好的情况下才能种植在全日照的环境里。春季，用落叶或松针进行覆盖保护。在开花后进行整形或强剪。

☼ ◐ ◊ ♀ ✿ ✿ ✿　株高60厘米　冠幅1.5米

阔叶山月桂

Kalmia latifolia

阔叶山月桂为植株繁茂的常绿灌木，从暮春至仲夏间能够开放出大型的花簇。它们为杯形，粉色或偶尔呈白色，绽放自明显卷曲的花芽。卵形的叶片具光泽，深绿色。为树木园使用的绝佳孤植灌木，但是在全日照之地开花最好。被推荐的品种有'奥斯伯红'（'Ostbo Red'）。

栽培　种植在湿润、富含腐殖质的酸性土壤中，喜日光充足，亦耐疏荫环境。每年春季用松针或落叶进行覆盖。尽管摘去残花是必要的，但要注意尽可能少做修剪。

☼ ◐ ◊ ♀ ✿ ✿ ✿　株高3米　冠幅3米

'金色几内亚'棣棠
Kerria japonica 'Golden Guinea'

这种生长旺盛、具吸枝的落叶灌木，每年都会自地表处生长出拱形的藤条状枝条。大型花朵单生，在仲春与暮春间开放于头年枝条上（品种'重瓣' 'Flore Pleno'的花朵为重瓣）。亮绿色叶片卵形，具锐齿。

栽培　种植在排水良好的肥沃土壤中，喜全日照，亦耐疏荫环境。可将花茎修剪得高低不平，以获得错落有致的开花效果。可用铁锹铲断不需要的长茎与吸芽，以阻止其蔓延。

☀ ☀ ◊ ♀ ❀ ❀ ❀　　株高2米　冠幅2.5米

黄山梅
Kirengeshoma palmata

为株形俊美的直立多年生植物，叶片开阔，具裂，浅绿色。自暮夏与初秋间，它们为俯垂的有时被称作"黄蜡钟"的浅黄色花朵所构成的松散花簇所覆盖。能够为荫蔽花境、湖畔、树木园增添温文尔雅的景观。

栽培　生长在湿润、不含钙质，具有大量腐叶的土壤中，宜选疏荫、背风之地。如果需要的话，可于春季进行分栽。

☀ ◊ ♀ ❀ ❀ ❀　　株高60～120厘米　冠幅75厘米

'群蜂归巢'火炬花
Kniphofia 'Bees' Sunset'

这个火炬花的品种为落叶多年生植物，因其由柔黄橙色花朵所构成的典雅花穗而被种植。它们在整个夏季里，开放于拱形生长的草状叶丛之上。对蜜蜂有着很强的吸引力。

栽培　种植在深厚、肥沃、湿润且排水良好之地，植株在富含有机质的砂质土壤中生长十分理想，宜选全日照或疏荫之地进行栽培。幼株首次越冬时要进行覆盖保护，在暮春时分栽已经成形、显得拥挤的植株。

☼ ◐ ◊ ◊ ♡ ❀ ✿✿✿

株高90厘米　冠幅60厘米

短茎火炬花
Kniphofia caulescens

这种华贵的常绿多年生植物，从暮夏至仲秋间能够抽生出高大的花穗，珊瑚红色的花朵随着向上开放渐变为浅黄色，并开始凋谢，由此它们获得了火炬花的俗名。它们绽蕊于由拱形的草状蓝绿色叶片所组成的莲座状叶丛之上。用于草本植物花境效果很好，可在开阔的滨海之地生长。

栽培　种植在深厚、肥沃、湿润且排水良好之地，植株更喜富含有机质的砂质土壤，宜选全日照或疏荫环境作为栽培地点。幼株首次越冬时要进行覆盖保护。在暮春时将大丛植株进行分栽。

☼ ◐ ◊ ◊ ♡ ❀ ✿✿✿

株高可达1.2米　冠幅60厘米

'小姑娘'火炬花
Kniphofia 'Little Maid'

这种丛生的落叶多年生植物，自暮夏至初秋间能够长出高大的花穗。管状花朵在蕾期里呈浅绿色，随着开放变为淡米黄色，在凋谢时转为象牙白色。叶片狭长，草状。适合用于混栽花境或草本植物花境中展示暮夏景观。

栽培 种植在排水良好、肥沃、富含腐殖质的深厚土壤中，喜全日照。生长季节保持土壤湿润。当植株首次在寒冷之地越冬时，要用稻草或落叶予以覆盖保护。

☀ ◊ ❀❀
株高60厘米 冠幅45厘米

'王旗'火炬花
Kniphofia 'Royal Standard'

为丛生草本多年生植物，具有火炬花的代表性外观。自仲夏至暮夏间，植株会抽生出高大的圆锥形花穗。花蕾红色，自下而上开放，管状花朵呈亮黄色。拱形的草状叶片在冬季时枯萎，能够脱落。

栽培 种植在深厚、湿润且排水良好、富含腐殖质的土壤中，喜日光充足。生长季节大量浇水。寒冷之地予以覆盖保护，特别是对首次越冬的幼株来说更需如此。

☀ ◊ ◊ ❀❀
株高1米 冠幅60厘米

栾树（灯笼树）
Koelreuteria paniculata

栾树是一种漂亮的、充满异域风情的落叶乔木，盛夏开出大串黄色的小花，随后结出的豆荚呈现出一种与众不同的深红棕色。其叶片颜色多变，春季初生时为微微的红色，之后转绿，到了秋季则会镀上一层鲜黄色，因此使得叶片本身也极具观赏性。'太阳珊瑚'这个品种的叶片颜色尤其鲜艳。

栽培　适宜排水性好的土壤条件，喜光。

☼ ◊ ♡ ✿ ❄❄❄　　株高10米　冠幅10米

'粉云'猬实
Kolkwitzia amabilis 'Pink Cloud'

这个猬实品种具吸芽，为枝条呈拱形的速生落叶灌木。自暮春至初夏间，植株会长出由大量喉部具黄晕的钟形粉色花朵所构成的繁茂花簇。叶片深绿色，阔卵形。用于灌木花境或作为孤植材料效果颇佳。

栽培　可种植在任何排水良好的肥沃土壤中，喜全日照。对于幼株所生长的拱形枝条可任其发展，无需修剪，但应在每年开花后对枝条进行删剪，以保持植株生长旺盛。

☼ ◊ ♡ ✿ ❄❄❄　　株高3米　冠幅4米

'沃斯'金链花
Laburnum × *watereri* 'Vossii'

这种株形扩展的落叶乔木，在暮春与初夏间能够抽生出由金黄色豌豆状花朵所构成的悬垂花簇。深绿色的叶片由3枚卵形小叶所组成。为小型庭园的优良的孤植乔木，它也能够倚着拱门、棚架或花廊栽种。如误食用，全株各部均会导致中毒。

栽培 种植在排水良好、肥力适中的土壤里，喜全日照。冬季或早春，将位置生长不当的枝条剪去。主干基部所萌生的吸芽与叶芽应该予以清除。

☀ ◐ ♡ ❀ ❀ ❀　　　　株高8米　冠幅8米

紫薇 '霍皮'
Lagerstroemia indica 'Hopi'

紫薇可以被归类为大型灌木，也可以看作是一种小型的落叶乔木，白色或粉色的花朵成串绽放在夏季。当秋季来临时，它们的叶片由深绿变为橙色，直至深红。具有装饰性的果实和灰白色片片剥落的树皮为萧瑟的冬季增添了情趣。因此，可以在寒冷地带作为灌木种植。"赛米诺尔"是一个株形紧凑的粉花栽培品种，株高只有10米。

栽培 适合排水性好的肥沃土壤，喜光。可以去掉凋谢的花来促进开花。可以进行大幅修剪。

☀ ◇ ◐ ❀　　　　株高8米　冠幅8米

‘怀特·南希’斑点野芝麻

Lamium maculatum ‘White Nancy’

这个彩色的斑点野芝麻品种为半常绿的多年生植物。植株披散生长，呈垫状，此特点使之成为栽培的灌木间，能够给人留下深刻印象的地被植物。夏季，在具镶边的三角形至卵形银白色叶片之上，抽生出具双唇的纯白色花朵所构成的花穗。

栽培　可种植在湿润且排水良好的土壤里，喜疏荫或浓荫环境。植株可能具有侵占性，因此要远离其他小型植株栽培，并将伸到别处的根系与枝条切断，以限制它们蔓延。

※ ◑ ◊ ♡ ❀ ❀❀❀

株高可达15厘米　冠幅可达1米或更宽

智利钟花

Lapageria rosea

智利钟花为寿命很长的具缠绕性常绿的攀缘植物，自夏季至深秋间，植株长出大型的狭钟形蜡红色花朵，其单独或成小簇开放。叶片卵形，深绿色。在寒冷地区其需要种植在温暖且具疏荫的墙壁前进行保护。‘纳什法官’（‘Nash Court’）是开放着柔粉色花朵的品种。

栽培　可种植在排水良好、肥力适中之地，植株更喜疏荫环境。在易遭受霜害的地区，要设立风障并进行冬季覆盖。在春季时，要清除受损枝条，将修剪控制在最小的范围内。

※ ◑ ◊ ♡ ❀ ❀❀

株高5米

欧洲落叶松
Larix decidua

欧洲落叶松与其他针叶树不同，秋天来临时，当柔软的松针一旦从浅绿色褪色成一种漂亮的浅黄色，就会纷纷脱落。植株形态大致上成圆锥形，古色树皮平滑但多鳞。夏初结出的小型的球果会一直保留在枝条上。对生长环境要求宽泛，是一种易于种植的风景树。

栽培　适合排水性好的土壤，喜光。

☼ ◊ ♡ ❀ ❀ ❀
株高30米　冠幅4～6米

宽叶香豌豆
Lathyrus latifolius

这种多年生的豆类是一种能够攀缘生长的草本植物，卷须茎有翅，非常适合穿过灌木丛或跨越边岸生长。粉紫色的花朵具有典型的豆科植物特点，成簇开放，从夏季持续到秋初，蓝绿色的叶片由两片椭圆形的小叶组成，具有落叶性。果实不可食用。如需白色品种，可选择'白花香豌豆'或'白珍珠'。

栽培　适宜排水性好、富含腐殖质的肥沃土壤，有光照或半遮阳均可。春季可以一直修剪到地表，同时掐掉芽尖来促进丛生。宜单独种植。

☼ ◊ ♡ ❀ ❀ ❀　　　　株高2米或以上

香豌豆

Sweet Peas (*Lathyrus odoratus*)

香豌豆的许多品种为一年生攀缘植物，因其观赏时间很长的美丽芬芳的花朵而被种植，作为切花效果很好，具有除黄色之外的绝大多数品种。在夏季至初秋间，其花朵成列开放于花簇之上。种子不能食用。绝大多数品种均能给人留下难以忘怀的印象，可令其倚着用藤茎编成的金字塔或格子架生长，或随意地将它们点缀于灌木与多年生植物间。株形紧凑的品种，如'大杂院'（'Patio Mixed'）适合容器栽培，另有一些不易倒伏的种类。也可在蔬菜园里种植香豌豆，因为它们能够吸引传粉的蜜蜂与其他有益的昆虫。

栽培　可种植在排水良好的肥沃之地，为了获得最佳的开花效果，要于种植时往土壤中添加经充分腐熟后的肥料。栽培地点宜选全日照或疏荫之地，当植株进入生长阶段后，每晚应该施用平衡肥料一次。摘去残花或定期集中采收切花。要对其攀缘枝进行支撑。

☼ ◐ ◌ ▵ ✽✽✽✽

1 '简姨'香豌豆（*Lathyrus odoratus* 'Aunt Jane'）♀✤　2 '晚霞'香豌豆（*L. odoratus* 'Evening Glow'）♀
3 '诺埃尔·萨顿'香豌豆（*L. odoratus* 'Noel Sutton'）♀　4 '大杂院'香豌豆（*L. odoratus* 'Patio Mixed'）
5 '特丽萨·莫林'香豌豆（*L. odoratus* 'Teresa Maureen'）♀✤　6 '第一白'香豌豆（*L. odoratus* 'White Superme'）✤

株高2～2.5米（图1、2、3、5、6）　株高1米（图4）

月桂

Laurus nobilis

月桂或月桂树，为树冠圆锥形的常绿乔木，因其具芳香的革质的深绿色卵形叶片能用于烹饪而被种植。簇生的小型微绿黄色花朵春季绽放，尔后于秋季结出黑色的果实。当对其进行规则造型后能够给人留下深刻印象。

栽培　可种植在排水良好且湿润、肥沃的土壤里，宜选能够抵御干冷风侵袭的日光充足或半阴之地进行栽培。要将雄株与雌株种植在一起，以保证能够收获到果实。可于春季对幼株进行修剪造型，夏季仅对成形植株稍做修剪即可。

☀ ❀ ◊ ♡ ✿ ✿ ✿
株高12米　冠幅10米

'金叶'月桂

Laurus nobilis 'Aurea'

这个叶色金黄的月桂品种为树冠圆锥形的乔木，生长着芳香的常绿叶片。它们呈卵形，革质，可用于烹饪。簇生的小型微绿黄色花朵在春季抽生，尔后黑色的果实于秋季在雌株上长出。作为造型树使用与种植在容器中，能够使之成为更小的植物。

栽培　可种植在排水良好且湿润、肥沃的土壤里。栽培地点宜选全日照或疏荫，免遭冷风侵袭之地。可于春季对幼株进行修剪造型，当植株成形后，仅于夏季稍做修剪，以使株形紧凑。

☀ ❀ ◊ ♡ ✿ ✿ ✿
株高12米　冠幅10米

'西德寇特' 狭叶薰衣草

Lavandula angustifolia 'Hidcote'

这个生长着细小的银灰色叶片，能开放深紫色花朵的株形紧凑之薰衣草品种，为用于镶边的常绿灌木。由管状的芳香花朵构成的紧密花穗在仲夏至暮夏间开放于修长的无分枝花茎先端。像其他薰衣草那样，如果在其完全开放前采收，花朵才能获得最好的干燥效果。

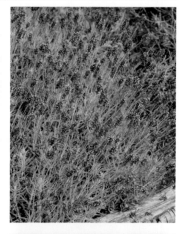

栽培　可种植在排水良好的肥沃土壤里，喜日光充足。在秋季时对花枝进行短截，并在相同时间对丛轻剪，以进行整形。在易遭受霜冻的地区，要于春季进行整形。在操作时不要伤及老枝。

☼ ◊ ♀ ❀❀❀　株高60厘米　冠幅75厘米

'特威克尔紫' 狭叶薰衣草

Lavandula angustifolia 'Twickel Purple'

这种常绿灌木与品种 '西德寇特'（'Hidcote'）(参阅上文)相比，具有更为披散的株形，颜色更浅的花朵与更绿的叶片。由芳香的紫色花朵所构成的密集花穗在仲夏抽生于狭窄的长圆形灰绿色叶片之上。适用于灌木花境，像所有的薰衣草一样，其花序对蜜蜂具有很强的吸引力。

栽培　可种植在排水良好、十分肥沃的土壤里，喜日光充足。于秋季进行整形，在易遭受霜害的地区可将其延迟至春季进行。在操作时不要伤及老枝。

☼ ◊ ❀❀❀　高60厘米　冠幅1米

大薰衣草, 荷兰组

Lavandula × *intermedia* Dutch Group

为高大的生长强健的灌木状薰衣草, 具有开阔的银色芳香叶片与由散发着香气的薰衣草蓝色花朵所构成的纤细花穗。适用于向阳的灌木花境、大型岩石园或敷石园, 通过定期整形以获得良好的低矮绿篱。'格拉彭霍尔'('Grappenhall')为与之非常相似, 但不很耐寒的品种。

栽培 可种植在排水良好、肥沃的土壤里, 喜日光充足。秋季, 对花枝进行短截, 并在相同时间对叶丛轻剪, 以进行整形。在易遭受霜冻的地区, 要于春季进行整形。在操作时不要伤及老枝。

☀ ◊ ✽✽✽   株高1.2米 冠幅1.2米

具梗薰衣草

Lavandula pedunculata subsp. *pedunculata*

具梗薰衣草为株形紧凑的常绿灌木, 花期暮春至夏季。密集花穗由细小的深紫色芳香花朵所构成, 均由与众不同的玫瑰紫苞片所覆盖, 高于狭窄、被毛的银灰色叶片, 着生在修长的花葶顶端。用于背风的灌木花境或岩石园中, 能够给人留下深刻的印象。在寒冷地区可能会受到伤害。

栽培 可种植在排水良好、十分肥沃的土壤里, 喜日光充足。春季时进行整形, 在没有霜害的气候条件下也可将其在开花后进行。在操作时要避免伤及老枝。

☀ ◊ ♈ ✽✽✽   株高60厘米 冠幅60厘米

花葵，灌木
Shrubby Lavateras (*Lavatera*) × clementii

这些直立的悦目的开花灌木，具有笔直的茎秆与灰绿色的叶片，通常从仲夏至秋季开放出粉色与紫色的花朵。虽然它们的观赏期不长，但能够在任何排水良好土壤中，包括干燥的瘠薄之地里很好生长，这使它们受到了那些需要进行点缀，并能够迅速见到效果的花园之欢迎。由于植株能够抵御含盐之风，因此它们也可在滨海地区很好生长。但如果栽培在开阔之地应该为其裱秆，以抵御风吹。在易遭受严霜侵袭的地区，应该靠着温暖向阳的墙壁种植。

栽培　可种植在任何贫瘠至肥力适中、土壤干燥至排水良好的全日照之地。在易遭受霜害的地区应进行遮蔽，以使之免遭干冷风侵袭。在寒冷的冬季过后，最好将遭受霜害的植株于春季自地表齐平处进行修剪，以促发新枝并使枝条长得高大、生长旺盛。在较为温暖的地区，在开花后要对植株进行整形。

☼ ◊ ❀ ❀

株高2米　冠幅2米

株高2米　冠幅2米

株高2米　冠幅2米

株高2米　冠幅2米

株高2米　冠幅2米

1 '巴恩斯利' 花葵(*Lavatera* 'Barnsley') 2 '布雷登之春' 花葵(*L.* 'Bredon Springs') ♡ 3 '勃艮第葡萄酒' 花葵(*L.* 'Burgundy Wine') 4 '棉花糖' 花葵(*L.* 'Candy Floss') 5 '罗斯' 花葵(*L.* 'Rosea') ♡

一年生花葵

Annual Lavateras（*Lavatera trimestris*）

将这些生长势强的灌木状一年生植物，群栽于草本植物花境或夏季花坛中可以说是极好的选择，它们的花朵能够从仲夏持续开放至秋季。它们为被柔毛或茸毛的植物，柔绿色的叶片具浅裂，敞开的漏斗形花朵呈粉色、微红粉色或紫色，为叶片的很好陪衬。虽然一年生的花葵对花园来说仅是短暂的访问者，但是用于乡村花园看起来是多年开花的。

用于装饰向阳干燥之地，作为切花来源的效果极佳。

栽培　可种植在土质疏松、肥力适中、土壤排水良好的全日照之地。要为新株定期浇水直至它们成形，在此之后，植株就会十分耐旱。要当心植株滋生蚜虫，它们常侵袭嫩枝。

☼ ◊ ❀❀

株高可达60厘米　冠幅45厘米

株高可达60厘米　冠幅45厘米

株高可达60厘米　冠幅45厘米

株高可达60厘米　冠幅45厘米

株高可达75厘米　冠幅45厘米

株高可达75厘米　冠幅45厘米

1 '混合美人' 花葵（*Lavatera* 'Beauty Formula Mixture'）♀ 2 '粉美人' 花葵（*L.* 'Pink Beauty'）♀
3 '橙红美人' 花葵（*L.* 'Salmon Beauty'）♀ 4 '银杯' 花葵（*L.* 'Silver Cup'）♀
5 '白美人' 花葵（*L.* 'White Beauty'）♀ 6 '白天使' 花葵（*L.* 'White Cherub'）

光叶杜鹃
Leiophyllum buxifolium

为直立至垫状的常绿多年生植物，因其具光泽的深绿色叶片与在暮春与初夏间盛开的微粉白色的星形花朵而被种植。叶片在冬季时染以青铜色。栽培在灌木花境里或树木园植物下效果很好，容易开花。

栽培 可种植在湿润且排水良好、富含腐殖质的酸性土壤里，宜选能够免遭干冷风侵袭的疏荫或浓荫之地进行栽培。在花后进行整形，如不加照料，则植株可能会疯长。

☀ ❁ ◊ ❄❄❄

株高30～60厘米 冠幅60厘米或更宽

岩生红茶树
Leptospermum rupestre

这种低矮的常绿灌木叶片繁茂，自暮春至夏季间绽放着白色的星形花朵，芳香的小型叶片具光泽，椭圆形，深绿色。原产地为塔斯马尼亚岛沿岸地区，可用于气候温暖的海滨花园。可能以*L.humifususm*的名称出售。

栽培 可种植在排水良好的肥沃土壤里，喜全日照，亦耐疏荫环境。春季要对幼株进行整形，以促发分枝，但不要伤及老枝。

☀ ◊ ❄❄❄

株高0.3～1.5米 冠幅1～1.5米

'几维鸟'扫帚状红茶树

Leptospermum scoparium 'Kiwi'

为具有拱形枝条、株形紧凑的灌木，自暮春至初夏间，植株能够绽放出大量的扁平状深绯红色小型花朵。芳ައؠ的小型叶片在幼嫩时被紫晕，当长大后转为中绿色或深绿色。适合用来装饰大型岩石园，于高山温室中能够营造诱人的景观。在寒冷的冬季里可能无法存活。'小尼科尔斯'（'Nicholsii Nanum'）为与之相似，且株形紧凑的品种。

栽培　种植在排水良好、肥力适中的土壤里，喜全日照，亦耐疏荫环境。在春季时对新条进行整形，以促发分枝，注意不要伤及老枝。

☼ ☀ ◊ ♀ ✿ ✿ ✿　　　株高1米　冠幅1米

'威拉尔之最'大滨菊

Leucanthemum × *superbum* 'Wirral Supreme'

为生长强健、丛生、花朵呈雏菊状的多年生植物。自初夏至初秋间，植株能够绽放大量的白色重瓣花朵，它们单生于细长的花梗顶端。叶片披针形、具齿、深绿色。作为切花效果很好。'光神'（'Aglaia'）与'基林'（'T.E.Killin'）为另外两个被推荐的品种。

栽培　种植在湿润且排水良好、肥力适中的土壤里，喜全日照，亦耐疏荫环境。植株有时可能需要拔杆。

☼ ☀ ◊ ◊ ♀ ✿ ✿ ✿
株高90厘米　冠幅75厘米

'格拉维提巨人' 夏雪片莲

Leucojum aestivum 'Gravetye giant'

这个生长强健的夏雪片莲品种，为春花型具球茎多年生植物。叶片深绿色，带状，直立，高度可达40厘米。花瓣先端为绿色，微具巧克力香气的俯垂钟状白色花朵成簇开放。种植在水边或点缀于草地以营造自然景观效果很好。

栽培　种植在保湿性好、富含腐殖质的土壤中，植株更喜靠近水边之地。应选疏荫的地点进行栽培。

☀ ◐ ◊ ❀❀❀　　林高1米　冠幅8厘米

秋雪片莲

Leucojum autumnale

为生长势弱、暮夏开花的具球根多年生植物。在所抽生的花葶上着花2～4朵，白色，钟形，俯垂生长。叶片狭窄，直立，草质，与花朵同时或在其刚凋谢后长出。适合用于岩石园装饰。

栽培　种植在任何湿润且排水良好的土壤中。应选全日照之地进行栽培。当叶片枯萎后，要进行分株，并更新球根。

☀ ◊ ❀❀❀
林高10～15厘米　冠幅5厘米

子叶离子苋
Lewisia cotyledon

这种常绿的多年生植物，可长出由阔漏斗形、通常呈微粉紫色花朵所构成的密集花簇，它们也可能呈白色、乳白色、黄色或杏黄色，自春季至夏季间，植株生长出细长的花葶。深绿色的肉质披针形叶片自基部排成莲座状。适合栽种在墙壁缝隙里。离子苋日落组为被推荐的园艺类型。

栽培 种植在排水迅速、十分肥沃、富含腐殖质的中性至酸性土壤里。应选能够遮蔽冬雨的轻荫之地进行栽培。

☀ ◐ ♀ ❀❀❀
株高15～30厘米 冠幅20～40厘米

鬼吹箫
Leycesteria formosa

也称作喜马拉雅忍冬，是一种具有观赏性的开花灌木，幼嫩的茎干呈深绿色，形态类似竹科植物。白色花朵基部包着深红色的苞叶，成串成串的从枝条上悬挂下来，结成的果实从栗色到紫黑色不等，能吸引很多鸟类。春季需大幅修剪。

栽培 宜种植于潮湿但排水性好的土壤，充足光照或半遮阳均可。

☀ ◐ ◑ ♦ ♀ ❀❀ ❀❀❀ 株高6米 冠幅6米

'格雷吉诺格金' 橐吾
Ligularia 'Gregynog Gold'

为大型的生长强健的丛生多年生植物。自暮夏至初秋间，植株能够抽生出由具褐色花心的雏菊状金橙黄色花朵所构成的金字塔形花序。它们生长在高于圆形的中绿色大型叶片的直立花葶之上。靠着水边种植效果极好，将其移至湿润的土壤中也能迅速生长。被推荐的橐吾品种还有，株高仅为1米、叶片深绿的'黛丝德摩娜'（'Desdemona'）与'火箭'（'The Rocket'）。

栽培 种植在保湿性好、土层深厚、肥力适中的土壤里。应选在中午时见荫的日光充沛，并能够免遭强风侵袭之地进行栽培。

☼ ◑ ◊ ❁ ✿ ❀ ❀ ❀

株高可达2米 冠幅1米

女贞
Ligustrum lucidum

女贞为生长旺盛、树冠呈圆锥形的常绿灌木。卵形的叶片具光泽，深绿色。在暮夏与初秋时，长出由细小的白色花朵所构成的花簇，尔后结出卵形的蓝黑色果实。作为绿篱使用效果很好，装饰灌木花境也是这个外形优美植物的用途之一。

栽培 最好种植在排水良好的土壤中，喜全日照，亦耐疏荫环境。在冬季时应该剪去不需要的枝条。

☼ ◑ ◊ ❁ ✿ ❀ ❀ ❀

株高10米 冠幅10米

'超巨星'女贞

Ligustrum lucidum 'Excelsum Superbum'

这个具有黄边的亮绿色叶片之女贞品种为常绿灌木。树冠呈圆锥形，植株生长迅速。由小型乳白色花朵所构成的松散花簇于暮夏与初秋时抽生，尔后结出蓝黑色的卵形果实。

栽培 可种植在任何排水良好的土壤中，在全日照的条件下植株的叶色最佳。冬季将不需要的枝条予以清除，生长有全绿叶片的枝条一经发现就要剪去。

☀ ◊ ♀ ❀ ❀ ❀　　株高10米　冠幅10米

白花百合

Lilium candidum

白花百合为直立的具球根多年生植物。在仲夏时，于每根笔直的茎上能够绽放出可达20朵具浓香的喇叭状花来，它们呈纯白色，基部覆以黄色，花药黄色。具光泽的披针形亮绿色叶片在开花后抽生，通常能够越冬。

栽培 种植在排水良好、中性至碱性、富含充分腐熟有机物的土壤里。本种比其他多数百合更耐干旱。应选植株基部能够保持荫蔽的日光充沛之地进行栽培。

☀ ◊ ♀ ❀ ❀ ❀　　株高1～2米

普赖斯百合
Lilium formosanum var.*pricei*

为株形典雅的丛生多年生植物。植株
能够开放出具浓香的细喇叭状花朵，
在夏季里它们单生或可达3朵簇生。花
瓣先端弯曲，内侧白色，外侧具明显
紫晕。大多数长椭圆形叶片自茎秆基
部抽生。种植在未加热的暖房或展览
温室中显得十分可爱。

栽培 种植在湿润、中性至碱性、富
含腐殖质的土壤或基质里。应选植株
基部能够保持荫蔽的向阳之地进行栽
培，不要使之接受烈日曝晒。

☀ ◐ ✿ ✿✿✿ 　　　株高0.6～1.5米

湖北百合
Lilium henryi

为生长迅速的丛生多年生植物。在暮
夏时，植株能够绽放出大量具微香
的"土耳其帽"（"Turkscap"）的花朵
（具反折的或后弯的花瓣）。它们呈深橙
色，具褐色斑点与红色花药，高于披
针形叶片，在带紫斑痕的绿色花葶之上
开放。用于点缀野生植物园或林地效
果极好。

栽培 种植在排水良好、中性至碱
性、添加了腐叶或充分腐熟的有机物
的土壤里，应选疏荫之地进行栽培。

☀ ◐ ❦ ✿✿✿✿ 　　　株高1～3米

麝香百合
Lilium longiflorum

麝香百合为生长迅速的多年生植物。纯白色的喇叭形花朵具黄色花药，香气甚浓，1～6朵紧凑地簇生在一起，它们在仲夏时，高于散生的披针形深绿色叶片开放。为一种较小的耐寒性稍差之百合，种植在容器中与温室里能够生长得很好。

栽培 最好种植在排水良好、添加了有机物的土壤或基质里。宜选疏荫之地，植株可耐石灰质土壤。

☼ ◊ ♥ ❈ 　　　　　　　　　株高40～100厘米

白花头巾百合
Lilium martagon var.*album*

为丛生的长势强健的多年生植物。小型的花朵亮白色，俯垂生长，每茎可达50朵，呈"土耳其帽"（"Turkscap"）状的花瓣明显卷曲。叶片椭圆形至披针形，密集轮生，不像大多数百合那样，本种具有令人不愉快的气味。在适合其生长的花境里或野生植物园中栽培效果更好。与开放着深栗色花朵的卡丹欧洲百合(var.*cattaniae*)栽种在一起看起来效果很好。

栽培 植株几乎在任何排水良好的土壤中都能保持最佳的生长状态，喜全日照，亦耐疏荫环境。在植株生长阶段需大量浇水。

☼ ☀ ◊ ♥ ❈ ❈ ❈ 　　　　　　　株高1～2米

高加索百合
Lilium monadelphum

这种茎秆粗壮的丛生多年生植物，也常被称为*L.szovitsianum*。在初夏时，于每根笔直的莛上可绽放出达30朵大型的芳香喇叭状花来，它们呈浅黄色，外侧具棕紫色晕，内侧展紫栗色斑点。亮绿色的叶片狭卵形，散生。种植在容器中效果很好，因为它能够比其他多数百合更耐受较干燥的环境。

栽培 可种植在任何排水良好之地，它能够在十分黏重的石灰质土壤中生长。

☼ ◊ ❀❀❀　　　株高1～1.5米

百合，第一粉组
Lilium Pink Perfection Group

这些具粗壮茎秆的百合，在夏季里绽放着成簇的具卷曲花瓣的大型芳香花朵，它们为深微紫红色至紫粉色，均具亮橙色花药。中绿色的叶片带状。用于切花效果极佳。

栽培 种植在排水良好、含有大量腐叶或充分发酵的有机物之土壤中，应选植株基部能够保持荫蔽的日光充沛之地进行栽培。

☼ ◊ ♀ ❀❀❀　　　株高1.5～2米

比利牛斯百合
Lilium pyrenaicum

为植株相对较矮、地下具球根的百合。自初夏至仲夏间，每根花葶能够长出多达12朵花来，它们俯垂开放，花瓣明显向后弯曲，黄色或绿黄色，被紫红色斑点披针形的亮绿色叶片常具银边。为不适合种植在院子中的百合，因为它的气味令人不愉快。

栽培 可种植在任何排水良好、中性至碱性、添加了腐叶或充分发酵的有机物之土壤里，宜选全日照或疏荫之地进行栽培。

☼ ◑ ◌ ❀❀❀ 　　　　株高30~100厘米

王百合
Lilium regale

王百合为生长强健的具球根多年生植物。在仲夏时，植株能够开放出香气极浓的喇叭状花来，白色，数量可达25朵，外侧被紫色或微紫褐色晕。叶片狭窄，多数，呈发亮的深绿色。可作为混栽花境中的亮点植物使用。适合进行盆栽。

栽培 种植在排水良好、富含有机物之地，不喜碱性很强的土壤，宜选全日照或疏荫之地进行栽培。

☼ ◑ ◌ ❦ ❀❀❀ 　　　　株高0.6~2米

荷包蛋花
Limnanthes douglasii

荷包蛋花为直立至披散的一年生植物。自夏季至秋季间，植株能够开放出繁茂的具白边的黄色花朵。有光泽、缘具深齿的亮黄绿色叶片生长在纤细的茎秆上。用来为岩石园或路边增色效果很好，能够吸引有助于控制蚜虫的食蚜虻。

栽培　种植在湿润且排水良好的肥沃土壤中，喜全日照。在春季或秋季时，于户外播种繁殖。当开花后，植株容易自播。

☼ ◊ ▽ ✿✿✿

株高可达15厘米或更高　冠幅可达15厘米或更宽

'永恒黄金'勿忘我
Limonium sinuatum 'Forever Gold'

为直立的多年生植物。自夏季至初秋间，植株能够绽放出亮黄色花朵，它们呈密集状簇生。笔直的茎秆上具狭翼。多数深绿色叶片环绕着植株基部，排列成莲座状。适合用来装饰阳地花境或砾石园，花朵经充分干燥后可用于室内插花。可能像其他勿忘我那样，会因无法在寒冷的冬季里存活，而作为一年生植物栽培。

栽培　种植在排水良好之地，植株更喜砂质壤土，喜全日照。可在干旱多石之地生长。

☼ ◊ ✿✿

株高可达60厘米　冠幅30厘米

北美枫香"沃普尔斯登"

Liquidambar styraciflua 'Worplesdon'

枫香树常常被误认作枫树，因为它们的枝叶形态相似，并且在秋季都能变换出黄色到橘色甚至紫色、深红色不等的各种漂亮的色彩，是深秋一道美丽的风景。'沃普尔斯登'的叶片在秋季呈现鲜艳的红色、橘色和黄色，是最受欢迎的品种之一。枫香树是一种细长锥形的落叶树，树皮颜色也很具观赏性。

栽培　土壤排水性好，需光照。

☀ ◊ ♦ ♡ ✿ ✿ ✿ ✿
株高25米　冠幅12米

郁金香鹅掌楸

Liriodendron tulipifera

郁金香鹅掌楸的株形呈宽柱状，随着株龄的增加树冠扩展生长。这种落叶乔木的叶片具裂、近方形，树皮呈绿色，在秋季时变为乳黄色。花朵浅绿色，郁金香状，基部稍被橙色，夏季开放，尔后于秋季结出圆锥状果实。作为大型庭院的孤植乔木效果极好。

栽培　种植在湿润且排水良好、肥力适中之地，植株更喜微酸性土壤。应选全日照或疏荫之地进行栽培。对已经成形的孤植树木，应将修剪保持在最低限度。

☀ ☼ ◊ ◊ ♡ ✿ ✿ ✿
株高30米　冠幅15米

蓝葇山麦冬
Liriope muscari

这种株形敦实的常绿多年生植物，其繁茂的株丛由深绿色的带状叶片所组成。在秋季时花穗抽生于叶丛间，花朵细小，紫罗兰紫色，尔后可能结出黑色的果实。种植在林地花境效果很好，也可作为荫蔽之地的耐干旱地被花卉使用。

栽培　种植在土质疏松、湿润且排水良好的肥力适中之地，植株更喜微酸性土壤。宜选能够抵御干冷风侵袭的疏荫或浓荫之地进行栽培。植株耐旱。

☼ ◐ ◊ ◊ 🌢 ❀❀ ❀❀

株高30厘米　冠幅45厘米

'天蓝' 栖岩草
Lithodora diffusa 'Heavenly Blue'

为株形扩展的常绿灌木，平铺在地面生长，有时以*Lithospermum* 'Heavenly Blue' 的名称出售。深天蓝色的漏斗形花朵在暮春至夏季的很长时间里繁茂开放。叶片椭圆形，深绿色，具毛。适合用于岩石园的开阔之地或点缀于高台花坛。

栽培　种植在排水良好、富含腐殖质的酸性土壤中，喜全日照。在开花后要对植株稍做整形。

☼ ◊ 🌢 ❀❀

株高15厘米　冠幅60厘米或更宽

'维多利亚皇后'半边莲
Lobelia cardinalis 'Queen Victoria'

这种观赏期短的丛生多年生植物，在
穗显得发亮，自暮夏至仲秋间，植株
能够开放出具双唇的鲜红色花朵。叶
片与茎秆均呈深紫红色。用于混栽在
境或水边种植能给人留下深刻的印
象。在寒冷地区可能无法存活。'蜂
之辉'（'Bee's Flame'）为与之极为
相似的品种，喜欢相同的栽培环境。

栽培 种植在土层深厚、保湿性好的
肥沃土壤中，喜全日照。观赏时间
短，但在春季时能够容易地用分株法
进行繁殖。

☼ ◐ ♀ ♡ ✿ ✿ ✿
株高1米 冠幅30厘米

'水晶宫'半边莲
Lobelia 'Crystal Palace'

为株形紧凑的灌木状多年生植物，几
乎总是作为一年生植物栽培。自夏季
至秋季间，色彩鲜明、具双唇的深蓝
色花朵成簇开放。细小的叶片深绿
色，被青铜晕。用于围边装饰或种植
在容器中令其向外垂探生长。

栽培 种植在土层深厚、肥沃、保湿
性好的土壤或基质中，喜全日照，亦
耐疏荫环境。春季，当植株无遭受霜
害的危险时出房。

☼ ◐ ♀ ♡ ✿ ✿
株高可达10厘米 冠幅10~15厘米

意大利忍冬

Lonicera × *italica*

这种生长旺盛、茎秆木质的落叶忍冬，为易于开花的缠绕或不规则型攀缘植物。在夏季与初秋时，植株能够绽放出大型轮生的具浓香、被红紫晕、内侧黄色的柔肉粉色管状花朵，在随后而来的季节里可以结出红色浆果。叶片卵形，深绿色。将其牵引使之往墙壁上生长，或对其整形使之成为小乔木状。

栽培　种植在湿润且排水良好的肥沃、富含腐殖质的土壤中，喜全日照，亦耐疏荫环境。已经成形的植株在开花后，要将枝条剪去1/3。

☼ ☀ ◐ △ ❋❋❋❋　　　株高7米

'巴格森金'光叶忍冬

Lonicera nitida 'Baggesen's Gold'

为枝条繁茂的常绿灌木。在拱形枝条上长出的叶片细小，卵形，亮黄色。不显眼的黄绿色花朵于春季时开放，偶尔会结出蓝紫色的小型浆果。由于其抗污染，因此用做树篱或作为都市花园中的造型树效果极佳。

栽培　可种植在任何排水良好的土壤中，喜全日照，亦耐疏荫环境。在每年的春季与秋季时，至少要对篱栽的植株整形三次。如对基部落叶较多者进行强剪，则有助于它们萌发出新的枝条。

☼ ☀ ◐ △ ❋❋❋❋　　株高1.5米　冠幅1.5米

'格雷厄姆·托马斯' 香忍冬
Lonicera periclymenum 'Graham Thomas'

这个花期长的香忍冬品种，为茎秆木质化的缠绕落叶攀缘植物。植株能够绽放出大量的具浓香的白色管状花朵，经过漫长的夏季时光，花朵逐渐会变成黄色，而品种'比利时'香忍冬(*L.periclymenum* 'Belgica')的花朵看起来没有红斑。叶片中绿色，卵形。

栽培　种植在湿润且排水良好、肥沃、富含腐殖质的土壤中。植株可在全日照条件下生长，但其基部能够保持荫蔽则更好。要将枝条剪去1/3。

☀ ☀ ◊ ◊ ♥ ❀ ❀ ❀ ❀　　　株高7米

'晚花' 香忍冬
Lonicera periclymenum 'Serotina'

这种'晚花'香忍冬为速生的落叶缠绕攀缘植物。自仲夏至暮夏间，植株能够开放出大量的具浓香的艳红紫色花朵。它们尔后可能会结出红色浆果。叶片卵形，中绿色。如果提供大量的空间，在植株自然攀爬生长的情况下，也需要稍做修剪。

栽培　种植在排水良好且湿润、富含腐殖质的肥沃土壤中，应选植株基部能够保持荫蔽的向阳之地进行栽培。为了使经过整枝的植株外形紧凑、并保持在一定的范围内，可于开花后将枝条短截1/3。

☀ ☀ ◊ ◊ ♥ ❀ ❀ ❀ ❀　　　株高7米

贯月忍冬
Lonicera sempervirens

是一种半常绿木质茎的忍冬，能攀缘
缠绕，叶片椭圆形，从夏季到秋初都
盛开橙红或橘色的管状花，随后在冬
季结出鲜红的浆果。适合种植在带有
棚架的盆栽容器中，或攀爬垂挂在藤
架或篱笆上。'黄金忍冬'是一个黄
花品种。

栽培　适宜潮湿但排水性好的肥沃土
壤，光照或半遮阳均可。花期过后应
立即剪掉幼枝。

☀ ◐ ◊ ⚘ ✿ ✿ ✿　　　株高4米

台尔曼忍冬
Lonicera × *tellmanniana*

为茎秆木质的缠绕落叶攀缘植物。自
暮春至仲夏间，植株能够绽放出成簇
的铜橙色管状花朵。叶片椭圆形，深
绿色，背面蓝白色。可将其进行牵
引，使之往墙壁或篱栅上生长，或对
其整形，使之成为大灌木状。夏季开
花的盘叶忍冬(*L.tragophylla*)为其亲本之
一，也是被推荐的与之相似之种类。

栽培　种植在湿润且排水良好、肥沃、
富含腐殖质的土壤中。植株可于全日照
的条件下生长，但在环境稍显荫蔽之地
能够开放出更好的花朵。在开花后整
形，要将枝条剪去1/3。

☀ ◐ ◊ ⚘ ✿ ✿　　　株高5米

多毛百脉根
Lotus hirsutus

这种多毛的百脉根属植物是一种银白色的灌木，灰绿色的叶片柔软多毛。在夏季和初秋，与豆科植物类似的粉红色和乳白色的花朵成簇盛开，成熟后结成红棕色的豆荚。适合装点有围墙的假山庭院或地中海风情的花境景观，如有需要可在春季稍稍修剪。

栽培　需土质偏干，喜光，勿种植于湿冷环境。

☼ ◊ ♀ ✿ ❀ ❀
株高60厘米　冠幅1米

树羽扇豆
Lupinus arboreus

树羽扇豆为生长迅速的蔓生半常绿灌木，因其整个夏季都能抽生出具香气的亮黄色花朵所构成的花穗而被种植。叶片具裂，亮绿色与灰绿色。其原产地于加利福尼亚沿岸的丛林，可以耐受滨海环境。在寒冷多霜的冬季或许无法存活。

栽培　种植在土质疏松或砂质、排水良好、十分肥沃的微酸性土壤中，喜全日照。在开花后清除果实防止自播，并进行整形以保持株形紧凑。

☼ ◊ ♀ ✿ ❀ ❀ ❀
株高2米　冠幅2米

皱叶剪秋萝

Lychnis chalcedonica

也称作"耶路撒冷的十字架",是一种丛生的多年生植物,鲜红色的小花且成半球状的头状花序,生长在直立茎干的顶端,下方是卵圆形、绿色的基生叶。每一朵小花的形状都类似十字形。适合种植在阳光花境和野外花园中,但需要一些支撑物。它们能通过自播的方式繁衍。

栽培 需土壤潮湿且排水性好、肥沃,富含腐殖质。光照或稍有遮荫均可。

☼ ◑ ◊ ♦ ♥♥ ✿✿✿✿
株高1~1.2米　冠幅30厘米

石蒜(彼岸花)

Lycoris radiata

是一种在夏末开花的球根多年生植物,红花石蒜抽出的茎秆上没有叶片,顶端生长的红色花瓣细长卷曲,组成头状花序。当气候开始变温和时,带形叶片形成后一直会保持到春季,然后开始休眠。在夏季气候干旱的地区,宜栽植在室外的花境或假山花园中。在寒冷或潮湿的地区,则应种植于盆栽容器中并放置在无霜的地方越冬。其鲜切花能保持许多天。

栽培 需土壤肥沃且排水性好,尤其是夏季偏好干燥环境,喜光。每三年可以挖出来进行分枝。

☼ ◊ ♦♦
株高30~40厘米　冠幅15厘米

黄花水芭蕉（西部臭菘）

Lysichiton americanus

也称作黄色臭菘，是一种极为鲜艳美丽的多年生植物，早春开花，并适合在水边种植。黄绿色的花穗十分密集，每一个外面都包裹着鲜黄色的佛焰苞，散发出一种令人不愉快的微微麝香的味道。植株的基部长出硕大的、深绿色叶片，能有50~120厘米长。

栽培 适宜潮湿、肥沃并富含腐殖质的土壤。光照或半遮阳的处所均可种植，但必须给叶片生长留出足够的空间。

☀ ☀ ◐ ♦ ✿ ✿ ✿
株高1米　冠幅1.2米

堪察加水芭蕉

Lysichiton camtschatcensis

堪察加水芭蕉为外形醒目、微具麝香气味的水边多年生植物。在春季时，从密集花穗上长出细小的绿色花朵，为带尖的白色佛焰苞所遮掩。叶片大型，自基部长出，深绿色，长度可达1米。用于河流或池塘的边缘装饰十分理想。

栽培 种植在湿润、肥沃、富含腐殖质的水边土壤中。应选全日照或疏荫之地进行种植，栽培地点应该预留空间，以保证其大型叶片能够生长。

☀ ☀ ◐ ♦ ✿ ✿ ✿
株高可达1米　冠幅可达1米

矮桃

Lysimachia clethroides

这是一种蔓延迅速的丛生草本多年生植物，它们的小花是小巧可爱的五角星形，组成细长的花穗。这些花穗在芽期的时候还是下垂状，随着开花逐渐直立，从盛夏持续到夏末。叶片细长，幼叶时是黄绿色，成熟后变为绿色，背面颜色苍白黯淡。适合引进种植在野生树林或沼泽花园里。

栽培　适宜湿度大并富含腐殖质的土壤，光照或半遮荫均可。有时需要用桩支撑。

株高1米　　冠幅60厘米

金叶过路黄

Lysimachia nummularia 'Aurea'

金叶过路黄不但是一种能快速蔓生的常绿多年生植物，并且是一种优秀的地表覆盖植物。金黄色的叶片几乎呈卵圆形，但在基部是心形。鲜黄色杯形花朵在夏季开放，更增添了枝条的色彩。

栽培　适宜湿度大并富含腐殖质的土壤，光照或半遮荫均可。

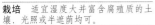

株高5厘米　　冠幅不确定

'凯尔韦之珊瑚羽' 邱园博落回
Macleaya × *kewensis* 'Kelway's Coral Plume'

为丛生多年生植物，因其叶片与由细小的珊瑚粉至深米色花朵所构成的外形优雅的大型羽状花序而被种植。自初夏起粉色的花蕾绽开，它们高于橄榄绿色的大型叶片。种植在灌木丛中或群栽能够形成具朦胧感的屏障。心叶博落回(*M.cordata*)为用途与之相似，但开放着颜色稍浅花朵的种类。

栽培 最好种植在湿润且排水良好、肥力适中的土壤里，应选能够抵御寒风侵袭的全日照或轻荫之地进行栽培。植株可能具有侵占性，应该砍断边缘的根系，以加以限制。

☼ ☀ ◊ △ ✿✿ ❀❀ ❀❀❀
株高2.2米 冠幅1米或更宽

'埃克斯茅斯' 荷花玉兰
Magnolia grandiflora 'Exmouth'

荷花玉兰的这个耐寒品种，为枝条繁茂的常绿乔木。植株生长着叶背具黄褐色毛、能够发出光泽的绿色叶片。荷花玉兰与其他同类植物有着十分明显的区别，因为它自暮夏至秋季间能够零星绽蕊，花朵大型、乳白色、杯状，具浓香。

栽培 最好种植在排水良好且湿润、富含腐殖质的酸性土壤中，喜全日照或轻荫之地。植株可在干旱的碱性土壤里生长。在春季时，要让落叶进行覆盖处理。应将修剪保持在最小范围内。

☼ ◊ △ ✿ ❀❀ ❀❀
株高6~18米 冠幅可达15米

'巨人'荷花玉兰
Magnolia grandiflora 'Goliath'

荷花玉兰的这个品种比'埃克斯茅斯'('Exmouth')(参阅对面页,下文)稍不耐寒,但是花朵明显更大,直径可达30厘米。其为枝条繁茂、树冠呈圆锥形的常绿灌木,具稍扭曲的深绿色叶片。浓香的杯状乳白色花朵自暮夏至秋季间绽放。

栽培　最好种植在排水良好且湿润、富含腐殖质的酸性土壤里,喜全日照,亦耐轻荫环境。可在干燥、碱性的土壤中生长。在春季时,植株要用落叶进行覆盖处理。应将修剪保持在最小范围内。

☼ ◐ ◊ ❍ ❀❀❀

株高6~18米　冠幅可达15米

'黑人'紫玉兰
Magnolia liliiflora 'Nigra'

为枝条繁茂的春花型灌木。植株能够开放出深紫红色的高脚杯状花朵。脱落性叶片椭圆形,深绿色。可孤植或在其他灌木与乔木间栽种。不像许多玉兰那样,植株在很小时即可开花。

栽培　种植在湿润且排水良好、肥沃的酸性土壤中,喜日光充足,亦耐半阴环境。在早春时要进行覆盖处理。仲夏,要对幼树进行修剪,以保证其有良好的株形,当植株成形后,仅需极少的额外修剪。

☼ ◐ ◊ ❍ ❀❀❀

株高3米　冠幅2.5米

春花型玉兰
Spring-flowering Magnolias

春花型玉兰为株形俊美的落叶乔木与灌木，其价值在于它们那优雅的外形，与常具香气的恰逢叶片长出前开放的美丽花朵。花朵形状有从星花玉兰(*M.stellata*)那柔韧但显经典雅的星形花朵，到杂交品种，如'里基'('Ricki')那异国情调的高脚杯状花朵。秋季，植株能够结出具吸引力的红色果实。特别是当春花型玉兰孤植时，其裸露分枝的骨架轮廓，能为冬季的花园增添令人注目之景观。'乡村红'二乔玉兰(*M. × soulangeana* 'Rustica Rubra')能够靠墙栽种。

栽培 最好种植在土层深厚、湿润且排水良好、富含腐殖质的中性至酸性土壤里，西康玉兰(*M.wilsonii*)可在碱性之地生长，如已对幼株进行预定的整枝，则只在开花后进行修剪，以除去枯枝或病枝。

☀ ☀ ◐ △ ◆

株高10米　冠幅10米

株高10米　冠幅8米

株高15米　冠幅10米

株高10米　冠幅6米

1 '梅里尔'洛氏木兰(*Magnolia × loebneri* 'Merrill')(H4)♀❀❀❀
2 '查尔斯·拉菲尔'滇藏木兰(*M.campbellii* 'Charles Raffill')(H3～4)❀❀❀
3 玉兰(*M.denudata*)(H3～4)❀❀❀　4 '伊丽莎白'玉兰(*M.* 'Elizabeth')(H4)❀❀❀

株高8米　冠幅6米

株高4米　冠幅4米

株高10米　冠幅5米

株高9米　冠幅6米

株高6米　冠幅6米　　　株高8米　冠幅6米　　　株高3米　冠幅4米

5 '里基' 玉兰(*M.* 'Ricki')(H4) ✿✿✿ 6 '伦纳德·梅塞尔'洛氏木兰(*M.*×*Loebneri* 'leonard Messel')
(H4) ✿✿✿ 7 柳叶玉兰(*M.salictfolia*)(H3～4) ✿✿✿ 8 '乡村红' 二乔玉兰(*M.*×*Soulangeana* 'rustica Rubra')
(H3～4) ✿✿✿ 9 '瓦达之回忆' 柳叶玉兰(*M. salicifolia* 'Wada's Memory')(H4) ✿✿✿
10 西康玉兰(*M.wilsonii*)(H4) ✿✿✿ 11 星花玉兰(*M.stellata*)(H4) ✿✿✿

'太阳神'枸骨叶十大功劳
Mahonia aquifolium 'Apollo'

'太阳神'枸骨叶十大功劳为生长缓慢的常绿灌木。叶片深绿色，分裂成几枚具刺的小叶，当进入冬季后转为微褐紫色。花朵深金黄色，在春季时，绽放于繁茂的花穗上，尔后结出小型的蓝黑色果实。可作为地被植物栽培。

栽培 种植在湿润且排水良好、富含养分的肥沃土壤里，喜半阴环境，但如能保持土壤湿润，则在日光充足的条件下也能很好地生长。每隔二年在植株开花后，紧贴地面将地上部剪去。

☼ ☼ ◊ ◖ ♀ ❈ ❈ ❈

株高60厘米 冠幅1.2米

十大功劳
Mahonia japonica

为枝条繁茂、直立的冬花型常绿灌木。植株生长着分裂成多枚具刺小叶的大型发亮的绿色叶片。修长的纤弱花穗由柔黄色的芳香花朵所构成，花期自暮秋直至春季，尔后结出紫蓝色果实。适合用来装饰荫地花境。

栽培 种植在排水良好且湿润、肥力适中、富含腐殖质的土壤里，植株喜荫蔽环境，但如能保持土壤湿润，则在日光充足的条件下也能很好生长。在开花后仅对植株进行轻剪，以除去枯枝。

☼ ☼ ◊ ♀ ❈ ❈ ❈   株高2米 冠幅3米

'巴克兰'十大功劳

Mahonia × *media* 'Buckland'

为生长旺盛的直立常绿灌木。植株生长着繁茂的具锐刺的深绿色叶片。小型的芳香花朵亮黄色，自暮秋至初春间，开放于拱形的花序上。为优良的不易受到破坏的灌木，适合作为边界植物或置于前花园。

栽培　最好种植在湿润且排水良好、十分肥沃、富含腐殖质的土壤中，可在半阴条件下生长，但于浓荫环境里其基部茎秆会长得较高。仅需对植株适当修剪，但在开花后要对过长的枝条进行短截，以保证骨干枝结构紧凑。

☀ ◐ ◊ ♥ ❀❀❀　　株高5米　冠幅4米

'博爱'十大功劳

Mahonia × *media* 'Charity'

为速生的常绿灌木，与品种'巴克兰'（'Buckland'）(参阅上文)极为相似，但有着级满密集花朵、直立性更强的花序。深绿色的叶片具刺，从而使它能够成为篱栅材料或免遭破坏植物。芳香的花朵能够自暮秋开放至春季。

栽培　种植在湿润且排水良好、肥力适中、富含养分的土壤里，喜疏荫环境，但在浓荫条件下植株将会长出高脚枝。在开花后要对光杆枝、高脚枝进行强剪，以促发能够形成低矮树冠的苗壮枝。

☀ ◐ ◊ ❀❀❀　　株高5米　冠幅4米

多花海棠

Malus floribunda

多花海棠为枝条繁茂的落叶乔木，观赏期很长。优雅的拱形分枝上生长着深绿色的叶片。花朵浅粉色，自仲春至暮春间绽放时能够营造出壮丽的景观。植株在开花后能够结出黄色的果实，它们常宿存于枝头，为花园的野生动物提供了有价值的冬季食物来源。

栽培 种植在湿润且排水良好、肥力适中的土壤里，喜日光充足，亦耐轻荫环境。当植株较小时，要于冬月里修剪整形，较老的植株仅需适当修剪。

☼ ◐ ◊ △ ❀❀ ❄❄❄　株高10米　冠幅10米

'约翰·唐尼'海棠

Malus 'John Downie'

这种生长旺盛的落叶乔木，在幼嫩时呈直立状，随着树龄的增长呈圆锥形。花蕾浅粉色，暮春开放，花朵白色，杯状，尔后结出卵形的橙色与红色果实。卵形的叶片在幼嫩时呈亮绿色，随着成熟转为深绿色。为一种理想的小型庭院乔木。

栽培 种植在排水良好且湿润、十分肥沃的土壤中。在全日照条件下，开花与结果最好，但植株稍耐阴。休眠阶段应除去受损枝或交叉枝，以形成完好的树冠。应该避免对已经成形的主枝进行强剪。

☼ ◐ ◊ △ ❀❀ ❄❄❄
株高10米　冠幅6米

日本海棠

Malus tschonoskii

这种直立的落叶乔木，具向上弯曲的分枝。在暮春时，植株能够开放出具粉晕的白色花朵，进入秋季后结出被红晕的黄色果实。秋季，叶片从绿色变成明黄色，然后转为红紫色。它许多其他海棠长得更高，但依然是被推荐种植在小型庭院中的美丽孤植乔木。

栽培　种植在排水良好、肥力适中的土壤里。在全日照条件下植株生长最好，但植株稍耐阴。在稍做修剪或不经修剪的情况下，能够形成良好的株形，植株对强剪反应不佳。

☀ ◑ ◊ ♦ ❀❀❀　株高12米　冠幅7米

'金蜂' 珠美海棠

Malus × *zumi* 'Golden Hornet'

为树冠呈阔金字塔形的落叶乔木。在暮春时，植株绽放出繁茂的大型、杯状、具粉晕、蕾期深粉色的白色花朵，随后结出能够很好宿至冬季的小型黄色果实。在秋季时，叶片从深绿色转为黄色，这些金黄色果实也可为环境增加美感。

栽培　可种植在任何除渍水外的土壤中，为了获得最佳的开花与结实效果，应该保全日照。为了获得外形理想的树冠，要在休眠时除去幼树的受损枝或交叉枝。不要修剪较老的植株。

☀ ◑ ◊ ♦ ❀❀❀
株高10米　冠幅8米

白花麝香锦葵

Malva moschata f.*alba*

这种花朵呈白色至极浅粉色的锦葵为灌木状直立多年生植物，适合用于野花园或花境。具很强吸引力的艳丽花朵自初夏至暮夏间簇生于微具麝香气的中绿色叶片间。

栽培　种植在湿润且排水良好、肥力适中的土壤里，喜全日照。长得较高的植株可能需要进行裱杆。通常观赏期不长，但植株易于通过自播进行繁殖。

☼ ◊ ♡ ❀❀❀❀❀　株高1米　冠幅60厘米

荚果蕨

Matteuccia struthiopteris

荚果蕨由直立或微拱的浅绿色脱落性叶状体形成丛簇，在夏季里较小的深褐色叶状体自每个丛簇中部形成，其能够宿存至冬季。植株不开花。为潮湿的荫地花境与装饰树木园之效果绝佳的多年生观叶植物，亦可在水边种植。

栽培　种植在湿润且排水良好、富含腐殖质的中性至酸性土壤里，宜选明亮的间有荫蔽之地进行栽培。

☼ ◊ ◑ ♡ ❀❀❀❀❀
株高1～1.5米　冠幅45～75厘米

藿香叶绿绒蒿
Meconopsis betonicifolia

藿香叶绿绒蒿为丛生的多年生植物。在直立的花茎上生长着大型的色彩为明蓝色，或常呈紫蓝色或白色的碟形花朵。它们在初夏时高于卵形的微黄绿色叶片开放。能够为树木园增添良好的自然景观。

栽培　最好种植在湿润且排水良好、富含肥料的酸性土壤中，可选择免遭寒风侵袭的疏荫之地进行栽培。植株的观赏期可能不长，特别是在炎热或干燥的环境里更是如此。在开花后应该进行分株，以保证其能够茁壮生长。

☀ ◐ ♡ ❄❄❄
株高1.2米　冠幅45厘米

大花绿绒蒿
Meconopsis grandis

大花绿绒蒿为直立的丛生多年生植物，与藿香叶绿绒蒿(*M.betonicifolia*)(参阅本页，上文)相似，但具有更大的并不成簇之艳蓝色至微紫红色花朵。它们在初夏时高于中绿色至深绿色的叶片开放。当大片种植于树木园时令人驻足。

栽培　种植在湿润、含有大量腐叶的酸性土壤中，宜选免遭干冷风侵袭的疏荫之地。要用大量的覆盖层进行保护，见干浇水，如果土壤过干，植株可能无法开花。

☀ ◐ ♡ ❄❄❄
株高1~1.2米　冠幅60厘米

大蜜花
Melianthus major

大蜜花为叶片甚美的灌木，呈直立至
扩展状生长。自暮春至仲夏间，由血
红色花朵所构成的花穗抽生于灰绿色
至亮蓝绿色的具裂叶片之上。在寒冷地
区，作为草本多年生植物栽培，但
在较为温暖的地区，用于装点海滨花
园十分理想。

栽培　种植在湿润且排水良好的肥沃
土壤中，宜选能够免遭干冷风与冬雨
侵袭的向阳之地进行栽培。在寒冷地
区，应于春季对头年的枝条进行修
剪；在温暖地区，春季应该剪去开过
花的枝条。

☼ ◐ ◌ ● ☖ ❀ ❉ ❉ ❉
株高2～3米　冠幅1～3米

水杉
Metasequoia glyptostroboides

水杉是一种优雅的针叶松，细长锥形
的外观适合在傍水的地方建造景观造
型。叶片柔软，类似蕨类植物，祖母
绿色的嫩叶在粗糙的肉桂棕色树皮的
衬托下十分美丽。秋季掉落前，叶片
则会变成一种温暖的金褐色。"金叶
水杉"就以叶片呈现亮丽的金黄色而
得名。

栽培　任何潮湿土壤均可，需光照
充足。

☼ ◐ ◌ ● ☖ ❀ ❉ ❉ ❉
株高20～40米　冠幅5米

红猴面花

Mimulus cardinalis

红猴面花为匍匐性多年生植物。花朵管状，猩红色，有时黄斑，在整个夏季里开放于生长在被毛茎秆上的卵形亮绿色叶片间。为温暖地区的花境配色效果很好。在寒冷的气候条件下可能无法存活。

栽培 可种植在任何排水良好、肥沃、富含腐殖质的土壤中，可耐十分干旱的环境。宜选日光充足或明亮的间有荫蔽之地进行栽培。观赏期可能不长，但植株容易在春季通过分株进行繁殖。

☀ ☀ ◐ ◊ ♡ ✿ ✿ ✿
株高1米　冠幅60厘米

细叶芒 '火烈鸟'

Miscanthus sinensis 'Flamingo'

'火烈鸟'是最受欢迎的芒草品种之一，枝条呈现一种优雅的拱形，末端垂坠着淡粉色花序，点缀了整个晚秋时节。芒草是一种适合装饰室外的园艺植物，可以种在比较大的花盆里，也可以用来装点花境景观。特别是在冬季，更是提供了观赏的情趣。需要在早春进行修剪。

栽培 适宜潮湿但排水性好的土壤，喜光。

☀ ☀ ◐ ◊ ♡ ✿ ✿ ✿
株高2米　冠幅1.5米

'花叶' 酸沼草
Molinia caerulea 'Variegata'

'花叶' 酸沼草为簇生的多年生植物。狭窄的叶片丛生，深绿色，具乳白色条纹。由紫色花朵所构成的密集花穗，在春季至秋季的很长时间里生长于微染赭黄色的细高花茎上。为装饰花境或树木园的一种良好构架植物。

栽培 可种植在任何湿润且排水良好之地，更喜酸性至中性的土壤，喜全日照，亦耐疏荫环境。

☀ ◑ ◊ ♀ ❀❀❀
株高可达60厘米 冠幅40厘米

'剑桥猩红' 美国薄荷
Monarda 'Cambridge Scarlet'

这个麝香薄荷杂交品种为丛生的多年生植物。自仲夏至初秋间，由艳猩红色管状花朵所构成的数量很多的蓬松花序，抽生于气味芳香的叶片之上，对蜜蜂颇具吸引力，麝香薄荷的俗名为"香蜂花"。可以点缀于任何混栽或草本花境中为之增色。

栽培 植株喜湿润且排水良好、肥力适中、富含腐殖质的土壤，喜全日照或明亮的间有荫蔽之地。在夏季时应保持土壤湿润，但冬季要避免植株遭受过量的降雨困扰。

☀ ◑ ◊ ♀ ❀❀❀
株高1米 冠幅45厘米

'克罗夫特威粉'美国薄荷
Monarda 'Croftway Pink'

为丛生的草本多年生植物。由粉色的管状花朵所构成的蓬松花序，自仲夏至初秋间生长在小型的具香气的淡绿色叶片之上。适用于混栽花境或草本花境，花朵对蜜蜂具有吸引力。'科巴姆之美女'（'Beauty of Cobham'）为与之十分相似，但具有环绕着粉色花朵，外部呈紫红色苞片的品种。

栽培　种植在排水良好、十分肥沃、富含腐殖质、夏季保湿性好的土壤中。可在全日照或轻荫之地栽培，应该避免植株受到过多的冬雨侵扰。

 　株高1米　冠幅45厘米

亚美尼亚蓝壶花
Muscari armeniacum

为生长旺盛的具球根多年生植物。在初春时，植株能够抽生出由艳蓝色管状花朵所构成的密集花穗。中绿色的叶片呈带状，于秋季里开始长出。其虽具有侵占性，但还是可以成片种植于花境中或草地上，任其生长以营造自然景观。

栽培　种植在湿润且排水良好、十分肥沃的土壤中，喜全日照。在夏季时要将成丛生长的鳞茎进行分株。

株高20厘米　冠幅5厘米

白缘蓝壶花
Muscari aucheri

这种具球根的多年生植物，比亚美尼亚蓝壶花(*M.armeniacum*)(参阅前页，下文)的侵占性要差，细小的花朵常呈淡蓝色，在春季时开放，密集的花穗自中绿色带状叶片的基部抽生。适用于岩石园。有时被称作*M.tubergianum*。

栽培 种植在湿润且排水良好、肥力适中的土壤里。宜选全日照之地进行栽培。

☀ ◊ ♀ ❀❀❀
株高10～15厘米 冠幅5厘米

桃金娘
Myrtus communis

桃金娘为树冠圆形、具有繁茂常绿叶片的灌木。自仲夏至初秋间，在小型的具光泽的深绿色芳香叶片间，植株绽放出大量具芳香的白色花朵，突出的雄蕊簇生。紫黑色浆果在随后的季节里长出。可作为随意式绿篱或孤植灌木栽培。冬季寒冷的地区，要在温暖向阳的墙壁前种植。

栽培 最好种植在排水良好且湿润的肥沃土壤中，喜全日照。应该避免植株受到干冷风之侵袭。在春季时对植株进行整形，可耐密集修剪。

☀ ◊ ♀ ❀❀
株高3米 冠幅3米

意大利桃金娘

Myrtus communis subsp.*tarentina*

这种枝条繁茂的常绿灌木，比其原种（参阅对面页，下文）有着更为紧凑、更呈圆形的树冠，生长着更小型的叶片，并开放着覆以粉色的乳白色花朵。它们在仲春至初秋间长出，尔后结出白色浆果。种植在花境或作为随意式绿篱使用。在寒冷的气候条件下可能无法存活。

栽培 种植在湿润且排水良好、肥力适中的土壤里，宜选日光充沛、能够免遭干冷风侵袭之地进行栽培。在春季时对植株进行强剪，可耐密集修剪。

☼ ◊ ♡ ❀ ❀ ❀　　株高1.5米 冠幅1.5米

南天竹

Nandina domestica

南天竹为直立的常绿或半常绿灌木，其能够为春季或秋季增添美色。具裂的叶片在幼嫩时呈红色，成形后转为绿色，尔后在深秋时其表面还会被有红晕。由细小的心部呈黄色的白色花朵所构成的圆锥形花簇抽生于仲夏，尔后在温暖的气候条件下经过很长时间植株会结出亮红色的果实。在寒冷的冬季里可能无法存活。

栽培 种植在湿润且排水良好的土壤中，喜全日照。在定植时进行修剪，尔后于仲春整形，以保持株形规整。应该定期清理残花。

☼ ◊ ♡ ❀ ❀ ❀　　株高2米 冠幅1.5米

小型水仙

Small Daffodils (*Narcissus*)

小型与微型水仙为优良的春花型球根多年生植物，它们都能用装点室内与室外环境。因其典雅的花朵而被栽培，它们在外形上变化很大，颜色以黄色或白色为主。花朵单生或簇生，高于丛生的基生细长带状叶片，在直立的无叶花葶上开放。所有的小型水仙均可美化岩石园，将它们进行群植待长成大片后，能够给人留下深刻印象。因其易于管理，故这些水仙可用于室内装饰。有些种类，如围裙水仙(*N.bulbocodium*)，当点缀细叶种类的低矮草地时，能够营造出很好的自然景观。

栽培　最好种植于排水良好、在生长阶段能够保持湿润的肥沃土壤中，植株喜日光充足之地。在开花后施用平衡肥料，以促使植株在来年更好开花。当花朵凋谢时，要将其剪去，应该让叶片自然枯萎，不要将它们捆绑在一起。

☼ ◗

株高35厘米　冠幅8厘米

株高30厘米　冠幅8厘米

株高30厘米　冠幅8厘米

株高10～15厘米　冠幅5～8厘米

株高15～20厘米　冠幅5～8厘米

株高30厘米　冠幅8厘米

1 '雪崩'水仙(*N.* 'Avalanche')(H3)♀✿✿ 2 围裙水仙(*N.bulbocodium*)(H3～4)♀✿✿✿ 3 '博爱五月'水仙(*N.* 'Charity May')(H4)♀✿✿✿ 4 仙客来水仙(*N.cyclamineus*)(H4)♀✿✿✿ 5 '鸽翼'水仙(*N.* 'Dove Wings')(H4)♀✿✿✿ 6 '二月黄金'水仙(*N.* 'February Gold')(H4)♀✿✿✿

7

株高17厘米　冠幅5～8厘米

8

株高20厘米　冠幅8厘米

9

株高20厘米　冠幅8厘米

10

株高17厘米　冠幅5～8厘米

11

株高10～15厘米　冠幅5～8厘米

12

株高15厘米　冠幅5～8厘米

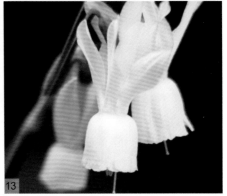

13

株高10～25厘米　冠幅5～8厘米

7 '哈韦拉'水仙(*N.* 'Hawera')(H4) ♀❀❀❀　8 '小鹬'水仙(*N.* 'Jack Snipe')(H4)♀❀❀❀　9 '喷火'水仙(*N.* 'Jetfire')(H4)♀❀❀❀　10 '丰收时节'水仙(*N.* 'Jumblie')(H4)♀❀❀❀　11 小水仙(*N.minor*)(H4)♀❀❀❀　12 '悄悄话'水仙(*N.* 'Tete-àtete')(H4)♀❀❀❀　13 三蕊水仙(*N.triandrus*)(H3)♀❀❀

大型水仙
Large Daffodils (*Narcissus*)

大型水仙为高大的具球根多年生植物，栽培容易。其花朵艳丽，主要为白色或黄色，花期春季。花朵单生或簇生，高于自鳞茎抽生的修长的中绿色带状叶片，在直立的无叶花葶上开放。典雅花朵的形状有着很大的差异，那些现有的，已被证实的种类全能够作为优良的切花使用，其中，品种'甜甜蜜蜜'（'Sweetness'）在采收后能够开放出持久性极好的花朵。将多数品种成大片地栽种在灌木丛或花境间，能够给人留下非常深刻的印象。有些品种可以很好地配植在草地上，或栽培在树木园中的落叶乔木与灌木下，以便营造自然景观。

栽培 最好种植在排水良好的肥沃土壤中，植株喜全日照之地。在生长季节里要保持土壤湿润，于开花后要施用平衡肥料一次，以保证来年绽蕊更好。当花朵凋谢时，要将其剪去，应该让叶片自然枯萎。

☀ ◐ ❀❀❀

株高45厘米 冠幅15厘米

株高40厘米 冠幅12厘米

株高40厘米 冠幅12厘米

株高40厘米 冠幅15厘米

1 '诗歌'水仙(*Narcissus* 'Actaea') ♀ 2 '爱尔兰女皇'水仙(*N.* 'Empress of Ireland') ♀ 3 '锡兰'水仙(*N.* 'Ceylon') ♀ 4 '欢乐'水仙(*N.* 'Cheerfulness') ♀

5 株高40厘米 冠幅15厘米

6 株高45厘米 冠幅15厘米

7 株高35厘米 冠幅15厘米

8 株高45厘米 冠幅15厘米

9 株高40厘米 冠幅15厘米

10 株高40厘米 冠幅8厘米

13 株高40厘米 冠幅8厘米

11 株高45厘米 冠幅15厘米

12 株高45厘米 冠幅15厘米

14 株高45厘米 冠幅15厘米

5 '冰凝舞影'水仙(*N.* 'Ice Follies')♀ 6 '御花园'水仙(*N.* 'Kingscourt')♀ 7 '预言家默林'水仙(*N.* 'Merlin')♀ 8 '高山之巅'水仙(*N.* 'Mount Hood')♀ 9 '热情'水仙(*N.* 'Passionale')♀ 10 '苏茜'水仙(*N.* 'Suzy')♀ 11 '圣凯弗内'水仙(*N.* 'Saint Keverne')♀ 12 '塔希提岛'水仙(*N.* 'Tahiti')♀ 13 '甜甜蜜蜜'水仙(*N.* 'Sweetness')♀ 14 '酸甜苦辣'水仙(*N.* 'Yellow Cheerfulness')♀

总状荆芥
Nepeta racemosa

总状荆芥为一种生长缓慢、株形开展的多年生植物，其叶片灰绿色，花朵艳蓝色，具浓香，呈螺旋状排列，夏季开放。它是一种优良的耐旱植物，可种植于向阳花境的中部或边缘，或倚墙栽种。这种植物对猫咪和蝴蝶来说均有诱惑力。秋季要将显得衰老的叶片摘掉。'沃克的忧伤'（'Walker's Low'）是一个非常好的品种。

栽培　种植在排水良好的向阳或半阴之地。

☀️ ❄️ ◐ ♨ ❀ ❀ ❀
株高可达30厘米　冠幅50厘米或更宽

海女花
Nerine bowdenii

这种生长强健的多年生植物，为优良的晚花型球根植物之一。花序开展，着花5～10朵，亮粉色的花朵喇叭状，具微香，花瓣卷曲，边缘波状，秋季开放。带状的鲜绿色叶片在开花后自植株基部抽生。它有着奇特的外观，在温暖向阳的墙角下，植株能够度过寒冷的冬季。作为切花效果很好。

栽培　可将其种植在土壤排水良好的背风、向阳之地。在冬季时，要为植株提供深厚、干燥的覆盖物。

☀️ ◐ ♨ ❀ ❀
株高45厘米　冠幅12～15厘米

'青柠檬'烟草
Nicotiana 'Lime Green'

这个容易开花、引人注目的烟草品种，为多分枝的直立一年生植物，用于夏季花坛十分理想。自仲夏至暮夏间，植株能够抽生出具长喉与平展外观的夜香型黄绿色花朵所构成的松散花序。叶片中绿色，长圆形。种植于夜晚想要欣赏到香气的庭院中效果也很好。具混合色的烟草包括柠檬绿色，被推荐的有多米诺骨牌系（'Domino Series'）。

栽培 种植在湿润且排水良好的肥沃土壤中。宜选全日照或疏荫之地进行栽培。

☼ ◑ ◊ ♡ ❀❀❀

株高60厘米 冠幅25厘米

'杰基尔小姐'黑种草
Nigella 'Miss Jekyll'

这种高大的生长势弱的一年生植物，在夏季里会绽放出美丽的天蓝色花朵，被亮绿色叶片组成的羽状"环领"所环绕。植株在这个季节里的晚些时候会结出具吸引力的膨胀种荚。作为切花水养持久，其荚经干燥后可用于室内插花。被推荐的还有白花品种：'杰基尔·阿尔巴小姐'（'Miss Jekyll Alba'）。

栽培 种植在排水良好的土壤中，喜全日照。像所有的黑种草一样，植株容易自播，所获的实生苗可能与亲本不同。

☼ ◊ ♡ ❀❀❀

株高可达45厘米 冠幅可达23厘米

睡莲

Water Lilies (*Nymphaea*)

这些多年生水生植物，因其艳丽的有时具芳香的夏季花朵与圆形的漂浮叶片而被栽培。其叶片的遮蔽对减弱池塘里的藻类生长是有益的。花朵以白色、黄色、粉色或红色为主，中部具黄色蕊。植株的冠幅变化很大，因此要小心选择，使之与所要装饰的水体相匹配。虽然品种'小海尔沃拉'（'Pygmaea Helvola'）能够种植在水深不超过15厘米之处，但是多数种类的栽培深度通常保持在45厘米至1米间。使用培育水生植物的塑料带孔栽培篮作为容器，能够使起苗与分株操作更为容易。

栽培 种植在日光充沛的条件下依然存水之地。将根茎栽种在刚好低于水面的水生植物基质里，撒上一层粗砂进行镇压。将幼株置于一堆砖头上，这样它的新芽能够生长到水面，因为植株种在水中较深处，所以它的叶柄会随之变长。应该定期清除黄叶。在春季时进行分株，为植株施用水生植物肥料。

☼ ❀❀❀

冠幅1.2～1.5米

冠幅1.5～2.5米

冠幅0.9～1.2米

冠幅0.9～1.2米

冠幅1.2～1.5米

冠幅25～40厘米

1 '红玉'睡莲(*Nymphaea* 'Escarboucle') ♡ 2 '格莱斯顿'睡莲 (*N.* 'Gladstoniana') ♡ 3 '白仙子'睡莲 (*N.* 'Gonnère') 4 '詹姆斯·布赖登'睡莲(*N.* 'James Brydon') ♡ 5 '马雷斯·克罗马蒂拉'睡莲 (*N.* 'Marliacea Chromatella') ♡ 6 '小海尔沃拉'睡莲(*N.* 'Pygmaea Helvola')

蓝果树
Nyssa sinensis

蓝果树为落叶乔木，树冠呈圆形，因其可爱的叶片而被种植。雅致的叶片在幼嫩时呈青铜色，随着生长变为深绿色，尔后于秋季脱落前变成明亮的橙色、红色与黄色。花朵不明显。作为靠近水边的孤植乔木十分理想。

栽培　种植在肥沃、保湿性强且排水良好的中性至碱性土壤里，宜选能够抵御干冷风侵袭的日光充足或疏荫之地进行栽培。在暮冬时，要对拥挤的枝条进行疏剪。

 ☼ ◐ ◊ ♡ ✿ ✿ ✿ 株高10米　冠幅10米

林地蓝果树
Nyssa sylvatica

为比蓝果树(*N.sinensis*)(参阅上文)更高些的乔木。蓝果树在外形上与之相似，具有较为低矮的俯垂枝条。其深绿色叶片于秋季能够展示出亮丽的橙色、黄色或红色。是可以增添秋季美色的壮丽乔木，树皮微棕灰色，在成龄植株上呈长条状开裂。能够耐受酸性土壤。

栽培　种植在湿润且排水良好、肥沃的中性至碱性土壤里。宜选日光充足或疏荫、能够避免干冷风侵袭之地。如果必要的话，在暮冬时对植株进行修剪。

☼ ◐ ◊ ♡ ✿ ✿ ✿ 株高20米　冠幅10米

'烟花'灌木月见草

Oenothera fruticosa 'Fyrverkeri'

为直立的丛生多年生植物。观赏期短的亮黄色杯状花朵簇生，自暮春至暮夏间接连不断地开放。当幼嫩时被红紫晕的披针形叶片，在红色茎秆的衬托下显得十分美丽。把它与叶片呈青铜色或紫铜色的花卉配植在一起效果很好。灰叶灌木月见草(*O.fruticosa* subsp.*glauca**)为与之十分相似，但花色稍浅的亚种。
(*：原著为：*O.macrocarpa* subsp. *glauca*，正确为：*O.fruticosa* subsp. *glauca*。——译者注)

栽培 种植在排水良好、经过充分施肥的砂质土壤中。宜选全日照之地进行栽培。

☼ ◊ ♡ ❀ ❀❀❀
株高30～100厘米 冠幅30厘米

大果月见草

Oenothera macrocarpa

这种生长旺盛的多年生植物，有着与'烟花'灌木月见草(*O.fruticosa* 'Fyrverkeri')(参阅上文)相似的花朵，但其拖曳的枝条使这种植物更适合栽种在花境边缘。花朵金黄色，自暮春至初秋间开放于披针形的中绿色叶片间。也能用于敷石花坛或岩石园装饰。亦被称作*O.missouriensis*。

栽培 种植在排水良好、贫瘠至肥力适中的土壤里，植株喜全日照，栽培地点宜选无过多冬雨侵扰之处。

☼ ◊ ♡ ❀❀❀
株高15厘米 冠幅可达50厘米

大齿树紫菀
Olearia macrodonta

为夏季开花的常绿灌木或小乔木，树冠呈直立的阔圆柱状。雏菊状的花朵中部呈微红褐色，有香气，成大簇于具锐齿的发亮深绿色叶片间开放。为良好的绿篱植物，亦可在气候温暖的沿海地区作为风障使用。在较为寒冷的地区，最好种植在温暖背风的灌木花境中。

栽培 种植在排水良好的肥沃土壤中，应选全日照，避免干冷劲风吹之地进行栽培。在暮春时，对不需要或遭霜害的枝条进行修剪。

☼ ◊ ♦ ❀❀   株高6米 冠幅5米

西亚脐果草
Omphalodes cappadocica

这种丛生的喜荫常绿多年生植物，花朵细小，勿忘我状，天蓝色，中部白色，在初春时，高于其尖的中绿色叶片开放。在树木园中进行群植能够给人留下深刻印象。

栽培 种植在湿润、富含腐殖质、肥力适中的土壤里。宜选疏荫之地进行栽培。

☽ ♦ ❀❀❀   株高可达25厘米 冠幅可达40厘米

'彻丽·英格拉姆'西亚脐果草

Omphalodes cappadocica 'Cherry Ingram'

这种丛生的常绿多年生植物，与其原种（参阅前页，下文）非常相似，但能够开放出较大的具白心之深蓝色花朵。它们在早春时高于具尖的被细毛之中绿色叶片绽蕊。适合用于树木园装饰。

栽培 最好种植在保湿性好、肥力适中、富含腐殖质的土壤里。宜选疏荫之地进行栽培。

❀ ◐ ♦ ♈ ❄❄❄

株高可达25厘米 冠幅可达40厘米

球子蕨

Onoclea sensibilis

这种对环境敏感的蕨类，有着美丽纹理的羽片生长繁茂，具细裂、阔披针形，呈拱形，具脱落性，它们在春季时呈微粉青铜色，随着生长转为浅绿色。植株不开花。可在水边或在潮湿荫蔽的花境中生长。

栽培 种植在湿润、富含腐殖质之地，植株更喜酸性土壤。应选疏荫之地进行栽培，因为其羽片容易被日光灼伤。

❀ ◐ ♦ ♈ ❄❄❄

株高60厘米 冠幅不确定

'墨龙' 扁茎沿阶草
Ophiopogon planiscapus 'Nigrescens'

这种常绿的多年生植物，株形扩展，弯曲的近黑色草状叶片成丛生长。看起来显得与众不同，当种植在表面铺有砂石的土地上能够给人留下深刻印象。在管状的白色至淡紫色小型花朵绽放后，会于秋季结出蓝黑色的圆形果实。

栽培　种植在湿润且排水良好、肥沃、富含有机质的微酸性土壤中，喜全日照，亦耐疏荫环境。在条件许可的情况下，秋季，要用叶片对植株盖顶进行保护。

☼ ☀ ◐ ◊ ♀ ❀ ❀ ❀
株高20厘米　冠幅30厘米

光叶牛至
Origanum laevigatum

为基部木质化的灌木状多年生植物。自暮春至秋季间，植株会抽生出由小型的微紫粉色管状花朵所构成的疏散花簇。卵形的深绿色叶片在用力揉搓时会散发出香气。适用于装饰岩石园或敷石花坛，花朵对蜜蜂具有吸引力。在寒冷的气候条件下植株可能无法存活。

栽培　种植在排水良好、贫瘠至肥力适中之地，植株更喜碱性土壤。宜选全日照之地进行栽培。在初春时，对开过花的枝条进行整形。

☼ ◊ ◊ ♀ ❀ ❀ ❀
株高可达60厘米　冠幅45厘米

'海伦豪森'光叶牛至

Origanum laevigatum 'Herrenhausen'

为植株低矮的多年生植物，要比其原种(参阅前页，下文)更耐寒。植株具有幼嫩时被紫晕的叶片，与夏季开放的较为密集的轮生粉色花朵。叶片长大后呈深绿色，具芳香。适合与地中海类型的植物栽培在一起或用于岩石园中。

栽培　种植在排水极好的贫瘠至十分肥沃之地，植株更喜碱性土壤。喜全日照。在初春时，对开过花的枝条进行整形。

☼ ◊ ♥ ❀❀❀　株高45厘米　冠幅45厘米

'金叶'牛至

Origanum vulgare 'Aureum'

'金叶'牛至为彩色的灌木状多年生植物。细小的金黄色叶片随着生长会变为微绿黄色。不高的花穗偶尔于夏季长出，外观美丽的细小花朵呈粉色。具浓香的叶片可用于烹饪。虽然植株有四处蔓延生长的倾向，但是作为向阳堤岸之地被植物或栽种在草药园里效果依然很好。

栽培　种植在排水良好、贫瘠至肥力适中的碱性土壤里。宜选全日照之地进行栽培。在开花后进行整形以保持紧凑的株形。

☼ ◊ ♥ ❀❀❀　株高30厘米　冠幅30厘米

伯克伍德木犀
Osmanthus × burkwoodii

为枝条繁茂、树冠圆形的常绿灌木，有时被称为×*Osmanthus burkwoodii*。植株生长着卵形的微具齿的革质深绿色叶片。在春季时抽生出繁茂的花簇，由小型、具浓香、喉部细长与花冠平展的白色花朵所构成。用于灌木花境或作为绿篱使用十分理想。

栽培 种植在排水良好的肥沃土壤中，应选能够抵御寒风侵袭的日光充足或疏荫之地进行栽培。在开花后修剪以使植株保持美观，夏季，要对篱栽植株进行整形。

☼ ☀ ◊ ◖ ✽✽✽   株高3米 冠幅3米

五彩柊树
Osmanthus heterophyllus 'Goshiki'

这种生长缓慢的圆形灌木需求量很大。类似冬青树的叶片，色彩多样，且布满粉色、珊瑚色、奶油色和黄色的斑点。秋季盛开的白色小花虽芳香，但并不起眼，随后会结成黑色的浆果。可以用作树篱或园景树，也可以在盆栽容器内种植。

栽培 适宜排水性好的肥沃土壤，光照或半遮阳均可，避免被寒冷干燥的风直吹。

☼ ☀ ◗ ◖ ✽✽   株高2米 冠幅2米

王紫萁

Osmunda regalis

王紫萁为壮观的多年生植物。亮绿色具细裂的叶片丛生。与众不同的锈色羽片于夏季自丛簇中部长出。植株不开花。用于装饰湿润的花境、池塘或河流边缘效果极好。这种蕨类有一个生长着冠状羽片的具吸引力之品种，'冠毛'（'Cristata'）长得稍矮一些，株高可达1.2米。

栽培 种植在十分湿润、肥沃、富含腐殖质的土壤中，喜半阴环境。如栽培地点能够保持潮湿，则植株能够在全日照的条件下生长。

☼ ☀ ◐ ○ 💧 ☸ ❀❀❀   株高2米 冠幅4米

可爱骨种菊

Osteospermum jucundum

为株形规整、基部木质化的丛生多年生植物。大型的背面具青铜紫晕之雏菊状紫红粉色花朵，自暮春至秋季间不断开放。用于装饰墙壁缝隙或花境前缘十分理想。也被称作*O.barberae* 'Blackthorn Seedling'，为具有引人注目的深紫色花朵之品种。

栽培 最好种植在土质疏松、排水良好、十分肥沃的土壤中。宜选全日照之地进行栽培。剪去残花能够延长花期。

☼ ○ 💧 ☸ ❀❀   株高10～50厘米 冠幅50～100厘米

骨种菊

Osteospermum Hybrids

这些常绿亚灌木，主要因其雏菊状的亮丽与令人愉快的花朵而被种植，有时其花瓣缢缩或中部颜色反差大。它们的花期很长，始放自暮春时，凋谢于秋季间，单独绽蕊或呈疏散花簇状开放。已被命名、数量众多的品种，花朵为深洋红至白、粉或黄等颜色。骨种菊用于阳地花境十分理想——花朵在环境阴暗的情况下闭合。半耐寒类型在有霜害的地区，最好作为一年生植物栽培。也可进行盆栽，这样它们能在冬季时容易地移进暖房或温室。

栽培 植株喜温暖之地，种植在土质疏松、肥力适中、排水良好的土壤里，应选背风的全日照之地。在容易下霜的地区，要将半耐寒的类型置于无霜害的环境里越冬。定期摘去残花，能够促使植株开放出更多的花朵。

☼ ◊

株高60厘米 冠幅60厘米

株高30厘米 冠幅45厘米

株高60厘米 冠幅60厘米

株高45厘米 冠幅45厘米

株高35厘米 冠幅45厘米

株高60厘米 冠幅60厘米

1 '奶酪' 骨种菊(*Osteospermum* 'Buttermilk') ♀❀2 '霍普利斯' 骨种菊(*O.* 'Hopleys') ♀❀❀3 '粉旋风' 骨种菊(*O.* 'Pink Whirls') ♀❀4 '星团' 骨种菊(*O.* 'Stardust') ❀❀5 '威特伍德' 骨种菊(*O.* 'Weetwood') ♀❀❀6 '陀螺' 骨种菊(*O.* 'Whirligig') ♀❀

腺叶酢浆草
Oxalis adenophylla

为具球根的多年生植物。美丽的灰绿色叶片丛生，它们分裂成多枚心形小叶。在暮春时，阔喇叭形的紫粉色花朵与叶片相映成趣。其原产于安第斯山脉，适用于排水良好的岩石园、木槽或高台花坛。花朵粉色的九叶酢浆草（*O.enneaphylla*）及花朵蓝色的'艾奥妮·赫克尔'酢浆草（*O.*'Ione Hecker'）为与之极其相似的种类。不过栽培其根茎要比种球根的生长效果更好。

栽培　可种植在任何肥力适中、具有良好排水性的土壤里。宜选全日照之地进行栽培。

☼ ◊ ♥ ✿ ✿✿✿
株高10厘米　冠幅可达15厘米

顶花板凳果
Pachysandra terminalis

这种株形自由扩展、呈灌木状的常绿乔木，能够成为灌木花境或树木园非常有益的地被植物。卵形的具光泽深绿色叶片簇生于枝条顶端，由细小的白色花朵所构成的花穗在初夏时抽生。'花叶'（'Variegata'）为叶片具白边，生长不是十分旺盛的品种。

栽培　可种植在任何除十分干旱外的富含腐殖质的土壤中。宜选疏荫或浓荫之地进行栽培。

☼ ☀ ◊ ♥ ✿✿✿✿
株高20厘米　冠幅不确定

紫牡丹
Paeonia delavayi

为分枝稀疏的直立落叶灌木。在初夏时，植株能够绽放出俯垂的碗状艳深红色花朵。深绿色叶片由具尖的深缺刻裂片所组成。为高大的丛生牡丹，用于灌木花境效果很好。

栽培　种植在土层深厚、湿润且排水良好、富含腐殖质的肥沃土壤中。宜选能够遭干冷风侵袭的全日照或疏荫之地进行栽培。秋季，偶尔要自地表处对老枝、高脚枝进行修剪，无需定期对植株进行修剪，亦不可强剪。

☀ ☽ ◑ △ ▽ ❀❀❀　株高2米　冠幅1.2米

'美人钵'芍药
Paeonia lactiflora 'Bowl of Beauty'

为丛生的多年生草本植物。在初夏时，植株能够绽放出非常大的洋红粉色碗状花朵，花瓣稍被粉色，环绕在簇生、密集的乳白色雄蕊周围。叶片中绿色，分裂成多枚小叶。用于混栽或草本植物花境中十分理想。

栽培　种植在土层深厚、湿润且排水良好、肥沃、富含腐殖质的土壤中，喜全日照，亦耐疏荫环境。需要进行支撑。植株不耐移栽。

☀ ☽ ◑ △ ❀❀❀　
株高80~100厘米　冠幅80~100厘米

'萨拉·伯恩哈特'芍药

Paeonia lactiflora 'Sarah Bernhardt'

这个芍药的品种与'内穆尔公爵夫人'芍药('Duchess De Nemours')（参阅上文）十分相似，但开放着非常大的玫瑰粉色花朵，在初夏里，它们生长于成丛的其深裂的中绿色叶片之上。点缀于夏季花境十分可爱。

栽培 种植在湿润且排水良好、土层深厚、富含腐殖质的土壤中。宜选全日照或疏荫之地进行栽培。花枝需要进行支撑，不耐移栽，否则植株生长不良。

☼ ❋ ◐ ◊ ♥ ❀❀❀
株高可达1米 冠幅可达1米

拉德罗芍药

Paeonia ludlowii

这种生长旺盛的落叶灌木，具有直立与舒展的外形。在暮春时，大型的亮黄色俯垂花朵开放于亮绿色的叶片间。具深裂的叶片由几枚带尖的小叶所组成。用于灌木花境或单独种植效果很好。

栽培 最好种植在土层深厚、排水良好且湿润、富含腐殖质的肥沃之地。应选能够免遭干冷风侵袭的日光充足或半阴环境进行栽培。避免进行强剪，但在秋季时偶尔要自地面处剪去衰老枝、高脚枝。

☼ ❋ ◐ ◊ ♥ ❀❀❀
株高1.5米 冠幅1.5米

'红绣球'药用芍药

Paeonia officinalis 'Rubra Plena'

这个栽培年限长、花期初夏的丛生芍药品种，点缀于任何花境中均可营造出很好的景观。鲜深红色的花朵大型，完全重瓣，有着具光泽的环领状花瓣，在深绿色的具裂叶片的衬托下相得益彰。'粉绣球'（'Rosea Plena'）为也被推荐的与之十分相似之品种。

栽培 种植在排水良好且湿润、土层深厚、富含腐殖质的肥沃之地。应选全日照或疏荫之地进行栽培。要对花枝进行支撑。

☼ ◐ ◊ ❍ ❦ ❀❀❀
株高70～75厘米 冠幅70～75厘米

'谢南多厄'柳枝稷

Panicum virgatum 'Shenandoah'

'谢南多厄'柳枝稷为多年生植物，叶片直立、带状、绿色，呈瓶状簇生，暮夏当缀满细小、轻盈的粉色颖花的圆锥花序抽生时，叶片先端会转为红色。秋季叶片会变为深紫红色。植株成片栽种或孤植效果最好。

栽培 种植在肥力适中、排水良好的全日照之地。暮冬进行修剪，必要时进行分株。能够自播。

☼ ◊ ◊ ❀❀❀
株高1米 冠幅75厘米

'利佛米尔美女' 东方罂粟

Papaver orientale 'Beauty of Livermere'
这个高大的东方罂粟品种，为能够开放出绯猩红色花朵，为直立的丛生多年生植物。花朵自暮春至仲夏间绽放，尔后发育成大型的果实。每枚花瓣基部有着明显的黑斑。中绿色的具裂叶片生长于直立的被刚毛的茎秆上。种植在花境中看起来十分壮观。

栽培 种植在排水良好、贫瘠至肥力适中的土壤里。宜选全日照之地进行栽培。

☼ ◊ ❀❀❀
株高1~1.2米 冠幅90厘米

'白纸黑字' 东方罂粟

Papaver orientale 'Black and White'
这个东方罂粟的品种为丛生多年生植物，能够开放出花瓣基部有绯黑色斑痕的白色花朵。在初夏时，花朵高于生长在直立、具白毛之茎秆先端的中绿色叶片开放，它们随后会结出与众不同的果实。能够作为良好的花境多年生植物。

栽培 最好种植在土层深厚、肥力适中的排水性良好之地，宜选全日照环境进行栽培。

☼ ◊ ❀❀❀
株高45~90厘米 冠幅60~90厘米

'塞德里克·莫里斯'东方罂粟

Papaver orientale 'Cedric Morris'

这个东方罂粟的品种具有基部非常大，带黑色斑痕的柔粉色花朵，它开放在被灰毛的叶片之上。其所形成的直立株丛使之十分适用于草本植物花境或混栽花境。当花朵凋谢后，会结出与众不同的果实。

栽培 种植在土层深厚、肥力适中、具有良好排水性的土壤里，宜选全日照之地进行栽培。

☼ ◊ ▽ ❀❀❀

株高45～90厘米 冠幅60～90厘米

虞美人，雪莉组合

Papaver rhoeas Shirley Mixed

这些虞美人为夏季开花的一年生植物，其碗状的花朵呈单瓣、半重瓣或重瓣，有着黄、橙、粉与红等色。它们生长在直立的花茎上，高于具细裂的亮绿色叶片开放。能为野花草甸营造自然景观。

栽培 最好种植在排水良好、贫瘠至肥力适中的土壤里，喜全日照。在春季时分栽幼苗并进行移植。

☼ ◊ ❀❀❀

株高可达1米 冠幅可达30厘米

抱茎拟玄参木
Parahebe perfoliata

抱茎拟玄参木为株形扩展的常绿多年生植物。在暮夏时，植株能够抽生出由蓝色碟形花朵所构成的低矮花穗。蓝色或灰绿色的叠生叶片为卵形，稍革质。适用于装饰老墙的缝隙或岩石园。

栽培　种植在贫瘠至十分肥沃、具有良好排水性的土壤里，喜全日照。在易受霜害的气候条件下，要提供保护以使之免受干冷风侵袭。

☼ ◊ ♡ ❀ ❀ ❀
株高60～75厘米　冠幅45厘米

桃叶银缕梅
Parrotia persica

桃叶银缕梅为一种生长缓慢、主干不高的落叶乔木，剥落的树皮呈灰色和浅褐色。其浓绿色的叶片在秋季会变为黄色、橙色和红紫色。春季红色小花着生在裸露的枝条上。为优良的孤植乔木。品种'瓦内萨'（'Vanessa'）的树干显得更直。

栽培　种植在土层深厚、肥沃、湿润且排水良好的全日照或半阴之地。可耐石灰之地，但种植在酸性土壤中的颜色最好。植株在成形后较为耐旱。

☼ ◑ ◊ ♡ ❀ ❀ ❀
株高8米　冠幅10米

花叶地锦
Parthenocissus henryana

花叶地锦为缠绕生长的茎秆木质化之落叶攀缘植物，叶片在秋季时变为彩色。不明显的花朵于夏季开放，之后通常会结出蓝黑色的浆果。具显著白色脉纹的叶片由3～7枚小叶所组成，在这个季节的晚些时候转为亮红色。可以牵引上墙或建成结实的篱栅。

栽培　种植在排水良好且湿润的肥沃土壤中。可在日光充足的条件下生长，但将植株栽培在浓荫或疏荫的环境里叶色最佳。可能需要对幼株进行一些支撑。在秋季时剪去不需要的枝条。

☀ ◑ ◔ ◊ ♧ ❀ ❀ ❀　　　　株高10米

地锦
Parthenocissus tricuspidata

地锦为茎秆木质化的落叶攀缘植物。在秋季时，叶片能够呈现出美丽的颜色。这种植物能够比美国地锦（*P. quinquefolia*）生长得更为旺盛，由外形不定的裂片所组成的亮绿色叶片被亮红色光晕，在它们脱落前渐变为紫色。植株能够给寒冷、不起眼的墙壁增添强烈的结构感。

栽培　最好种植在湿润且排水良好、富含腐殖质的肥沃土壤里。应栽培在疏荫或浓荫的环境中。在没有成形前可能需要对幼株进行一些支撑。在秋季时，除去所有不需要的枝条。

☀ ◑ ◔ ◊ ♧ ❀ ❀ ❀　　　　株高20米

西番莲
Passiflora caerulea

西番莲为速生的常绿攀缘植物，其价值在于它那具异国风情的大型醒目的蓝色花冠与有紫色带纹的丝状体。它们在夏季至秋季里绽放于深绿色的叶片间。为耐寒性不确定的植物，在寒冷的气候条件下，应该种植在有温暖向阳的墙壁加以保护之地。

栽培　最好种植在湿润且排水良好、肥力适中的土壤里，宜选向阳、背风之地。在春季时除去拥挤枝，当这个季节要结束时，应该对开过花的枝条进行修剪。

☼ ◊ ◑ ❧ ❀ ❀ ❀　　　　株高10米或更高

'康斯坦斯·埃利奥特' 西番莲
Passiflora caerulea 'Constance Elliott'

为速生的常绿攀缘植物，与原种（参阅上文）相似，但在夏季至秋季间能够开放出白色的花朵。叶片深绿色，3～9深裂。在温暖的气候条件下，栽培于棚架旁效果很好，在冬季寒冷地区，需要种植于能够为其挡风的温暖向阳的墙边。

栽培　可种植在湿润且排水良好、肥力适中的土壤里。宜选背风、能够保持全日照之地进行栽培。在春季时应除去拥挤枝，过了这个季节快要结束时，应该对开过花的枝条进行修剪。

☼ ◊ ◑ ❧ ❀ ❀ ❀　　　　株高10米或更高

总状西番莲
Passiflora racemosa

总状西番莲为生长旺盛的攀缘植物，因其在夏季与秋季时长出的由大型亮红色花朵所构成的悬垂状花簇而著名。植株在开花后会结出深绿色果实。革质的叶片具光泽，中绿色。在寒冷的气候条件下不能在户外种植，但能够在供热的暖房里越冬，或作为引人注目的展览温室植物使用。

栽培　可种植在暖房边缘或大木桶中，使用壤土作为盆栽基质。要为植株提供十分明亮、能够避开烈日照射的荫蔽之地。在冬季时要控制浇水。自初春起进行修剪。环境温度不宜低于16℃。

　　　　株高5米

蓝盆花叶败酱
Patrinia scabiosifolia

为一种直立的多年生草本植物，缀有金边的叶片极具吸引力。缀满黄色小花的轻盈花簇在高于叶片的花葶顶端开放，可与其他的晚花型多年生植物同植于混栽花境中。

栽培　虽然植株喜排水良好、湿润、富含腐殖质的全日照之地，但亦耐干燥土壤以及酷热和潮湿。花葶需要进行支撑。

株高可达1米　冠幅可达60厘米

香叶天竺葵
Scented-Leaved Pelargoniums

天竺葵，常被不正确地称为老鹳草，为畏寒的常绿多年生植物。许多天竺葵就是因其具香气的美丽叶片而被种植。它们那色彩不很艳丽但外形却更显雅致的花朵，通常呈粉色与紫红色，而那些马蹄纹天竺葵与王天竺葵，能够用来培育更适合观花的品种。叶片具甜香或刺鼻香气与柑橘香气的'花叶'皱叶天竺葵（*P.crispum* 'Variegatum'），或有薄荷香气的茸毛天竺葵（*P.tomentosum*），它们能为暖房或展览温室增添芬芳，或用于夏季路边，也能在庭院中盆栽，在那里它们被抚弄时，会释放出香气。

栽培 可种植在排水良好、肥沃的中性至碱性土壤或基质里，喜日光充足。定期摘去残花。在寒冷地区，要把植株置于无霜害的环境里越冬，应将枝条先端剪去1/3。当植株要恢复生长时换盆。环境温度不宜低于2℃。

☀ ◊ ⬡

株高50厘米 冠幅25～30厘米

株高60厘米 冠幅60厘米

株高60～90厘米 冠幅60厘米

株高可达1.2米 冠幅30厘米

株高45厘米 冠幅20～25厘米

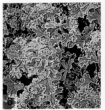

株高30～45厘米 冠幅15厘米

1 '玫瑰油'天竺葵（*Pelargonium* 'Attar of Roses'）♀ 2 '波利乐舞'天竺葵（*P.* 'Bolero'）♀ 3 '博爱'天竺葵（*P.* 'Charity'）♀ 4 '柠檬香' 天竺葵（*P.* 'Citriodorum'）♀
5 '考普瑟'天竺葵（*P.* 'Copthorne'）♀ 6 '花叶'皱叶天竺葵（*P.crispum* 'Variegatum'）♀

7 株高60厘米 冠幅30厘米

8 株高60厘米 冠幅60厘米

9 株高30～40厘米 冠幅20厘米

10 株高60厘米 冠幅60厘米

11 株高30～35厘米 冠幅15厘米

12 株高90厘米 冠幅30厘米

13 株高30～35厘米 冠幅25厘米

14 株高60厘米 冠幅30厘米

15 株高30～40厘米 冠幅30厘米

16 株高40～50厘米 冠幅25厘米

17 株高75～90厘米 冠幅可达75厘米

7 '宝石' 天竺葵（*P.* 'Gemstone'）♀ 8 '格雷斯·托马斯' 天竺葵（*P.* 'Grace Thomas'）♀
9 '普利茅斯夫人' 天竺葵（*P.* 'Lady Plymouth'）♀ 10 '劳拉之星光' 天竺葵（*P.* 'Lara Starshine'）♀
11 '梅布尔·格雷' 天竺葵（*P.* 'Mabel Grey'）♀ 12 '敏感的梅布尔' 天竺葵（*P.* 'Nervous Mabel'）♀
13 '奥塞特' 天竺葵（*P.* 'Orsett'）♀ 14 '彼得之运' 天竺葵（*P.* 'Peter's Luck'）♀
15 '帝王橡' 天竺葵（*P.* 'Royal Oak'）♀ 16 '香含羞草' 天竺葵（*P.* 'Sweet Mimosa'）♀
17 茸毛天竺葵（*P.tomentosum*）♀

观花天竺葵

Pelargoniums, Flowering

天竺葵为畏寒的常绿多年生植物，因其醒目的花朵而被栽培：大多数品种呈灌木状，但是也有适用于装饰窗箱与吊篮的枝条拖曳的类型。花朵类型有自带饰边的品种'苹果花蕾'（'Apple Blossom Rosebud'）至花瓣狭窄、精致的品种'雀跃'（'Bird Dancer'）之变化。花朵颜色从橙色至粉色，与红色到艳紫色，有些种类的叶片呈彩色。通常作为花坛植物栽培，能够从春季绽蕾至夏季，如能将环境温度保持在7℃以上，则许多品种可以周年开花，栽培于展览温室与作为室内植物观赏效果颇佳。

栽培 可种植在排水良好、肥沃的中性至碱性土壤或基质里，喜日光充足或疏荫环境。定期摘去残花，以延长花期。寒冷地区，要将植株置于无霜害的环境里越冬，把枝条剪去1/3。当暮冬植株要进入新的生长阶段时进行换盆。环境温度不宜低于2℃。

☼ ☀ ◐ ❄

1
株高25～30厘米 冠幅可达25厘米

2
株高可达30厘米 冠幅25厘米

3
株高30～40厘米 冠幅20～25厘米

1 '艾丽丝·克劳斯'天竺葵（*Pelargonium* 'Alice Crousse'）♀2 '紫水晶'天竺葵（*P.* 'Amethyst'）♀
3 '苹果花蕾'天竺葵（*P.* 'Apple Blossom Rosebud'）♀

株高15~20厘米　冠幅15厘米　　株高25~30厘米　冠幅15厘米　　株高45~60厘米　冠幅可达25厘米

株高10~12厘米　冠幅7~10厘米　　　　　　　　　　株高40~45厘米　冠幅25厘米

4　'雀跃'天竺葵（*P.* 'Bird Dancer'）♀5　'花束绸'天竺葵（*P.* 'Dolly Varden'）♀
6　'春之花'（*P.* 'Flower of Spring'）♀7　弗朗西斯·帕雷特'天竺葵（*P.* 'Francis Parrett'）♀
8　'乐思'天竺葵（*P.* 'Happy Thought'）♀

9　株高40～45厘米　冠幅可达30厘米

10　株高25～30厘米　冠幅可达12厘米

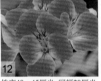

11　株高可达30厘米　冠幅30厘米

12　株高40～45厘米　冠幅20厘米

13　株高可达60厘米　冠幅可达25厘米

14　株高可达60厘米　冠幅25厘米

15　株高20厘米　冠幅18厘米

9 '艾琳'天竺葵（*Pelargonium* 'Irene'）♀ 10 '亨利·考克斯先生'天竺葵（*P.* 'Mr Henry Cox'）♀ 11 天竺葵，多花系（*P.* Multibloom Series）♀ 12 '佩顿之珍奇'天竺葵（*P.* 'Paton's Unique'）♀ 13 '野猪'天竺葵（*P.* 'The Boar'）♀ 14 '巫术'天竺葵（*P.* 'Voodoo'）♀ 15 天竺葵，幻影系（*P.* Video Series）♀

王天竺葵

Regal Pelargoniums

这些多分枝的半耐寒多年生植物与亚灌木，具有令人愉快的艳丽、不规则的花朵，使它们赢得了"天竺葵之后"的绰号。其花朵的主要开放时间为春季至初夏间，有各种红色、粉色与紫色、橙色、白色与微红黑色，有些品种为复色，它们成簇开放。虽然它们也能用于装饰夏季花坛，但是在易受冻害的地区常作为盆栽植物用于室内美化与室外装饰。

（*：原著为灌木，正确为：亚灌木。——译者注）

栽培 最好种植在质地优良、湿润且排水良好的盆栽基质中，要将植株置于免受强光照射的十分明亮之地。生长阶段适当浇水，每隔两周施用一次液体肥料。在免遭霜害侵袭的温室中越冬时，则要控制浇水。在暮冬时要将枝条剪去1/3，并进行换盆。露地栽培，可种植在肥沃、中性至碱性、排水良好的日光充沛之地。定期剪去残花。环境温度不宜低于7℃。

☼ ◊ ◐ ◑ ❀

1 株高45厘米 冠幅可达25厘米　2 株高45厘米 冠幅可达25厘米　3 株高45厘米 冠幅可达25厘米

更多选择

'邱·麦格那'（'Chew Magna'）花瓣粉色，具红色浅斑。

'莱斯利·贾德'（'Leslie Judd'）花朵鲑粉色与红葡萄酒色相间。

'比特勋爵'（'Lord Bute'）花朵为发暗的微红黑色。

'走火人魔'（'Spellbound'）花朵粉色，花瓣具红葡萄酒色斑痕。

4 株高30～40厘米 冠幅可达20厘米　5 株高30～40厘米 冠幅可达20厘米

1 '安·霍伊斯戴德'天竺葵（*Pelargonium* 'Ann Hoystead'）♀ 2 '布雷登'天竺葵（*P.* 'Bredon'）♀
3 '卡里斯布鲁克'天竺葵（*P.* 'Carisbrooke'）♀ 4 '紫满贯'天竺葵（*P.* 'Lavender Grand Slam'）♀
5 '塞夫顿'天竺葵（*P.* 'Sefton'）♀

钓钟柳

Penstemons

钓钟柳为株形优雅的半常绿多年生植物，其价值在于它们那开放于披针形叶片之上的塔尖状花序，花朵管形，毛地黄状，呈白色、粉红色与紫色。株形较大的品种为可靠之多年生边境植物，其花朵能够从夏季绽放至秋季。株形较小者，如纽伯利钓钟柳（*P.newberryi*），可以装饰家庭岩石园或作为镶边植物使用。在易受严霜侵袭的地区，虽然大多数种类得益于干燥的冬季覆盖物，但是品种‘哈恩’（‘Andenken an Friedrich Hahn’）与‘舍恩霍尔泽’（‘Schoenholzeri’）为它们中间最耐寒者。钓钟柳的观赏期并不是很长，在栽培几年后最好对植株进行更新。

栽培　可作为花境材料种植于排水良好、富含腐殖质的土壤中，矮生品种宜栽培在排水迅速、含有粗砂的贫瘠而肥力适中的土壤里。宜选全日照或疏荫之地进行栽培。定期剪去残花，以延长开花时间。

☀ ◑ ♦ ◊

1　株高1.2米　冠幅45厘米

2　株高45~60厘米　冠幅45~60厘米

3　株高75厘米　冠幅60厘米

1　‘艾丽斯·欣德利’钓钟柳（*Penstemon* ‘Alice Hindley’）♀ ✿✿✿

2　‘苹果花’钓钟柳（*P.* ‘Apple Blossom’）♀ ✿✿✿

3　‘哈恩’钓钟柳（异名‘石榴红’）（*P.* ‘Andenken an Friedrich Hahn’）♀ ✿✿✿　（syn.*P.* ‘Garnet’）

株高90厘米　冠幅75厘米

株高45~60厘米　冠幅30厘米

株高25厘米　冠幅30厘米

株高90厘米　冠幅60厘米

株高60厘米　冠幅45厘米

4 '切斯特猩红'钓钟柳（*P.* 'Chester Scarlet'）♀ ❀❀❀
5 '伊夫林'钓钟柳（*P.* 'Evelyn'）♀ ❀❀
6 纽伯利钓钟柳（*P. neuberryi*）♀ ❀❀❀
7 '舍恩霍尔泽尔'钓钟柳（异名：'火鸟'、'红宝石'）（*P.* 'Schoenholzeri'）♀ ❀❀❀（syn.*P.* 'Firebird', *P.* 'Ruby'）
8 '白贝德'钓钟柳（异名：'暴风雪'）（*P.* 'White Bedder'）♀ ❀❀❀（syn.*P.* 'Snowstorm'）

皱叶紫苏
Perilla frutescens var.*crispa*

为多分枝的直立一年生植物，因其镶褶边的中绿色叶片而被种植，它们具尖，带有深紫红色斑驳。由细小的白色花朵所构成的花穗于夏季长出。植株深色的叶片成为多数夏季花坛植物亮丽花朵的良好衬景。

栽培 可种植在湿润且排水良好的肥沃土壤中。宜选日光充足或疏荫之地进行栽培。在春季没有霜冻危害时进行定植。

☼ ☀ ◐ ◊ ♈ ❀❀

株高可达1米 冠幅可达30厘米

'蓝尖'分药花
Perovskia 'Blue Spire'

这种直立的落叶亚灌木，因其叶片与花朵而被种植，适合用来装饰混栽花境或草本植物花境。在暮春与初秋时，由管状紫罗兰色花朵所构成的具分枝的轻盈花穗，大量抽生于银灰色的具裂叶片之上。可耐受滨海环境。

栽培 最好种植在贫瘠至肥力适中、排水良好的土壤里。植株可在钙质之地生长，为了保证植株生长旺盛、多发分枝，每年春季要进行短截，以形成低矮的骨架。宜选全日照之地进行栽培。

☼ ◊ ♈ ❀❀❀

株高1.2米 冠幅1米

'长穗'阿芬桃叶蓼
Persicaria affinis 'Superba'

为生长旺盛的常绿多年生植物，以前归入蓼属（*Polygonum*）。深绿色的披针形叶片呈垫状生长，在秋季时转为浓褐色。花期持久，自仲夏至仲秋间开放，密集花穗由浅粉色的花朵所构成，随着开放它们变为深粉色。可在花境前缘成片栽种，或用做地被植物。'大吉岭红'（'Darjeeling Red'）为与之相似，且同样好的品种。

栽培　可种植在任何湿润的土壤中，喜全日照，亦耐疏荫环境。在春季或秋季时，要将植株向四处蔓延的根系铲断。

☀ ☀ ◑ ◗ ❄ ❄ ❄
株高可达25厘米　冠幅60厘米

'火尾鸡'抱茎桃叶蓼
Persicaria ampleixcaulis 'Firetail'

'火尾鸡'抱茎桃叶蓼为多年生花境植物，其极具观赏价值，暮夏开花，花期持久，可自仲夏一直开放到秋季霜降。亮红色的花朵个头很小，能够在高于叶片的细长花葶上不断开放。'白花'（'Alba'）为开白色花朵的品种。

栽培　最好种植在湿润的全日照或半阴之地。

☀ ☀ ◑ ◗ ❄ ❄ ❄
株高1.2米　冠幅1.2米

'长穗'桃叶蓼
Persicaria bistorta 'Superba'

为生长迅速的半常绿多年生植物，以前归入蓼属（*Polygonum*）。可作为良好的地被植物。在初夏至仲秋的很长时间里，植株不断抽生出高于中绿色叶丛之密集的圆柱状柔粉色花序。

栽培　最好种植在任何排水良好、保湿性强的土壤中，喜全日照，亦耐疏荫环境。植株可在干旱之地生长。

☀ ◐ ◊ ❂ ✿ ❄❄❄
株高75厘米　冠幅90厘米

越橘桃叶蓼
Persicaria vacciniifolia

这种匍匐生长的常绿多年生植物，以前归入蓼属（*Polygonum*），生长着在秋季时带红晕的具光泽中绿色叶片。自暮夏至秋季间，由深粉色花朵所构成的花穗生长在被以红色茎秆的分枝上。适合用来装饰水边的岩石园，或花境前缘。作为地被植物效果很好。

栽培　可种植在任何湿润的土壤中，喜全日照，亦耐半阴环境。为了控制植株蔓延，可在春季或秋季时铲断向四处生长的根系。

☀ ◐ ◊ ❂ ✿ ❄❄❄
株高20厘米　冠幅50厘米或更宽

岩生膜萼花
Petrorhagia saxifraga

这种植物匍匐生长，茎秆纤细，根簇生使植株呈垫状。整个夏季，其草状的浓绿色叶片为众多细小白色或粉色膜质花朵所点缀。植株能够在贫瘠的土壤中繁茂生长，是良好的地被植物，或为向阳花境围边，亦适合用于装点岩石园。

栽培　可种植在贫瘠至肥力适中、排水良好的向阳之地。

☀ ◌ ♀ ❀ ❀ ❀
株高10厘米　冠幅可达20厘米

丝带草
Phalaris arundinacea 'Picta'

丝带草为常绿的丛生多年生草类植物，具狭窄的带白色条纹的叶片。自初夏至仲夏间，高大的羽状花序抽生于直立茎秆上，花朵随着开放由浅绿色转为浅黄色。作为地被植物效果很好，但是植株具有侵占性。

栽培　可种植在任何土壤中，喜全日照，亦耐疏荫环境。在初夏时，剪去除新枝外的所有枝条，以促发新枝。为了控制植株蔓延，要定期将其掘出并进行分栽。

☀ ◑ ❀ ❀ ❀
株高可达1米　冠幅不确定

'小白脸'山梅花
Philadelphus 'Beauclerk'

为枝条微拱的落叶灌木,其价值在于它那由花心稍具粉晕、芳香的大型白色花朵所构成的花簇。它们在初夏与仲夏时生长于阔卵形的深绿色叶片间。种植在灌木花境中可单独栽培或作为花屏。

栽培 可种植在任何排水良好、肥力适中的土壤里。可在轻荫、浅薄的钙质之地生长,但在日光充沛的条件下植株开花最好。为了促使其生长出健壮的枝条,在开花后,将总长自地面计1/4的枝条剪去。

☀ ◐ ◊ ✽✽✽ 　株高2.5米　冠幅2.5米

'女明星'山梅花
Philadelphus 'Belle Etoile'

这种枝条拱形的落叶灌木,为与'小白脸'('Beauclerk')(参阅上文)相似,但其株形更为紧凑的品种。白色的花朵具浓郁香气,大型、花心呈亮黄色,自暮春至初夏间不断开放。叶片深绿色,先端渐尖。种植在混栽花境中效果很好。

栽培 可种植在任何肥力适中、具有良好排水性的土壤里。能在疏荫之地生长,但在日光充沛的条件下植株开花最好。为了促使其生长出健壮的新枝,在开花后,将总长自地面计1/4的枝条剪去。

☀ ◐ ◊ ✽✽✽
株高1.2米　冠幅2.5米

'花叶'欧洲山梅花
Philadelphus coronarius 'Variegatus'

这种直立的落叶灌木，生长着诱人的、边缘环绕着明显白色斑痕的中绿色叶片。短小的花簇由极香的初夏开放的白色花朵所构成。可为混栽花境后部或树木园增色，或进行孤植。

栽培　可种植在任何十分肥沃、具有良好排水性的土壤中，喜日光充足，亦耐半阴环境。为了使植株的叶片生长得最佳，要将其栽种在轻荫之地，并于暮春进行修剪。为了使植株开放出最好的花朵，可将其栽培在日光充足之地，并于开花后自地面处剪去一些枝条。

 株高2.5米　冠幅2米

'赫敏之披风'山梅花
Philadelphus 'Manteau d'Hermine'

这种观花的落叶灌木，株形低矮且扩展，有着开放时间长的具浓香之乳白色重瓣花朵。它们在初夏至仲夏时生长于浅绿色至中绿色的椭圆形叶片间。适合用来装饰混栽花境。

栽培　可种植在任何排水良好、十分肥沃的土壤中。亦可在疏荫之地生长，但在日光充沛的条件下植株开花最好。为了促使其生长出健壮的新枝，在开花后，将总长自地面计1/4的枝条剪去。

☼ ☼ ◊ ♡ ❀❀❀　株高1米　冠幅1.5米

灌木糙苏
Phlomis fruticosa

灌木糙苏为树冠呈丘形的扩展常绿灌木，生长着鼠尾草状、背面有毛、具芳香的灰绿色叶片。自初夏至仲夏间，植株会长出由深金黄色的盔状花朵所构成的短小花穗。当簇栽于花境中能够给人留下深刻印象。

栽培 最好种植在土质疏松、排水良好的贫瘠至十分肥沃之地，喜日光充足。在春季时将所有的衰弱枝或高脚枝剪去。

☼ ◊ ♡ ❀❀❀   株高1米 冠幅1.5米

俄罗斯糙苏
Phlomis russeliana

为直立的常绿花境多年生植物，有时被称作*P.samia*或*P.viscosa*。植株生长着具尖、被毛的中绿色叶片。自春季至秋季间，由浅黄色的盔状花朵所构成的球形花簇从细长的茎秆上长出。花朵能够很好地宿存至冬季。

栽培 可种植在任何排水良好、肥力适中的土壤里，喜全日照，亦耐轻荫环境。植株可能会自播。

☼ ◊ ♡ ❀❀❀
株高可达1米 冠幅75厘米

'查塔胡奇'拉帕姆福禄考
Phlox divaricata 'Chattahoochee'

为观赏期短的半常绿花境多年生植物，开放着许多花心红色、花冠平展、具长喉的薰衣草蓝色花朵。它们在夏季至初秋的长时间里，绽放着生在微染以紫色的茎秆的披针形叶片间。

栽培　可种植在湿润且排水良好、富含腐殖质的肥沃土壤中。应选疏荫之地进行栽培。

☀ ◐ ◊ ♡ ❀❀❀
株高15厘米　冠幅30厘米

'布思曼'道格拉斯福禄考
Phlox douglasii 'Boothman's Variety'

为植株低矮且匍匐生长的常绿多年生植物，狭窄的淡绿色叶片丛生呈丘状。具深色花心的紫罗兰粉色花朵有着细长的喉部与平展的花冠，它们在暮春或初夏时长出。用来装饰岩石园，美化墙壁，或给高台花坛围边效果很好。

栽培　可种植在排水良好的肥沃土壤中，喜全日照。在降水量少的地区，应于间有荫蔽的环境中进行栽培。

☀ ◊ ♡ ❀❀❀
株高20厘米　冠幅30厘米

福禄考

Phlox drummondii Cultivars

*Phlox*的希腊名称意思为"火焰",引自花朵具有非常明亮的颜色。福禄考(*P.drummondii*)的英文为annual phlox,它是许多已命名品种的亲本,可作为醒目的夏季花坛之首选植物。它们为直立至扩展的灌木状一年生植物,被毛的花朵束状簇生,暮春开放,呈紫色、粉色、红色、紫罗兰色或白色。花朵中心色彩较浅,花瓣裂片基部具明显斑痕。抱茎的叶片中绿色。可用于岩石园、草本植物花境、花坛装饰或栽培在容器中,如果培养在温室中,它们的花期可能会提前。

栽培 可种植在保湿力强且排水良好、砂质土壤的全日照之地,在栽培前,要往土壤中掺入大量的有机物,每周施用一次经过稀释的液体肥料。幼株会遭受蛞蝓与蜗牛的侵袭。

☼ ◊ ◐ ❀ ❀

株高10~45厘米 冠幅25厘米

株高10~45厘米 冠幅25厘米

株高10~45厘米 冠幅25厘米

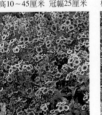
株高10~45厘米 冠幅25厘米

株高10~45厘米 冠幅25厘米

株高10~45厘米 冠幅25厘米

1 '紫红美人'福禄考(*Phlox drummondii* 'Beauty Mauve') 2 '粉美人'('Beauty Pink')
3 '辉煌'('Brilliancy Mixed') 4 '灿烂'('Brilliant')
5 '白心鲑粉'('Buttons Salmon with Eye') ♀ 6 '羞怯'('Phlox of Sheep') ♀

‘凯利的目光’福禄考

Phlox ‘Kelly’s Eye’

为生长旺盛的常绿丘状多年生植物。在暮春与初夏时，具长喉的花心粉紫色的平面浅粉色花朵能够营造出彩色的景观。叶片深绿色，狭窄。适合装点岩石园或墙壁缝隙。

栽培 可种植在具有良好排水性的肥沃土壤中，喜全日照。在降水量少的地区，应于疏荫之地进行栽培。

☼ ◑ ◊ 🏆 ❄❄❄

株高15厘米 冠幅20厘米

‘阿尔法’斑茎福禄考

Phlox maculata ‘Alpha’

为斑茎福禄考的一个品种。其高大、丰满的花簇由丁香粉色花朵所构成，高于叶片开放，花期为夏季的前半段。它是直立的多年生草本植物，茎秆呈细丝状。用于装饰湿润的花境十分理想，为芳香型切花的良好来源。

栽培 可种植在肥沃、湿润的土壤中，喜全日照，亦耐疏荫环境。清除已经凋谢的花朵，以促进植株更好开花，并于秋季自地面对植株进行修剪。植株可能需要裱杆。

☼ ◑ ♦ 🏆 ❄❄❄

株高可达90厘米 冠幅45厘米

宿根福禄考，品种

Phlox paniculata Cultivars

宿根福禄考（*P. paniculata*）的品种为草本植物，其半圆形或圆锥形花序在披针形、具齿的中绿色叶片之上长出。从夏季起直至进入秋季，植株不断开放出具长喉的花心色彩反差大的平面花朵，具淡香，有白、粉、红、紫和蓝色；当它们作为切花时水养持久。要使它开出较大的花朵，可在春季植株尚小时去掉最弱的枝条。所有的类型均能很好地适用于草本植物花境。多数品种需要进行裱杆，但是有些品种，如'富士山'

（'Fujiyama'）有着特别粗壮的茎秆。

栽培　可种植在任何保湿性好的肥沃土壤中。宜选全日照或疏荫之地进行栽培。在春季时施用平衡肥料一次，定期剪去残花，以延长绽蕊时间。于开花后自地面处剪去植株地上部。

☀ ◐ ◐ ⬤ ❋ ❋ ❋

株高1.2米 冠幅60厘米

株高1.2米 冠幅60厘米

株高1米 冠幅45厘米

株高90厘米 冠幅45厘米

株高1.1米 冠幅可达1米

株高1.2米 冠幅60～100厘米

1 '准将'宿根福禄考（*Phlox paniculata* 'Brigadier'）♀2 '黄昏'宿根福禄考（*P. paniculata* 'Eventide'）♀
3 '富士山'宿根福禄考（*P. paniculata* 'Fujiyama'）♀4 '马赫迪'宿根福禄考（*P. paniculata* 'Le Mahdi'）♀5 '珍珠母'宿根福禄考（*P. paniculata* 'Mother of Pearl'）♀6 '温莎公爵'宿根福禄考（*P. paniculata* 'Windsor'）♀

'蓝嵴'匍匐福禄考
Phlox stolonifera 'Blue Ridge'

这种常绿植物匍匐生长，薰衣草蓝色的花朵碟形，初夏开放，成片栽种十分醒目。其生长迅速，但不会侵占其他植物的地盘。可种植于花境边缘、岩石园，或森林公园。

栽培 种植在富含腐殖质、肥沃、湿润且排水良好的半阴之地。

☀ ◐ ♨ 豢 豢 豢 豢
株高10～15厘米 冠幅30厘米

'玛乔丽'锥叶福禄考
Phlox subulata 'Marjorie'

为一种呈垫状生长的常绿多年生植物，叶片针状，通常被毛，初夏能够开放出大量的鲜粉色花朵，花瓣上有放射状深粉色，花心黄色。种植于日光充足的岩石园，或沿着墙边生长效果颇佳。

栽培 种植在排水良好、肥沃的全日照之地。花后要进行修剪。

☀ 豢 豢 豢
株高10厘米 冠幅20厘米

'赛奶油'胡克新西兰麻

Phormium cookianum subsp. *hookeri*
'Cream Delight'

这个胡克新西兰麻的品种，生长着成丛的长度可达1.5米的阔拱形叶片，每枚叶片具有垂直的乳黄色斑痕。由管状黄绿色花朵所构成的高大直立花簇于夏季长出。为一种与众不同的花卉，常作为焦点植物使用。栽培在大型容器中效果很好，可用于没有遮挡的滨海之地。

栽培　可种植在肥沃、湿润且排水良好的日光充沛之地。在易遭受霜害的地区，要为植株提供深厚、干燥的冬季覆盖物。在春季时可将生长拥挤的植株进行分栽。

☼ ◐ ◊ ▮ ❄❄❄　　株高可达2米　冠幅3米

'三色'胡克新西兰麻

Phormium cookianum subsp. *hookeri*
'Tricolor'

这种引人注目的多年生植物，能够作为在花境中使用的一种非常有用的焦点植物，长度可达1.5米的阔亮绿色叶片组成了微拱的株丛，它们具有由乳黄色与红色条纹所构成的醒目边缘。由管状黄绿色花朵所构成的高大直立花簇于夏季时抽生。在寒冷的气候条件下，夏季要种植在容器里，于温室条件下进行越冬。

栽培　可种植在湿润且排水良好的土壤中，喜日光充足。在容易遭受霜害的地区，应该为冬季为植株提供深厚的覆盖保护。

☼ ◐ ◊ ▮ ❄❄❄
株高0.6~2米　冠幅0.3~3米

'晚霞'新西兰麻
Phormium 'Sundowner'

为丛生的常绿多年生植物，其价值在于它的株形与亮丽的色彩。植株具有宽阔的、长度可达1.5米的带有乳玫瑰粉边缘的青铜绿色叶片。夏季，由管状黄绿色花朵所构成的直立高大花簇抽生，尔后结出能够宿存整个冬季、具装饰性的果实。适合用来装点海滨花园。

栽培 可种植在任何土层深厚、不会完全失水之地，最好将植株栽培在温暖、潮湿的日光充沛之背风的地方里。要为植株提供深厚、干燥的冬季覆盖物。在春季时可将生长拥挤的植株进行分株。

☼ ◐ ◊ ♈ ♥ ✿ ✿ 株高可达2米 冠幅可达2米

新西兰麻
Phormium tenax

新西兰麻为常绿多年生植物。株丛由坚韧、很长的叶片所组成，在理想的条件下其宽度可达3厘米。叶面深绿色，叶背蓝绿色。暗红色花朵于夏季开放在很高的墩实的笔直花穗上。为最大的新西兰麻属植物之一，是冬季具有装饰性果实的引人注目之种类。

栽培 植株喜温暖，最好种植在土层深厚、保湿性强且排水良好的背风、全日照之地。冬季，要为植株提供深厚的覆盖物。春季，对生长拥挤的植株进行分栽。

☼ ◐ ◊ ♈ ♥ ✿ ✿ 株高4米 冠幅2米

新西兰麻，紫叶组
***Phormium tenax* Purpureum Group**

为常绿多年生植物，细长的发硬的剑状深紫铜色至紫红色叶片丛生。夏季，其大型花穗抽生于蓝紫色的茎秆上，深红色的花朵呈管状。适合用于装饰海滨花园，可在冬季寒冷地区生长。能够进行盆栽，也可选择与之相似，但植株要小得多的品种'迷你紫叶'（'Nanum Purpureum'）。

栽培 可种植在土层深厚、肥沃、富含腐殖质，能够保湿性强的土壤中。栽培地点宜选能够免遭寒风侵袭的全日照之地。在易受霜害的地区，冬季要为植株提供深厚的干燥覆盖物。

☀ ◊ ♡ ✿ ❄ ❄　　　株高2~2.5米　冠幅1米

'黄波' 新西兰麻
***Phormium* 'Yellow Wave'**

为常绿多年生植物。带有中绿色纵纹的拱形、宽阔的黄绿色叶片丛生，这些纵纹于秋季自其黄绿色之处长出。由管状红色花朵所构成的花穗于夏季自每个叶丛中部显现。种植在海边庭院中特别好，它能够成为任何花境的观赏亮点，当其宿存至冬季时显得特别醒目且十分诱人。

栽培 最好种植在肥沃、湿润且排水良好的日光充沛之地。在冬季易受霜害的地区，要为植株提供深厚、干燥的覆盖物。春季，对生长拥挤的植株进行分株。

☀ ◊ ◑ ♡ ✿ ❄ ❄　　　株高3米　冠幅2米

'红罗宾' 红叶石楠
Photinia × *fraseri* 'Red Robin'

为直立的株形紧凑的常绿灌木，常因其幼嫩时呈亮红色的叶片而作为随意或半随意式绿篱种植，能通过修剪来增加其观赏效果。成熟的叶片呈革质、披针形，深绿色。由小型白色花朵所构成的花簇于仲春长出。'精力充沛'（'Robusta'）为另一个被推荐的品种。

栽培 可种植在湿润且排水良好的肥沃土壤里，喜全日照，亦耐半阴环境。每年对篱栽植株修剪二或三次，会使观赏者对其彩色叶片的印象更为深刻。

 ☼ ◐ ◇ ◊ ❄❄❄ 　株高5米 冠幅5米

毛叶石楠
Photinia villosa

为株形扩展的灌木状乔木，因其叶片、花朵与果实而被种植。由小型白色花朵所构成的平展花簇于暮春时长出，尔后发育成具有吸引力的红色果实。深红色的叶片在幼嫩时呈青铜色，在秋季未脱落前转为橙色与红色。植株终年具有吸引力，能够耐受持续潮湿的土壤。

栽培 可种植在肥沃、湿润且排水良好的中性至碱性土壤里，喜全日照，亦耐疏荫环境。在暮冬时除去所有的拥挤枝或病害枝。

☼ ◐ ◇ ◊ ❄❄❄ 　株高5米 冠幅5米

'黄喇叭'流光花

Phygelius aequalis 'Yellow Trumpet'

为直立的常绿灌木。在夏季时，植株会长出由悬垂的管状浅乳黄色花朵所构成的松散花穗。叶片卵形，浅绿色。适合种植在草本植物花境或混栽花境中。在寒冷地区，要靠着温暖向阳的墙壁栽种。

栽培 最好种植在湿润且排水良好的土壤中，喜日光充足。在寒冷的气候条件下，要设立风障，并于春季自基部剪去被霜冻坏的枝条。摘去残花以延长绽蕊时间。将不需要的地下茎掘出以限制植株四处蔓延。

☼ ◐ ◊ ♀ ❀❀❀　株高1米 冠幅1米

南非流光花

Phygelius capensis

南非流光花为常绿灌木，其价值在于它那夏季展示的由橙色花朵所构成的笔直花穗。叶片深绿色，本种常被错误地介绍为具有新奇色彩的倒挂金钟。可栽培在靠近草本植物花境后部的地方，在寒冷的气候条件下，要靠着温暖向阳的墙壁种植。鸟类会被植株的花朵所吸引。

栽培 可种植在肥沃、湿润且排水良好的土壤中，应选日光充沛、能够免遭干冷风侵袭之地栽培。除去已经凋谢的花序，以促进植株开花更多，在易遭受霜害的地区，要为植株提供干燥的冬季覆盖物。在春季时自地面处进行修剪。

☼ ◐ ◊ ♀ ❀❀❀　株高1.2米 冠幅1.5米

'非洲皇后'直蕊流光花

Phygelius × *rectus* 'African Queen'

为直立的常绿花境灌木。花穗修长，花朵悬垂生长，浅红色，管状，开口处呈橙色或黄色，它们在夏季里高于卵形的深绿色叶片绽放。寒冷地区，最好靠着温暖的墙壁种植。

栽培 可种植在湿润且排水良好的肥沃土壤中，应选日光充足、能够免遭干冷风侵袭之地栽培。在春季时，自基部剪去被霜冻坏的枝条。摘去残花可延长绽蕊时间。

☼ ◊ △ ❈ ❀ ❄ ❄ ❄　　株高1米 冠幅1.2米

'魔鬼之泪'直蕊流光花

Phygelius × *rectus* 'Devil's Tears'

为直立的常绿灌木。叶片深绿色。在夏季里，植株能够生长出由具黄色喉部、悬垂的红粉色花朵所构成的花穗。这种比较紧凑的多花灌木，用于草本植物花境或混栽花境十分理想。

栽培 可种植在湿润且排水良好、土壤肥力适宜的日光充沛之地。除去已经凋谢的花序，以促进植株将来能够最好开花，如果植株在越冬时受到冻害，则于春季自地表处对其进行修剪，另外还需进行整形。

◊ △ ❈ ❀ ❄ ❄ ❄　　株高1.5米 冠幅1.5米

'鲑跃'直蕊流光花
Phygelius × *rectus* 'Salmon Leap'

这个直立灌木与品种'魔鬼之泪'（'Devil's Tears'）（参阅前页）十分相似，但花朵为橙色，稍微转向茎部。它们绽放在高于深绿色叶片的大型花枝上。用于混栽花境或草本植物花境效果很好。

栽培 可种植在湿润且排水良好的肥沃土壤中。为了促使它将来更好绽蕊，要除去已经凋谢的花序，如植株在冬季时受到冻害，则于春季自地表处对其进行修剪，此外还需对植株进行整形。

☼ ◐ ◊ ♦ ♀ ❀❀❀❀

株高1.2米 冠幅1.5米

紫竹
Phyllostachys nigra

紫竹为枝条拱形的丛生常绿灌木。优雅的披针形深绿色叶片，生于修长的绿色茎秆上，它们在第二年或第三年时变为黑色。可以作为竹屏或特征明显的植物使用。

栽培 可种植在湿润且排水良好的土壤中，应在能够抵御寒风侵袭的日光充足或疏荫之地进行栽培。覆盖保护越冬。自春季或初夏间，剪去受损或拥挤的竹竿。为了限制植株四处蔓延，要在其根部周围埋上障碍物。

☼ ❄ ◐ ◊ ♦ ❀❀❀❀

株高3～5米 冠幅2～3米

毛金竹
Phyllostachys nigra f.henonis

这种丛生的常绿竹类，其生长习性（参阅前页，下文）与紫竹相似，但是具有在第二或第三年成熟时转为黄绿色的亮绿色茎秆。披针形的深绿色叶片在幼嫩时粗糙，被茸毛。

栽培 可种植在排水良好且湿润的土壤中，应选能够抵御寒风侵袭的日光充足或半阴之地进行栽培，越冬需要覆盖保护。在暮春时对拥挤的株丛进行疏竿操作。根部周围要埋上一些障碍物，以限制植株四处蔓延。

☀ ◑ ◊ ♨ ✿ ❀ ❀ ❀
株高3～5米　冠幅2～3米

紫叶风箱果
Physocarpus opulifolius 'Diabolo'

也叫"九层皮"，得名于片片剥落的杂色树皮，但真正的观赏点在于其深紫色、类似枫树的枝叶，秋季会进一步变成青铜色。白色或粉色的小花在夏季成簇盛开。这种落叶灌木十分适合当作园景树种植或者放置在花境的后方，作为深色的背景来衬托浅色花或银叶植物。

栽培 喜欢潮湿但排水性好的酸性土壤，需光照充足；浅层的、石灰质土壤不适宜生长。每年需要去掉那些比较老的枝干来促使植株生长。

☀ ◊ ♨ ❀ ❀ ❀
株高2.5米　冠幅2.5米

'栩栩如生' 假龙头花

Physostegia virginiana 'Vivid'

为直立的分枝繁茂的花境多年生植物。自仲夏至初秋间，植株能够抽生出由亮紫粉色盔状花朵所构成的花穗。它们开放于狭窄的中绿色叶片之上。用于切花效果很好，如将其基部剪出新茬，则它将能够开放更长时间，因此，为人所知的假龙头花与白花品种'夏雪'（'Summer Snow'）混栽时，看起来效果很好。

栽培 可种植在保湿力强、肥沃、富含腐殖质的土壤中。宜选全日照或疏荫之地进行栽培。

株高30～60厘米 冠幅30厘米

'圆锥' 艾伯特云杉

Picea glauca var. *albertiana* 'Conica'

为树冠呈圆锥形、生长缓慢的常绿松柏类，生长着繁茂的蓝绿色叶片。短而细的针叶生长在黄白色至灰白色的茎秆上。卵形球果于夏季时长出，初呈绿色，尔后成熟时变为褐色。作为小型庭院使用的外形规整之孤植树木效果极好。

栽培 可种植在土层深厚、湿润且排水良好之地，植株更喜中性至酸性土壤，喜全日照。如果需要的话，可于冬季进行修剪，但要将操作控制在最小的范围内。

株高2～6米 冠幅1～2.5米

'迷你'北美云杉
Picea mariana 'Nana'

这个植株低矮、生长缓慢的北美云杉品种，为株形呈丘状的松柏类植物。树皮呈灰褐色、鳞片状，常绿的针叶短，微蓝绿色，柔软且纤细。可用于装饰岩石园或松柏花坛，或作为围边植物。

栽培　最好种植在土层深厚、湿润且排水良好、肥沃、土壤富含腐殖质的疏荫之地。生长旺盛的直立枝条刚一长出，就要立刻将它们全部除去。

☀ ◐ ◊ ✿ ✿ ✿ ✿　株高50厘米　冠幅50厘米

'科斯特'科罗拉多云杉
Picea pungens 'Koster'

这种树冠呈圆锥形的常绿松柏类植物，有着具吸引力的水平伸展之分枝，随着树龄的增长，株形更呈圆柱状。嫩枝生长着银蓝色的叶片，具锐尖的细长针叶随着生长变得更绿。柱形的绿色球果于夏季时长出，并逐渐变为浅褐色。作为大型花园的重点孤植树木效果很好。'霍普斯'（'Hoopsii'）为看起来与其确实十分相似，但是叶片呈蓝白色的品种。

栽培　可种植在排水良好、肥沃的中性至酸性土壤里，喜全日照。如果需要的话，可于暮春或冬季时进行修剪，但要将操作控制在最小的范围内。

☀ ◊ ✿ ✿ ✿ ✿　株高15米　冠幅5米

'森林之火' 马醉木

Pieris 'Forest Flame'

为直立的常绿灌木，其价值在于它那纤细、具光泽的披针形叶片，当它们幼嫩时呈亮绿色，而长大后则变为粉色与乳白色至深绿色。自初夏至仲夏间，由白色花朵所构成之直立花簇长出，从而增加了植株美感。用于灌木花境，或栽培在泥炭质的无石灰土壤中十分理想，植株在碱性土壤中无法存活。

栽培　可种植在湿润且排水良好、肥沃、富含腐殖质的酸性土壤中，喜全日照，亦耐疏荫环境。在易遭受霜害的地区，应种植在能够免遭干冷风侵袭之地。在开花后适当整形。

☼ ◑ ◊ ◦ ♡ ❀ ✿ ✤ ✤

株高4米　冠幅2米

'韦克赫斯特' 弗氏马醉木

Pieris formosa var. *forrestii* 'Wakehurst'

这种直立的喜酸性土壤的常绿灌木，具在幼嫩时呈亮红色，长大后呈深绿色的叶片。芳香的白色小型花朵自仲春时开放，所构成的呈微俯状的大型花簇也很诱人。可种植在树木园或花境中，在冬季寒冷地区可能无法存活。'杰明斯'（'Jermyns'）为与之十分相似，但嫩叶呈深红色的品种。

栽培　最好种植在排水良好且湿润、肥沃、富含腐殖质的酸性土壤中。在易遭受霜害的气候条件下，宜选能够抵御干冷风侵袭的全日照或疏荫之地进行栽培。在开花后适当整形。

☼ ◑ ◊ ◦ ♡ ❀ ✿　　　株高5米　冠幅2米

'羞愧' 马醉木
Pieris japonica 'Blush'

为树冠圆形的常绿灌木。自暮冬与初春间，植株能够绽放出小型具粉晕的白色花朵，所构成的俯垂状长花簇，抽生在其光泽的深绿色叶片之上。虽然植株无法在碱性土壤中存活，但不失为一种绽蕊早的优良花境灌木。

栽培 可种植在排水良好且湿润、肥沃、富含腐殖质的酸性土壤中。应选全日照或疏荫之地进行栽培。在开花后适当整形，将所有的枯死枝、受损枝或病害枝予以清除。

☀ ◐ ◊ ❄❄❄

株高4米 冠幅3米

盖冠藤
Pileostegia viburnoides

为生长缓慢的常绿木质藤本。自暮夏与秋季间，由细小的乳白色花朵所构成的羽状花簇聚集生长。具光泽的叶片深绿色，革质。靠着大型乔木的树干或荫蔽的墙壁种植看起来十分具有吸引力。

栽培 可种植在排水良好的肥沃土壤中，喜全日照，亦耐荫蔽环境。在开花后对植株可能超出允许生长范围的枝条进行短截。

☀ ◐ ◊ ❄❄❄

株高6米

'拖把头'矮松
Pinus mugo 'Mops'

这个低矮的品种为树冠近乎球形的松柏类植物，具有鳞片状灰色树皮与粗大直立的分枝。枝条披被着外形完好的深绿色至亮绿色长针叶。深褐色的卵形球果要生长几年才能成熟。装饰大型岩石园或群栽于空间能够允许之地可以给人留下深刻印象。

栽培　可种植在任何排水良好的土壤中，喜全日照。因为植株生长缓慢，故仅需很轻的修剪。

☼ ◊ ♡ ❀ ❀ ❀
株高可达1米　冠幅可达2米

欧洲赤松金叶组
Pinus sylvestris Aurea Group

不像多数欧洲赤松那样，这组松树生长缓慢，它们适合于较小的花园，尤其是当冬季来临时，常绿松树的针叶会随着天气转凉由蓝绿色渐变为金黄色。欧洲赤松可以耐受宽泛的温度条件，包括沿海环境和干旱之地。这种乔木不用修剪可任其自然生长。

栽培　种植在排水良好的向阳之地。

☼ ◊ ♡ ❀ ❀ ❀
株高可达10米　冠幅5米

细叶海桐
Pittosporum tenuifolium

为树冠呈圆柱形的常绿灌木，其价值在于它那发亮的边缘波状的绿色叶片。植株在最初时生长迅速，尔后树冠开阔呈乔木状。细小的具蜜香之黑紫色钟状花朵在暮春时开放。可作为良好的绿篱，但在寒冷的冬季里可能无法存活。品种'沃纳姆金'（'Warnham Gold'）的叶片呈金黄色。

栽培　可种植在排水良好且湿润的肥沃土壤中，喜全日照，亦耐疏荫环境。在易遭受霜害的地区，应进行保护，使之免受寒风侵袭。于春季时进行整形，在仲夏后不要进行修剪。

☀ ◐ ◊ ♦ ♈ ✿ ❀

株高4～10米　冠幅2～5米

'大拇指汤姆' 细叶海桐
Pittosporum tenuifolium 'Tom Thumb'

为株形紧凑、树冠圆形、叶片常绿的灌木，适合设计表现周年情趣的混栽花境。具光泽的铜紫色叶片呈椭圆形，边缘波状。细小的具蜜香的紫色花朵在暮春与初夏时绽放。在寒冷地区，要靠着背风、温暖向阳的墙壁种植。

栽培　可种植在排水良好且湿润的肥沃土壤中，在全日照条件下其能够展示出最佳的色彩。在易遭受霜害的地区，宜选能够抵御寒风侵袭之地。春季，对植株进行整形，成形植株仅需很少的修剪。

☀ ◐ ◊ ♦ ♈ ✿ ❀

株高可达1米　冠幅60厘米

桔梗
Platycodon grandiflorus

桔梗为丛生的多年生植物。花蕾呈气球状，紫色至紫罗兰色的大型花朵，在暮夏时成簇绽放于微蓝绿色的卵形叶片之上。可用来装饰岩石园或草本植物花境。开放着深色花朵的'阿波亚马'（'Apoyama'）与'玛丽思'（'Mariesii'）为被推荐的品种。

栽培　最好种植在土层深厚、排水良好的肥沃壤土中，喜全日照，亦耐疏荫环境。花梗可能需要裱杆。成形植株不喜移栽。

☼ ☀ ◐ ◊ ▽ ❄❄❄
株高可达60厘米　冠幅30厘米

斑驳苦竹
Pleioblastus variegatus

这种直立的常绿竹类，比金纹苦竹（*P.auricomus*）（参阅对面页，下文）要矮得多，生长着具有乳白色与绿色条纹的叶片。披针形叶片生长于具凹痕的浅绿色竹竿上，被细小的白毛。适合装饰以灌木为衬、空间开阔的阳地花境，如不加以控制它将会掩盖住其周围生长得不十分健壮的植物。

栽培　可种植在湿润且排水良好、肥沃、富含腐殖质的土壤中，宜选能够抵御寒风侵袭的向阳之地进行栽培。在暮春时进行疏竿。根部周围要埋上一些障碍物，以限制植株四处蔓延。

☀ ◐ ◊ ▽ ❄❄❄
株高75厘米　冠幅1.2米

菲黄竹

Pleioblastus viridistriatus

这种直立型竹类是一种常绿灌木，其鲜绿色的叶片上掺杂着黄绿色条纹，广受欢迎。短硬的矛形叶片生长在紫绿色的枝茎上。适合种植在林地花园中开放的空地上。喜光，后方宜种植乔木或比较高的灌木以作为支撑。

栽培　适合潮湿但排水性好、富含腐殖质的肥沃土壤，光照充足使叶片颜色更漂亮。避免冷风、干燥风直吹。春末或夏初可以修剪枝条。如需限制生长，可围绕根部放置栅栏。

☀ ◊ ○ ▨ ❀❀❀

株高1.5米　冠幅1.5米

蓝雪花

Plumbago auriculata

蓝雪花为不规则型半常绿不耐寒灌木，常进行牵引作为攀缘植物栽种。自夏季至暮秋时，由具长喉的天蓝色花朵所构成的密集花束，生长在卵形的叶片间。在寒冷的气候条件下，植株要于夏季将其移到室外的温室中越冬。常以*P.capensis*的名称进行销售。

栽培　可种植在排水良好的肥沃土壤或基质里，喜全日照，亦耐轻荫环境。要对幼株进行摘心以促发分枝，并将攀缘生长的枝条予以固定。初春，在保留基本骨架的前提下进行修剪。

☀ ◊ ○ ▨ ❀

株高3～6米　冠幅1～3米

'兰布鲁克紫红'花葱
Polemonium 'Lambrook Mauve'
这种丛生的多年生植物，为花葱的园艺品种，有着规整的圆丘状株形。叶片具裂，中绿色。自暮春至初夏间，大量的漏斗状天蓝色花朵密缀在叶片之上。无论用于何种花境或装饰野生植物园效果都很好。

栽培 可种植在排水良好且湿润、肥力适中的土壤里，喜全日照，亦耐疏荫环境。定期摘去残花。

※ ☀ ◊ ◊ ♡ ❀ ❀ ❀
株高可达45厘米 冠幅可达45厘米

黄精
Polygonatum × *hybridum*
黄精为适用于荫地花境的多年生植物。在暮春时，开口处呈绿色的小型管状白色花朵，成簇悬垂生长于微拱的枝条上，在椭圆形的亮绿色叶片间绽放。圆形的蓝黑色果实在开花后长出。可用于树木园。'重瓣'玉竹（*P. odoratum* 'Flore Pleno'）为与之十分相似，但株形较小的品种。

栽培 可种植在湿润且排水良好、含有丰富腐殖质的肥沃土壤中。宜选疏荫或全荫之地进行栽培。

※ ☀ ◊ ◊ ♡ ❀ ❀ ❀
株高可达1.5米 冠幅30厘米

拟卤蕨耳蕨
Polystichum acrostichoides

拟卤蕨耳蕨之所以有着圣诞蕨的称谓，是因其具光泽的美丽羽状复叶直到圣诞时节依然能够保持绿色。春季，植株能够抽生出银白色拳卷叶片（卷芽）。这种丛生的耳蕨可作为地被植物或围边植物使用，或用来装点林地。亦为优良的切叶材料。

栽培 种植于湿润、富含腐殖质、排水良好的土层深厚或半荫之地。在植株进入生长阶段前，清除枯死的叶片。要避免植株受到冬雨侵袭。

❂ ☀ ◑ ❀ ❀ ❀
株高60厘米 冠幅45厘米

刺耳蕨
Polystichum aculeatum

刺耳蕨为株形典雅的常绿多年生植物，生长着具细裂的深绿色羽毛球状叶片。植株不开花。为装饰岩石园荫地或排水良好的花境之绝佳的观叶植物。

栽培 可种植在肥沃、具有良好排水性的土壤中，喜疏荫或浓荫环境，宜选能够免遭过多冬雨冲淋之处进行栽培。春季，在新叶展开前清除头年枯萎的羽片。

❂ ☀ ◑ ▽ ❀ ❀ ❀
株高60厘米 冠幅1米

金露梅

Potentilla fruticosa

金露梅的品种为株形紧凑、树冠圆形的落叶灌木，在暮春至仲秋的长时间里，植株开放着繁茂的花朵。叶片深绿色，由数枚长椭圆形小叶所构成。花朵呈碟形与蔷薇状，常3朵成簇生长，有时单生，多数品种花朵呈黄色，但是也有白色花朵的品种，如'阿伯茨伍德'（'Abbotswood'）或被粉晕的品种，如'晨光'（'Daydawn'）。使用这些容易管理的植物来点缀混栽花境或灌木花境之价值是不可估量的，它们也能作为具吸引力的低矮绿篱使用。

栽培　种植在排水良好、贫瘠至肥力适中的土壤里。植株在全日照条件下生长最好，但许多种类可耐疏荫环境。在开花后稍做整形，自基部剪去老枝，并除去弱枝、细枝。衰老的植株有时对更新反应良好，但换地栽种效果可能更佳。

☼ ◊ ❀❀❀

株高75厘米　冠幅1.2米

株高1米　冠幅1.5米

株高1米　冠幅1.2米

株高1米　冠幅1.5米

1 '阿伯茨伍德' 金露梅（*P.fruticosa* 'Abbotswood'）♀
2 '伊丽莎白' 金露梅（*P.fruticosa* 'Elizabeth'）♀ 3 '晨光' 金露梅（*P.fruticosa* 'Daydawn'）♀
4 '报春美人' 金露梅（*P.fruticosa* 'Primrose Beauty'）♀

'吉布森猩红' 委陵菜
Potentilla 'Gibson's Scarlet'

为枝叶繁茂的丛生草本多年生植物，因其整个夏季不断开放着极为明亮的猩红色花朵而被栽培。叶片柔绿色，分裂为5枚小叶。用于岩石园装饰，或为混栽花境或草本植物花境增添醒目的夏季色彩效果很好。'威廉·罗利森'（'William Rollisson'）为与之相似，但能够开放出更显橙红色的半重瓣花朵之品种。

栽培　种植在排水良好、贫瘠至肥力适中的土壤里。宜选全日照之地进行栽培。

☼ ◊ ▽ ❀ ❀ ❀
株高可达45厘米　冠幅60厘米

巨花委陵菜
Potentilla megalantha

为株形紧凑的丛生多年生植物。自仲夏至暮夏间，植株能够绽放出大量直立的杯状艳黄色花朵。微具毛的中绿色叶片分裂为3枚边缘具圆齿的小叶。适合用来装饰花境前缘。

栽培　种植在贫瘠至十分肥沃、具有良好排水性的土壤中。宜选全日照之地进行栽培。

☼ ◊ ▽ ❀ ❀ ❀
株高15～30厘米　冠幅15厘米

'威尔莫特小姐'尼泊尔委陵菜
Potentilla nepalensis 'Miss Wilmott'

为夏季开花的多年生植物，覆以红色的细丝般的茎秆上生长着成丛的中绿色具裂叶片。小型的粉色花朵中部呈樱桃红色，着生于松散的花簇上。用于花境前缘或乡村风格的种植效果很好。

栽培　可种植在任何排水良好、贫瘠至肥力适中的土壤里。宜选全日照或明亮的间有荫蔽之地进行栽培。

☀ ◐ ◊ ♡ ❈❈❈
株高30~45厘米　冠幅60厘米

齿叶报春
Primula denticulata

齿叶报春为长势强健的簇生多年生植物。中部黄色的小型紫色花朵呈圆球状簇生，它们自春季至夏季间高于基生的呈莲座状排列的长圆形至匙形中绿色叶片，绽放于敦实的直立花葶上。可在湿润且无涝害之地栽培，用于水边种植十分理想。

栽培　最好种植在湿润、富含腐殖质的中性至酸性或泥炭质土壤里。应选疏荫之地进行栽培，但栽种在十分潮湿的土壤中也能于全日照条件下生长。

☀ ◐ ◊ ♡ ❈❈❈ 株高45厘米　冠幅45厘米

牛舌报春
Primula elatior

牛舌报春为外观具变化的半常绿多年生野花。在春季与夏季里，坚韧、直立的花梗抽生于呈莲座状排列、具圆齿的基生中绿色叶片间，管状的黄色花朵簇生。可成片群栽于湿润的草地以营造自然景观。

栽培　种植在肥力适中、土层深厚、湿润且排水良好之地。环境宜保持疏荫，但是土壤如果能够长期保持湿润，植株亦可在全日照条件下生长。

☀ ◐ ◊ ♦ ☒ ❊❊❊
株高30厘米　冠幅25厘米

垂花报春
Primula flaccida

为呈莲座状生长的落叶多年生植物，可用于装饰开阔的树木园或高山植物温室。夏季，漏斗状、花冠朝下、发白的薰衣草蓝色花朵在高大的花葶上呈圆锥状簇生，高于浅绿色至中绿色的叶片开放。

栽培　种植在浓荫或疏荫之地，宜选湿润且排水迅速、含砂的泥炭质酸性土壤。需保护植株使之免受过多冬雨的侵袭。

☀ ◐ ◊ ♦ ❊❊❊
株高50厘米　冠幅30厘米

巨伞钟报春
Primula florindae

巨伞钟报春为落叶性夏花型多年生野花，因其能够在池塘边与河流旁自然生长而被种植。卵形的具齿中绿色叶片丛生，自植株基部呈莲座状排列。数量可达40枚。其甜香的漏斗状黄色花朵，呈俯垂状簇生于直立茎秆的叶片之上。用于沼泽园或水边点缀效果很好。

栽培　种植在土层深厚、保湿性强、富含腐殖质之地，喜疏荫环境。如果土壤能够保持湿润，植株可在全日照的条件下生长。

☼ ⚙ ◊ ♥ ❀ ❀ ❀
株高可达1.2米　冠幅1米

多叶报春
Primula frondosa

这种落叶的花境多年生植物，具有呈莲座状生长的匙形中绿色叶片。自暮春至初夏间能够开放出中部呈黄色的粉色至紫色花朵。它们生长于直立的茎秆先端，数量可达30朵，呈松散的簇状生长，每朵花的中部呈浅黄色。

栽培　种植在土层深厚、湿润的中性至酸性壤土里或富含有机物的泥炭质之地。栽培地点保持疏荫最为理想，但如土壤的保湿力强，植株亦可在全日照的环境里生长。

☼ ⚙ ◊ ♥ ❀ ❀ ❀
株高15厘米　冠幅25厘米

报春花，金边组
Primula Gold-Laced Group

为半常绿组报春花，因其艳丽的春季花朵而用于花境装饰与容器栽培。花心呈金黄色，颜色为很深的褐红色或黑红色之花朵簇生，每枚花瓣具有金黄色的细边，它们高于有时呈微红色的叶片，在直立的花葶顶端开放。

栽培 种植在土层深厚、湿润的中性至酸性壤土里或富含有机物的泥炭质之地。应选疏荫环境进行栽培，如土壤的保温力强，植株亦可在全日照的环境里生长。

☼ ✹ ◑ ♀ ❀❀❀❀
株高25厘米 冠幅30厘米

'吉尼维尔'报春花
Primula 'Guinevere'

为速生的常绿丛生多年生植物，有时被称为'盖尔亚德·吉尼维尔'（'Garryarde Guinevere'）。植株能够绽放出成簇的微紫粉色花朵。它们具有黄色的花心，平展的花冠与细长的喉部，在春季时高于深青铜色的卵形叶片开放。适合用来装饰潮湿荫蔽之地。

栽培 种植在湿润、中性至酸性、排水良好的土壤里，喜疏荫环境。植株可在全日照的环境中生长，但仅仅是在土壤能够经常保持湿润的情况下如此。

☼ ✹ ◑ ♀ ❀❀❀❀
株高12厘米 冠幅25厘米

多花报春

Polyanthus Primroses (*Primula*)

多花报春为呈莲座状生长的常绿多年生植物，具有复杂的亲本。大概包括莲香报春（*P.veris*）（参阅419页）与牛舌报春（*P.elatior*）（参阅413页），叶脉明显，叶片卵形，自植株基部排成匀称的莲座状，被暮冬至初春间开放的花冠平展之花朵所构成的彩色花簇所遮蔽。靓丽的花朵主要呈红、蓝紫、橙、黄、白或粉的基本色与过渡色，花心呈黄色，在渐变系与彩虹系的报春间十分普遍，适合作为花坛与盆栽植物使用。能够为花园、庭院与冬季的窗台增辉添色。

栽培　种植在肥力适中、湿润且排水良好、富含腐殖质的土壤或以壤土为主的基质中，应选全日照或疏荫的凉爽之地进行栽培。在夏季时播种，秋季，将小苗移栽到充分准备好的土壤中。秋季，可对大丛植株进行分栽。

☀ ◑ ◊ ◔ ❄❄❄

株高15厘米　冠幅30厘米

株高15厘米　冠幅30厘米

株高15厘米　冠幅30厘米

株高15厘米　冠幅30厘米

1　'渐变亮红'报春（Primula 'Crescendo Bright Red'）♀
2　'渐变玫瑰粉'报春（*P.* 'Crescendo Pink and Rose Shades'）♀
3　'彩虹蓝'报春（*P.* 'Rainbow Blue Shades'）♀
4　'彩虹白'报春（*P.* 'Rainbow Cream Shades'）♀

邱园报春
Primula kewensis

为用来装点窗台、暖房或展览温室的
报春花，这是一种常绿多年生植物。
叶片边缘具明显齿，稍被白粉，中绿
色，呈莲座状生长。在初春时，具香
气的黄色花朵轮生于笔直的花梗上。

栽培　在容器栽培时，可种植于添加
了粗砂或泥炭，以壤土为主的盆栽基
质中。作为室内植物，应选无日光直
射的明亮之处进行摆放。

☼ ☀ ◊ △ ❦ ❧

株高可达45厘米　冠幅20厘米

‘自由红’四季报春
Primula obconica ‘Libre Magenta’

在寒冷的气候条件下，许多四季报春
能够成为凉冷温室中营造多彩景观的
植物，为花序具分枝的种类之一。颜
色发深的被毛花梗抽生于粗糙的中绿
色叶片间，随着开放时间的持续，花
色会逐渐变深而呈洋红。也能作为良
好的室内花卉或凉爽的展览温室植
物，环境温度不宜低于2℃。

栽培　在容器栽培时，可种植于添加
了粗砂或泥炭，以壤土为主的盆栽基
质中。应选无日光直射的明亮地点进
行摆放。生长阶段大量浇水，每周施
用一次半量的液体肥料。

☼ ◊ △ ❦ ❧　株高30厘米　冠幅30厘米

灯台报春

Candelabra Primroses (*Primula*)

灯台报春为生长强健的草本多年生植物，如此称呼是因为它们的花朵呈层叠状簇生。其在暮春或夏季时生长于基生的呈莲座状排列的阔卵形叶片之上。根据其原种来看，叶片可能为半常绿、常绿或脱落性。花朵具有平展的花冠与细长的喉部，像多数人工培育的报春花一样有着丰富的花色可供选择，自亮红色的品种'因弗鲁'（'Inverewe'）至金黄色的繁花报春（*P.prolifera*）。有些种类花朵的颜色会随着开放而改变，它们中的布利报春（*P.bulleyana*）之花朵可从深红色退至橙色。当将灯台报春成片种植，用于沼泽园或水边点缀时，能够给人留下十分难忘的印象。

栽培　种植在土层深厚、中性至酸性、富含腐殖质的湿润之地。虽然在土壤经常保持湿润的情况下，植株能够在全日照下生长，但是栽培地点最好保持荫蔽。在初春时可对其进行分株，并重新栽种。

☀ ◑ ✿ ✿ ✿ ✿

株高60厘米　冠幅60厘米

株高60厘米　冠幅60厘米

株高75厘米　冠幅60厘米

株高可达1米　冠幅60厘米

株高可达1米　冠幅60厘米

1 布利报春（*Primula bulleyana*）
3 '因弗鲁'报春花（*P.* 'Inverewe'）
5 被粉报春，巴特利（*P.pulverulenta* Bartley Hybrids）♀

♀2 繁花报春（*P.prolifera* syn.*Primula helodoxa*）♀
♀4 被粉报春（*P.pulverulenta*）♀

粉花报春
Primula rosea

为落叶多年生植物。春季，在直立的花梗上绽放着呈圆簇状生长、具长喉的色彩鲜明的粉色花朵。成丛的中绿色卵形具齿叶片在绽蕊后长出，它们在幼嫩时覆以红铜色。用于沼泽园或水边种植效果很好。

栽培　种植在土层深厚、保湿性好、中性至酸性或富含腐殖质的泥炭质土壤里。植株更喜疏荫环境，但如果土壤能够经常保持湿润的话，其也可在全日照条件下生长。

☀ ◑ ♨ ❀ ❀ ❀　株高20厘米　冠幅20厘米

莲香报春
Primula veris

莲香报春为半常绿的春花型多年生野生花卉，外形变化很大。小型的漏斗状、具甜香的俯垂黄色花朵，密集地簇生于粗壮的花梗上，在丛生的具皱披针形叶片之上开放。能够为潮湿的植草带营造出迷人的自然景观。

栽培　最好种植在土层深厚、湿润且排水良好的肥沃、富含腐殖质的泥炭质土壤中，喜半阴环境，如果土壤能够保持湿润，植株也可在全日照下生长。

☀ ◑ ♨ ❀ ❀ ❀　株高可达25厘米　冠幅可达25厘米

'旺达' 报春花
Primula 'Wanda'

为生长十分旺盛的半常绿多年生植物。在春季的很长时间里，植株绽放着成簇、具黄心、花冠平展的深紫红色花朵。具齿的微紫绿色卵形叶片自植株基部成簇生长。用于水边点缀效果很好。

栽培 最好种植在土层深厚、湿润且排水良好的肥沃、富含腐殖质的土壤中。植株更喜疏荫环境，但如果土壤能够保持湿润，植株也可在全日照条件下生长。

☼ ☀ ◑ ◊ ♥ ❀ ❀ ❀
株高10~15厘米 冠幅30~40厘米

'魅力' 大花夏枯草
Prunella grandiflora 'Lovelinass'

这种生长旺盛的扩展型多年生植物，在夏季时能够绽抽生出由淡紫色管状花朵所构成的密集的直立花穗。披针形的深绿色叶片自地表成簇生长。当成片使用时可作为适宜多种场合的地被植物，花朵可吸引有益昆虫。

栽培 可种植在任何土壤中，喜日光充足，亦耐疏荫环境。它有可能会遮盖住较小的植物，因此要提供足够的空间保证其生长。在春季或秋季时进行分栽，以保证植株的活力。摘去残花以防自播。

☼ ☀ ◑ ◊ ♥ ❀ ❀ ❀
株高15厘米 冠幅可达1米或更宽

紫叶矮樱
Prunus × *cistena*

为直立的生长缓慢的落叶灌木，其特殊之处在于它那在幼嫩时为红色，当成熟后呈红紫色的叶片。碗状的微粉白色花朵自仲春至暮春间开放。有时会结出小型的樱桃状紫黑色果实。作为防风绿篱效果很好。

栽培　可种植在除渍水外的任何土壤中，喜全日照。在开花后剪去过密枝。如果作为篱栽，要对幼株进行剪梢，尔后于仲夏整形以促发分枝。

☼ ◐ ◊ ♀ ♨ ❋❋❋　株高1.5米　冠幅1.5米

'白重瓣'郁李
Prunus glandulosa 'Alba Plena'

这个小型的郁李品种为株形规整、树冠圆形的落叶灌木。春季，植株会长出由纯白色碗状重瓣花朵所构成的密集花簇。狭卵形叶片浅绿色至中绿色。植株于春季时能够在混栽花境或灌木花境中开放出美丽的花朵。品种'中国'（'Sinensis'）开放着重瓣的粉色花朵。

栽培　可种植在任何湿润且排水良好、肥力适中的土壤里，喜日光充足。在每年开花后，要将其骨干枝条剪短，以促进植株开花。

☼ ◐ ◊ ❋❋❋　株高1.5米　冠幅1.5米

'菊瓣垂枝'樱

Prunus 'Kiku-Shidare-Zakura'

也被称为'切尔的眼泪'('Cheal's Weeping')。这种小型的落叶樱花，因其悬垂的枝条与明粉色花朵而被种植。密集花簇由大型的重瓣花朵所构成，自仲春至暮春间，花朵与幼嫩时被青铜晕的披针形中绿色叶片同时抽生，或在它们未长出前开放。用于小型庭院效果极佳。

栽培 最好种植在湿润且排水良好、肥力适中的土壤里，喜全日照。可在钙质土壤中生长。在开花后仅需剪去干枯枝、病害枝或受损枝，并将主干上刚长出的所有枝条进行清除。

☼ ◊ ◊ ♀ ✿ ❋ ❋ ❋　　　　　株高3米 冠幅3米

'奥托·卢伊肯'月桂樱

Prunus laurocerasus 'Otto Luyken'

这个株形紧凑的月桂樱品种为常绿灌木。叶片繁茂，深绿色，具光泽。自仲春至暮春间，植株会长出大量的由白色花朵所构成的花穗，尔后结出圆锥形的红色果实，成熟后变为黑色，植株常于秋季再次开花。可以作为低矮的绿篱成片种植，或用于覆盖裸露的地面。

栽培 可种植在任何湿润且排水良好、肥力适中的土壤里，喜全日照。在暮春或初夏时进行修剪以控制株形。

☼ ◊ ◊ ♀ ✿ ❋ ❋ ❋　　　　株高1米 冠幅1.5米

亚速尔稠李

Prunus lusitanica subsp.*azorica*

这种亚速尔稠李为生长缓慢的常绿灌木。初夏，植株抽生出由小型的白色芳香花朵所构成的细长花穗。发亮的深绿色卵形叶片具红柄。紫色果实在这个季节的晚些时候结出。可以作为周年观赏、具有魅力的浓密植屏或篱墙使用，经常刮风和极其寒冷之地除外。

栽培　可种植在任何湿润且排水良好、十分肥沃的土壤中，应能够抵御干冷风侵袭的向阳之地进行栽培。在暮春时修剪以控制株形，或仅清除衰老枝、过密枝。

☼ ◊ ◑ ♥ ❀ ❀ ❀
株高可达20米　冠幅可达20米

细齿樱

Prunus serrula

为树冠圆形的落叶乔木。其价值在于它那引人注目的、随着生长而剥落、具光泽的铜褐色至褐红色树皮。小型的碗状白色花朵在春季开放，尔后于秋季结出如同樱桃的果实。叶片披针形，深绿色，在秋季时转为黄色。作为孤植乔木使用观赏效果最好。

栽培　最好种植在湿润且排水良好、肥力适中的土壤里，喜全日照。在开花后剪去枯死枝或受损枝，并将主干上刚长出的所有枝条进行清除。

☼ ◊ ◑ ♥ ❀ ❀ ❀
株高10米　冠幅10米

樱花

Flowering Cherry Trees (*Prunus*)

观赏用樱花主要由其原种所培育，它们通常在裸露的分枝上开放着大量的白色、粉色或红色花朵，花期暮冬至暮春，日本早樱（*P.×subhirtella*）的品种自暮秋时开花。大多数习见的品种不仅能够绽放出由艳丽的重瓣花朵所构成的密集花簇，而且还具有其他特点，从而增添了它们在花期外的观赏价值，例如大山樱（*P.sargentii*）秋季有着绚丽的叶片，有些品种具发亮的彩色树皮。所有这些特点使花樱成为在小型庭园中使用

的上乘的孤植乔木。

栽培 可种植在任何湿润且排水良好、十分肥沃的土壤中，喜日光充足。要将各种修剪控制在最低限度，限制修剪仅对幼株进行操作。在仲夏时剪去受损枝或病害枝，并对主干上所萌生的枝条进行清除。

☀ ◑ ◊ ❀ ❀ ❀

株高20米 冠幅10米

株高12米 冠幅12米

株高10米 冠幅8米

株高10米 冠幅8米

株高15米 冠幅10米

株高10米 冠幅8米

1 甜樱桃（*P.avium*）♀ 2 '重瓣' 甜樱桃（*P.avium* 'Plena'）♀ 3 '关山' 樱（*P.* 'Kanzan'）♀
4 '冈女' 樱（*P.* 'Okame'）♀ 5 '彩叶' 稠李（*P.padus* 'Colorata'）♀ 6 '潘多拉' 樱（*P.* 'Pandora'）♀

株高15米　冠幅10米

8
株高8米　冠幅8米

9
株高可达20米　冠幅15米

10
株高8米　冠幅10米

11
株高5米　冠幅8米

12
株高8米　冠幅8米

13
株高10米　冠幅6米

14
株高8米　冠幅10米

15
株高8米　冠幅10米

16
株高可达15米　冠幅10米

7 '沃特勒' 稠李（*P.padus* 'Watereri'）♀ ● 8 '粉色经典' 樱（*P.* 'Pink Perfection'）♀
9 大山樱（*P.sargentii*）♀ ● 10 '白普贤' 樱（*P.* 'Shirofugen'）♀ 11 '松月' 樱（*P.* 'Shôgetsu'）♀
12 '秋玫瑰' 日本早樱（*P.× subhritella* 'Autumnalis Rosea'）♀ 13 '尖塔' 樱（*P.* 'Spire'）♀
14 '太白' 樱（*P.* 'Taihaku'）♀ 15 '郁金' 樱（*P.* 'Ukon'）♀ 16 江户樱（*P.× yedoensis*）♀

'金斑'假人参

Pseudopanax lessonii 'Gold Splash'

这种常绿的直立至扩展的灌木或乔木，生长着间以黄色的深绿色叶片。夏季，由黄绿色花朵所构成的不太明显的花簇生长在分裂成泪珠状小叶的具齿叶片间。紫黑色果实在这个季节的晚些时候结出。在易受冻害的地区里，可作为展览温室中的观叶植物栽培在容器中。

栽培 最好种植在排水良好、肥沃的土壤或基质中，喜日光充足，亦耐疏荫环境。在初春时进行修剪以限制株形。环境温度不宜低于2℃。

☼ ◐ ◊ ♀ ※※

株高3～6米 冠幅2～4米

白辛树

Pterostyrax hispida

为一种小型的落叶乔木或灌木，其价值在于非常美丽、悬垂生长的花簇，花朵具香气，白色，初夏开放于宽阔的亮绿色叶片之间。剥下的灰色树皮具香气。冬季要对凌乱枝或交叉枝进行剪除。

栽培 种植在土层深厚、肥沃、排水良好、中性至碱性的向阳或半阴之地。

☼ ◐ ◊ ♀ ※※※

株高15米 冠幅12米

'刘易斯·帕默'肺草
Pulmonaria 'Lewis Palmer'

这个肺草的品种为落叶多年生植物，花梗呈直立状，有时被称作'海当'肺草（*P.* 'Highdown'）。漏斗形花朵在开放时先为粉色后呈蓝色，初春，整个植株被疏散的花簇所覆盖。沿着茎干生长的粗糙、具柔毛的深绿色叶片被白色斑点。可种植在野生植物园或树木园中。

栽培　最好种植在湿润且不渍水、肥沃、富含腐殖质的土壤中，喜浓荫或轻荫的环境。每隔几年在开花后应该对植株进行分株与更新。

☀ ☼ ◑ ◐ ✿✿✿✿

株高35厘米　冠幅45厘米

红花肺草
Pulmonaria rubra

这种令人喜爱的丛生常绿多年生植物，为用于荫蔽之地的良好地被材料，它有着诱人的亮绿色叶片。自暮冬至仲春间开放的亮砖红至鲑肉色之漏斗状花朵，能够给我们带来早春色彩。它们对蜜蜂及其他有益昆虫具有吸引力。

栽培　种植在富含腐殖质、肥沃、湿润且不渍水的土壤中，喜日光充沛，亦耐疏荫环境。在开花后清除老叶。与此同时或于秋季里对大型或显拥挤的植株进行分株。

株高可达40厘米　冠幅90厘米

甜肺草，银叶组
Pulmonaria saccharata Argentea Group
这组常绿的多年生植物，有着几乎完全呈银白色的叶片。自暮冬至初春间，当漏斗状的红色花朵绽放后，能够给环境增添醒目的颜色对比，花朵随着开放颜色渐变为深紫罗兰色。它们能够在荫蔽的混栽花境前缘形成良好的株丛。

栽培 最好种植在肥沃、湿润且不渍水、腐殖质含量丰富的土壤中，栽培地点宜选日光充沛或疏荫之地。在开花后，清除衰老的叶片，并分栽拥挤的植株。

❄ ☀ ◐ ❅ ❀ ❀ ❀ ❀
株高30厘米 冠幅60厘米

'西辛赫斯特白'肺草
Pulmonaria 'Sissinghurst White'
为株形规整的丛生常绿多年生植物，其价值在于它那春季开放的纯白色花朵与具白色斑点的叶片。椭圆形的被毛中绿色至深绿色叶片，位于漏斗状的花朵之下，生长在直立的茎干上，在早春时长出的蓓蕾呈浅粉色。在荫蔽之地可作为地被花卉成片种植。

栽培 种植在湿润且不渍水、富含腐殖质的土壤中。植株可于全日照的条件下生长，但最好将其栽培在浓荫或轻荫的环境里。每隔二或三年于开花后对植株进行分栽并更新。

❄ ☀ ◐ ❅ ❀ ❀ ❀ ❀
株高可达30厘米 冠幅45厘米

哈勒白头翁
Pulsatilla halleri

这种具丝状纹理的多年生草本植物，用于岩石园装饰十分理想。植株密被银白色长毛。暮春，直立的钟状浅紫罗兰紫色花朵在具细裂的淡绿色叶片之上开放。第一朵花常在春季新生的叶片充分展开后开放。

栽培 可种植在肥沃、排水极为良好、含有粗砂土壤的日光充沛之地。可能不耐移栽，因此不要随意对成形植株进行挖掘。

☼ ◊ ♀ ✻✻✻ 株高20厘米 冠幅15厘米

白头翁
Pulsatilla vulgaris

白头翁为株形紧凑的多年生植物，具细裂的淡绿色叶片呈簇状生长。春季，俯垂的具柔毛之钟形花朵高于叶片开放，它们为深紫色至浅紫色，偶尔呈白色，具金黄色花心。用于岩石园、敷石花坛装饰或在木槽中栽培效果很好。也可种植在铺石路面间。

栽培 最好种植在肥沃、排水性极好的土壤中。应选日光充沛、不会遭受过多雨水冲淋之地进行栽培。一经定植不宜移栽。

☼ ◊ ♀ ✻✻✻

株高10～20厘米 冠幅20厘米

'白花' 白头翁
Pulsatilla vulgaris 'Alba'

这种丛生的多年生植物为白花型品种。在春季时，呈俯垂状的钟形白色花朵高于叶片绽放，其中部具显眼的黄色花丝。叶片在幼嫩时被毛，具细裂，淡绿色。在岩石园或敷石花坛中使用显得非常漂亮。

栽培 最好种植在肥沃、排水性极佳的土壤中。宜选能够避免过多冬雨侵袭的日光充沛之地进行栽培。一经定植不耐移栽。

☼ ◊✿ ❀❀❀
株高10~20厘米 冠幅20厘米

'溢彩橙红' 火棘
Pyracantha 'Orange Glow'

为直立至披散的具刺常绿灌木。暮春，植株抽生出细小的白色花朵所构成的丰满花簇，橙红色至深橙色的果实尔后于秋季成熟，能够很好地宿存到冬季。叶片卵形，具光泽，深绿色。作为不易受损的篱栅使用效果极好，其也可能会吸引鸟类前来筑巢。

栽培 种植在排水良好的肥沃土壤中，应选能够抵御干冷风侵袭的全日照至浓荫之地进行栽培。在仲春时进行修剪，并清除夏季长出的多叶新枝，以露出所结的果实。

☼ ☀ ◊✿ ❀❀❀
株高3米 冠幅3米

‘沃特勒’火棘

Pyracantha ‘Watereri’

为生长旺盛的直立具刺灌木，其常绿的叶片形成了致密的屏障，它那繁茂的春季开放的白色花朵与秋季成熟的亮红色果实能够为环境增光添彩。叶片椭圆形，深绿色。作为篱栅或用于灌木花境效果佳，也能倚着荫地的墙壁进行种植。可吸引鸟类前来筑巢。如需黄色果实的品种，可参阅‘金色太阳’（‘Soleil d’Or’）或‘黄花’罗杰斯火棘（*P.rogersiana* ‘Flava’）。

栽培　种植在排水良好的肥沃土壤中，应选能够免遭寒风侵袭的向阳或荫蔽之地进行栽培。在仲春时，对不需要的枝条进行修剪，并清除夏季长出的多叶新枝，以露出所结的果实。

 株高2.5米　冠幅2.5米

‘雄鸡’豆梨

Pyrus calleryana ‘Chanticleer’

这种十分多刺的观赏梨树，具有狭圆锥形的树冠，能够作为小型庭院的良好孤植乔木。由小型白色花朵所构成的诱人花枝仲春长出，尔后于秋季会结出球形的褐色果实。卵形的具细圆齿叶片为发亮的深绿色，能够脱落，它们在秋季枯萎前变为红色。植株可耐城市环境污染。

栽培　可种植在任何排水良好的土壤中，喜全日照。在冬季时进行修剪以保持其树冠完美。

☼ ◊ ♡ ✿✿✿　　　株高15米　冠幅6米

'垂枝' 柳叶梨

Pyrus salicifolia 'Pendula'

这个柳叶梨的品种为落叶灌木。叶片银灰色，柳叶状，当幼嫩时被茸毛。由小型乳白色花朵所构成的密集花簇在春季时长出。尔后于秋季里结出梨形的绿色果实。为用于都市花园良好的耐污染乔木。

栽培 种植在肥沃、排水性好的土壤中，喜日光充足。在冬季时对幼树进行修剪，以使之长出分枝匀称的骨架。

☼ ◊ ♀ ❀❀❀　　　　株高8米　冠幅6米

沼生栎

Quercus palustris

沼生栎为一种速生的具吸引力的金字塔形落叶乔木，其树皮光滑，灰色。秋季，叶片呈耀眼的猩红色和青铜色，部分叶片能够延留至冬季。将其孤植能够引人注目；种植于公用场地或湖边效果颇佳。

栽培 性喜湿润、排水良好、中性至微酸性的全日照之地。亦耐渍水、污染及干旱之地，但在碱性土壤中植株会患黄萎病。

☼ ◊ ◊ ♀ ❀❀❀　　　　株高20米　冠幅12米

欧洲皱叶苣苔
Ramonda myconi

为小巧的株形规整的常绿多年生植物。叶片深绿色，微具皱，阔卵形叶片自基部呈莲座状生长。自暮春与初夏间，深紫罗兰色的花朵开放在高于叶片的短枝上。也发现有粉花与白花的变种。可种植在岩石园或干燥的墙壁上。皱叶苣苔（*R.nathaliae*）为与之十分相似，但叶片颜色较浅的种类。

栽培　可种植在湿润且排水良好、肥力适中、富含腐殖质的土壤里，喜疏荫环境。保持一定的角度来进行定植，以避免水分聚集在莲座状的叶片间，并导致腐烂。如果因过干而导致叶片萎蔫，可通过供水使其复原。

☼ ◐ ◊ ✿ 🌢 ❀ ❀ ❀
株高10厘米　冠幅可达20厘米

'重瓣'乌头叶毛茛
Ranunculus aconitifolius 'Flore Pleno'

'重瓣'乌头叶毛茛为丛生的草本多年生植物。在暮春与初夏的很长时间里，植株绽放着近球形的完全重瓣的小型白色花朵。具齿的叶片有深裂，呈发亮的深绿色。用于树木园效果很好。

栽培　种植在湿润且排水良好、腐殖质含量丰富的土壤中。应选浓荫或疏荫之地进行栽培。

☼ ◐ ◊ ✿ 🌢 ❀ ❀ ❀
株高60厘米　冠幅45厘米

岩生毛茛

Ranunculus calandrinioides

这种丛生的多年生植物，自暮冬至初春间生长着可达3朵一簇的白色或具粉晕的杯状花朵。披针形的蓝绿色叶片在春季时自基部抽生，并于夏季枯萎。可种植于岩石园、敷石花坛，或高山温室中。在冬季下霜、多雨之地无法存活。

栽培　最好种植在含有粗砂、排水迅速的富含腐殖质土壤中，喜日光充足。夏季，在植株休眠时应该控制浇水。

☼ ◊ ♀ ❀ ❀　**株高20厘米　冠幅15厘米**

'银斑'意大利鼠李

Rhamnus alaternus 'Argenteovariegata'

这个意大利鼠李的品种为速生的直立至扩展的常绿灌木，生长着卵形的革质、具乳白边的灰绿色叶片。簇生的细小的黄绿色花朵在春季时开放，所结的红色果实球形，它们在成熟后变为黑色。

栽培　可种植在任何排水良好的土壤中，喜全日照。在初春时剪去不需要的枝条，生长着全绿叶片的枝条一经发现立刻清除。

☼ ◊ ♀ ❀ ❀ ❀　**株高5米　冠幅4米**

'黑红叶'大黄
Rheum palmatum 'Atrosanguineum'

为一种大型的多年生植物，其大型的叶片呈圆形、具齿、深绿色，直径90厘米，是庭园中具有价值的构架植物。'黑红叶'大黄幼株的叶片具紫色晕。初夏，高大、羽状的樱桃粉色花序抽生于叶片之上。种植于潮湿花境，特别是水边十分理想。

栽培：最好种植在土层深厚、湿润、富含有机物的全日照或半阴之地。

☼ ☀ ◊ ◐ ☵ ❄❄❄
株高2.5米 冠幅2米

摩洛哥罗丹菊
Rhodanthemum hosmariense

为株形扩展的亚灌木，其价值在于它那繁茂的具白色花瓣与黄色花心的雏菊状花朵。它们自初春开放至秋季，密缀在被柔毛、具细裂的银白色叶片之上。可在温暖的墙壁基部或岩石园种植。如果及时摘去残花，在高山温室中植株能够周年开花。

栽培　种植在排水极好的土壤中，宜在向阳之地进行栽培。定期摘去残花，以延长开花时间。

☼ ◊ ☵ ❄❄❄
株高10~30厘米 冠幅30厘米

常绿杜鹃

Evergreen Azaleas（*Rhododendron*）

常绿杜鹃能够通过它们较小的深绿色叶片及更像管状的花朵，来与真正的杜鹃进行区分。它们也能够生长成枝叶繁茂的灌木，其植株较小，树冠更为扩展。从植物学上来看，杜鹃的每朵花至少有10枚雄蕊，而常绿杜鹃的每朵花仅有5枚雄蕊。它们能够成为美丽的春花型灌木，其开放的花朵几乎包括各种颜色。常绿杜鹃适合于多种用途：矮生型或紧凑型，种植在容器中或荫庇院落的木桶里效果极好，较大的品种可为长期无日光直射之地增色。它们在不会干透的土壤条件下也能于日光充足之处很好生长。

栽培 在湿润且排水良好、富含腐殖质的酸性土壤中生长得十分理想，宜选非全日荫之地。应该进行浅栽。在造型时应该轻剪。如果较老的植株枝条拥挤，可于初夏进行删剪。要用落叶进行覆盖保护，但应注意不要挖掘植株根系附近的土壤。

☼ ◐ ◊ ✽✽ ✽✽

株高1.2米 冠幅1.2厘米

株高60厘米 冠幅60厘米

株高60厘米 冠幅60厘米

株高1.3米 冠幅1.3米

株高60厘米 冠幅60厘米

株高60厘米 冠幅60厘米

1 '吾妻镜'杜鹃（*Rhododendron* 'Azuma-kagami'） 2 '贝多芬'杜鹃（*R.* 'Beethoven'）♡
3 '初雾'杜鹃（*R.* 'Hatsugiri'） 4 '日出薄雾'杜鹃（*R.* 'Hinodegiri'）
5 '日梅'杜鹃（*R.* 'Hino-Mayo'）♡ 6 '伊吕波山'杜鹃（*R.* 'Irohayama'）♡

株高1.5米 冠幅1.5米

株高1.5米 冠幅1.5米

更多选择

'阿迪·韦里'（'Addy Wery'）
花朵朱红色。
'埃尔希·李'（'Elsie Lee'）
花朵亮紫红色。
'问候'（'Greeting'）红橙色。
'秋葵'（'Gumpo'）粉白色。
'赫克塞'（'Hexe'）深红色。
'日野－深红'（'Hino-
crimson'）
花朵艳红色。
'吴市之雪'（'Kure-no-yuki'）
白色，亦称'雪湖'。
'路易丝·多德尔'（'Louise
Dowdle'）
花朵鲜红紫色。
'维达·布朗'（'Vida Brown'）
玫瑰红色。
'袋熊'（'Wombat'）花朵粉色。

株高1.2米 冠幅1.2米

株高60~90厘米 冠幅60~90厘米

株高1.2米 冠幅1.2米

株高1.2米 冠幅1.2米

7 '约翰·凯恩斯' 杜鹃（*R.* 'John Cairns'） 8 '麒麟' 杜鹃（*R.* 'Kirin'）
9 '帕莱斯特里纳' 杜鹃（*R.* 'Palestrina'） ♀10 '妙龄少女' 杜鹃（*R.* 'Rosebud'） ♀
11 '福维克猩红' 杜鹃（*R.* 'Vuyk's Scarlet'） ♀12 '福维克玫瑰红' 杜鹃（*R.* 'Vuyk's Rosyred'） ♀

落叶杜鹃

Deciduous Aizaleas（*Rhododendron*）

为一组十分耐寒的观花灌木，在杜鹃中仅有它们具深绿色的脱落性叶片，在脱落前常具绚丽的色彩。它们大概是最为美丽的一类杜鹃，花朵呈大簇生长，有时具芳香，白色至黄色、橙色、粉色或红色，春季与初夏时开放。在株形与习性上有着相当大的变化，但它们都能很好地适用于庭院种植，特别是在轻荫之地。黄花杜鹃（*R.luteum*）可在土壤保湿性好的日光充足之地存活。如果找不到适用的土壤，可将它们进行桶栽。

栽培 种植在湿润且排水良好、含有大量有机物的酸性土壤里，栽种在疏荫之地十分理想。应该进行浅栽，需要用大量的落叶进行覆盖，其能够为植株提供养分。对其稍做或不做修剪是十分必要的。不要挖掘植株基部附近的土壤，因为这样会对根系造成损伤。

☀ ◐ ◊ ◊ ❀❀❀

1 株高2.5米 冠幅2.5米

2 株高3米 冠幅3米

3 株高2.2米 冠幅2.2米

4 株高1.5～2.5米 冠幅1.5～2.5米

5 株高1.5米 冠幅1.5米

1 阿氏杜鹃（*Rhododendron albrechtii*） 2 南方杜鹃（*R.austrinum*） 3 '塞西尔'杜鹃（*R.* 'Cecile'）♀
4 '考内尔'杜鹃（*R.* 'Corneille'）♀ 5 '霍姆布什'杜鹃（*R.* 'Homebush'）♀

6

株高2米　冠幅2米

7

株高4米　冠幅4米

8

株高1.5～2.5米　冠幅1.5～2.5米

9

株高2米　冠幅2米

10

株高2.5米　冠幅2.5米

11

株高2米　冠幅2米

更多选择

'靓红'（'Coccineum Speciosum'）
花朵橙红色。
'戴维斯'（'Daviesii'）白色。
'直布罗陀'（'Gibraltar'）花蕾
深红色，开放后变为带黄斑的橙
色。
肯普弗杜鹃为半常绿植物；花朵红
色。
'冰冻鱼'（'Klondyke'）花蕾红
色，开放后变为橙金色。
'撒旦'（'Satan'）深红色。
'银色拖鞋'（'Silver Slipper'）
白里透粉，带亮橙色斑。
'斯贝克的辉煌'（'Spek's Brilliant'）
亮橙猩红色。

6 '艾琳·科斯特'杜鹃（*R.* 'Irene Koster'）♥7 黄花杜鹃（*R.luteum*）♥
8 '水仙花'杜鹃（*R.* 'Narcissiflorum'）♥9 '珀西尔'杜鹃（*R.* 'Persil'）♥
10 '史贝克橙'杜鹃（*R.* 'Spek's Orange'）♥11 '草莓冰'杜鹃（*R.* 'Strawberry Ice'）♥

大型杜鹃

Large Rhododendrons

为植株高大的林地型杜鹃，能够呈乔木状生长，主要因其亮丽的花朵而被种植，它们有时具芳香，多在春季开放，形状与颜色极其丰富。利用它们为荫蔽之地或树木园增添色彩十分理想。虽然锈红杜鹃（*R.bureavii*）那具吸引力的幼嫩叶片呈亮褐色，但多数种类的卵形叶片呈深绿色。有些品种，像'月亮女神'（'Cynthia'）或'紫光'（'Purple Splendour'）在保湿性好的土壤中可耐直射日光，这使它们比其他类型的杜鹃有着更为广泛的用途，能够作为壮丽的春花型植株屏或在大型花园中的绿篱使用。

栽培 种植在湿润且排水良好、富含腐殖质的酸性土壤中。多数种类更喜背风林地的间有日光之荫蔽环境。应该进行浅栽。虽然多数种类在开花后可通过保留由老枝组成的均衡骨干来予以更新，但在对植株造型时应该轻剪。

☼ ☀ ◌ ◐ ❋❋❋

株高3米 冠幅3米

株高3米 冠幅3米

株高3.5米 冠幅3.5厘米

1 '蓝彼得'杜鹃（*R.* 'Blue Peter'）♀ 2 锈红杜鹃（*R.bureavii**）3 '鸡冠'杜鹃（*R.* 'Crest'）♀
（*：原著为*R.bureaui*，正确为：*R.bureavii*。——译者注）

株高6米　冠幅6米

株高可达12米　冠幅5米

株高4米　冠幅4米

株高3米　冠幅3米

株高4米　冠幅4米

株高3米　冠幅3米

株高3米　冠幅3米　株高3米　冠幅3米

4 '月亮女神' 杜鹃（*R.* 'Cynthia'） ♀5费尔克纳杜鹃（*R.falconeri*）♀6 '美丽重瓣' 杜鹃（*R.* 'Fastuosum Flore Pleno'）♀7 '弗尼瓦尔之女' 杜鹃（*R.* 'Furnivall's Daughter'）♀8 '乔治' 杜鹃（*R.* 'Loderi King George'）♀9 '紫光' 杜鹃（*R.* 'Purple Splendour'）♀10 '莎孚' 杜鹃（*R.* 'Sappho'）11 '苏珊' 杜鹃（*R.* 'Susan'）♀

中型杜鹃

Medium-sized Rhododendrons

这类杜鹃的高度在1.5～3米，因其具吸引力、常有香气的花朵而身价倍增，在整个春季里花朵开放于深绿色的叶片间。品种'黄锤'（'Yellow Hammer'）能够在秋季早些时候绽蕊，品种'迷人'（'Winsome'）的叶片在幼嫩时则稍被以不同寻常的青铜色。数量庞大、种类不同的中型杜鹃均适合用来装饰灌木花境或成片群植。有些耐阳的品种，特别是生长缓慢的类型，像'五月节'（'May Day'）适合作为不规则型树篱。

栽培 种植在湿润且排水良好、富含腐殖质的酸性土壤中。多数种类更喜欢明亮的间有荫蔽之地。植株应该进行戕栽。在寒冷地区，对品种'香花'（'Fragrantissimum'）要进行额外的管理，在冬季时应该用大量的覆盖物进行保护，并避免置于有严霜覆盖之地。如果需要的话，在开花后对植株进行整形。

☼ ☀ ◐ ○ ◑

1

株高2米 冠幅2米

2

株高1.5米 冠幅1.5米

1 '法比亚'杜鹃（*R.* 'Fabia'） ♀ ❀❀❀ 2 '金火把'杜鹃（*R.* 'Golden Torch'） ♀ ❀❀❀

株高2米　冠幅2米

株高1.5米　冠幅1.5米

株高1.5米　冠幅1.5米

株高2米　冠幅2米

株高2米　冠幅2米

株高1.5米　冠幅1.5米

3 '香花' 杜鹃（*R.* 'Fragrantissimum'）♀❀　4 '海顿·道恩' 杜鹃（*R.* 'Hydon Dawn'）♀❀❀❀
5 '五月节' 杜鹃（*R.* 'May Day'）♀❀❀❀ 6 '红发女郎' 杜鹃（*R.* 'Titian Beauty'）❀❀❀
7 '黄锤' 杜鹃（*R.* 'Yellow Hammer'）♀❀❀❀ 8 '迷人' 杜鹃（*R.* 'Winsome'）♀❀❀❀

矮型杜鹃

Dwarf Rhododendrons

矮型杜鹃为低矮的常绿灌木，叶片中绿色至深绿色，披针形。它们在整个春季里开花，其花色艳丽、花形丰富。如想要将杜鹃栽种在开阔的花园里，而那里的土壤碱性又过强，则不如在荫蔽的庭院中，把这些株形紧凑的灌木种植于容器或木桶里，这样它们能够生长得更好。'雷鸟'（'Ptarmigan'）为特别能够适合各种栽培条件的品种，它可以忍受周期性缺水。将矮型杜鹃用于岩石园中也能给人留下深刻印象。为冬季寒冷地区，能够抵御霜害的价值极高之最早开放的春花型植物。

栽培 种植在湿润且排水良好、含腐叶丰富、内掺大量经充分发酵有机物的酸性土壤中。应选日光充足或疏荫之地进行栽培，但要避免使其在树冠的浓荫之下生长。最好在春季或秋季时定植，应该进行浅栽。没有必要对植株进行修剪。

☀ ◐ ◊ ⬥

株高1.2米 冠幅1.2米

株高1.1米 冠幅1.1米

株高60厘米 冠幅60厘米

株高45～90厘米 冠幅45～90厘米

1 '睫宝'杜鹃（R. 'Cilpinense'）♥❀❀❀ 2 '博士'杜鹃（R. 'Doc'）❀❀❀
3 '多拉·阿马泰斯'杜鹃（R. 'Dora Amateis'）♥❀❀❀ 4 '雷鸟'杜鹃（R. 'Ptarmigan'）♥❀❀

'裂叶' 火炬树
Rhus typhina 'Dissecta'

火炬树（*R.typhina*）（也可参阅 *R.hirta*）为生长着枝条与鹿角相似，呈天鹅绒红色的直立落叶灌木。这个品种的叶片长，分裂成许多具细缺刻的小叶，其在秋季时转为鲜明的橙红色。由不太显眼的黄绿色花朵所构成的直立花簇于夏季长出，尔后结出柔软的簇生深绯红色果实。

栽培 种植在湿润且排水良好、十分肥沃的土壤之地，在日光充沛之地，秋季，其叶片可展现出最佳的色彩。对植株基部周围地面所长出的吸枝进行清除。

☀ ◐ △ ♡ ❀❀❀ 　株高2米　冠幅3米

'布罗克班克' 血红茶藨子
Ribes sanguineum 'Brocklebankii'

这个生长缓慢的血红茶藨子品种为直立的落叶灌木。黄色的叶片圆形，具芳香，当幼嫩时呈亮黄色，夏季枯萎。管状浅粉色花朵所构成的悬垂花簇于春季开放，尔后结出小型的蓝黑色果实。品种 '泰德曼白'（'Tydeman's White'）有时长得稍高些，为与之十分相似的灌木，开放着纯白色的花朵。

栽培 种植在排水良好、十分肥沃的土壤中。应选日光充足，在每天最热时段能够保持荫蔽之地进行栽培。在开花后可以剪去一些较老的枝条。冬季，要对枝条显得拥挤的植株进行整形。

☀ ◐ △ ♡ ❀❀❀ 　株高1.2米　冠幅1.2米

'普尔伯勒' 血红茶藨子

Ribes sanguineum 'Pulborough Scarlet'
这个生长旺盛的血红茶藨子品种，要比 '布罗克班克' （'Brocklebankii'）（参阅前页，下文）株形要大些，为直立的落叶灌木。春季，植株能够生长出具白心的管状深红色花朵所构成的悬垂花簇。叶片圆形，深绿色，有香气，裂片具齿。小型的浆果状蓝黑色果实在夏季里长出。

栽培 种植在排水良好、肥力适中的土壤里，喜全日照，在开花后可以剪去一些较老枝条，在冬季或初春时，要对枝条显得拥挤的植株进行强剪。

☼ ◐ ◊ ❄❄❄   株高2米 冠幅2.5米

毛刺槐

Robinia hispida
毛刺槐为直立的落叶灌木。枝条拱形，具刺。可用于贫瘠、干旱之地的灌木花境。在暮春与初夏时，深玫瑰粉色的豌豆状花朵聚生于悬垂的花穗上，它们在其后会结出褐色的种荚。大型的深绿色叶片分裂成多枚卵形小叶。

栽培 可种植在任何除渍水外的土壤中，喜日光充足。要选择背风之地栽培，以避免损伤其易断的分枝。没有必要对植株进行修剪。

☼ ◊ ❄❄❄   株高2.5米 冠幅3米

'金合欢'刺槐
Robinia pseudoacacia 'Frisia'

刺槐 (*R.pseudoacacia*) 为生长迅速、呈阔柱形的落叶乔木，这个品种生长着色彩柔和的黄绿色叶片，其幼嫩时为金黄色，秋季则转为橙黄色。由芳香的豌豆状白色花朵所构成的常呈稀疏状的悬垂花簇于仲夏长出。茎秆通常具刺。

栽培　种植在湿润且排水良好的肥沃土壤中，喜全日照。当植株幼嫩时，尽可能地去掉与之生长竞争的枝条，而保持单独的主干。在植株成形后无需修剪。

☀ ◊ ☘ ♀ ✿✿✿　株高15米　冠幅8米

'大花'羽叶鬼灯檠
Rodgersia pinnata 'Superba'

为丛生多年生植物。直立花簇由星形的亮粉色花朵所构成，自仲夏至暮夏间，它们生长于具明显脉纹的深绿色叶片之上。具裂的叶片长度可达90厘米，在幼嫩时呈微紫铜色。可以在水边进行栽培，在沼泽园中使用或为林地边缘营造自然景观效果很好。如需乳白色花朵的种类，可参阅趾叶鬼灯檠 (*R.podophylla*)。

栽培　最好种植在湿润、富含腐殖质的土壤中，应选能够抵御干冷风侵袭的全日照或半阴之地进行栽培。植株不耐干旱。

☀ ◐ ◊ ♀ ✿✿✿　株高可达1.2米　冠幅75厘米

大花丛生月季
Large-flowered Bush Roses （*Rosa*）

也称为杂交茶香月季，它们为落叶灌木。可种植在规则式花坛中，以增加美感，或点缀于整洁的道路旁作为镶边植物。与其他月季的区别在于它们那单生或2～3朵簇生的大型花朵。花朵从初夏起开放，尔后反复绽蕾直至进入初秋。在规则式花坛中使用相同的5或6株品种群植在一起，与一些独本月季配植以增加高度上的变化。这些丛生月季也能很好地与草本多年生植物及其他灌木一起

来装点混栽花境。

栽培　种植在湿润且排水良好、土壤肥沃的日光充沛之地。在枝条第一枚叶片生长处将残花剪去。初春，自地面起约25厘米处对主枝进行修剪，当必要时清除植株基部所有的枯枝或病枝。

☀ ◑ ◐ ❀ ❀ ❀ ❀

株高60厘米　冠幅60厘米

株高可达2米　冠幅80厘米

株高1.1米　冠幅75厘米

株高1.1米　冠幅75厘米

株高75厘米　冠幅60厘米

1 阿比菲尔德·罗斯'科克布洛斯'月季（*Rosa* ABBEYFIELD ROSE 'Cocbrose'）♀
2 亚历山大'哈列克斯'月季（*R.* ALEXANDER 'Harlex'）♀ 3 '祝福'月季（*R.* 'Blessings'）♀
4 埃莉娜'狄克加纳'月季（*R.* ELINA 'Dicjana'）♀ 5 自由'狄克珍'月季（*R.* FREEDOM 'Dicjem'）♀

6

株高55厘米　冠幅60厘米

7

株高80厘米　冠幅65厘米

8

株高75厘米　冠幅70厘米

9

株高75厘米　冠幅60厘米

10

株高1米　冠幅75厘米

11

株高1.2米　冠幅1米

14

株高80厘米　冠幅60厘米

12

株高1米　冠幅60厘米

13

株高1米　冠幅75厘米

15

株高1.1米　冠幅60厘米

16

株高1米　冠幅75厘米

6 '印度之夏' 月季 (*R.* 'Indian Summer') ♀ 7 '英格丽·褒曼' 月季 (*R.* 'Ingrid Bergman') ♀ 8 '杰斯特·乔伊' 月季 (*R.* 'Just Joey') ♀ 9 '漂亮女人' '狄克朱贝尔' 月季 (*R.*LOVELY LADY 'Dicjubell') ♀ 10 保罗·雪威利 '哈奎特之妻' 月季 (*R.*PAUL SHIRVILIE 'Harqueterwife') ♀ 11 和平 '藤和平' 月季 (*R.*PEACE 'Madame A.Meilland') ♀ 12 勿忘我 '科克戴斯汀' 月季 (*R.*REMEMBER ME 'Cocdestin') ♀ 13 '威红' 月季 (*R.*ROYAL William 'Korzaun') ♀ 14 '哈粉' 月季 (*R.*SAVOY HOTEL 'Harvintage') ♀ 15 '银婚纪念' 月季 (*R.* 'Silver Jubilee') ♀ 16 '三驾马车' 月季 (*R.*Troika 'Poumidor') ♀

丰花丛生月季

Cluster-flowered Bush Roses（*Rosa*）

这些十分容易开花的灌木状月季也被称作多花月季。像其他月季那样，它们具有极其丰富的花色，花簇由多数相对较小的花朵所组成，与大花月季相比显得与众不同。几乎所有种类的花朵均具芳香，但有些种类的花朵香气更浓。它们单独使用能够很好地为非规整园林或乡村花园增添美感，也能很好地与草本多年生植物和其他灌木混栽。要记住当选择与之相邻的植物时，应该仔细考虑其花朵的颜色，因为它们会从初夏至初秋不断绽蕊。

栽培　最好种植在湿润且排水良好、土壤十分肥沃的日光充沛之地。摘去残花以促进再次绽蕊，除非需要收获蔷薇果。初春，自地面起约30厘米处对主枝进行修剪，当必要时应该清除植株所有的枯枝或病枝。

☼ ◊ ❀ ✿✿✿

株高50厘米　冠幅60厘米

株高1米　冠幅75厘米

株高75厘米　冠幅60厘米

株高1米　冠幅60厘米

株高1.2米　冠幅1米

株高80厘米　冠幅75厘米

1 琥珀皇后'哈罗尼'月季（*Rosa* AMBER QUEEN 'Harroony'）♀ 2 安妮斯莉·迪克森'迪奇莫诺'月季（*R.*ANISLEY DICKSON 'Dickimono'）♀ 3 safe安娜·利维娅'柯梅特'月季（*R.*ANNA LIVIA 'Kormetter'）♀ 4 '亚瑟·贝尔'月季（*R.* 'Arthur Bell'）♀ 5 '唐人街'月季（*R.* 'Chinatown'）♀ 6 伦敦城'哈鲁克佛'月季（*R.*CITY Of LONDON 'Harukfore'）♀ 7 恶作剧'哈培德'月季（*R.*ESCAPADE 'Harpade'）♀ 8 '香乐'月季（*R.* 'Fragrant Delight'）♀ 9 冰山'科宾'月季（*R.*ICEBERG 'Korbin'）♀

株高75厘米 冠幅60厘米

株高1米 冠幅75厘米

株高80厘米 冠幅65厘米

株高75厘米 冠幅75厘米

株高80厘米 冠幅60厘米

株高1.2米 冠幅1米

株高70厘米 冠幅60厘米

株高75厘米 冠幅60厘米

株高可达2.2米 冠幅1米

10 '健康长寿'月季（*R.*MANY HAPPY RETURNS 'Harwanted'）♀ 11 玛格丽特·梅尔尔'哈库利'月季（*R.*MARGARET MERRIL 'Harkuly'）♀12 '蒙巴顿'月季（*R.*MOUNTBATTEN 'Harmantelle'）♀13 色情王'麦克天王'月季（*R.*SEXYREXY 'Macrexy'）♀14探戈舞'麦克弗沃'月季（*R.*TANGO 'Macfirwall'）♀15 '粉后'月季（*R.* 'The Queen Elizabeth'）♀

攀缘月季

Climbing roses (*Rosa*)

攀缘月季在一般情况下为生长旺盛的植物，植株所达到的高度取决于品种。所有的类型均具有坚韧的拱形枝条，通常生长着繁茂的分裂成小叶的具光泽叶片。香气持久的花朵于夏季绽放，有些种类只开花一次，还有些种类能够零星地多次绽蕊。当将它们倚着墙壁或篱栅栽培时，能够表现出其自身固有的装饰特点，可替代像铁线莲这样的攀缘植物栽种，亦可让它在倚墙栽种的灌木旁或老树上攀爬生长。用它们来掩饰不雅的花园建筑物，或作为夏季花境的背景材料，其装饰作用是其他植物无法比拟的。

栽培 最好种植在湿润且排水良好、十分肥沃的土壤中。摘去残花，除非需要收获蔷薇果。当植株长大后，对其进行短截，使之保持在所允许的生长范围内。在开花后，偶尔要对衰老的主枝自基部进行缩剪，以进行更新。在最初的两年里不要对植株进行修剪。

☼ ◊ ◊ ◊ ✽ ✽ ✽

株高可达6米　冠幅可达6米　　株高可达10米　冠幅6米　　株高可达5米　冠幅4米

株高3米　冠幅2.5米　　株高2.2米　冠幅2.2米

1 '露蒂' 木香（*Rosa banksiae* 'Lutea'）♀ 2 '同情' 月季（*R.* 'Compassion'）♀ 3 '都柏林海湾'月季（*R.*DUBLIN BAY 'Macdub'）♀ 4 '银色瀑布' 腺梗月季（*R.filipes* 'Kiftsgate'）♀ 5 '第戎市之荣耀'月季（*R.* 'Gloire de Dijon'）♀

株高3米　冠幅2.2米

株高可达3米　冠幅2米

株高2.5米　冠幅2.5米

株高5米　冠幅3米

株高3米　冠幅2.5米　　株高可达6米　冠幅4米　　株高可达3米　冠幅2米

6 '黄金雨' 月季（*R.* 'Golden Showers'）♀7 '汉德尔' 月季（*R.* HANDEL 'Macha'）♀
8 '金盏花' 月季（*R.* 'Maigold'）♀9 '阿尔弗雷德·卡里埃夫人' 月季（*R.* 'Madame Alfred Carrière'）♀
10 '新曙光' 月季（*R.* 'New Dawn'）♀11 '格雷高里·史塔谢林夫人' 月季（*R.* 'Madame Grégoire
Staechelin'）♀12 '柴菲瑞·德洛因' 月季（*R.* 'Zéphirine Drouhin'）

蔓生月季

Rambling Roses（*Rosa*）

蔓生月季与攀缘月季（参阅484页）十分相似，但是植株有着更为疏松、柔韧的枝条。它们容易整形成复杂的结构，如拱门、花廊与棚架，或在坚固支柱间悬浮的绳索和链条，应该给它们提供坚固的支撑物。多数蔓生月季生长旺盛，不像攀缘月季那样，靠着平坦的墙壁生长易患霉菌病。全部品种均有具裂的发亮叶片，它们生长在带钩状皮刺或直立皮刺的枝条上。花朵通常散发着香气，单生或簇生，夏季开放。有些品种每年仅绽蕊一次，而有些品种则在稍后的季节里较少重复开花。

栽培　种植在湿润且排水良好的肥沃土壤中。要将幼株的枝条牵引到支架上，使之形成永久性骨干。每年在花期结束时对其进行短截，必要时清除受到损伤的枝条。

☀ ◐ ◊ ◊ ❀ ❀ ❀

株高可达5米　冠幅3米

株高可达5米　冠幅4米

1 '阿尔伯里克·巴比尔'月季（*Rosa* 'Albéric Barbier'）♡ 2 '艾伯丁'月季（*R.* 'Albertine'）♡

3 '博比·詹姆斯' 月季（*R.* 'Bobbie James'）♀ 4 '幸福永恒' 月季（*R.* 'Félicité Perpétue'）♀ 5 '兰布林校长' 月季（*R.* 'Rambling Rector'）♀ 6 '海鸥' 月季（*R.* 'Seagull'）♀ 7 '桑德白攀缘' 月季（*R.* 'Sanders's White Rambler'）♀ 8 '紫蓝藤' 月季（*R.* 'Veilchenblau'）♀

庭院月季与微型月季

Patio and Miniature Roses (*Rosa*)

在那些能够种植花卉，发展范围很大的花园场地里，应该着重培育这些株形紧凑的小型或微型灌木状月季。它们都能开放出极具吸引力，带着香气的色彩丰富之花朵。自夏季至秋季的很长时间里，其花朵在脱落性的具光泽叶片间绽放。除高度能够达到约1.5米的'芭蕾女郎'（'Ballerina'）外，多数品种高度均低于1米，这使它们在装饰那些空间有限的向阳之地时有着不可估量的价值。可栽培在大型木桶、容器或高台花坛中，它们也是用来装饰庭院与其他铺石区域的绝佳材料。

栽培　种植在排水良好且湿润、肥力适中、富含完全腐熟有机物的土壤里。宜选开阔的向阳之地进行栽培。暮冬，除保留最为强健的枝条外，要将其他枝条予以清除，然后将保留的枝条短截约1/3。必要时应该清除所有的枯死枝或受损枝。

☼ ◐ ◊ ❀ ❀ ❀

株高45厘米　冠幅40厘米

株高可达1.5米　冠幅1.2米

株高75厘米　冠幅60厘米

株高45厘米　冠幅30厘米

株高50厘米　冠幅40厘米

株高75厘米　冠幅60厘米

1 '安娜·福特'月季（*Rosa* ANNA FORD 'Harpiccolo'）♀ 2 '芭蕾女郎'月季（*R.* 'Ballerina'）♀
3 '塞西尔·布伦纳'月季（*R.* 'Cecile Brunner'）　4　苹果酒杯'狄克装模作样'月季（*R.* CIDER CUP 'Dicladida'）♀ 5 '爱抚'月季（*R.* GENTLE TOUCH 'Diclulu'）♀ 6 '纳塔莉·尼泊斯夫人'月季（*R.* 'Mevrouw Nathalie Nypels'）♀

株高1.2米 冠幅1米

株高40厘米 冠幅60厘米

株高25厘米 冠幅30厘米

株高40厘米 冠幅35厘米

株高35厘米 冠幅35厘米

株高60~90厘米 冠幅60~90厘米

株高1~1.5米 冠幅1~1.5米

7 '金珠'月季（*R.* 'Perle d' Or'）♀ 8 '母后'月季（*R.*QUEEN MOTHER 'Korquemu'）♀
9 '斯戴西·休'月季（*R.* 'Stacey Sue'） 10 '美梦'月季（*R.*SWEET DREAM 'Fryminicot'）♀
11 '奇妙魔术'月季（*R.*SWEET MAGIC 'Dicmagic'）♀ 12 '仙女'月季（*R.* 'The Fairy'）♀
13 '昨日时光'月季（*R.* 'Yesterday'）♀

地被月季

Rosas for Ground Cover（*Rosa*）

地被月季为生长缓慢、株形扩展的落叶灌木，用于正式与非正式之地的花境前缘均十分理想。它们枝条具直立皮刺与钩状皮刺，有时呈拖曳状生长，植株自夏季至秋季的很长时间里，于具裂的发亮叶片间能够开放出美丽的芳香花朵。株形紧凑的品种，仅有司瓦尼'梅博纳克'（SWANY 'Meiburenac'）。如果栽培地点没有杂草，地被月季会产生比其更为有效的覆盖效果。多数种类悬垂生长于墙垣，或用以覆盖难以栽培其他植物的陡峭堤岸，能够展示出它们的最佳装饰效果。

栽培　最好种植在湿润且排水良好、肥力适度的富含腐殖质土壤中，喜全日照。每年在开花后对枝条进行短截，以使植株能够很好地控制在所能扩展生长的范围内，要将所有的枯死枝或受损枝予以清除。每年进行的修剪能够促使植株开花。

☼ ◐ ◊ ◊ ❀ ❀ ❀

株高85厘米　冠幅1.1米

株高45厘米　冠幅1.2米

株高75厘米　冠幅1.2米

株高1米　冠幅1.2米

1 博尼卡'赛牡丹'月季（*Rosa* BONICA 'Meidomonac'）♀2 '希望'月季（*R.* 'Nozomi'）♀
3 红毯'英特赛尔'月季（*R.* RED BLANKET 'Intercell'）4 玫瑰垫'英特奥'月季（*R.*ROSY CUSHION 'Interall'）♀

5 株高15厘米　冠幅45厘米

6 株高50厘米　冠幅1.5米

7 株高80厘米　冠幅1.2米

8 株高可达75厘米　冠幅1.7米

9 株高75厘米　冠幅1.2米

5 雪毯'胶毯'月季（*R*.SNOW CARPET 'Maccarpe'）　6 苏玛'哈苏玛'月季（*R*.SUMA 'Harsuma'）
7 萨里郡'考兰纳姆'月季（*R*.SURREY 'Korlanum'）♀8 司瓦尼'梅博纳克'月季（*R*.SWANY 'Meiburenac'）♀
9 高谈阔论'怪人'月季（*R*.TALL STORY 'Dickooky'）♀

古代月季

Old Garden Roses（*Rosa*）

古代月季的历史可追溯到罗马时代，证明了它们在花园设计上具有持久的吸引力。它们为落叶灌木，品种数量极多，分成许多群组，像法国蔷薇、大马士革蔷薇与苔藓蔷薇。因为几乎所有的古代月季只在初夏开花一季，因此它们应该与其他开花的植物混栽，以使之有持续的景观。例如，可尝试在非攀缘型月季的下面栽培春植球根花卉，或将攀缘型品种与晚花型铁线莲混栽在一起。

栽培 最好种植在湿润且排水良好、土壤肥沃的日光充沛之地。必要时稍做修剪，偶尔要自基部清除老枝，以疏除拥挤的枝条，并促发新枝。必要时可于春季里进行整形，除非希望收获蔷薇果，否则在花朵凋谢时应该将它们予以清除。

☀ ◐ ◌ ♦ ✽✽✽

株高2.2米 冠幅1.5米

株高1.2米 冠幅1米

株高1米 冠幅1.2米

株高1.5米 冠幅1.2米

株高1.5米 冠幅1.2米

株高1.5米 冠幅1.2米

1 '白之最' 月季（*Rosa* 'Alba Maxima'）2 '美女克雷西' 月季（*R.* 'Belle de Crécy'）3 '红衣主教黎塞留' 月季（*R.* 'Cardinal de Richelieu'）♀ 4 '天空' 月季（*R.* 'Céleste'）♀ 5 '鸡冠' 百叶蔷薇（异名 '拿破仑之冕'）（*R.centifolia* 'Cristata'）（syn. 'Chapeau de Napoléon'）♀ 6 '粉摩丝' 百叶蔷薇（*R.centifolia* 'Muscosa'）7 '查尔斯之磨盘' 月季（*R.* 'Charles de Mills'）♀ 8 '德雷士特' 月季（*R.* 'De Rescht'）♀ 9 '基切公爵' 月季（*R.* 'Duc de Guiche'）♀

7　株高12米或更高　冠幅12米或更宽

8　株高可达2米　冠幅可达2米

9　株高1.2米　冠幅1.2米

10　株高1.5米　冠幅1.2米

11　株高1.3米　冠幅1.2米

12　株高1.5米　冠幅1.2米

13　株高可达2米　冠幅1.2米

14　株高1.5米　冠幅1.2米

15　株高1.5米　冠幅1.2米

16　株高1.5米　冠幅1.2米

17　株高1.2米　冠幅1.2米

18　株高1米　冠幅1米

10　'方丹-拉图尔'月季（*R.* 'Fantin-latour'）♀11　'费利西泰·帕门迪尔'月季（*R.* 'Félicité Parmentier'）♀
12　'弗迪南德·皮查德'月季（*R.* 'Ferdinand Pichard'）♀13　'亨利·马丁'月季（*R.* 'Henri Martin'）
14　'伊斯法罕'月季（*R.* 'Ispahan'）♀15　'丹麦皇后'月季（*R.* 'Königin von Dänemark'）♀
16　'哈迪夫人'月季（*R.* 'Madame Hardy'）♀17　'塞泽总统'月季（*R.* 'Président de Sèze'）♀
18　'华丽的托斯卡纳'月季（*R.* 'Tuscany Superb'）♀

现代月季

Modern Shrub Roses（*Rosa*）

这些月季比多数种类株形稍大，更为扩展，结合了古代月季的株高与现代类型的一些优点。由于它们通常十分健壮且生长旺盛，因此易于管理，并能够在很长的时间里反复开花，从而成为理想的夏花型落叶余木灌木，可用于大型花园里的管理容易的灌木花境，为其后部的理想背景。像其他月季那样，它在花形与花色上选择性地很大，有几个品种能够散发出极为美妙的香气。花朵自初夏时开放，能够多次绽蕊直至初秋。

栽培　种植在排水良好且湿润、肥力适中、富含有机物的土壤里。宜选开阔的向阳之地进行栽培。为了使植株易于管理，每年早春要进行修剪。让植株自然地生长，效果常显得更好，其株形容易被过度或不当的修剪所破坏。

☼ ◊ ◑ ♦♦♦♦

株高1.5米 冠幅1.1米

株高1.2米 冠幅1.2米

株高可达3.5米 冠幅可达3.5米

株高2米 冠幅1.5米

株高1.5米 冠幅1.5米

株高1.5米 冠幅1.2米

1 '芳心' 月季（*Rosa* 'Blanche Double de Coubert'）♀ 2 '米色美人' 月季（*R.* 'Buff Beauty'）♀
3 '樱红花束' 月季（*R.* 'Cerise Bouquet'）♀ 4 '康斯坦斯·斯普莱' 月季（*R.* 'Constance Spry'）♀
5 '科妮莉亚' 月季（*R.* 'Cornelia'）♀ 6 '菲利西亚' 月季（*R.* 'Felicia'）♀

株高2米 冠幅幅1米

株高1.5米 冠幅1米

株高1.2米 冠幅1.5米

株高1.5米 冠幅1.2米

株高2.2米 冠幅2.2米

株高2.2米 冠幅2.2米

株高1.1米 冠幅1.1米

株高2.2米 冠幅2米

株高2米 冠幅1米

株高1.1米 冠幅1.1米

株高2米 冠幅1.2米

7 '弗雷德洛丝'月季（R.'Fred Loads'） ♀8 '格特鲁德杰基尔'月季（R.GERTRUDE JEKYLL 'Ausbord'） ♀9 格雷厄姆·托马斯 '奥斯玛斯' 月季（R.GRAHAM THOMAS 'Ausmas'） ♀10 '杰奎琳·杜普雷'月季（R. 'Jacqueline du Pré'） ♀11 '玛格丽特·希灵'月季（R. 'Marguerite Hilling'） ♀12 '内华达'月季（R. 'Nevada'）♀13 '佩内洛普'月季（R. 'Penelope'） ♀14 '玫瑰园'月季（R. 'Roseraie de l'Häy'）♀15 '萨莉·霍姆斯'月季（R. 'Sally Holmes'）♀16 '女士'月季（R. 'The Lady'）17 大陆风 '考韦斯特' 月季（R.WESTERLAND 'Korwest'）

篱栅月季与野生月季

Rosas for Hedgerows and Wild Areas (*Rosa*)

作为灌木篱墙或用于野生植物园的最佳类型，为原种月季或野生月季，因为它们的许多种类易于营造自然景观。植株呈灌木状或攀缘状生长，多数具有外观自然的不规则或拱形枝条，由5枚花瓣组成的单生花朵常具芳香，在初夏时于头年的枝条上开放，虽然它们盛开的时间不长，但是许多能够发育成美丽的蔷薇果，如同花朵般具有吸引力。它们的色彩变化从橙色至红色或黑色，常能宿存到冬季，从而为饥饿的野生动物提供有价值的食物来源。

栽培 最好种植在湿润且排水良好、肥力适度的富含有机物的土壤中。在温暖地区的花园里，需对植株进行轻剪，为了控制篱栽月季的生长，可于每年花后整形，以除去所有的枯死枝或受损枝。由于花朵绽放于头年夏季所长出的枝条之上，因此注意不要去掉过多的较老枝条。

☀ ◐ ◑ ❋ ❋ ❋

株高2.2米 冠幅2.5米

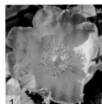
株高80厘米 冠幅1米

株高1米 冠幅1.2米

株高80厘米 冠幅1米

株高2米 冠幅1.5米

1 '染脂荷'月季（*R*. 'Complicata'）♀ 2 '达格玛·海斯楚普夫人'月季（*R*. 'Fru Dagmar Hastrup'）♀
3 药用法国蔷薇（*R.gallica* var.*officinalis*）♀ 4 '糖花条'药用法国蔷薇（*R.gallica* var.*officinalis* 'Versicolor'）♀
5 灰叶蔷薇（*R.glauca*）♀

株高1.1米　冠幅1.3米

株高1.5～2.5米　冠幅1.2～2米

株高1.2米　冠幅1米

株高2米　冠幅1米

株高1～2.5米　冠幅1～2.5米

株高2米　冠幅1米

株高2.5米　冠幅1米

6　'金翼'月季（*R.* 'Golden Wings'）♀♂ 7　云南白蔷薇（*R.mulliganii*）♀8　'重瓣'努特卡蔷薇（*R.nutkana* 'Plena'）♀9　'变色'香水月季（*R.odorata* 'Mutabilis'）♀10　报春蔷薇（*R.primula*）♀
11　'宝石红'玫瑰（*R.rugosa* 'Rubra'）♀12　'金丝雀'黄刺玫（*R.xanthina* 'Canary Bird'）♀
13　黄蔷薇（*R.xanthina* var.hugonis）♀

'杰索普小姐'迷迭香
Rosmarinus officinalis 'Miss Jessopp's Upright'
这个生长旺盛的直立迷迭香品种为常绿灌木，芳香的叶片能够用于烹饪，自仲春至初夏时，小型的紫蓝色至白色花朵轮生于狭长的被白色茸毛的深绿色叶片间，常于秋季二次开花。可作为厨用园良好的绿篱植物。如需白花品种，可参阅'西辛赫斯特白'（'Sissinghurst White'）。

栽培　种植在排水良好、贫瘠至肥力适中的土壤里。宜选背风、向阳之地。在开花后对那些破坏了植株整体美感的枝条进行修剪。

:sunny: :droplet: :cross: ✿✿✿ 　　　　株高2米　冠幅2米

迷迭香，匍匐组
Rosmarinus officinalis Prostratus Group
这些低矮型迷迭香为具芳香的常绿灌木，用于岩石园或干燥的墙头上十分理想。小型的花朵紫蓝色至白色，轮生，具双唇，在暮春时开放，植株常于秋季再次绽蕊。深绿色的叶片背面具白色茸毛，采摘的嫩枝可用于烹调。需种植在背风之地，在寒冷的冬季里应该进行保护。

栽培　种植在排水良好、贫瘠至肥力适中的土壤里，喜全日照。在开花后，对破坏了植株整体美感的枝条进行整形或轻剪。

:sunny: :droplet: ✿✿ 　　　株高15厘米　冠幅1.5米

'贝尼登' 悬钩子
Rubus 'Benenden'

这个开花的悬钩子品种为具装饰性的
落叶灌木，具有扩张、拱形的无刺分
枝与剥落的树皮。其价值在于它那暮
春与初夏时繁茂开放的碟形玫瑰状、
发亮的大型纯白色花朵。具裂的叶片
深绿色。适合种植在灌木花境中。

栽培 可种植在任何富含养分的肥沃
土壤中，喜全日照，亦耐疏荫环境。
在开花后，偶尔要自基部清除一些老
枝，以通风透光，并促发新枝。

☀ ◑ ◊ ✧ ❀❀❀　　株高3米　冠幅3米

西藏悬钩子
Rubus thibetanus

西藏悬钩子为直立的夏花型落叶灌木，
其英文名称的由来与它那明显眼
的白色花朵有关，冬季能够看到其多
刺的茎秆。小型的碟状红紫色花朵在
具白毛的蕨状深绿色叶片间开放，尔
后结出黑色球形、被白霜的果实。华
中悬钩子（*R.cockburnianus*）为另外的
一个种，其价值在于它那冬季的白色
茎秆。

栽培 可种植在任何肥沃的土壤中，
喜日光充沛，亦耐疏荫环境。每年春
季自地面处剪去所有开过花的枝条，
保留新一个季节所长出的新枝，没有
开过花的枝条不要修剪。

☀ ◑ ◊ ✧ ❀❀❀　　株高2.5米　冠幅2.5米

‘金色风暴’沙氏金光菊

Rudbeckia fulgida var.*sullivantii* ‘Goldsturm’

这个沙氏金光菊的品种为丛生多年生植物，其价值在于它那直立挺拔的株形与花心为圆锥形，呈微黑褐色的大型雏菊状金黄色花朵。它们在暮夏与秋季时高于成丛的繁茂披针形叶片开放。能够为暮夏花境增添明快色彩，可作为水养十分持久的切花。

栽培　可种植在任何湿润且排水良好、不会干透的土壤中，喜全日照，亦耐轻荫环境。

☼ ☀ ◊ ♦ ♈ ❄❄❄

株高可达60厘米 冠幅45厘米

‘金山’细裂金光菊

Rudbeckia laciniata ‘Goldquelle’

为株形高大且紧凑的多年生植物。自仲夏至仲秋间，植株绽放着完全重瓣的亮柠檬黄色花朵，它们在具深裂的中绿色叶片所组成的疏散叶丛之上开放。花朵作为切花效果很好。

栽培　可种植在任何湿润且排水良好的土壤中，喜全日照或明亮的间有荫蔽之地。

☼ ☀ ◊ ♦ ♈ ❄❄❄

株高可达90厘米 冠幅45厘米

'龙爪' 北京垂柳
Salix babylonica var. *pekinensis*
　'Tortuosa'

这个北京垂柳的品种为生长迅速、株形直立的落叶乔木，冬季具有引人注目的奇特的扭曲枝条。在春季时，黄绿色的柔荑花序与叶背灰绿色的亮绿色叶片同时长出。在栽培时要避开水沟，因为其具侵占性与向水性。也会以*S.matsudana* 'Tortuosa' 的名称出售。

栽培　可种植在除十分干旱或浅薄、钙质土壤之外的任何土壤中。宜选向阳之地。在暮冬时偶尔剪，以促发新枝，这样才能更好地展示出迷人枝条的外形特点。

☼ ◐ ◊ ♡ ❀ ❀ ❀ ❀　　株高15米 冠幅8米

'博伊德' 柳
Salix 'Boydii'

这种极小的生长十分缓慢的直立落叶灌木，具有多瘤的分枝。它适合在岩石园或木槽里种植。小型的叶片近圆形，具纹理粗糙的明显叶脉，呈微灰绿色。柔荑花序仅在早春时偶尔长出。

栽培　可种植在任何土层深厚、湿润且排水良好的土壤中，宜选全日照之地，柳树类植物不喜浅薄的钙质土壤。当需要时可于暮冬里进行修剪，以保证植株具有健壮的骨干枝条。

☼ ◐ ◊ ❀ ❀ ❀　　株高30厘米 冠幅20厘米

'基尔马诺克'山羊柳
Salix caprea 'Kilmarnock'

为枝条下垂的小型落叶乔木，用于不大的花园十分理想。自仲春与暮春间，镶嵌着银白色柔荑花序的黄褐色枝条构成了茂密的伞状树冠。具齿的宽阔叶片表面深绿色，背面灰绿色。

栽培 可种植在任何土层深厚、排水良好的湿润之地，喜全日照。每年暮冬进行修剪，以使树冠紧凑。将从明显主干上生长出来的枝条予以清除。

株高1.5~2米 冠幅2米

'维尔哈恩'戟柳
Salix hastata 'Wehrhahnii'

这种小型的生长缓慢的直立落叶灌木，具有深紫褐色的茎秆与显眼的早春开放的银灰色柔荑花序。为能够营造冬季彩色景观的美丽孤植树木。叶片卵形，亮绿色。

栽培 可种植在任何湿润之地，喜日光充足，在浅薄的钙质土壤里不能很好生长。当春季修剪时，需保持幼嫩枝与较老枝间的平衡，因为前者在冬季时通常能够展现出最佳的色彩，后者能够开放出菜荑花序。

☼ ◐ ❄❄❄   株高1米 冠幅1米

毛叶柳
Salix lanata

毛叶柳为树冠圆形、生长缓慢的落叶灌木，枝条粗壮，当幼嫩时具吸引力的毛状结构。在暮春时，大型直立的金黄色至灰黄色柔荑花序抽生于较老枝条上，被银灰色毛的叶片深绿色，阔卵形。

栽培 种植在湿润且排水良好的土壤中，喜日光充足。植株可耐半阴，但不喜浅薄的钙质之地。在暮冬或早春时偶尔需要修剪，以保持老枝与嫩枝间的数量平衡。

 ☼ ◔ △ ♡ ❀ ❀ ❀ ❀　株高1米　冠幅1.5米

网脉柳
Salix reticulata

这种灌丛柳树的叶片呈圆形，叶脉深，叶色深绿，并在背面覆有白色茸毛。春季，植株产生直立且顶端粉红的柳絮，有利于吸引大黄蜂采集花粉。网脉柳是一种适合放置于围栏前面的地被植物。

栽培 适合种植于阳光充足，排水性好的任何肥力条件下。

☼ ◔ ♡ ❀ ❀ ❀
株高8～10厘米　冠幅30厘米

银叶鼠尾草
Salvia argentea

这种观赏期短的多年生植物，叶片繁茂、灰色，被有毡毛，环绕着植株基部生长。具双唇的花朵盔状，白色或微粉白色，所构成的花穗在仲夏与暮夏时抽生于直立的强壮茎秆上。适用于地中海风格的花境装饰，但在冬季寒冷的地区需要进行遮蔽保护。

栽培 植株喜温暖，可栽培在土质疏松、排水极好的向阳之地。需要用钟形罩或玻璃板进行保护，使之免遭过多冬雨和寒风的侵袭。

☼ ◐ ♀ ❁ ❁　　株高90厘米　冠幅60厘米

蟹甲叶鼠尾草
Salvia cacaliifolia

这种直立的被毛草本多年生植物，在凉爽的气候条件下常作为一年生花卉种植。初夏，植株能够生长出由深蓝色花朵所构成的花穗，其开放于中绿色的叶片之上。为花色绚丽的与众不同的鼠尾草，可用于花坛，为夏季增色，或种植在容器中。

栽培 种植在土质疏松、肥力适中、湿润且排水良好、富含有机物的土壤里。宜选全日照或明亮的间有荫蔽之地进行栽培。

☼ ◑ ◐ ♀ ❁
株高90厘米　冠幅30厘米

红花鼠尾草

Salvia coccinea 'Pseudococcinea'

为观赏期短的灌木状多年生植物，在易受冻害的气候条件下常作为一年生植物栽培。自夏季至秋季间，植株生长着具齿的深绿色被毛叶片，与由樱桃红色花朵所构成的松散的细长花穗。能够为环境增添具异国情调的夏季景观，在容器中种植效果很好。

栽培　种植在土质疏松、肥力适中、排水良好、富含有机物的土壤里。应选全日照之地进行栽培。

☼ ◊ ❀❀　株高60厘米　冠幅30厘米

异色鼠尾草

Salvia discolor

这种直立的草本多年生植物，在夏季凉爽的气候条件下常作为一年生花卉种植，既可观花又能赏叶。在暮春与初秋时，表面密被白毛的绿色叶片，在由深微紫黑色花朵所构成的细长花穗长出之前，形成了不同寻常的景观。

栽培　可在土质疏松、肥力适中、湿润且排水良好、富含腐殖质的土壤里生长。栽培地点最好选择全日照或轻荫之地。

☼ ◌ ◊ ◊ ❦❦　株高45厘米　冠幅30厘米

绚丽鼠尾草
Salvia fulgens

为直立的春花型常绿亚灌木，花穗由红色的管状花朵所构成。卵形的叶片具齿或有缺刻，叶面艳绿色，叶背密被白毛。能够给花坛或容器中增添艳丽色彩。植株在冬季能够遭受冻害的气候条件下可能无法存活。

栽培 种植在土质疏松、湿润且排水良好、肥力适中、富含腐殖质的土壤里。应选全日照或半阴之地进行栽培。

☀ ☀ ◊ ✿ ✿ ✿　株高15厘米 冠幅20厘米

'蓝色之谜' 南美鼠尾草
Salvia guaranitica 'Blue Enigma'

为亚灌木状多年生植物。在凉爽的气候条件下，可以作为很好的夏季一年生花坛景观植物栽培。它具有令人羡慕的，比南美鼠尾草（*S.guaranitica*）香气更浓的深蓝色花朵，其呈塔形排列，自夏末至暮秋间高于中绿色叶片开放。

栽培 种植在土质疏松、肥力适中、湿润且排水良好、富含有机物的土壤里。宜选全日照或明亮的间有荫蔽之地进行栽培。

☀ ☀ ◊ ✿ ✿ ✿
株高1.5米 冠幅90厘米

'热唇' 墨西哥鼠尾草
Salvia × *jamensis* 'Hot Lips'

这个非常抢眼的鼠尾草品种，在整个夏季里都能开放出十分醒目的红白相间的花朵。不像很多鼠尾草那样，它能耐严霜，但在冬季寒冷地区要选择背风之地来种。要在初夏时进行定值，以保证其在冬季到来前长好根系。叶片在被揉碎后能够散发出芳香的薄荷味。

栽培　种植在排水良好的全日照之地。

☼ ◊ ❋❋

株高可达75厘米　冠幅75厘米

白花鼠尾草
Salvia leucantha

白花鼠尾草为小型常绿灌木，在凉冷的气候环境里必须种植在温室中，这样才能观赏到它那冬季开放的花朵。叶片中绿色，背面有白色茸毛。由具紫色至薰衣草蓝色花萼的白色花朵所构成的细长花穗，在冬季与春季里长出。为在温室花境或大型容器中能够周年开花的美丽植物。

栽培　在温室中可种植于排水良好的盆栽基质里，宜选免遭烈日直射、十分明亮的荫蔽之地，在植株开花时适当浇水。露地栽培时，可种植在湿润且排水良好、土壤肥沃、日光充足或半阴之地。

☼ ☀ ◊ ◊ ♀❋

株高60～100厘米　冠幅40～90厘米

'粉腮'小叶鼠尾草

Salvia microphylla 'Pink Blush'

这种花色不同寻常的灌木状多年生植物，生长着中绿色叶片，繁茂的浓倒挂金钟粉色花朵排成细高的尖塔状。靠着温暖背风的墙壁或篱栅种植显得十分可爱。在严冬下可能无法存活。也被推荐的品种有'邱园红'（'Kew Red'）与'纽比·霍尔'（'Newby Hall'），二者开放着红色花朵。

栽培　种植在土质疏松、湿润且排水良好、肥力适中的富含有机物之地，喜全日照。要对遭受霜打的植株进行整形，但不要伤及老枝。

☀ ◊ ♡ ❋❋
株高90厘米　冠幅60厘米

'金镶玉'鼠尾草

Salvia officinalis 'Icterina'

为极具吸引力的黄绿相间的彩叶鼠尾草，植株为呈丘状的亚灌木。具芳香的常绿绒质叶片能够用于烹调。由小型的丁香蓝色花朵所构成的不很明显的花穗于初夏长出。用于草药园或厨用园十分理想。尽管有时其叶片完全呈黄色，然而品种'邱园金'（'Kew Gold'）仍为与之极其相似的植物。

栽培　种植在湿润且排水良好、十分肥沃、富含有机物的土壤中。应选全日照或疏荫之地进行栽培。

☀ ◊ ♡ ❋❋　株高可达80厘米　冠幅1米

'紫叶'鼠尾草
Salvia officinalis Purpurascens Group

紫叶鼠尾草为直立的常绿亚灌木，适合用来装点阳地花境。其红紫色的嫩叶与丁香蓝色的花穗二者相衬十分美观，在自夏季的前半段抽生。叶片具具芳香，可供厨用。是能够给草药园增色添彩的有用植物。

栽培　种植在土质疏松、肥力适中、富含腐殖质、湿润且土壤排水良好的日光充沛或轻荫之地。每年在开花后进行整形。

株高可达80厘米　冠幅1米

'三色'鼠尾草
Salvia officinalis 'Tricolor'

这种彩叶鼠尾草为直立的常绿多年生植物，生长着具乳白、粉色至甜菜根紫色斑斓的被灰绿色毛的芳香叶片。自初夏至仲夏间，植株生长出由丁香蓝色花朵所构成的对蝴蝶有吸引力的花穗。比原种的耐寒性差，因此要选择温暖背风之地种植或用来增添夏季景观。

栽培　种植在湿润且排水良好、肥力适度、富含有机物的土壤里，喜全日照或明亮的间有荫蔽之地。宜选能够抵御冬雨和干冷风侵袭之地进行栽培，每年在开花后剪去凌乱的枝条。

株高80厘米　冠幅1米

'剑桥蓝' 长蕊鼠尾草

Salvia patens 'Cambridge Blue'

这个长蕊鼠尾草（*S.patens*）的可爱品种为直立多年生植物，生长着由浅蓝色花朵所构成的细高的松散花穗。它是点缀于草本植物花境或混栽花境，以及花坛与庭院木桶中引人注目的材料。自仲夏至仲秋间，花朵在卵形的被毛中绿色叶片之上开放。在易受冻害的气候条件下，应该种植在背风的温暖向阳的墙壁基部。

栽培 种植在排水良好的土壤中，喜全日照。幼株应该在能够免遭霜害的环境里越冬。

☀ ◊ ♀ ❀❀
株高45～60厘米 冠幅45厘米

草原鼠尾草, 红脉组

Salvia pratensis Haematodes Group

为观赏期短的多年生植物，有时以红脉鼠尾草（*S.haematodes*）的名称出售，大型的深绿色叶片自基部簇生。在初夏与仲夏时，向外展开的花穗由大量的喉部颜色较浅的蓝紫色花朵所构成，自叶丛中部抽生。能够为花坛增色，补缺，可以给花坛填空，或在容器里进行栽培。'靛蓝'（'Indigo'）为另一个被推荐的具吸引力之品种。

栽培 种植在湿润且排水良好、肥力适中、富含腐殖质的土壤里。应选全日照或轻荫之地进行栽培。

☀ ◊ ♀ ❀❀❀
株高可达90厘米 冠幅30厘米

'五月之夜'林地鼠尾草
Salvia × *sylvestris* 'Mainacht'

为株形规整、具有愉快香气的丛生多年生植物。自初夏至仲夏间，植株能够抽生出靛蓝色花朵所构成的细高的直立密集花穗。狭窄的被柔毛的中绿色叶片长具圆齿。用于草本植物花境能够为叶色银白的植物提供强烈对比。'蓝丘'（'Blauhugel'）与'舞女'（'Tänzerin'）为被推荐的其他品种。

栽培　种植在排水良好的肥沃土壤中，喜日光充足。可在干旱之地生长。在头一批花朵绽蕊后进行修剪，这样能够促使植株以后开花。

☼ ◑ ♡ ❉ ❉ ❉
株高70厘米　冠幅45厘米

沼泽鼠尾草
Salvia uliginosa

沼泽鼠尾草为优美的直立多年生植物。花穗生长在高于叶片的分枝上，自暮春至仲秋间，植株会开放出明蓝色的花朵，叶片披针形，中绿色，缘具齿。用于装饰土壤湿润的花境效果很好，在易受冻害的地区，可于凉冷的展览温室中进行盆栽。

栽培　植株需要栽培在湿润且排水良好的肥沃土壤或基质里。宜选背风、向阳之地。较高的植株需要进行支撑。

☼ ◑ ❉ ❉　株高可达2米　冠幅90厘米

加拿大地榆
Sanguisorba canadensis

加拿大地榆为一种落叶的多年生植物，其具裂的中绿色叶片边缘有齿。暮夏，它能够抽生出艳丽的花穗，乳白色的小花令人眼花缭乱。混栽于草花花境，为草地公园或湿润河畔增添野趣十分理想。

栽培　种植在肥力适中、湿润且排水良好的土壤中，宜选全日照或半阴之地。在生长干旱季节要定期浇水。

☼ ◐ ◊ ✻✻✻
株高可达2米　冠幅60厘米

'金乔紫' 黑果接骨木
Sambucus nigra 'Guincho Purple'

这个黑果接骨木的习见品种为直立灌木，所生长的深绿色具裂叶片在秋季时先变成黑紫色，尔后转为红色。覆以粉色的白色花朵于初夏时开放，具麝香气味，聚生成发扁的大型花簇，随后结出小型的黑色果实。在新建的花园里使用这种栽培历史悠久的植物十分理想，因为它们在较短的时间内就能够成形。

栽培　可种植在任何肥沃的土壤中，喜日光充足，亦耐疏荫环境。为了获得最佳的叶片观赏效果，可于冬季贴着地面剪去所有的枝条，或删除老枝与嫩枝的1/2。

☼ ◐ ◊ ✻✻✻　　株高6米　冠幅6米

绵杉菊
Santolina chamaecyparissus

绵杉菊为树冠圆形的常绿灌木，因其叶片而被种植。细长的被白毛茎秆密缀着狭窄的灰白色具细缺刻的叶片。摘去夏季长出的小型黄色头状花序能够增加叶片的观赏效果。适用于混栽花境或作为低矮的不规则式绿篱使用。如需植株矮小的种类，可参阅小绵杉菊（var. *nana*）。

栽培 种植在排水良好、贫瘠至肥力适中的土壤里，喜全日照。在秋季时清除衰老的花朵，并对细长的枝条进行整形。每到春季对外形凌乱的植株要进行强剪。

☼ ◊ ♀ ✿ ✽ ✽ ✽　　株高50厘米　冠幅1米

'淡黄宝石'迷迭香叶绵杉菊
Santolina rosmarinifolia 'Primrose Gem'

为枝叶繁茂、树冠圆形的常绿灌木，与绵杉菊（*S.chamaecyparissus*）（参阅前页，下文）相似，但具有亮绿色叶片与颜色较浅的花朵。仲夏，花朵在细长的茎秆顶端、于其细缺刻的芳香叶片之上开放。可以用来填补阳地花境的空隙。

栽培 种植在排水良好、贫瘠至肥力适中的土壤里，喜全日照。在秋季时清除衰老的花朵，并修剪细长的枝条。每到春季要对外形凌乱的植株进行强剪。

☼ ◊ ♀ ✿ ✽ ✽ ✽　　株高60厘米　冠幅1米

岩生肥皂草
Saponaria ocymoides

岩生肥皂草为攀爬生长的垫状多年生植物。在夏季时，植株开放着大量细小的浅粉色花朵。被毛的亮绿色叶片小型，卵状。它虽然是株形较小的湿地植物，但作为干燥堤岸、敷石园装饰或岩石园的部分点缀效果极好。品种'密红'（'Rubra Compacta'）比其原种的株形更为规整，能够开放出深红色的花朵。

栽培 可种植在含有粗砂的排水迅速、日光充沛之地。为了保持株形紧凑，在开花后应该进行强剪。

☼ ◊ ♀ ✿✿✿
株高8厘米 冠幅45厘米或更宽

香野扇花
Sarcococca confusa

香野扇花为枝条繁茂的常绿灌木。冬季，植株能够散发出独一无二的香气。簇生的小型白色花朵于仲冬绽放，尔后结出小型的发亮黑色果实。细小的卵形叶片具光泽，深绿色。用做靠近房门或入口的低矮绿篱效果极好。可在大气污染、干燥缺水、环境荫蔽与疏于管理的情况下较好生长。

栽培 种植在湿润且排水良好、肥沃、富含腐殖质的土壤中，应选能够抵御干冷风侵袭的浓荫或半阴之地进行栽培。每年春季要清除枯死枝与受损枝。

❉ ☼ ◊ ♀ ✿✿✿
株高2米 冠幅1米

双蕊野扇花

Sarcococca hookeriana var. *digyna*

这种具香气的常绿灌木，与香野扇花（*S.confusa*）（参阅前页，下文）十分相似，但具有更为紧凑的株形扩展的枝条。在冬季时具有粉色花药、细小的芳香白色花朵在具光泽的，比羽脉野扇花（*S.hookeriana*）更细更尖的叶片间开放，尔后会结出小型的黑色或蓝黑色果实。花朵可以作为良好的切花材料。

栽培 可种植在湿润且排水良好、肥沃、土壤富含腐殖质的荫蔽之地。在春季时将四处扩展的根系掘出，以限制植株向所允许的空间之外生长。

☀ ☀ ◑ ♦ ✤✤✤ 株高1.5米 冠幅2米

山地风轮菜

Satureja montana

山地风轮菜为一种在庭园里不常见的草本植物。它可长成半常绿的小型亚灌木，十分引人注目。深绿色至浅灰色叶片能将整个植株覆盖。花朵迷迭香状，薰衣草粉至紫色，夏季开放，能招引昆虫。芳香的叶片具辛辣气味，可以作为肉类的调味品。

栽培 种植在排水良好、中性至微碱性的全日照之地。

☀ ◊ ✤✤✤
株高40厘米 冠幅20厘米

'詹金斯'虎耳草
Saxifraga 'Jenkinsiae'
这种株形规整、生长缓慢的常绿多年生植物，其灰绿色的叶片呈十分紧凑的垫状生长。初春，大量的具深色花心、单生的杯状浅粉色花朵在红色的细短梗上开放。用于岩石园装饰或种植在木槽中效果很好。

栽培 最好种植在湿润且排水迅速、肥力适中的中性至碱性土壤里，喜全日照。要为植株进行遮荫，使之免遭极其炎热的夏季日光的伤害。

☼ ◊ ♀ ❈ ❈ ❈　株高5厘米　冠幅20厘米

南方系虎耳草
Saxifraga Southside Seedling Group
是一种席地生长的常绿多年生植物，适合种植在有假山的花园里。白色杯形的花朵，带有明显的红色斑点，春末或秋初开放时如繁星密布。类似汤匙的椭圆形浅色叶片在接近地表的位置形成莲座叶。

栽培 适宜干旱、中等肥力的碱性土壤。选择光照充足的地方种植。

☼ ◊ ♀ ❈ ❈ ❈
株高30厘米　冠幅20厘米

‘克莱夫·格里夫斯’ 高加索蓝盆花
Scabiosa caucasica ‘Clive Greaves’

这种外形优美的多年生蓝盆花，开放着单生的薰衣草蓝色花朵，用于点缀乡村花园十分理想。自仲夏至暮夏间，心部呈针垫状的花朵高于灰绿色的叶丛开放，所采摘的花朵特别适合用来进行室内装饰。

栽培　种植在排水良好、肥力适中的中性至微碱性土壤里，喜全日照。摘去残花，以延长植株开花时间。

☼ ◊ ♥ ❀ ❀ ❀　株高60厘米　冠幅60厘米

‘威利莫特小姐’ 高加索蓝盆花
Scabiosa caucasica ‘Miss Willmott’

为丛生多年生植物，与品种‘克莱夫·格里夫斯’（‘Clive Greaves’）（参阅上文）十分相似，但花朵呈白色。它们自仲夏至暮夏间开放，用于插花效果很好。披针形的叶片灰绿色，自植株基部周围长出。适合用来装饰乡村花园。

栽培　种植在排水良好、肥力适中的中性至微碱性土壤里，喜全日照。要摘去残花，以延长植株的开花时间。

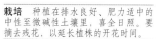

☼ ◊ ♥ ❀ ❀ ❀
株高90厘米　冠幅60厘米

'日出' 裂柱鸢尾

Schizostylis coccinea 'Sunrise'

这种生长旺盛的丛生多年生植物，具有像品种'大花'（'Major'）（参阅上文）相同的外观需求与用途，但有着由秋季开放的鲑粉色花朵所构成的直立花穗。细长的叶片呈剑状，具肋。当作为切花时水养持久。

栽培 最好种植在湿润且排水良好的肥沃土壤里，喜日光充足。在自然条件下，植株会形成拥挤的大丛，但这种状况能够容易地通过春季将其掘出，并进行分栽的方法予以解决。

☼ ◐ ♦ ♀ ❀ ❀ ❀

株高可达60厘米 冠幅30厘米

金松

Sciadopitys verticillata

金松为一种生长缓慢的常绿阔针叶乔木，幼株呈金字塔状，红褐色的树皮易于剥离。当其成形后株形松散，枝条开展，呈下垂状生长。其生长于枝条先端的轮生针状叶显得与众不同，使之成为颇具特色的亮点乔木。把它点缀于混栽的成片常绿树木中，效果更佳。

栽培 种植在肥沃、湿润且排水良好的中性至微酸性土壤中，宜选正午带遮阳的全日照或半阴之地。

☼ ☀ ◐ ♦ ♀ ❀ ❀ ❀

株高10~20米 冠幅6~8米

二叶绵枣儿
Scilla bifolia

为早春开花、具球根的小型多年生植物，能够在乔木与灌木下，或草地上很好生长。微向一侧偏斜的花穗由多数蓝色至紫蓝色的星形花朵所构成，花朵在狭窄的基生叶丛之上开放。

栽培　种植在排水良好、肥力适中、富含腐殖质的土壤里，喜全日照，亦耐疏荫环境。

☀ ◊ ♡ ❈ ❈ ❈
株高8～15厘米　冠幅5厘米

‘图伯根’伊朗绵枣儿
Scilla mischtschenkoana ‘Tubergeniana’

这种矮小的具球根多年生植物，有着比二叶绵枣儿（*S.bifolia*）（参阅上文）开放稍早些的，具颜色较深条纹的银蓝色花朵。当它们群植时，逐渐伸长的花穗与半直立的狭窄中绿色叶片同时长出。能够为开阔的草地营造自然景观。也被称为图伯根绵枣儿（*S.tubergeniana*）。

栽培　种植在排水良好、肥力适中、富含经充分腐熟的有机物之土壤里，喜全日照。

☀ ◊ ♡ ❈ ❈ ❈
株高10～15厘米　冠幅5厘米

'花叶'堪察加景天

Sedum kamtschaticum 'Variegatum'

这种丛生的半常绿多年生植物，具有抢眼的中绿色肉质叶片，微具粉晕，边缘乳白色。小型的黄色星状花朵在暮夏时绽放，这个季节的晚些时候它们转为绯红色。花簇顶部发扁，与叶片形成了很好的对比。适合种植在岩石园与花境里。

栽培 种植在排水良好、含有粗砂的肥沃土壤中。应选全日照之地进行栽培，但植株可耐轻荫环境。

☼ ◊ ♀ ❀❀❀ 株高10厘米 冠幅25厘米

'溢彩红宝石'景天

Sedum 'Ruby Glow'

这种生长缓慢的多年生植物，是用来柔化混栽花境前缘的理想材料。自仲夏至初秋间，小型宝石红色的繁茂星形花朵开放于丛生的微绿紫色叶片之上。富含花蜜的花朵能够吸引蜜蜂、蝴蝶与其他有益昆虫。

栽培 种植在排水良好、夏季能够保持适当湿度的肥沃土壤中。宜选全日照之地进行栽培。

☼ ◊ ♀ ❀❀❀
株高25厘米 冠幅45厘米

'布兰科角' 匙叶景天
Sedum spathulifolium 'Cape Blanco'

为生长旺盛的常绿多年生植物。银绿色的叶片常覆以铜紫色，最里面的部分密被白霜，这些叶片呈垫状生长。夏季，呈小簇生长的星形亮黄色花朵恰好在叶片之上开放。用于点缀木槽或高台花坛极具吸引力。

栽培 种植在排水良好、肥力适中、含有粗砂的土壤里。宜选全日照之地进行栽培，但植株可耐轻荫环境。

☼ ◊ ❀ ❀ ❀ ❀　株高10厘米　冠幅60厘米

'紫叶' 匙叶景天
Sedum spathulifolium 'Purpureum'

这种速生的夏花型多年生植物，常绿的叶片紫色呈莲座状生长，中部叶片被以银白色的厚霜，它们紧密地排列在一起，呈垫状。由小型、亮黄色的星形花朵所构成的扁平花簇在整个夏季里不断长出。适合用来装饰岩石园，或排水良好的阳地花境前缘。

栽培 种植在含有粗砂、肥力适中、排水性好的土壤里，喜日光充足，亦耐疏荫环境。偶尔需要整形，以免侵占其他植物的地盘。

☼ ◊ ❀ ❀ ❀
株高10厘米　冠幅60厘米

'灿烂'华丽景天
Sedum spectabile 'Brilliant'

这个华丽景天（*S.spectabile*）的品种为丛生的落叶多年生植物，具有艳丽的粉色花朵，用于花境前缘效果极佳。生长在肉质茎上的由小型星形花朵所密缀之发扁的花簇，在暮夏时于多肉的灰绿色叶片之上长出。对蜜蜂与蝴蝶具有吸引力的花序，适合在枯萎后留株观赏或进行清除。

栽培 种植在排水良好、夏季能够保持适当湿度的肥沃土壤中，宜选日光充沛之地进行栽培。

☼ ◊ ♀ ✱ ✱ ✱ 株高45厘米 冠幅45厘米

'龙血'高加索景天
Sedum spurium 'Schorbuser Blut'

这种生长旺盛的常绿多年生植物，叶片中绿色，肉质，呈垫状生长，当它们长大后覆以紫色。由星形的深粉色花朵所构成的圆形花簇在暮夏时长出。适合用于岩石园装饰。

栽培 种植在排水良好、肥力适中的中性至微碱性土壤里，喜全日照。可耐轻荫环境。为了促使其开花，每隔三或四年将呈丛生或垫状生长的植株进行分栽。

☼ ☀ ◊ ♀ ✱ ✱ ✱
株高10厘米 冠幅60厘米

紫景天, 紫叶组

Sedum telephium Atropurpureum Group

这种丛生的落叶多年生植物, 其价值在于它那极深的紫色叶片, 与其他植物形成了良好的对比。在夏季与初秋时, 具黄心的诱人的粉色花朵簇生于具浅圆齿的卵形叶片之上。

栽培 种植在排水良好、肥力适中的中性至微碱性土壤里, 喜全日照。每隔三或四年将株丛进行分栽, 以促进植株开花。

☀ ◊ ♡ ❀ ❀ ❀
株高45~60厘米 冠幅30厘米

业平竹

Semiarundinaria fastuosa

业平竹因其硕高、笔直和粗壮的竿给人留下深刻的印象。叶片中绿色, 带紫色条纹, 有光泽, 特别是嫩叶, 显得更亮, 更绿。作为防风屏障或成片栽种十分理想。植株很快能够形成大片景观, 因此要对其根系进行生长限制处理, 以免其过度蔓延。

栽培 种植在湿润且排水良好的向阳或半阴之地。

☀ ☀ ◊ ◊ ♡ ❀ ❀ ❀
株高可达7米 冠幅2米或更高

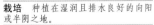

蛛网长生草
Sempervivum arachnoideum

蛛网长生草为垫状的常绿多肉植物，如此称呼是因为其叶片生长着蛛网状白毛。小型的肉质中绿色至红色叶片呈紧密的莲座状排列。夏季，星形的微红粉色花朵所构成的扁平花簇在叶状茎上长出。适合种植在敷石花坛、墙壁缝隙或木槽中。

栽培　种植在含有粗砂、排水迅速、贫瘠至肥力适中的土壤里。宜选全日照之地进行栽培。

☼ ◊ ♡ ❀❀❀　株高8厘米　冠幅30厘米

纤毛长生草
Sempervivum ciliosum

为健壮的常绿多肉植物，向内弯曲的披针形多毛灰绿色叶片呈密集的莲座状生长。整个夏季，植株会长出由微绿黄色的星形花朵所构成的紧凑的扁平花序。在开花后呈莲座状生长的叶片枯萎，但植株能够迅速更新。在冬季十分潮湿的地区，最好种植在高山温室里。

栽培　可种植在含有粗砂、排水迅速、土壤贫瘠至肥力适中的日光充足之地。植株可耐干旱环境，且不喜冬雨或温暖湿润的气候条件。

☼ ◊ ♡ ❀❀❀　株高8厘米　冠幅30厘米

长生草
Sempervivum tectorum

长生草为生长旺盛的垫状常绿多肉植物。厚实的叶片卵形，先端具刚毛，蓝绿色，常呈红紫色，它们呈大型的开展的莲座状生长。夏季，由星形的红紫色花朵所构成的密集花簇生长在直立的被毛梗上。种植在旧瓦片或碎陶片中极具吸引力。

栽培 种植在含有粗砂、排水迅速、贫瘠至肥力适中的土壤里。应选全日照之地进行栽培。

 株高15厘米 冠幅50厘米

'埃尔希·休'荷蜀葵
Sidalcea 'Elsie Heugh'

这个品种的花朵呈螺旋状排列，丝质，紫粉色，具有美丽的流苏状花瓣，仲夏它们在成丛的具有光泽、浅裂的亮绿色叶片之上开放。可种植在混栽花境或草花花境中。花朵是良好的插花材料，为了保证开花繁茂，应及时摘除残花。植株需要裱杆进行支撑。

栽培 最好种植在排水良好的向阳之地。

 株高90厘米 冠幅45厘米

夏弗塔蝇子草
Silene schafta

为丛生的扩展型半常绿多年生植物。在松散的茎秆上生长着小型的亮绿色叶片。自暮夏至秋季间，植株会长出丰满花枝，深洋红色的花朵长管形，花瓣具缺刻。适合用来装饰高台花坛或岩石园。

栽培 种植在排水良好的中性至微碱性土壤里，喜全日照，亦耐明亮的间有荫蔽之地。

☼ ☀ ◊ ♀ ❀ ❀ ❀
株高25厘米 冠幅30厘米

抱茎松香草
Silphium perfoliatum

抱茎松香草的株丛头硕大，能给人以深刻的印象。其头状花序多分枝，花朵杯形，雏菊状，黄色，自仲夏至秋季间在芳香的含树脂的深绿色叶片之上开放。它们能够吸引各种各样的昆虫来授粉。在野生植物园中使用十分理想。这种植物在排水不良之地也能生长。

栽培 种植在向阳或轻荫的湿润之地。

☼ ☀ ◊ ♀ ❀ ❀ ❀　　株高2.5米 冠幅1米

'邱园绿'茴芋（雄株）
Skimmia × confusa 'Kew Green'
（male）
为株形紧凑、呈半圆形的常绿灌木。
植株生长着芳香的具尖中绿色叶片。
圆锥形花穗由春季开放的芳香的乳白
色花朵所构成。植株不结果，但如果
在它们近旁种植着茴芋雌株则能为其
授粉。用于灌木花境或树木园效果很好。

栽培 种植在湿润且排水良好、肥力
适中、富含腐殖质的土壤里。能在全
日照至浓荫环境、大气污染与粗放管
理的条件下生长。可稍做修剪或不做
修剪。

☀ ☀ ◐ ◊ ❅ ❅ ❅
株高0.5～3米 冠幅1.5米

'红云'香茴芋（雄株）
Skimmia japonica 'Rubella' （male）
这种植株强健、呈半圆形的常绿灌木，
在秋季与冬季时生长着深红色的花蕾，
于春季抽生出由芳香的白色花朵所构成
的花序。卵形的叶片具红边。植株不结
果，但能够为近旁的［那里只允许栽
培一种植物，品种'罗伯特·福琼'
（'Robert Fortune'）能使花朵与果
实同时出现在植株上］香茴芋雌株授
粉。可耐污染与滨海环境。

栽培 种植在湿润、肥沃的中性至微
酸性土壤里，喜疏荫或全荫环境。仅
需稍做修剪，但要把破坏株形的枝条
剪掉。

☀ ◐ ◊ ❅ ❅ ❅
株高可达6米 冠幅可达6米

'格拉斯内文' 皱叶茄

Solanum crispum 'Glasnevin'

这种花期长的皱叶茄为速生的不规则型常绿木质藤本。在夏季与秋季时，芳香的深紫蓝色花朵簇生于枝条先端，尔后结出小型的黄白色果实。叶片卵形，深绿色。在寒冷地区稍畏寒，因此应该种植在温暖向阳的墙壁旁。

栽培 可种植在任何湿润且排水良好、肥力适中的土壤里，喜全日照，亦耐半阴环境。在春季时修剪衰弱枝与杂乱枝。随着生长的进行，要对枝条进行绑扎固定。

☼ ☀ ◊ ◑ ♈ ❀ ❀ ❀   株高6米

'白花' 素馨茄

Solanum laxum 'Album'

这种开白花的素馨茄为不规则型半常绿木质藤本。自夏季至秋季间，植株能够长出由具突出的柠檬黄色花药、芳香的星形乳白色花朵所构成的宽阔花簇。它们以后会结出黑色果实。叶片深绿色，卵形。在寒冷地区可能无法存活。

栽培 可种植在任何湿润且排水良好的肥沃土壤中，喜全日照，亦耐半阴环境。在春季时对枝条进行疏剪。需要对攀缘枝进行支撑。

☼ ☀ ◊ ◑ ♈ ❀ ❀ ❀   株高6米

'金苔' 一枝黄花
Solidago 'Goldenmosa'

这种株形紧凑、生长旺盛的一枝黄花为灌木状多年生植物，在暮夏与初秋时，枝条先端抽生出亮金黄色的头状花序。叶片具皱，中绿色。在野生植物园中使用能够体现其价值，亦能为暮夏增色，花朵是良好的切花材料。植株具有侵占性。

栽培 种植在排水良好、贫瘠至肥力适中之地，植株更喜砂质土壤，宜选日光充沛之地进行栽培。将开过花的枝条除去，以防自播。

株高可达75厘米 冠幅45厘米

'太阳王' 槐树
Sophora Sun King

这种灌木状常绿植物与国槐有着亲缘关系，小叶多枚，复叶深绿色。它的优点是自暮冬至初春的较长时间里，当仅有少数植物开花时，它却能绽放出深黄色的花朵。值得一提的是，其花朵经过漫长、炎热的夏季后仍可靓丽如初。可以作为优良的孤植灌木，或种植于混合花境里。

栽培 最好种植在排水良好的向阳之地。

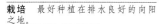

株高3米 冠幅3米

'土黄'白花楸
Sorbus aria 'Lutescens'

这种株形紧凑的白花楸为呈阔圆柱形的落叶乔木，生长着具齿的银灰色卵形叶片，在秋季时转为红褐色与金黄色。簇生的白色花朵于春季开放，尔后结出具褐斑的深红色浆果。它可以作为美丽的孤植乔木，可在多种环境中生长。'宏伟'（'Majestica'）为与之相似，但植株较高，叶片较大的品种。

栽培　种植在湿润且排水良好的肥沃土壤里，喜日光充足。可在黏土很多、环境半阴、城市污染与无遮蔽处的条件下生长。在夏季时要清除所有的枯枝。

☀ ☼ ◐ ◊ ♡ ♧ ❀ ❀ ❀
株高10米　冠幅8米

钝叶湖北花楸
Sorbus hupehensis var.*obtusa*

这个湖北花楸（*S.hupehensis*）的变种为树冠疏散与开展的乔木，能够营造出很好的秋季彩色景观。花期暮春，由白色花朵所构成的宽阔花簇在开放后会结出圆形浆果，当它们在这个季节的晚些时候成熟后会变成深粉色。蓝绿色的叶片分裂成许多小叶，它们在脱落前转为猩红色。

栽培　可种植在任何湿润且排水良好的土壤里，植株更喜全日照之地，但可在轻荫的环境里生长。在夏季时要清除所有的枯枝或病枝。

☀ ☼ ◐ ◊ ♡ ♧ ❀ ❀ ❀
株高可达8米　冠幅可达8米

'约瑟夫摇摆舞' 花楸
Sorbus 'Joseph Rock'

这种阔柱形的直立落叶乔木，具有亮红色的叶片，它们分裂成许多具锐齿的小叶。秋季，色彩诱人的叶片转为橙、红与紫色。暮春，白色的花朵开放于宽阔的花簇上，尔后结出圆形的浅黄色浆果，其在成熟后转为橙黄色。

栽培　种植在湿润且排水良好的肥沃土壤中，喜日光充足。非常易于感染火疫病，其主要症状是叶片发黑，受到感染的枝条，必须在夏季自染病区域之下至少60厘米处进行短截。

☼ ◐ ❀ ❀ ❀ ❀　　株高10米　冠幅7米

铺地花楸
Sorbus reducta

为分枝直立、呈低矮灌丛状生长的落叶灌木，其极具观赏价值的深绿色叶片在秋季时转为艳红色。暮春，植株长出由白色花朵所构成的小型疏散花簇，尔后结出具深红晕的白色浆果。可耐环境污染。

栽培　种植在排水良好、肥力适中的土壤里，宜选开阔、向阳之地。为了使拥挤的植株通风透光，要清除自基部长出的依然幼嫩且柔韧的枝条。

☼ ◐ ❀ ❀　　株高1～1.5米　冠幅2米

川滇花楸
Sorbus vilmorinii

为株形扩展的灌木或小乔木。植株生长着优雅的拱形分枝，深绿色叶片分裂成许多小叶。能够转为橙色或铜红色的脱落性叶片可以营造出令人愉快的秋季景观。簇生的白色花朵在暮春与初夏时开放，尔后在这个季节的晚些时候植株结出黑红色的浆果，随着生长它们先变成粉色，然后变成白色。

栽培 种植在排水良好、肥力适中、富含腐殖质的土壤里，喜全日照或间有荫蔽之地。在夏季时要清除所有的枯枝或病枝。

☀ ☼ ◊ ♡ ✿ ✿ ✿   株高5米 冠幅5米

赤根驱虫草
Spigelia marilandica

为一种美丽的多年生林地植物。其花朵管状，红色，花心淡黄色，初夏在叶片之上开放。可点缀荫蔽环境或森林公园，是招引蝴蝶的理想植物。

栽培 性喜湿润、排水良好、富含腐殖质的半阴之地。应及时剪去残花，以保证秋季二度绽蕊。植株内服具毒性。

☀ ◊ ✿ ✿ ✿   株高30~60厘米 冠幅60厘米

'安东尼·沃特勒' 绣线菊
Spiraea japonica 'Anthony Waterer'
为株形紧凑的落叶灌木，可用来制作很好的规则式花篱。披针形的深绿色叶片边缘常呈乳白色，幼嫩时为红色。由细小的粉色花朵所构成的密集花序于仲夏至暮夏在叶片间长出。

栽培　可种植在任何排水良好、十分肥沃、不会干透的土壤中，喜全日照。在定植时，将骨干枝条保留15厘米长进行修剪，以后每年春季以此为限进行短截。在开花后要剪去残花。

☼ ◇ ❄❄❄ 株高可达1.5米　冠幅可达1.5米

'金焰' 绣线菊
Spiraea japonica 'Goldflame'
这种株形紧凑的落叶观花灌木，生长着幼嫩时呈铜红色的美丽的亮黄色叶片。密集的花序呈压扁状，自仲夏至暮夏间，深粉色的细小花朵绽放于微拱的枝条先端。用于岩石园装饰十分理想。品种 '迷你' （'Nana'）更为矮小，株高仅有45厘米。

栽培　种植在排水良好、不会完全干透的土壤中，喜全日照。在定植时，将骨干枝条保留15厘米长进行修剪，以后每年春季以此为限进行短截。在开花后要剪去残花。

❋ ◇ ❄❄❄ 株高75厘米　冠幅75厘米

'雪山'日本绣线菊

Spiraea nipponica 'Snowmound'

这种生长迅速且树冠扩展的落叶乔木，生长着微红绿色的拱形枝条。由小型白色花朵所构成的密集花穗在仲夏时长出。用于任何灌木花境中均可产生难以替代的装饰效果。圆形的叶片当幼嫩时呈亮绿色，随着生长它们的颜色会逐渐变深。

栽培 可种植在任何肥力适中、在生长季节不会过干的土壤里，喜全日照。在秋季时修剪开过花的枝条，并清除所有弱枝。

☼ ◊ ♡ ❀❀❀
株高1.2~2.5米 冠幅1.2~2.5米

菱叶绣线菊

Spiraea × *vanhouttei*

菱叶绣线菊为生长迅速的落叶灌木。其株形比'雪山'日本绣线菊（*S.nipponica* 'Snowmound'）（参阅上文）更显紧凑，在初夏能够开放出与之相似、但呈丘状簇生的白色花朵。叶片菱形，表面深绿色，背面呈蓝绿色。可作为随意式树篱种植，或用于混栽花境。

栽培 可种植在任何排水良好且不会干透的肥沃土壤中，喜日光充足。秋季，要修剪开过花的枝条，清除所有衰弱枝或受损枝。

☼ ◊ ❀❀❀ 　　　　株高2米 冠幅1.5米

旌节花
Stachyurus praecox

这种株形扩展的落叶灌木，在拱形的铜紫色枝条上生长着卵形的中绿色叶片。悬垂的花穗由细小的钟形浅黄绿色花朵所构成，在暮冬与初春时生长于裸露的枝条上。适合用来装饰灌木花境，可成为树木园中迷人的植物。

栽培 种植在湿润且排水良好、富含腐殖质、肥沃的中性至酸性土壤里。植株更喜疏荫环境，但如果土壤保湿力强，植株可在全日照条件下生长。没有必要定期修剪。

☀◐◐♦♡♥ ✿✿✿
株高1～4米 冠幅3米

巨针茅
Stipa gigantea

巨针茅为被绒毛的常绿多年生草类，狭窄的中绿色叶片密集簇生。夏季，植株顶端开放着银绿色至微紫绿色的花序，当它们衰老后转为金黄色，能够很好地宿存到冬季。在花境后部使用能够营造出令人难忘的景观。

栽培 种植在排水良好的肥沃土壤中，喜全日照。在早春时清除枯叶与残花。

☀◐♡♥ ✿✿✿
株高可达2.5米 冠幅1.2米

安息香
Styrax japonicus

安息香为株形优美、树冠扩展的落叶乔木，生长着由表面常覆以粉色、芳香的钟形花朵所构成的悬垂花簇。自初夏至仲夏间，它们生长在秋季转为黄色或红色的艳绿色卵形叶片间。用于树木园十分理想。

栽培 种植在湿润且排水良好的中性至酸性土壤里，宜选能够抵御干冷风侵袭的全日照之地进行栽培。可在间有荫蔽之地生长。植株能够不加修剪，而任其自然生长。

☼ ◐ ◊ ◦ ♈ ✺ ✺ ✺
株高10米 冠幅8米

玉铃花
Styrax obassia

玉铃花为树冠呈阔柱形的落叶乔木，生长着美丽的圆形深绿色叶片，它们在秋季时转为黄色。初夏与仲夏，芳香的钟形白色花朵在扩展的长花簇上开放。

栽培 种植在湿润且排水良好、肥沃、富含腐殖质的中性至酸性土壤里，宜选能够抵御干冷风侵袭的全日照或疏荫之地进行栽培。植株不喜修剪，可任其自然生长。

☼ ◐ ◊ ◦ ♈ ✺ ✺ ✺
株高12米 冠幅7米

'花叶' 乌普兰聚合草

Symphytum × *uplandicum* 'Variegatum'
这种直立、被刚毛的丛生多年生植物，具披针形的中绿色大型叶片，有着宽阔的乳白色边缘。自暮春至暮夏间，蓓蕾呈粉蓝色的花朵绽放在俯垂之花序上。极其适合用于野生植物园或荫地花境。比绿叶类型的侵占性要差。

栽培　种植在湿润的土壤中，喜日光充足，亦耐疏荫环境。为了获得最佳的叶片观赏效果，于绽蕊前要将花枝剪去。如果栽培在贫瘠或缺肥的土壤里，植株容易长出全绿的叶片。

☼ ◐ ◊ ❀❀❀
株高90厘米　冠幅60厘米

'帕利宾' 蓝丁香

Syringa meyeri 'Palibin'
这种株形紧凑、生长缓慢的落叶灌木，树冠呈圆形，在暮春与初夏时，由芳香的薰衣草粉色花朵所构成的繁茂花簇极具观赏价值。叶片深绿色，卵形。栽培于任何灌木花境中均十分抢眼。有时被记载为帕利宾丁香（*S.palibiniana*）。

栽培　种植在土层深厚、湿润且排水良好的肥沃之地，植株更喜碱性土壤，喜全日照。在最初的几年里要剪去残花，直至植株成形。冬季，要剪掉衰弱枝与受损枝。

☼ ◊ ◗ ❀❀❀
株高1.5~2米　冠幅1.5米

'华丽' 小叶丁香

Syringa pubescens subsp.*microphylla* 'Superba'

这种直立至披散、树冠呈圆锥形的落叶灌木，在细弱的枝条顶端生长着由芳香的玫瑰粉色花朵所构成的花穗。在春季首次开放后，它们将保持有规律的间隔持续绽蕊直至秋季。卵形的中绿色叶片当幼嫩时呈红绿色。可作为良好的植屏或随意式绿篱。品种'金小姐'（'Miss Kim'）的植株较小、更显紧凑。

栽培 种植在湿润且排水良好的肥沃、富含腐殖质的中性至碱性土壤里，喜全日照。在冬季时剪去所有衰弱枝或受损枝。

:☼: ◊ ◖ ♡ ✿ ❀ ❀ ❀

株高可达6米 冠幅6米

'查里斯·乔利' 欧丁香

Syringa vulgaris 'Charles Joly'

这种花色深紫的欧丁香为树冠扩展的灌木或小乔木。浓香的重瓣花朵在暮春与初夏时开放，构成了密集的圆锥形花簇。脱落性叶片呈心形至卵形，深绿色。可在灌木花境或混栽花境中作为背景使用。

栽培 种植在湿润且排水良好的肥沃、富含腐殖质的中性至碱性土壤里，喜全日照。新种的植株仅需极少的修剪，在冬季时要对衰老枝、瘦长枝进行强剪。

:☼: ◊ ◖ ♡ ✿ ❀ ❀ ❀   株高7米 冠幅7米

'凯瑟琳·哈夫迈耶' 欧丁香

Syringa vulgaris 'Katherine Havemeyer'

为树冠扩展的欧丁香，能够生长成大灌木或小乔木，生长着由极香的重瓣薰衣草蓝色花朵所构成的密集花簇。在暮春与初夏时，紫色的花蕾次第开放。脱落性的中绿色叶片呈心形。'安托万·毕希纳夫人'（'Madame Antoine Buchner'）为被推荐的与之十分相似之品种，可以开放出显得有些更深的粉色花朵。

栽培　种植在湿润且排水良好、肥沃、中性至碱性、富含腐殖质的土壤里，喜日光充足。要定期进行覆盖保护。必要时稍做修剪，但植株可耐更新、强剪。

☼ ◐ ◊ ♦ ❀❀❀　　株高7米 冠幅7米

'莱莫因夫人' 欧丁香

Syringa vulgaris 'Madame Lemoine'

这种欧丁香为株形与'凯瑟琳·哈夫迈耶'（'Katherine Havemeyer'）（参阅上文）十分相似的品种，但有着由大型极香的重瓣白色花朵所构成的紧凑花穗。它们在暮春与初夏时抽生于脱落性的心形至卵形中绿色叶片间。'维斯特尔'（'Vestale'）为另一个被推荐的白花单瓣品种。

栽培　种植在土层深厚、湿润且排水良好的肥沃、中性至碱性、含腐殖质丰富的土壤里，喜日光充足。不要修剪幼株，但在冬季时要对老株强剪，以进行更新。

☼ ◐ ◊ ♦ ❀❀❀　　株高7米 冠幅7米

四蕊柽柳

Tamarix tetrandra

这种树冠呈半圆拱形的大型灌木，在紫褐色的枝条上生长着羽状叶片，自仲春至暮春间，植株生长出由淡粉色花朵所构成的羽状花序。叶片退化成细小的针状鳞片。特别适合种植在土质疏松的砂质土壤中。在气候温暖的海滨花园，它能够作为良好的风障或绿篱使用。如需暮夏开花、与之相似的灌木，可参阅'红花'多枝柽柳（*T.ramossissima* 'Rubra'）。

栽培　种植在排水良好的土壤中，喜全日照。在开花后将幼株枝条约剪去一半。每年在开花后进行修剪，否则植株可能会头重脚轻，并容易倒伏。

☼ ◊ ❀ ❄❄❄　　　　株高3米　冠幅3米

'布伦达'红花菊蒿

Tanacetum coccineum 'Brenda'

为灌木状草本多年生植物，因其具黄心的洋红粉色雏菊状花朵而被种植。它们在初夏时生长于直立的花梗上，高于芳香的具细裂的灰绿色叶片开放。切花水养持久。品种'詹姆士·凯尔威'（'James Kelway'）与之十分相似，而品种'艾琳·梅·鲁宾逊'（'Eileen May Robinson'）则能开放出淡粉色的花朵。

栽培　种植在排水良好、肥沃的中性至微酸性土壤里，宜选开阔、向阳之地。在第一次绽蕊后进行修剪，以使其在当季的晚些时候二次开花。

☼ ◊ ❄❄❄　　　　
株高70~80厘米　冠幅45厘米

欧洲红豆杉

Taxus baccata

欧洲红豆杉为生长缓慢、树冠呈阔圆锥形的常绿松柏类植物。针状的深绿色叶片在枝条上排成两列。雄株在春季绽放出黄色的球果状花朵，雌株于秋季生出杯状的肉质亮红色果实。作为枝条繁茂的绿篱使用效果极佳，可经修剪进行造型，也可作为彩色植物的背景。全株具毒性。

栽培　可种植在任何排水良好、肥沃的土壤中，喜日光充足，亦耐浓荫环境。植株可在钙质或酸性之地生长。为了使其结果，要将雌雄二株种在一起。在夏季或初秋时，对植株进行整形或修剪更新。

☀ ◐ ◊ ✿ ✿ ✿ ✿
株高可达20米　冠幅10米

'达沃斯顿金叶'欧洲红豆杉（雌株）

Taxus baccata 'Dovastonii Aurea'
（female）

这种生长缓慢的常绿松柏类植物，具有开阔、水平排列、先端下垂的分枝。它比欧洲红豆杉（*T.baccata*）（参阅上文）株形更小，叶片金黄色，缘具黄边。在秋季时会结出肉质的亮红色果实。这种植物的所有部分，如果内服均会导致中毒。

栽培　种植在排水良好的肥沃土壤中，喜日光充足，亦耐浓荫环境。植株可在钙质或酸性环境生长。将雄株与其紧密地种在一起，以确保能够看到秋季挂果之景观。在夏季或初秋时，对植株进行整形或修剪更新。

☀ ◐ ◊ ✿ ✿ ✿ ✿
株高3～5米　冠幅2米

'扫帚'欧洲红豆杉（雌株）

Taxus baccata 'Fastigiata' (female)

欧洲红豆杉为枝条繁茂、直立性强的常绿松柏类，随着生长树冠呈柱状。其深绿色叶片不像其他的红豆杉那样排成两列，而是环绕枝条向外突出生长。均为雌株，在暮夏时生长着肉质的浆果状艳红色果实。如果内服则全株均具毒性。

栽培 可种植在任何保水力强的土壤中，植株可抵御多数包括极为干旱、钙质土壤等不良条件，喜全日照，亦耐浓荫环境。将雄株与其种植在一起，以确保收获到果实。如果必要的话，在夏季或初秋时，对植株进行整形或修剪更新。

☀ ☀ ◐ ◊ ♡ ❖ ❀ ❀ ❀
株高可达10米 冠幅4米

'休伊特'偏翅唐松草

Thalictrum delavayi 'Hewitt's Double'

为直立的丛生多年生植物，它比偏翅唐松草（*T.delavayi*）开花更为繁茂。自仲夏至初秋间，植株能够长出花期持久的绒球状艳紫红色花朵所构成的直立花枝。具细裂的中绿色叶片生在茎秆背阴处呈淡紫色的细弱枝条上。用于草本植物花境，使之成为叶片与花朵色彩更鲜明的植物之后衬托效果极佳。

栽培 种植在湿润且排水良好、富含腐殖质的土壤中，喜日光充足，亦耐轻荫环境。每隔数年要分株一次，并重新栽种，以保持植株旺盛生长。

☀ ☀ ◐ ◊ ♡ ❖ ❀ ❀ ❀
株高1.2米或更高 冠幅60厘米

灰叶唐松草

Thalictrum flavum subsp.*glaucum*

这种黄花唐松草的亚种，为夏季开花的丛生多年生植物。呈直立状的花序大型，花朵芳香，呈硫黄色，高于中绿色的叶片开放。用于林地边缘效果很好。

栽培 最好种植在湿润、富含腐殖质的土壤里，喜疏荫环境。植株可在日光充足与干旱之地生长。花枝可能需要进行裱杆。

☼ ◐ ◊ ♦ ♡ ❀ ❀ ❀

株高可达1米　冠幅60厘米

‘霍姆斯楚普’欧美崖柏

Thuja occidentalis ‘Holmstrup’

这个欧美崖柏的灌木状品种为树冠呈圆锥状、生长缓慢的松柏类植物。其繁茂的中绿色叶片具苹果香气，列生于垂直的小枝上。小型的卵形球果在叶片间长出。可单独种植作为孤植乔木或用来组建绿篱。

栽培 种植在土层深厚、湿润且排水良好的土壤里，宜选能够抵御干冷风侵袭的全日照之地进行栽培。如果必要的话，在春季或暮夏时对植株进行整形。

☼ ◊ ♦ ♡ ❀ ❀ ❀

株高可达4米　冠幅3~5米

'莱茵河黄金' 欧美崖柏

Thuja occidentalis 'Rheingold'

这种株形扩展、生长缓慢的灌木状松柏类，其价值在于它那金黄色的叶片，当其幼嫩时覆以粉色，而冬季则变为青铜色。小型的卵形球果生长在具苹果香气、鳞状叶片所组成的波浪状花枝间。作为孤植乔木效果很好。

栽培　种植在土层深厚、湿润且排水良好的土壤里，宜选背风、向阳之地。在春季与暮夏时对植株进行整形，但注意不要破坏树形。

☼ ◊ ◐ ✿ ❊ ❊ ❊
株高1～2米　冠幅3～5米

'迷你金叶' 东方崖柏

Thuja orientalis 'Aurea Nana'

这种株形低矮的中国崖柏为树冠呈卵形的松柏类植物，其树皮呈纤维性，红褐色。黄绿色的叶片经过冬季之后变为青铜色，列生于扁平的直立小枝上。烧瓶状的球果生长于叶片间。用于岩石园装饰效果很好。

栽培　种植在土层深厚、湿润且排水良好的土壤里，宜选能够抵御干冷风侵袭的日光充足之地进行栽培。在春季里对植株进行整形，如果必要的话，可于暮夏时再行此项操作。

☼ ◊ ◐ ❊ ❊ ❊
株高可达60厘米　冠幅可达60厘米

'斯托纳姆金' 褶叶崖柏
Thuja plicata 'Stoneham Gold'

这个褶叶崖柏的生长缓慢、植株低矮的品种，为树冠呈圆锥形的松柏类植物。红褐色树皮有裂缝，小枝呈压扁状，亮金黄色的芳香叶片排列规则，在植株内部的鳞状叶片呈极深的绿色。小型球果呈椭圆状。用于岩石园十分理想。

栽培 种植在土层深厚、湿润且排水良好的土壤里，宜选能够抵御干冷风侵袭的全日照之地进行栽培。在春季时对植株进行整形，可于暮夏再行此项操作。

☼ ◐ ◊ ♦ ♥ ❀❀❀❀ 株高可达2米 冠幅可达2米

大花老鸦嘴
Thunbergia grandiflora

大花老鸦嘴为生长旺盛的常绿木质藤本，在寒冷的气候条件下常做一年生植物栽培。呈薰衣草蓝至紫罗兰蓝色，有时为白色的喇叭状花朵喉部黄色，于夏季集生在悬垂的花簇上。卵形至心形的深绿色叶片被柔毛。

栽培 种植在湿润且排水良好的肥沃土壤或基质里，喜日光充足。要为植株在全天最热时段进行遮荫。要对攀缘生长的枝条进行支撑。环境温度不宜低于10℃。

☼ ◐ ◊ ♦ ♥ 株高5～10米

'伯特伦·安德森'柠檬百里香

Thymus pulegioides 'Bertram Anderson'

为植株低矮、树冠圆形的常绿灌木，生长着小型的着以明显黄色的狭窄灰绿色叶片。它们具芳香，能够用于烹饪。由浅薰衣草粉色花朵所构成的花序在夏季里抽生于叶片之上。为草药园中的迷人植物。有时以'安德森金'（'Anderson's Gold'）的名称出售。

栽培 种植在排水良好的中性至碱性土壤里，喜全日照。在开花后进行整形，如果需要的话，同时采下用于烹饪的嫩枝。

☀ ◊ ♈ ❀❀❀
株高可达30厘米 冠幅可达25厘米

猩红百里香

Thymus serpyllum var.*coccineus*

为垫状的常绿亚灌木。植株生长着被细毛的拖曳枝条，叶片细小，具芳香，中绿色。深红粉色的花朵呈拥挤的螺旋状于夏季开放。适合栽培在铺石路面的裂缝间，当它们在那里被踩踏时，叶片会释放出香气。也可能有资料记载为'猩红'早花百里香（*T.praecox* 'Coccineus'）。

栽培 种植在排水良好、含有粗砂、中性至碱性的土壤里。宜选全日照之地。在开花后进行轻剪，以保持株形规整。

☀ ◊ ❀❀❀
株高25厘米 冠幅45厘米

'银皇后'柠檬百里香
Thymus 'Silver Queen'
这种树冠圆形的常绿灌木，与品种'伯特伦·安德森'（'Bertram Anderson'）（参阅前页，上文）相似，但生长着银白色的叶片。大量的长圆形薰衣草粉色花朵在整个夏季里开放。可种植在草药园中，芳香的叶片能够用于烹饪。

栽培 种植在排水良好的中性至碱性土壤里，喜全日照。在开花后进行整形，如果需要的话，可同时采下用于烹饪的嫩枝。

☼ ◊ ⚲ ♡ ✲ ✲ ✲
株高可达30厘米 冠幅可达25厘米

心叶黄水枝
Tiarella cordifolia
这种生长旺盛、夏季开花的常绿多年生植物，通常称作泡沫花，因其细小的星状乳白色花朵而得名。它们密集地生长在直立的花枝上，高于在秋季时转为铜红色的具裂的浅绿色叶片开放。在树木园中作为地被植物十分理想，与之相似的植物有韦利黄水枝（*T. wherryi*）。

栽培 最好种植在凉爽、土壤湿润、富含腐殖质之地，喜浓荫或轻荫环境。植株可在多种类型的土壤中生长。

株高10～30厘米 冠幅可达30厘米

'垂柄'椴树
Tilia 'Petiolaris'

'垂柄'椴树在大型庭园里能够长成树冠开阔的乔木。其枝条优雅，心形的嫩叶春季鲜绿色，当成熟后变为深绿色，在秋季脱落前转为黄色。看起来虽不起眼的细小花朵，极具观赏价值，能够散发出浓香，夏季开放，它们很受蜜蜂的喜爱。

栽培 种植在湿润且排水良好的向阳或轻荫之地。

株高30米　冠幅20米

'塔夫金'驮子草
Tolmiea menziesii 'Taff's Gold'

为株形扩展、丛生的半常绿多年生植物。植株生长着常春藤状、具长梗的浅柠檬绿色叶片，覆以乳白色与浅黄色相间的斑驳。在暮春与初夏时，许多细小的俯垂、微具香气的绿色与巧克力色相间的花朵开放于细长的直立花穗上。可成片种植，用以覆盖树木园的地面。

栽培 种植在湿润且排水良好、富含腐殖质的土壤中，喜疏荫或浓荫环境。阳光会将叶片灼伤。

株高30～60厘米　冠幅1米

络石

Trachelospermum jasminoides

络石为常绿木质藤本，具诱人的卵形、发亮的深绿色叶片。极香的花朵呈乳白色，随着开放变为黄色，花萼5裂，扭曲。它们自仲夏至暮夏间开放，尔后结出细长的种荚。在寒冷地区应种植在背风、温暖向阳的墙壁前，用深厚的覆盖物保护好植株基部。也被推荐的品种有'花叶'（'Variegatum'）。

栽培　可种植在任何排水良好、肥力适中的土壤里，喜全日照，亦耐疏荫环境。要对嫩枝进行捆绑固定。

☀ ◐ ◊ ♡ ❀ ❊　　　　　　株高9米

棕榈

Trachycarpus fortunei

为最强健的棕榈类植物之一。它具有单独的直立主干，深绿色叶片扇形，先端呈指状。初夏，植株能够长出缀满黄色小花的悬垂花序，随后雌株能够结出小型的黑色球形浆果。在气候温暖地区，它是一种装饰荫蔽庭院的良好盆栽植物，也可用来美化露天花园。

栽培　最好种植在排水良好、向阳的疏荫之地。

☀ ◐ ◊ ♡ ❀ ❊
株高20米　冠幅2.5米

'威格林'安德森紫露草

Tradescantia × *andersoniana*
'J.C.Weguelin'

这种簇状的多年生植物，能够绽放出大型、具有3枚阔三角形花瓣的浅蓝色花朵，它们自初夏至早秋间成对簇生于分枝先端。稍呈肉质的中绿色叶片细长，具尖，呈拱形生长。用于混栽花境或草本植物花境中能够给人留下深刻印象。

栽培 种植在湿润的肥沃土壤中，喜日光充足，亦耐疏荫环境。摘去残花，以促使植株二次绽蕊。

☼ ❀ ◑ ◊ ❊❊❊

株高60厘米　冠幅45厘米

'鱼鹰'安德森紫露草

Tradescantia × *andersoniana* 'Osprey'

这种丛生的多年生植物，自初夏至早秋间，在直立的花梗先端成簇开放着大型的白色花朵。每朵花具有3枚三角形的花瓣，被2片叶状苞片所围绕。中绿色的叶片细长，常覆以紫色。为用于混栽花境或草本植物花境中的花期很长的植物，与开放着深蓝色花朵的品种'伊希斯'（'Isis'）混栽显得十分有趣。

栽培 种植在湿润且排水良好的肥沃土壤中，喜日光充足，亦耐疏荫环境。摘去残花，以避免植株自播。

☼ ❀ ◑ ◊ ❊❊❊

株高60厘米　冠幅45厘米

台湾油点草
Tricyrtis formosana

为直立的草本多年生植物，因其带紫点的白色星形花朵而被种植。在初秋时，它们生长于被柔毛的之字形花梗上，高于抱茎的披针形深绿色叶片开放。为装饰荫蔽的花境或开阔的树木园之难得植物。

栽培　种植在湿润、含丰富腐殖质的土壤中。宜选背风的浓荫或疏荫之地进行栽培。在冬季时，要为不喜厚雪覆埋的植株提供深厚的覆盖物进行保护。

❄ ☀ ◐ ◖ ♡ ❀❀❀

株高可达80厘米　冠幅45厘米

大花延龄草
Trillium grandiflorum

大花延龄草为生长旺盛的丛生多年生植物，因其在凋谢时变为粉色、具3瓣的大型纯白色花朵而被种植。它们在春季与夏季时开放在细长的枝条上，高于3枚轮生的大型的深绿色近圆形叶片。与玉簪一起群栽能给人留下深刻印象。品种'重瓣'（'Flore Pleno'）开放着重瓣花朵。

栽培　种植在湿润且排水良好、富含腐叶的中性至酸性土壤里，喜浓荫或轻荫环境。每年秋季要为植株提供落叶进行覆盖保护。

❄ ☀ ◐ ◖ ♡ ❀❀❀

株高可达40厘米　冠幅30厘米

'橙香公主' 庭园金梅草

***Trollius* × *cultorum* 'Orange Princess'**
这种金梅草为生长强健、开放着橙金色花朵的丛生多年生植物，它们在暮春与初夏时开放于中绿色的叶片之上。叶片呈圆形，由5枚裂片组成*，每枚裂片具深缺刻。为湖畔、河边或湿润的花境增添亮丽色彩效果很好。如需欣赏亮黄色花朵，可选择另外的与之相似的品种'金山'（'Goldquelle'）。
（*：原著为其5枚圆形裂片，实际是整个叶片呈圆形，而不是裂片呈圆形。——译者注）

栽培 最好种植在黏重、湿润的肥沃土壤中，喜全日照，亦耐疏荫环境。在第一次绽蕊后，将枝条进行强剪，以促使植株二次开花。

☼ ☀ ◐ ♦ ✿✿✿
株高可达90厘米 冠幅45厘米

'赫敏·格拉修夫' 旱金莲

***Tropaeolum majus* 'Hermine Grashoff'**
这种花朵重瓣的旱金莲为生长势强、常不规则生长的一年生攀缘植物，亮红色的花朵有长距，在夏季与秋季时开放于缘波状的浅绿色叶片之上。种植在吊篮与其他容器中效果极佳。

栽培 种植在湿润且排水良好、十分贫瘠的土壤中，喜全日照。需要对攀缘生长的枝条进行支撑。环境温度不宜低于2℃。

☼ ◐ ♦ ✤
株高1~3米 冠幅1.5~5米

美丽金莲花
Tropaeolum speciosum

美丽金莲花为生长势弱的草本攀缘植物。在整个夏季与秋季里，植株能够开放出具长距的亮朱红色花朵。当它们凋谢后结出小型的亮蓝色果实。中绿色的叶片分裂成数枚小叶。与叶片完全呈深色的篱栽植物种植在一起能够给人留下深刻印象，它们能够很好地反衬出其花朵的美感。

栽培 种植在湿润、富含腐殖质的中性至酸性土壤里，喜全日照，亦耐疏荫环境。要对根部进行遮阴，并支撑攀缘生长的枝条。

☀ ◐ ◊ △ ♥ ❀ ❀ ❀ ❀　　株高可达3米

'杰德洛'加拿大铁杉
Tsuga canadensis 'Jeddeloh'

这个加拿大铁杉的矮生品种，为呈瓶状生长的小型松柏类植物。其微紫灰色的树皮具明显的沟槽，亮绿色的叶丛由沿着枝条排成两列的针状叶所构成。作为荫蔽之地的小型孤植乔木效果极好，也常用于盆景制作。

栽培 种植在湿润且排水良好、富含腐殖质的土壤中，宜选能够抵御干冷风侵袭的全日照或疏荫之地进行栽培。在夏季时对植株进行整形。

☀ ◐ ◊ △ ♥ ❀ ❀ ❀　　株高1.5米 冠幅2米

金花淑女郁金香

Tulipa clusiana var.*chrysantha*

这种开黄花的淑女郁金香为具球根多年生植物，花朵在早春至仲春间开放。碗状至星形的花朵外侧覆以红色或褐紫色，可达3朵簇生于每根花葶上，在线状的灰绿色叶片之上开放。适合用来装饰高台花坛或岩石园。

栽培 种植在排水良好的肥沃土壤中，应选能够抵御强风侵袭的全日照之地进行栽培。在开花后去掉残花，并清除所有凋谢的花瓣。

☼ ◊ ♡ ❀ ❀ ❀ 　　　　　株高30厘米

亚麻叶郁金香

Tulipa linifolia

这种生长势弱、变化较大的具球根多年生植物，在早春与仲春时，能够开放出碗状的红色花朵。它们在具波状红色边缘的线状灰绿色叶片之上绽放，花瓣具黄边，在其基部有黑紫色斑痕。用于岩石园效果很好。

栽培 种植在排水迅速的肥沃土壤中，应选能够抵御强风侵袭的全日照之地进行栽培。在开花后去掉残花，并清除所有凋谢的花瓣。

☼ ◊ ♡ ❀ ❀ ❀ 　　　　　株高20厘米

亚麻叶郁金香，巴塔林组
Tulipa linifolia Batalinii Group

为生长势弱的具球根多年生植物，常以巴塔林郁金香（*T.batalinii*）的名称出售。植株能够开放出单生、内侧具深黄色或青铜色斑痕的碗状浅黄色花朵。自早春至仲春时，它们绽蕊于有波状红色边缘的线状灰绿色叶片之上。可在春季花坛中使用，花朵能够作为良好的切花材料。

栽培 种植在排水迅速的肥沃土壤中，应选能够抵御强日照侵袭之地进行栽培。在开花后去掉残花，并清除所有凋谢的花瓣。

　　　　　株高35厘米

土耳其郁金香
Tulipa turkestanica

这种具球根多年生植物，在早春与仲春时于每根花葶上能够开放出数量可达12朵的星形白色花朵。它们的外侧具微绿灰色晕，中部黄色或橙色。线状的灰绿色叶片列生于花朵之下。可种植在岩石园或阳地环境。要远离道路或空间密闭之处，因为它的花朵具有令人不愉快的气味。

栽培 种植在排水迅速的肥沃土壤中，应选能够抵御强风侵袭的全日照之地进行栽培。在开花后去掉残花，并清除所有凋谢的花瓣。

　　　　　株高30厘米

郁金香品种

Tulipa cultivars

这些郁金香的栽培品种，为春季开花的具球根多年生植物，比其他任何春季绽蕊的球根花卉有着更为丰富的花色，例如，锌黄色的'汉密尔顿'（'Hamilton'）、紫罗兰紫色的'蓝苍鹭'（'Blue Heron'）与复色的红、白、蓝色相间的'英国国旗'（'Union Jack'）。这些色彩差异使它们在为花园增添变化上，起到了无法替代的作用，或群植于大型容器里，或成片栽培在花坛、混栽花境中。花形也富于变化，还有常见的杯形花朵，像'梦幻世界'（'Dreamland'），也有花朵呈圆锥形、高脚杯形与星形的品种。可作为良好的切花材料。

栽培　种植在排水良好的肥沃土壤中，宜选能够抵御强风与过多雨水的日光充足之地进行栽培。清除已经凋谢的花瓣。当叶片枯萎时掘出鳞茎，并于夏季储存在凉冷的温室中，以使之成熟。在秋季时将最大的鳞茎重新栽种。

☼ ◊ ❀❀❀

株高15厘米

株高60厘米

株高50厘米

株高40厘米

株高50厘米

株高30厘米

1 '婢女'郁金香（*Tulipa* 'Ancilla'）♀ 2 '蓝苍鹭'郁金香（*T.* 'Blue Heron'）♀
3 '中国粉'郁金香（*T.* 'China Pink'）♀ 4 '唐吉歌德'郁金香（*T.* 'Don Quichotte'）♀
5 '汉密尔顿'郁金香（*T.* 'Hamilton'）♀ 6 '东方之光'郁金香（*T.* 'Oriental Splendour'）

7　'梦幻世界' 郁金香（*T.* 'Dreamland'）♀8　'皇冠' 郁金香（*T.* 'Keizerskroon'）♀
9　'艾琳公主' 郁金香（*T.* 'Prinses Irene'）♀10　'希巴王后' 郁金香（*T.* 'Queen of Sheba'）♀
11　'小红帽' 郁金香（*T.* 'Red Riding Hood'）♀12　'春绿' 郁金香（*T.* 'Spring Green'）♀
13　'英国国旗' 郁金香（*T.* 'Union Jack'）♀14　'西点军校' 郁金香（*T.* 'West Point'）♀

大花悬阶草
Uvularia grandiflora

大花悬阶草为生长缓慢、株形扩展的丛生多年生植物，植株能够开放出单生或成对生长的有时覆以绿色的黄色狭钟形花朵。在仲春与暮春时，它们自纤弱的直立茎秆上优雅地悬垂生长，于先端朝下的披针形中绿色叶片之上开放。用于荫地花境或树木园效果绝佳。

栽培　种植在湿润且排水良好、含腐殖质丰富的肥沃土壤中，喜浓荫或疏荫环境。

☀ ◐ ◐ ☿ ♈ ❄❄❄
株高可达75厘米　冠幅30厘米

蓝莓
Vaccinium corymbosum

蓝莓为枝条繁茂、喜酸性土壤的落叶灌木，枝条呈微拱状生长。卵形的叶片中绿色，在秋季时转为黄色或红色。自暮春与初夏间开放的小型、常覆以粉色的白色花朵呈悬垂状簇生，尔后结出味甜、可食的蓝黑色浆果。适合用来装饰树木园，在无石灰质的土壤中生长最好。

栽培　种植在湿润且排水良好、泥炭质或砂质的酸性土壤中，喜日光充足，亦耐轻荫环境。在冬季时对植株进行整形。

☀ ◐ ◐ ☿ ♈ ❄❄❄　株高1.5米　冠幅1.5米

蓝白越橘

Vaccinium glaucoalbum

为丘状、枝叶繁茂的常绿灌木，植株生长着椭圆形的背面呈亮微蓝白色的革质深绿色叶片。在暮春与初夏时，极小的覆以粉色的白色花朵呈悬垂状簇生，尔后结出能够食用的被白霜的蓝黑色浆果。适合用来装饰土壤不含石灰质的树木园。

栽培 种植在开阔、湿润且排水良好、泥炭质或砂质的酸性土壤中。喜日光充足，亦耐疏荫环境。在春季时对植株进行整形。

☼ ☀ ◊ ♦ 🏆 ❄❄

株高50～120厘米 冠幅1米

越橘，珊瑚组

Vaccinium vitis-idaea Koralle Group

这些能够挂果很多的越橘为匍匐生长的常绿灌木，生长着卵形发亮的深绿色叶片，在其顶端有浅缺刻。在暮春与初夏时，小型的钟形白色至深粉色花朵聚生成密集的俯垂花簇。随后结出大量圆形的亮红色的可食、但味道酸的浆果。作为土壤不含石灰质的树木园之地被植物效果很好。

栽培 最好种植在泥炭质或砂质、湿润且排水良好的酸性土壤里，喜全日照，亦耐疏荫环境。在春季时对植株进行整形。

☼ ☀ ◊ ♦ 🏆 ❄❄❄

株高25厘米 冠幅不确定

具苞伞兰
Veltheimia bracteata

为具球根的多年生植物。叶片基生，厚实，蜡质，带状，具光泽，深绿色，呈莲座状生长，在春季时，自其间生出直立的花梗，其顶部有由其黄点的管状粉紫色花朵所构成的密集花簇。为需要进行保护的不同寻常之植物，要在暖房或展览温室中越冬。

栽培 秋季种植球根，要使其颈部刚好与土表齐平，盆栽基质为添加了粗砂的壤土。宜选全日照之地进行栽培，当叶片枯萎时减少浇水。在植株休眠阶段应保持土壤处于微潮状态。环境温度不宜低于2～5℃。

☀ ◊ ♀ ❀   株高45厘米　冠幅30厘米

藜芦
Veratrum nigrum

为令人难忘的具根茎多年生植物，高大且直立的具分枝花穗自基生、呈莲座状生长、具褶的中绿色叶片丛中长出，它由许多微红褐色至黑色花朵所构成。小型的星状花朵于暮夏开放，散发着令人不愉快的气味，因此要选择湿润、荫蔽之地进行栽培，而不能将其种植在与道路或院落距离过近之处。

栽培 种植株在土层深厚、肥沃、湿润且排水良好、添加了有机物的土壤里。如果种植在全日照条件下，必须要保证土壤保持湿润。要将植株栽培在可以免遭干冷风侵袭之地。在秋季或初春时，对生长拥挤的植株进行分栽。

☀ ☀ ◊ ◊ ♀ ❀ ❀ ❀
株高60～120厘米　冠幅60厘米

蚕状毛蕊花
Verbascum bombyciferum

这种毛蕊花为十分高大的多年生植物。基部叶片呈莲座状生长，被浓密的具光泽的银白色茸毛所覆盖。观赏时间不长，密被银白色毛、呈硫黄色的花朵在高大直立的花穗上尽展美姿后，植株地上部枯萎。可用于大型花境或在野生植物园中通过其自播来营造自然景观。

栽培 可种植在碱性、贫瘠、土壤排水良好的日光充沛之地。将植株栽培在肥沃的土壤里，植株可能会长出长势更为旺盛的枝条，因此可能需要对其进行支撑。如果需要的话，可于春季对植株进行分栽。

❁ ◊ ❀❀❀
株高1.8米 冠幅可达60厘米

'科茨沃尔德美人'毛蕊花
Verbascum 'Cotswold Beauty'

为植株高大、观赏期短的常绿多年生植物，可以为许多大型花境增添亮丽色彩。在初夏至暮夏的很长时间里，植株会长出由心部颜色较深的碟形桃粉色花朵所构成的直立花穗。这些塔状花穗生长在多数靠近植株基部簇生的具皱的灰绿色叶片之上。它能够为野生植物园或疏林花园营造自然景观。

栽培 最好种植在排水良好、贫瘠、土壤呈碱性的日光充沛之地。在肥沃的土壤里，植株会长得更高，并需要进行支撑。如果需要的话，可在春季时进行分株。

❁ ◊ ♈ ❀❀❀
株高1.2米 冠幅45厘米

矮毛蕊花
Verbascum dumulosum

这种常绿亚灌木，其小型的树冠呈扩展状半圆形。被浓密茸毛的灰色或灰绿色叶片，着生在被白毛的茎秆上。自暮春与初夏时，中部呈红紫色的小型碟状黄色花朵簇生于叶片间。在寒冷地区，可种植在温暖向阳墙壁的细小缝隙中。

栽培　最好种植在砂质、排水迅速的肥力适中之地，植株更喜碱性土壤。喜全日照。应该进行遮蔽，以防过多的冬雨冲淋。

☀ ◊ ♡ ❀

株高可达25厘米　冠幅可达40厘米

'盖恩斯伯勒'毛蕊花
Verbascum 'Gainsborough'

这种观赏期短的半常绿多年生植物，其价值在于它那整个夏季排成塔尖状开放的碟形柔黄色花朵。多数呈卵形的灰绿色叶片自茎秆基部成莲座状生长。为装饰草本植物花境或混栽花境的十分美丽、花期很长的植物。

栽培　种植在排水良好的肥沃土壤中，宜选开阔的向阳之地。通常观赏期短，植株在冬季时易于采用根插的方法进行繁殖。

☀ ◊ ♡ ❀ ❀ ❀

株高可达1.2米　冠幅30厘米

'利蒂希娅' 毛蕊花
Verbascum 'Letitia'

这种枝叶繁茂、植株呈圆形的常绿亚灌木，在整个夏季里能够不断开放出大量的中部呈微红紫色的小型明黄色花朵。具规则齿的披针形灰绿色叶片生长在簇生的花朵之下。适合用来装饰高台花坛或岩石园。在凉冷的气候条件下，可种植于温暖且受保护的干燥石墙缝隙中。

栽培　最好种植在排水迅速、十分肥沃的碱性土壤中，喜日光充足。应选不会受到过多的冬雨侵扰之地进行种植。

☼ ◊ ♡ ❀ ❀

株高可达25厘米　冠幅可达30厘米

阿根廷马鞭草
Verbena bonariensis

为一种显得很高的花境植物，点缀在庭园里效果极佳，栽培容易。仲夏，它那高大、纤细的茎秆比多数多年生植物都高，没有谁能将它们遮挡住。鲜艳的紫罗兰色花朵在小型花序上绽放，这种状况能够持续到秋季，从而为栽培环境招蜂引蝶。

栽培　种植在湿润且排水良好的向阳之地。

☼ ◊ ◊ ❀ ❀ ❀

株高1.5米　冠幅50厘米

'西辛赫斯特'马鞭草
Verbena 'Sissinghurst'

为垫状多年生植物。自暮春至秋季间——特别是夏季，植株能够长出大量由小型亮洋红粉色花朵所构成的圆形花序。深绿色的叶片具缺刻与齿。种植在道路旁或木桶里效果极好。在寒冷地区要于温室中越冬。

栽培 种植在湿润且排水良好、肥力适中的土壤或基质里。宜选全日照之地。

☀ ◊ ♡ ✿

株高可达20厘米 冠幅可达1米

拟龙胆婆婆纳
Veronica gentianoides

这种初夏开花、呈垫状生长的多年生植物，抽生于叶丛间直立的花穗上，开放着浅蓝色或白色的杯状花朵。基生的深绿色叶片，阔披针形，具光泽。用于装饰花境边缘效果极好。

栽培 种植在湿润且排水良好、肥力适中的土壤里，喜全日照或轻荫之地。

☀ ◐ ◊ ♡ ✿ ✿ ✿

株高45厘米 冠幅45厘米

匍匐婆婆纳

Veronica prostrata

匍匐婆婆纳为枝叶繁茂、呈垫状生长的多年生植物。初夏，在攀爬的枝条先端所长出的直立花穗上开放出碟状浅蓝至深蓝色花朵。小型的亮绿色至中绿色叶片狭窄，具齿。可种植在岩石园中。被推荐的品种还有'斯波德陶瓷蓝'（'Spode Blue'）。

栽培 最好种植在湿润且排水良好、贫瘠至肥力适中的土壤里。宜选全日照之地。

☼◊♀☼ ❀❀❀

株高可达15厘米 冠幅可达40厘米

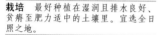

灰叶穗花婆婆纳

Veronica spicata subsp.*incana*

灰叶穗花婆婆纳为多年生植物，全株被银色茸毛，呈垫状生长。自初夏至暮夏间，高大的花穗上开放着星形的蓝紫色花朵。狭窄的叶片被银毛，具齿。用于岩石园十分理想。被推荐的品种有开放着亮蓝色花朵的'温迪'（'Wendy'）。

栽培 种植在排水良好、贫瘠至肥力适中的土壤里，喜全日照。要对植株进行保护，使之免遭冬雨侵扰。

☼◊ ❀❀❀ 株高30厘米 冠幅30厘米

'黎明'博德南特荚蒾
Viburnum × *bodnantense* 'Dawn'

为落叶灌木。具齿的深绿色叶片呈明显的直立状生长，在它们幼嫩时呈青铜色。自暮春至秋季间，在裸露的枝条上，小型的管状、具浓香的深粉色花朵聚生成复伞形复伞花序，随着开放逐渐变白，之后结出不大的蓝黑色果实。'查尔斯·拉蒙特'（'Charles Lamont'）为这种灌木的另外之可爱品种，与'德本'（'Deben'）一样，开放着近白色的花朵。

栽培 可种植在任何土层深厚、湿润且排水良好的肥沃之地，喜全日照。对于生长着较多老枝的植株，在开花后要将它们中的最老者齐根剪去。

☀ ◐ ◊ ▽ ❀❀❀　　　株高3米 冠幅2米

卡尔荚蒾
Viburnum × *carlcephalum*

这种生长旺盛、树冠圆形的落叶灌木，生长着在秋季时转红的阔心形、具规则齿的深绿色叶片。由小型芳香白色花朵所构成的圆形花序，于暮春时抽生在叶片间。适合用来装饰灌木花境或树木园。

栽培 可种植在任何土层深厚、能够保水的肥沃土壤里。可在向阳或半阴之地生长。必要时稍做修剪。

☀ ◑ ◊ ▽ ❀❀❀　　　株高3米 冠幅3米

川西荚蒾
Viburnum davidii

为株形紧凑的常绿灌木。叶丛呈半圆形，由具3条明显叶脉的深绿色卵形叶片所组成。暮春，细小的白色管状花朵在发扁的花序上开放，在这个季节的晚些时候雌株生长着细小、可供观赏的卵形金属蓝色果实。进行群植看起来效果很好。

栽培 最好种植在土层深厚、湿润且排水良好的肥沃土壤里，喜日光充足，亦耐半阴环境。要将雄株与雌株种在一起，以确保植株结果。如果要想使植株保持规整的外形，在春季时要将凌乱的枝条短截，以促发苗壮的枝条，或自植株基部进行修剪。

☼ ☀ ◐ △ ◊ ❀❀❀
株高1~1.5米 冠幅1~1.5米

香荚蒾
Viburnum farreri

这种粗壮、直立的落叶灌木，生长着具齿的深绿色卵形叶片。其在幼嫩时呈青铜色，于秋冬里转为红紫色。在冬季与初春的温暖时节里，小型的花朵具芳香，白色或覆以粉色，密集地簇生于裸露的枝条上。在随后的时间里，它们偶尔会结出细小的亮红色果实。

栽培 可种植在任何保湿性好且排水顺畅的肥沃土壤里，喜全日照，亦耐疏荫环境。在开花后要对老枝进行疏剪。

☼ ◐ △ ◊ ❀❀❀ 株高3米 冠幅2.5米

'金果' 欧洲荚蒾

***Viburnum opulus* 'Xanthocarpum'**

为生长旺盛的落叶灌木。其生长着具裂的中绿色枫树状叶片，在秋季时它们会转为黄色。由耀眼的白色花朵所构成的扁平花序，于暮春与初夏里长出，尔后能够结出大簇的球形亮黄色浆果。'诺卡'（'Notcutt's Variety'）与'紧密'（'Compactum'）为被推荐的能够结出红色浆果之品种，后者的植株更小，高度仅达1.5米。

栽培 可种植在任何湿润且排水良好的土壤里，喜日光充足，亦耐半阴。在开花后要将较老的枝条剪去，以保持通风透光。

☼ ☀ ◊ ◔ ▽ ❀ ❀ ❀ ❀
株高5米 冠幅4米

'玛利埃斯' 雪球荚蒾

***Viburnum plicatum* 'Mariesii'**

为株形扩展的落叶灌木。植株生长着明显的具层叠排列的枝条，繁茂的具齿的深绿色心形叶片，在秋季时会转为红紫色。暮春，碟形的白色花朵生长在球形的花边帽状花序上。植株可结出不多的浆果，如需挂果很多的品种，可参阅'罗瓦林'（'Rowallane'）。

栽培 可种植在任何排水良好、十分肥沃的土壤里，喜日光充足，亦耐半阴环境。除了在植株开花后，在不破坏株形的前提下，将受损枝剪去外，仅需稍对植株进行修剪。

☼ ☀ ◊ ▽ ❀ ❀ ❀
株高3米 冠幅4米

'伊夫·普赖斯' 地中海荚蒾
Viburnum tinus 'Eve Price'

这种株形十分紧凑的常绿灌木，有着茂密的深绿色叶片。从冬季至春季的相当长的时间里，蓓蕾呈粉色的细小之星形白色花朵绽放于发扁的花序上，它们以后会会结出小型的深蓝色果实。能够作为随意式绿篱种植。

栽培 可种植在任何湿润且排水良好、肥力适中的土壤里，喜日光充足，亦耐疏荫环境。在植株开花后要整枝或修剪，以使植株保持所需的外形。

☀ ◐ ◊ ♦ ♨ ✻✻✻ 　株高3米　冠幅3米

'花叶' 蔓长春花
Vinca major 'Variegata'

这个蔓长春花的花叶品种为常绿亚灌木，也被称为'Elegantissima'。其枝条纤细，卵形的叶片深绿色，边缘呈乳白色。在仲春至秋季的相当长的时间里，植株能够开放出深紫罗兰色的花朵。适合用来覆盖荫蔽的堤岸地面，但是植株可能具有侵占性。

栽培 可种植在任何湿润且排水良好的土壤里。可在浓荫的环境下生长，但植株在非全日照的条件下开花最好。

☀ ◐ ◊ ♦ ♨ ✻✻✻
株高45厘米　冠幅不确定

'墨紫' 小蔓长春花
Vinca minor 'Atropurpurea'

这个小蔓长春花的品种为垫状生长的地被型灌木，能够开放出深色的花朵，具细长的拖曳状枝条。在仲春至秋季的相当长的时间里，深李紫色的花朵在卵形的深绿色叶片间开放。如需浅蓝色花朵的品种，可选择'格特鲁德·杰基尔'（'Gertrude Jekyll'）。

栽培 可种植在任何除十分干旱之外的土壤里，为了获得最好的开花效果，应该保持全日照，但其在疏荫条件下也能很好生长。为了控制植株生长，可于早春对枝条进行强剪。

☼ ☀ ◊ ○ ♡ ❀❀❀❀
株高10～12厘米 冠幅不确定

角堇
Viola cornuta

角堇为株形扩展的常绿多年生植物，能够开放出大量有淡香的具距的紫罗兰至丁香蓝色花朵，花瓣分得较开，在靠下的花瓣上具白色斑痕。自春季至夏季时，花朵在绿色的卵形叶片间开放。适合用于装点岩石园。白花组的角堇会开放出白色花朵。

栽培 种植在湿润且排水良好、贫瘠至肥力适中的土壤里，喜日光充足，亦耐疏荫环境。在开花后进行修剪以保持株形紧凑。

☼ ☀ ◊ ○ ♡ ❀❀❀❀
株高可达15厘米 冠幅可达40厘米

'顽童'堇菜
Viola 'Jackanapes'

为生长强健的丛生常绿多年生植物。枝条扩展，生长着卵形的具齿亮绿色叶片。带有淡紫色条纹的具距的金黄色花朵自暮春与夏季间开放，上部花瓣呈深微褐紫色。用于容器栽培或小型花坛效果很好。

栽培　种植在湿润且排水良好、十分肥沃的土壤中，喜全日照，亦耐半阴。观赏期通常较短，但植株易于在春季时通过播种进行繁殖。

☼ ◑ ◊ ○ ☙ ✿✿✿

株高可达12厘米　冠幅可达30厘米

'内莉·布里顿'堇菜
Viola 'Nellie Britton'

这种丛生的常绿多年生植物，具有扩展型枝条，在夏季相当长的时间里能够开放出大量带距的微粉紫红色花朵。椭圆形的中绿色叶片具齿，有光泽。适合用于装饰花境前缘。

栽培　最好种植在排水良好且湿润、肥力适中的土壤里，喜全日照，亦耐疏荫环境。及时剪去残花有助于延长花期。

☼ ◑ ◊ ○ ☙ ✿✿✿

株高可达15厘米　冠幅可达30厘米

紫葛葡萄
Vitis coignetiae

紫葛葡萄为生长迅速的落叶攀缘植物。其生长着大型、心状、具浅裂的深绿色叶片，当秋季时变为亮红色。小型的蓝黑色葡萄状果实在秋季里长出。倚墙种植或攀附在格子架上生长。

栽培 种植在排水良好的中性至碱性土壤里，喜日光充足，亦耐半阴环境。将植株栽培在贫瘠的土壤中，则在秋季时其叶色最美。于定植后需对枝条进行摘心，并使生长最强健者发育成骨干枝，每年仲冬要对其进行短截。

☀ ☀ ◊ ♀ ❀ ❀ ❀   株高15米

'紫叶'葡萄
Vitis vinifera 'Purpurea'

这个葡萄的品种为落叶木质藤本。叶片紫色，圆形，具裂，边缘有齿，它们在幼嫩时被白毛，在脱落前先转为李紫色，后变为深紫色。细小的白绿色花朵在夏季凋谢后于秋季里结出小型的紫色葡萄。可种植在坚固的篱栅或棚架旁，或牵引到大型灌木或乔木之上任其攀爬。

栽培 种植在排水良好的微碱性土壤中，喜日光充足，亦耐半阴。将植株栽培在贫瘠的土壤中，则在秋季时其叶色最美。每年仲冬要对已经成形的植株进行短截。

☀ ☀ ◊ ♀ ❀ ❀ ❀   株高7米

'弗利斯紫'锦带花
Weigela florida 'Foliis Purpureis'

为株形紧凑的落叶灌木。植株生长着拱形枝条，自暮春与初夏间，能够开放出簇生的内侧颜色浅的漏斗状深粉色花朵。叶片丛生，铜绿色，卵形，先端渐尖。可耐环境污染，因此用于都市花园十分理想。

栽培　最好种植在排水良好、肥沃、富含腐殖质的土壤中，喜全日照。在每年植株开花后，要将一些较老的分枝自与地表齐平处进行短截。

☼◊✿❀❀❀　株高1米　冠幅1.5米

'花叶'锦带花
Weigela 'Florida Variegata'

为枝叶繁茂的落叶灌木。大量的内侧颜色较浅的漏斗状深粉色花朵簇生，自暮春与初夏间，绽放于具吸引力的有白边的灰绿色叶片间。适合用于混栽花境或开阔林地。可在城市污染的环境中生长。此外，还有美丽的彩叶品种'花叶'早花锦带花（'Praecox Variegata'）。

（*：原著为*Weigela* 'Florida Variegata'，正确为'Variegata'。——译者注）

栽培　可种植在任何排水良好、肥沃、富含腐殖质的土壤中，喜全日照。在每年植株开花后，要将一些最老的分枝剪去。

☼◊✿❀❀❀　株高2~2.5米　冠幅2~2.5米

'白花'多花紫藤

Wisteria floribunda 'Alba'

这个多花紫藤品种为生长迅速的木质藤本，能够开放出白色的花朵，生长着亮绿色的具裂叶片。在初夏时，芳香的豌豆状花朵开放于十分长的俯垂花穗上；豆形的柔绿色蒴荚通常随后长出。可靠着墙壁栽培，倚着乔木或顺着外形优美的拱门攀爬。

栽培　种植在湿润且排水良好的肥沃土壤中，喜日光充足，亦耐疏荫环境。在夏季时要对新枝进行短截，并于暮冬去掉徒长的枝条，以促进开花。

☀ ◑ ◊ ♨ ♡ ✿ ✤ ✤ 　　株高9米或更高

美国紫藤

Wisteria frutescens 'Amethyst Falls'

这种美国原产的紫藤不像亚洲紫藤那样生长过快，所以十分适合种植在小型花园。在晚春开出悬挂的簇状花朵散发出丁香花般的香味，夏季有时会再次开花。靠墙或是沿着阳光充足的篱笆，或在大容器中种植。需要坚固的支撑物。

栽培　生长在湿润且排水良好的肥沃土壤，喜阳光充足或半荫之地。在成株之前要经常浇水。如果需要，可在暮冬修剪。

☀ ◑ ◊ ◊ ✿ ✤ ✤
株高3~6米　冠幅1~2米

紫藤

Wisteria sinensis

紫藤为生长旺盛的落叶攀缘植物，能够生长出由芳香的豌豆状丁香蓝至白色花朵所构成的悬垂状修长花穗。它们在亮绿色的具裂叶片间长出，随后常常结出豆形柔绿色种荚。'白花'（'Alba'）为能够开放出白色花朵的品种。

栽培　种植在湿润且排水良好的肥沃土壤中。宜选背风的日光充足或疏荫环境之地。在暮冬时对长枝进行短截，以保留2或3芽为宜。

☼ ◐ ◊ ♤ ♥ ❀ ❀ ❀　　株高9米或更高

'金边'丝兰

Yucca filamentosa 'Bright Edge'

为近无茎的丛生灌木。坚硬的披针形深绿色叶片具黄色阔边，长度可达75厘米，自基部呈莲座状生长。由俯垂的覆以绿色或乳白色的钟状白色花朵所构成的高大花穗可达2米或更高，花期仲夏至暮夏。可作为花境或庭院的构架植物。品种'花叶'（'Variegata'）的叶片具白边。

栽培　可种植在任何排水良好的土壤中，喜全日照。在花期结束时去掉残花。在寒冷或易受霜害的地区，要对植株进行覆盖保护越冬。

☼ ◊ ❀ ❀ ❀　　株高75厘米　冠幅1.5米

'象牙白' 软叶丝兰

Yucca flaccida 'Ivory'

为近无茎的常绿灌木。繁茂的健壮叶片自植株基部簇生。由俯垂的钟状白色花朵所构成的高大花穗可达1.5米或更高，花期仲夏至暮夏。深蓝绿色的叶片稀疏，呈弯曲或直线状披针形，自基部呈莲座状生长。能够在海滨花园与砂质壤土中存活。

栽培　可种植在任何排水良好的土壤中，但在炎热、干燥的日光充沛之地植株开花最好。在寒冷或易受霜害的地区，要对植株进行覆盖保护越冬。

☼ ◌ ❀ ❀ ❀　株高55厘米 冠幅1.5米

马蹄莲

Zantedeschia aethiopica

马蹄莲为丛生的多年生植物，花朵相对较小，自暮春至仲夏间，植株能够不断绽放出近直立的乳黄色花朵，随后抽生出箭头状的长叶。温暖地区植株常绿。能够作为浅水地区的水边植物栽培。在寒冷地区，植株可能无法存活。

栽培　最好种植在湿润且排水良好、含腐殖质丰富的肥沃土壤中。宜选全日照或疏荫之地进行栽培。在寒冷或易受霜害的地区，要为植株提供大量覆盖物进行越冬。

☼ ☀ ◌ ▲ ❀ ❀ ❀　
株高90厘米 冠幅60厘米

‘绿色女神’马蹄莲

Zantedeschia aethiopica ‘Green Goddess’

这个马蹄莲品种为生长强健的丛生多年生植物，能够开放出绿色的花朵，温暖地区植株常绿。自暮春至仲夏间，中部呈白色的直立花朵在暗绿色箭头状叶片之上开放。用于能够进行遮蔽以免严霜侵袭的浅水之地效果很好。

栽培　种植在湿润、富含腐殖质的肥沃土壤中。宜选全日照或疏荫之地进行栽培。在寒冷或易受霜害的地区，要为植株提供大量的覆盖物进行越冬。

☼ ☀ ◑ ○ ♈ ✿ ✿ ✿

株高90厘米　冠幅60厘米

‘都柏林’加州蜂雀花

Zauschneria californica ‘Dublin’

这个落叶的加州蜂雀花品种为丛生多年生植物，有时被称为‘Glasnevin’。在暮夏与初秋间，植株能够开放出大量的管状亮红色花朵。灰绿色的叶片披针形，具毛。能够为干燥的石墙或花境提供引人入胜的晚季色彩。在冬季寒冷的气候条件下，应种植在温暖向阳的墙壁旁。

栽培　最好种植在排水良好、肥力适中的土壤里。应选能够抵御干冷风侵袭的全日照之地进行栽培。

☼ ○ ♈ ✿ ✿ ✿

株高可达25厘米　冠幅可达30厘米

花卉配植指导

春季盆栽花卉

桶栽或盆栽的常绿植物、亮丽的春季花卉与球根花卉，在寒冷的冬日节令为庭院带来了令人愉悦之感。应对土壤进行调整，使之适合于不同的植物；例如，山茶与杜鹃能够种植在杜鹃花专用基质中。要将栽培着早春开花植物的容器置于背风之处，如果需要的话，在整个冬季里要为植株浇水，并于春季枝条开始萌芽前施用液体肥料。

'白纹'吊钟百子莲
Agapanthus campanulatus 'Albovittatus'
多年生植物，不耐寒　由柔蓝色花朵所构成的大型花序，在具白色条纹的叶片之上开放。
株高90厘米　冠幅45厘米

'卡特林之最'匍匐筋骨草
Ajuga reptans 'Catlin's Giant'
✿ 多年生植物　绿色的叶片丛生，花穗由蓝色的花朵构成。
株高60厘米　冠幅90厘米

'鲍洛利'岩白菜
Bergenia 'Ballawley'
多年生植物　　　　　　　　　　120页

'风流女'山茶（山茶品种）
Camellia japonica Cultivars
✿ 常绿灌木　　　　　　　132~133页

'贡献'威廉斯山茶
Camellia × *williamsii* 'Donation'
✿ 常绿灌木　　　　　　　　　136页

'歌女'木瓜
Chaenomeles Speciosa 'Geisha Girl'
✿ 灌木　花朵半重瓣，柔舍黄色。
株高1米　冠幅1.2米

'迷你灰叶'美国扁柏
Chamaecyparis lawsoniana 'Minima Glauca'
✿ 常绿灌木　为叶片呈蓝绿色，株形规整的小型松柏类植物。
株高60厘米

'粉巨人'雪光花
Chionodoxa forbesii 'Pink Giant'
球根花卉　花朵粉色，星形，中部白色。
株高10~20厘米　冠幅3厘米

萨蒂亚雪光花
Chionodoxa sardensis
✿ 球根花卉　花朵星形，亮蓝色，在早春时开放。
株高10~20厘米　冠幅3厘米

'女杀手'金菖红花
Crocus chrysanthus 'Ladykiller'
球根花卉　　　　　　　　　　380页

'球根花卉　花朵白色，具香气，花蕾被紫色条纹。
株高7厘米　冠幅5厘米

'麦雷托恩·鲁比'肉粉欧石楠
Erica carnea 'Myretoun Ruby'
✿ 常绿灌木　株形扩展，粉色花朵随着开放颜色会逐渐加深。
株高15厘米　冠幅45厘米

'蜂鸟'常春藤
Hedera helix 'Kolibri'
✿ 常绿灌木　枝条呈拖曳状生长，叶片具白绿相间的花斑。
株高45厘米

'哈勒姆城'风信子
Hyacinthus orientalis 'City of Haarlem'
✿ 球根花卉　　　　　　　　　295页

'吉普赛皇后'风信子
Hyacinthus orientalis 'Gipsy Queen'
✿ 球根花卉　具香气的花朵橙色或粉色。
株高25厘米

'蜀葵'风信子
Hyacinthus orientalis 'Hollyhock'
球根花卉　密集的花穗由红色的重瓣花朵所构成。
株高20厘米

'紫珍珠'风信子
Hyacinthus orientalis 'Violet Pearl'
球根花卉　穗状花序，小花具香气，紫水晶色，花瓣边缘颜色较淡。
株高25厘米

'金帝'英国冬青
Ilex × *altaclerensis* 'Golden King'
✿ 常绿灌木　　　　　　　　　303页

'蓝球'勿忘草
Myosotis 'Blue Ball'
✿ 二年生植物　株形紧凑，花朵天蓝色。
株高15厘米　冠幅20厘米

'锡兰'水仙
Narcissus 'Ceylon'
球根花卉　　　　　　　　　　380页

'欢乐' 水仙
Narcissus 'Cheerfulness'
球根花卉　　　　　　　　　　　380页

小型水仙
Narcissus small daffodils
球根花卉　　　　　　　　　378～379页

'森林之火' 马醉木
Pieris 'Forest Flame'
♡ 常绿灌木　　　　　　　　　　434页

'韦克赫斯特' 弗氏马醉木
Pieris formosa var.*forrestii* 'Wakehurst'
♡ 常绿灌木　　　　　　　　　　434页

'纯洁' 马醉木
Pieris japonica 'Purity'
♡ 常绿灌木　　为开放着白色花朵的株形紧凑的品种，嫩枝颜色较浅。
株高1米　　冠幅1米

报春花，金边组
Primula Gold-Laced Group
♡ 多年生植物　　　　　　　　　447页

'吉尼维尔' 报春花
Primula 'Guinevere'
♡ 多年生植物　　　　　　　　　447页

杜鹃，睫宝组
Rhododendron Cilpinense Group
♡ 常绿灌木　　　　　　　　　　476页

'麻鹬' 杜鹃
Rhododendron 'Curlew'
♡ 常绿灌木　　小型的密集花束由亮黄色花朵所构成。
株高60厘米　　冠幅60厘米

'博士' 杜鹃
Rhododendron 'Doc'
♡ 常绿灌木　　　　　　　　　　476页

'霍姆布什' 杜鹃
Rhododendron 'Homebush'
♡ 灌木　　　　　　　　　　　　470页

'母亲节' 杜鹃
Rhododendron 'Mother's Day'
♡ 常绿灌木　　为开放着亮红色花朵的常绿杜鹃。
株高1.5米　　冠幅1.5米

'雷鸟' 杜鹃
Rhododendron 'Ptarmigan'
♡ 常绿灌木　　　　　　　　　　476页

'苏珊·威廉斯' 杜鹃
Rhododendron 'Susan' J.C. Williams
♡ 常绿灌木　　　　　　　　　　473页

'杏黄美人' 郁金香
Tulipa 'Apricot Beauty'
球根花卉　植株可以开放出色彩柔和、呈鲑粉色的非常美丽之花朵。
株高35厘米

'科德角' 郁金香
Tulipa 'Cape Cod'
球根花卉　黄色的花朵有红色条纹，在具美丽斑驳的叶片之上开放。
株高20厘米

'尼斯狂欢节' 郁金香
Tulipa 'Carnaval de Nice'
球根花卉　花朵具红色与白色条纹，看起来像重瓣芍药。
株高40厘米

金花淑女郁金香
Tulipa clusiana var.*chrysantha*
♡ 球根花卉　　　　　　　　　　554页

郁金香，品种
Tulipa Cultivars
球根花卉　　　　　　　　　556～557页

'唯我独尊' 艳丽郁金香
Tulipa praestans 'Unicum'
球根花卉　叶缘呈乳白色，花猩红色，每茎1～4朵
株高30厘米

'多伦多' 郁金香
Tulipa 'Toronto'
♡ 球根花卉　为能够开放出3～5朵深珊瑚粉色的多头郁金香。
株高25厘米

堇菜，宇宙加盟系
Viola Universal Plus Series
♡ 二年生植物　　花色丰富，整个春季均可开放。
株高15厘米　　冠幅可达30厘米

'丝绒蓝' 堇菜
Viola 'Velour Blue'
二年生植物　株形紧凑，能够开放出大量的小型浅蓝色花朵。
株高15厘米　　冠幅20厘米

夏季盆栽花卉

盆栽花卉能够给没有土壤之地增添色彩，因为在盆器中能够栽种生长持久的植物，或培育一年生植物与畏寒的多年生植物，从而为环境增添更多色彩。对于那些株形较小，季节性强的花卉来说，还可以把它们合栽于一个花槽中以增加观赏价值。它们具有很大的选择余地，但如果想使所种的植物处于最佳状态，应该往往个容器中定期浇水与施肥。

'金丝雀' 苘麻
Abutilon 'Canary Bird'

♀ 灌木，不耐寒　植株多分枝，能够开放出悬垂的黄色花朵。
株高可达3米　冠幅可达3米

大河苘麻
Abutilon megapotamicum

♀ 灌木，不耐寒　　　　　　　　　　61页

碟花百子莲
Agapanthus campanulatus subsp.*patens*

♀ 多年生植物，不耐寒　　　　　　　79页

'温哥华' 银花菊
Argyranthemum 'Vancouver'

♀ 多年生植物　　　　　　　　　　99页

'拉佩尔博士' 铁线莲
Aubrieta 'Red Cascade'

'红瀑' 南庭荠

♀ 多年生植物　　　　　　　　　　109页

Clematis 'Doctor Ruppel'

♀ 攀缘植物　　　　　　　　　　　161页

'金星' 雄黄兰
Crocosmia 'Lucifer'

♀ 多年生植物　　　　　　　　　　184页

'黑刺杏' 双距花
Diascia barberae 'Blackthorn Apricot'

♀ 多年生植物，耐寒性不确定　　　206页

匍生双距花
Diascia vigilis

♀ 多年生植物，不耐寒　枝条匍匐生长，花穗松散，花朵粉色，中部黄色。
株高30厘米　冠幅60厘米

'安娜贝尔' 倒挂金钟
Fuchsia 'Annabel'

♀ 灌木，不耐寒　　　　　　　　　245页

'西莉亚·斯梅德利' 倒挂金钟
Fuchsia 'Celia Smedley'

♀ 灌木，不耐寒　　　　　　　　　246页

'展示' 倒挂金钟
Fuchsia 'Display'

♀ 灌木，不耐寒　植株直立生长，花朵洋红色与粉色。
株高60～75厘米　冠幅45～60厘米

'内莉·纳托尔' 倒挂金钟
Fuchsia 'Nellie Nuttall'

♀ 灌木，不耐寒　　　　　　　　　247页

'积雪' 倒挂金钟
Fuchsia 'Snowcap'

♀ 灌木，不耐寒　　　　　　　　　247页

'欢乐时光' 倒挂金钟
Fuchsia 'Swingtime'

♀ 灌木，不耐寒　　　　　　　　　247页

'塔利亚' 倒挂金钟
Fuchsia 'Thalia'

♀ 灌木，不耐寒　　　　　　　　　247页

'温斯顿·邱吉尔' 倒挂金钟
Fuchsia 'Winston Churchill'

♀ 灌木，不耐寒　花朵重瓣，呈粉色和薰衣草色。
株高45～75厘米　冠幅45～75厘米

勋章花
Gazanias

♀ 多年生植物，不耐寒　　　　　　254页

'法国' 玉簪
Hosta 'Francee'

♀ 多年生植物　　　　　　　　　　291页

'阿伊莎'八仙花
Hydrangea macrophylla 'Ayesha'

♀ 灌木　因其开放的花朵呈杯状而显得不同寻常，与丁香的花朵相似。
株高1.5米　冠幅2米

普赖斯百合
Lilium formosanum var.*pricei*

♀ 多年生植物　　　　　　　　　　347页

麝香百合
Lilium longiflorum

♀ 多年生植物，不耐寒　　　　　　348页

高加索百合
Lilium monadelphum
♀ 多年生植物 349页

晕斑百脉根
Lotus maculatus
♀ 多年生植物，不耐寒　狭窄的银色叶片与在拖曳枝条上的橙色爪状花朵形成对比。
株高20厘米　冠幅不确定

朗氏烟草
Nicotiana langsdorfii
♀ 一年生植物　花穗轻盈，花朵小型，绿色，管状，喇叭状花冠引人注目。
株高可达1.5米　冠幅可达35厘米

骨种菊，品种
Osteospermum Cultivars
♀ 多年生植物，不耐寒 393页

'玫瑰油'天竺葵
Pelargonium 'Attar of Roses'
♀ 多年生植物，不耐寒 404页

观花天竺葵
Pelargonium, Flowering
♀ 多年生植物，不耐寒 406～408页

'哈恩'钓钟柳
Penstemon 'Andenken an Friedrich Hahn'
♀ 多年生植物 410页

'粉贝德'钓钟柳
Penstemon 'Hewell Pink Bedder'
♀ 多年生植物，不耐寒　植株易于开花，多分枝，花朵粉色，管状。
株高45厘米　冠幅30厘米

'紫色风暴'矮牵牛
Petunia×*hybrida* 'Storm Lavender'
一年生植物　为株形紧凑的地被植物，花朵大型。
株高30厘米　冠幅40厘米

'百万蓝钟'矮牵牛
Petunia 'Million Bells Blue'
一年生植物　花朵小型，繁茂。株形紧凑，多分枝。
株高25厘米

'棱镜之光'矮牵牛
Petunia 'Prism Sunshine'
一年生植物　为管理极其容易、开放着大型黄色花朵的品种。
株高38厘米

蓝雪花
Plumbago auriculata
♀ 不规则型灌木，不耐寒 439页

'安娜·福特'月季
Rosa Anna Fora 'Harpiccolo'
♀ 庭院月季 488页

'爱抚'月季
Rosa 'Gentle Touch'
♀ 庭院月季 488页

'母后'月季
Rosa 'Queen Mother'
♀ 庭院月季 489页

'奇妙魔术'月季
Rosa 'Sweet Magic'
♀ 庭院月季 489页

'仙女'月季
Rosa 'The Fairy'
♀ 庭院月季 489页

'剑桥蓝'长蕊鼠尾草
Salvia patens 'Cambridge Blue'
♀ 多年生植物，不耐寒 510页

'奇蓝'紫扇花
Scaevola aemula 'Blue Wonder'
多年生植物，不耐寒　为生长旺盛的蔓生灌木状多年生植物，花朵蓝色，扇形。
株高15厘米　冠幅1.5米

'赫敏·格拉修夫'旱金莲
Tropaeolum majus 'Hermine Grashoff'
攀缘植物，不耐寒 552页

'劳伦斯·约翰斯顿'马鞭草
Verbena 'Lawrence Johnston'
♀ 多年生植物，不耐寒　叶片亮绿色，密缀着火红色花朵。
株高45厘米　冠幅60厘米

'西辛赫斯特'马鞭草
Verbena 'Sissinghurst'
一年生植物　植株扩展，叶片纤细，花朵洋红粉色。
株高可达20厘米　冠幅可达1米

秋季盆栽花卉

秋天为一个变化很大的季节，因为落叶植物的叶片在脱落前颜色会变亮丽。此时多数一年生植物不再开花，但有些植物，特别是畏寒的多年生植物，如倒挂金钟、矮生菊花与大丽花能够继续绽放出它们五彩斑斓的花朵。对于整个花园景观来说，常绿植物能够成为很好的衬景。

'牙买加报春'银花菊
Argyranthemum 'Jamaica Primrose'

🌱 多年生植物，不耐寒　　　　　99页

'北极光'甘蓝
Cabbage 'Northern Lights'

二年生植物　为叶片呈白色、粉色与红色的具褶皱的观赏用甘蓝。

株高30厘米　冠幅30厘米

'金星'美人蕉
Canna 'Lucifer'

畏寒多年生植物　为生长着绿色叶片，开放着具黄边红色花朵的低矮品种。

株高60厘米　冠幅50厘米

'埃尔伍德德'美国扁柏
Chamaecyparis lawsoniana 'Ellwood's Gold'

🌱 松柏类植物　　　　　　　　149页

'朱莉娅·科里冯夫人'铁线莲
Clematis 'Madame Julia Correvon'

🌱 攀缘植物　　　　　　　　　165页

'戈登·布赖恩'光叶鼠刺
Escallonia laevis 'Gold Brian'

常绿灌木　亮黄色的叶片衬托着所开放的粉色花朵。

株高1米　冠幅1米

'深红'尖叶白珠树
Gaultheria mucronata 'Crimsonia'

🌱 常绿灌木　为喜酸性土壤的叶片小巧的灌木，能够结出艳丽的深粉色浆果。

株高1.2米　冠幅1.2米

'伍德布里奇'木槿
Hibiscus syriacus 'Woodbridge'

🌱 灌木　　　　　　　　　　　289页

'三色'莫泽金丝桃
Hypericum × *moserianum* 'Tricolor'

灌木　叶片彩色，狭窄，具粉晕，花朵黄色。

株高30厘米　冠幅60厘米

'紧密'欧洲刺柏
Juniperus communis 'Compressa'

🌱 松柏类植物　　　　　　　325页

桃金娘
Myrtus communis

🌱 常绿灌木　　　　　　　　376页

'火力'南天竹
Nandina domestica 'Firepower'

灌木　株形紧凑，在秋季时叶片与浆果呈红色。

株高45厘米　冠幅60厘米

'花叶'树
Osmanthus heterophyllus 'Variegatus'

常绿灌木　叶片冬青状，边缘乳白色，在秋季时植株开放出具芳香的白色花朵。

株高5米　冠幅5米

'滔滔'黑心菊
Rudbeckia hirta 'Toto'

一年生植物　株形十分紧凑，橙色的花朵具黑色花心。

株高20厘米　冠幅20厘米

'迷你金竹'东方崖柏
Thuja orientalis 'Aurea Nana'

🌱 松柏类植物　　　　　　　544页

'花叶'地中海荚蒾
Viburnum tinus 'Variegatum'

常绿灌木　叶片宽阔，边缘呈乳黄色。

株高3米　冠幅3米

冬季盆栽花卉
少数植物在寒冷的冬月里开花，将它们栽培在容器中，能够使家里看起来显得十分舒适。当门边与窗前，能够使家里看起来显得十分舒适。当万木凋零时，许多常绿植物，特别是彩叶的种类看起来令人愉快。在容器中栽培几年后可将植株移栽到花园中。在极冷的那段时间里，要用泡沫状聚乙烯围住花盆，以保护根系免遭冻害。

'巴豆叶' 日本桃叶珊瑚
Aucuba japonica 'Crotonifolia'
♈ 常绿灌木 110页

小花仙客来
Cyclamen coum
♈ 球根花卉 叶片心形，深绿色，花朵粉色。
株高5～8厘米 冠幅10厘米

'史普林伍德白' 白花欧石楠
Erica carnea f.*abla* 'Springwood White'
♈ 常绿灌木 219页

'亚瑟·约翰逊' 达利欧石楠
Erica×darleyensis 'Arthur Johnson'
♈ 常绿灌木 直立的茎秆上生长着深绿色的叶片，在冬季时植株绽放出粉色花朵。
株高75厘米 冠幅60厘米

'小丑' 扶芳藤
Euonymus fortunei 'Harlequin'
常绿灌木 为株形紧凑的灌木，嫩叶间有很深的白色花纹。
株高40厘米 冠幅40厘米

'花叶' 八角金盘
Fatsia japonica 'Variegata'
♈ 常绿灌木 叶片大型，具裂，边缘白色，成形植株能够开放出乳白色花朵。
株高2米 冠幅2米

'蓝狐' 蓝羊茅
Festuca glauca 'Blaufuchs'
♈ 观赏草类 239页

'桑椹酒' 尖叶白珠树
Gaultheria mucronata 'Mulberry Wine'
♈ 常绿灌木 252页

'伊娃' 常春藤
Hedera helix 'Eva'
♈ 常绿攀缘植物 叶片小型，灰绿色，边缘白色。
株高1.2米

'银း' 枸骨叶冬青
Ilex aquifolium 'Ferox Argentea'
♈ 常绿灌木 305页

'爱尔兰' 欧洲刺柏
Juniperus communis 'Hibernica'
♈ 松柏类植物 株形紧凑，直立，生长着灰绿色针叶。
株高3～5米 冠幅30厘米

'亮银' 斑点野芝麻
Lamium maculatum 'Beacon Silver'
多年生植物 叶片亮银灰色，花朵洋红粉色。
株高20厘米 冠幅1米

月桂
Laurus nobilis
♈ 常绿灌木或小乔木 336页

'约翰·伯奇' 短葶山麦冬
Liriope muscari 'John Burch'
多年生植物 植株草状，叶片具金黄色条纹，花朵紫罗兰色。
株高30厘米 冠幅45厘米

'红云' 香茵芋
Skimmia japonica 'Rubella'
♈ 常绿灌木 527页

川西荚蒾
Viburnum davidii
♈ 常绿灌木 567页

'花舞' 三色堇
Viola 'Floral Dance'
二年生植物 为能够开放出复色花朵的三色堇。
株高15厘米 冠幅可达30厘米

'梅洛 21' 三色堇
Viola 'Mello 21'
二年生植物 为能够开放出21种颜色花朵的三色堇。
株高15厘米 冠幅可达30厘米

'花叶' 凤尾兰
Yucca gloriosa 'Variegata'
♈ 常绿灌木 为直立灌木，叶片具锐尖，边缘黄色。
株高2米 冠幅2米

阳地盆栽花卉

摆放在向阳之地的花盆与花桶能够栽培很多种植物。除多数的花坛植物之外，许多畏寒花卉必须在背风、向阳的温室中度过冬季，同时能够给环境增添异国情调。孤植的花卉最好单独栽种在花盆里，将它们简单地摆放在一起能够形成巧妙的组合。

‘草莓雾’短毛菊
Brachycome ‘Strawberry Mist’
多年生植物，不耐寒　为株形扩展的低矮植物，具羽状叶片与粉色的雏菊状花朵。有时以*Brachyscome*的名称出售。
株高25厘米　冠幅45厘米

澳洲倒挂金钟
Correa backhouseana
🏆 常绿灌木，不耐寒　172页

‘爱尔兰黄昏’春欧石楠
Erica erigena ‘Irish Dusk’
🏆 常绿灌木　自秋季至春季间，植株开放着深粉色的花朵，叶片微灰绿色。
株高60厘米　冠幅45厘米

‘圣安妮塔’蓝雏菊
Felicia amelloides ‘Santa Anita’
🏆 亚灌木，不耐寒　40页

‘科内利森夫人’倒挂金钟
Fuschsia ‘Madame Cornélissen’ *
🏆 灌木　直立生长，能够开放出大量的红白相配的单花。
株高60厘米　冠幅60厘米

‘黎明红条纹’勋章花
Gazania ‘Daybreak Red Stripe’
多年生植物，不耐寒　为可通过播种繁殖的品种，能够开放出具红色条纹的黄色艳丽花朵。
株高可达20厘米　冠幅可达25厘米

‘安·福卡德’老鹳草
Geranium ‘Ann Folkard’
🏆 多年生植物　258页

短茎灰叶老鹳草
Geranium cinereum var.*subcaulescens**
🏆 多年生植物　259页

掌叶老鹳草
Geranium palmatum
🏆 多年生植物，不耐寒　植株具醒目的叶丛，在夏季时于叶片间开放着大型的紫红色花朵。
株高可达1.2米　冠幅可达1.2米

白花玄参木
Hebe albicans
🏆 常绿灌木　272页

‘温德尔夫人’玄参木
Hebe ‘Mrs Winder’
🏆 常绿灌木　植株叶色发深，在暮夏时会开放出具紫晕的紫罗兰色花朵。
株高1米　冠幅1.2米

‘克罗萨帝王’玉簪
Hosta ‘Krossa Regal’
🏆 多年生植物　为生长着直立灰色叶片与由淡紫色花朵所构成的高大花穗之华丽品种。
株高70厘米　冠幅75厘米

‘天蓝’三色牵牛花
Ipomoea scoparium ‘Heavenly Blue’
🏆 一年生攀缘植物　309页

野迎春
Jasminum mesnyi
🏆 攀缘植物，不很耐寒　323页

‘大杂院’香豌豆
Lathyrus odoratus ‘Patio Mixed’
🏆 一年生攀缘植物　335页

‘红绫’帚状红茶树
Leptospermum scoparium ‘Red damask’
🏆 常绿灌木　为相当畏寒的植物，生长着细小的叶片，花朵重瓣，深粉色。
株高3米　冠幅3米

‘凯瑟琳·马拉德’南非半边莲
Lobelia erinus ‘Kathleen Mallard’
多年生植物，不耐寒　为株形规整、开放蓝色重瓣花朵的品种。
株高10厘米　冠幅30厘米

意大利桃金娘
Myrtus communis subsp.*tarentina*
🏆 常绿灌木，不耐寒　377页

'银火花' 骨种菊
Osteospermum 'Silver Sparkler'

❀ 多年生植物，不耐寒　花朵白色，雏菊状，多彩的叶片颜色明亮。
株高45厘米　冠幅45厘米

'紫水晶' 西番莲
Passiflora 'Amethyst'

❀ 攀缘植物，不耐寒　为生长迅速的攀缘植物。在整个夏季里，植株能够开放出美丽的薰衣草色花朵。
株高4米

'克洛林达' 天竺葵
Pelargonium 'Clorinda'

多年生植物，不耐寒　叶片粗糙，具香气，开放着很大的亮粉色花朵。
株高45～50厘米　冠幅20～25厘米

'迪肯月光' 天竺葵
Pelargonium 'Deacon Moonlight'

多年生植物，不耐寒　株形紧凑，浅丁香色的重瓣花朵在规整的叶片之上开放。
株高20厘米　冠幅25厘米

'花束绸' 天竺葵
Pelargonium 'Dolly Varden'

多年生植物，不耐寒　407页

'维斯塔玫瑰粉' 天竺葵
Pelargonium 'Vista Deep Rose'

多年生植物，不耐寒　这种由F2代种子所培育出的植株开放着单色花朵。
株高30厘米　冠幅30厘米

'苹果花' 钓钟柳
Penstemon 'Apple Blossom'

❀ 多年生植物，不耐寒　410页

'鱼鹰' 钓钟柳
Penstemon 'Osprey'

❀ 多年生植物　植株直立生长，花穗由边缘呈粉色的白色花朵所构成。
株高45厘米　冠幅45厘米

'胡椒薄荷' 矮牵牛
Petunia 'Duo Peppermint'

❀ 一年生植物　花朵重瓣，粉色。对恶劣的夏季气候条件，植株具有很强的抵抗力。
株高20厘米　冠幅30厘米

'流浪汉' 新西兰麻
Phormium 'Sundowner'

❀ 多年生植物　425页

地黄
Rehmannia glutinosa

❀ 多年生植物　在细长的枝条上生长着微具黏性的叶片，所开放的花朵呈暗粉色,毛地黄状。
株高15～30厘米　冠幅可达30厘米

蛛网长生草
Sempervivum arachnoideum

❀ 多肉植物　524页

蓝星花
Solenopsis axillaris

❀ 多年生植物，不耐寒　植株呈半圆形，叶片羽状,能够开放出优雅且艳丽的蓝色星形花朵。
株高30厘米　冠幅30厘米

'金叶' 薄荷叶百里香
Thymus pulegioides 'Aureus'

❀ 常绿灌木　为生长缓慢的灌木，具柠檬香气，叶片金色，花朵粉色。
株高30厘米　冠幅可达25厘米

'玛格丽特·朗' 旱金莲
Tropaeolum majus 'Margaret Long'

❀ 多年生植物，不耐寒　株形紧凑，枝条呈拖曳状生长，花朵柔橙色，重瓣。
株高30厘米　冠幅30厘米

尖瓣花
Tweedia caerulea

❀ 多年生植物，不耐寒　为枝条散乱的缠绕性植物，生长着灰色叶片，花朵星状，天蓝色。
株高60厘米米至1米

阴地盆栽花卉

荫蔽环境为难以栽种植物的地方——土壤经常干燥——但是多种有遮蔽的植物能够在那里进行盆栽。应该记住在树木下放置的植株无法接到雨水，因此在全年里应该为它们定期浇水。

夏季要减少施肥。为了给春季增添色彩，可以些球根花卉，而在夏季应该放置一些观花植物。在这里的植物要株形美观，此外也要考虑到色彩搭配。

'深红皇后' 裂叶青枫
Acer palmatum V ar.*Dissectum* 'Crimson Queen'
♀ 灌木　枝条拱形，叶片紫红色，具细齿。
株高3米　冠幅4米

'南十字星座' 藿香蓟
Ageratum 'Southern Cross'
一年生植物　为株形规整、呈灌木状的植物，开放着白蓝相间的被茸毛花朵。
株高25厘米　冠幅25厘米

'彩虹' 匍匐筋骨草
Ajuga reptans 'Rainbow'
多年生植物　具粉色与黄色斑点的青铜色叶片呈毯状生长，花朵蓝色。
株高15厘米　冠幅45厘米

秋海棠，永恒系
Begonia Nonstop Series
♀ 多年生植物，不耐寒　株形紧凑，开放着多色的重瓣花朵。
株高30厘米　冠幅30厘米

'拉维尼娅·玛吉' 山茶
Camellia japonica 'Lavinia Maggi'
♀ 常绿灌木　　　　　　　　　　133页

红盖鳞毛蕨
Dryopteris erythrosora
♀ 耐寒蕨类植物　为多彩的蕨类植物，羽片幼嫩时呈铜红色。
株高60厘米　冠幅38厘米

大羽鳞毛蕨
Dryopteris wallichiana
♀ 耐寒蕨类植物　　　　　　　　212页

'安尼米凯' 熊掌木
× *Fatshedera lizei* 'Annemieke'
♀ 常绿灌木　具匍匐茎，叶片中部呈亮金黄色。有时以'Lemon and Lime'的名称出售。
株高1.2～2米或更高　冠幅3米

八角金盘
Fatsia japonica
♀ 常绿灌木　　　　　　　　　　238页

'美元公主' 倒挂金钟
Fuchsia 'Dollar Princess'
♀ 灌木，不耐寒　植株生长强健，重瓣的花朵，

小型，红色与紫色。
株高30～45厘米　冠幅45～60厘米

'卷边' 常春藤
Hedera helix 'Ivalace'
♀ 常绿攀缘植物　　　　　　　　278页

'曼达冠' 常春藤
Hedera helix 'Manda's Crested'
♀ 常绿攀缘植物　植株呈不规则状生长，叶片卷曲且呈螺旋形，手指状开裂，在冬季时呈紫铜色。
株高1.2米

'王旗' 玉簪
Hosta 'Royal Standard'
♀ 多年生植物　　　　　　　　　292页

'凸叶' 钝齿冬青
Ilex crenata 'Convexa'
♀ 常绿灌木　　　　　　　　　　306页

'黑莓冰' 凤仙花
Impatiens 'Blackberry Ice'
一年生植物　植株具重瓣的紫色花朵与有白色花斑的叶片。
株高可达70厘米

'威斯利蓝' 紫星花
Ipheion uniflorum 'Wisley Blue'
♀ 具球根多年生植物　　　　　　308页

'小石楠' 马醉木
Pieris japonica 'Little Heath'
♀ 常绿灌木　株形紧凑，喜酸性土壤，具白边的叶片在春时带粉晕。
株高60厘米　冠幅60厘米

'福维克猩红' 杜鹃
Rhododendron 'Vuyk's Scarlet'
♀ 常绿灌木　　　　　　　　　　469页

'皇家记忆' 堇菜
Viola 'Imperial Antique Shades'
二年生植物　植株开放着大型的粉色、乳白色与羊皮纸色的花朵。
株高15厘米　冠幅25厘米

吊栽观叶植物

虽说观叶植物是作为吊栽材料的最佳选择，然而它们也要靠观花植物来进行衬托。叶片呈银白色的植物极其广泛地作为观花植物的背景，可从那些呈拖曳状生长的、叶片为黄色、绿色与红色的易养种类中选择色彩鲜艳、反差较大者进行单独栽种，它们也能成为美丽的吊栽植物。

观叶秋海棠

Begonias, foliage

♀ 多年生植物，不耐寒　　112～113页

'**纵纹**' 吊兰

Chlorophytum comosum 'Vittatum'

♀ 多年生植物，不很耐寒　　彩色的叶片狭窄，拱形枝条上生长着小植株。

株高15～20厘米　冠幅15～30厘米

'**花叶**' 欧活血丹

Glechoma hederacea 'Variegata'

多年生植物　枝条下垂，细长，叶片灰绿色，边缘白色。

植株呈拖曳状生长，冠幅可达2米

'**金童**' 常春藤

Hedera helix 'Goldchild'

♀ 常绿攀缘植物　　278页

'**聚光灯**' 长梗蜡菊

Helichrysum petiolare 'Limelight'

♀ 灌木，不耐寒　枝条呈拱形生长，被毡毛的叶片浅绿色，在阳光下呈黄色。

株高1米　冠幅不确定

'**花叶**' 长梗蜡菊

Helichrysum petiolare 'Variegatum'

♀ 常绿灌木，不耐寒　　41页

'**金叶**' 斑点野芝麻

Lamium maculatum 'Aureum'

多年生植物　匍匐生长，亮黄色的叶片具白色斑痕，花朵粉色。

株高20厘米　冠幅1米

贝特洛百脉根

'**澳洲黄昏**' 聚珠菜

Lysimachia congestiflora 'Outback Sunset'

多年生植物，不耐寒　枝条呈半拖曳状生长，叶片呈绿色、乳白色与青铜色，黄色的花朵簇生。

株高15厘米　冠幅30厘米

'**金叶**' 串钱珍珠菜

Lysimachia nummularia 'Aurea'

♀ 多年生植物　　361页

'**斯万兰德花边**' 天竺葵

Pelargonium 'Swanland Lace'

多年生植物，不耐寒　植株呈拖曳状，花朵粉色，叶脉黄色。

株高30厘米　冠幅30厘米

'**斑缘**' 福斯特香茶菜

Plectranthus forsteri 'Marginatus'

多年生植物，不耐寒　叶片具香气，边缘白色。新枝明显呈拱形。

株高25厘米　冠幅1米

'**三色**' 虎耳草

Saxifraga stolonifera 'Tricolor'

♀ 多年生植物　边缘呈红白色的圆形叶片被粉晕，植株生长着成串的小植株。

株高可达30厘米　冠幅30厘米

旱金莲 阿拉斯加系

Tropaeolum Alaska Series

♀ 一年生植物　为易于管理的多分枝旱金莲，叶片间以白色花纹。

株高可达30厘米　冠幅可达45厘米

吊栽观花植物

多数花园与住宅，或没有花园的公寓，可以通过吊栽的观花植物来点缀环境。它们容易种植，有许多令人喜爱的种类可供选择，它们具有很长的花期，植株低矮或呈拖曳状生长。吊栽花卉需要定期浇水与施肥，以保证其在整个夏季能够很好生长与开花。使用自动灌溉系统能够解决假期外出的供水难题。

大河苘麻
Abutilon megapotamicum

♈ 灌木，不耐寒　　　　　　　　　　　　　61页

匍匐铁苋菜
Acalypha reptans

多年生植物，不耐寒　株形扩展，能够绽放出高度不大，红如火焰的猫尾状花朵。

株高15厘米　冠幅60厘米

琉璃繁缕
Anagallis monellii

♈ 多年生植物　株形扩展，叶片小型，植株能够开放出繁茂的亮丽深蓝色花朵。

株高10～20厘米　冠幅40厘米

'柠檬红大烛台' 金鱼草
Antirrhinum 'Candelabra Lemon Blush'

多年生植物，不耐寒　多分枝，花梗拖曳状，花朵浅黄色，被粉晕。

株高38厘米　冠幅38厘米

倒挂金钟秋海棠
Begonia fuchsioides

♈ 多年生植物，不耐寒　枝条拱形，生长着细小的具光泽叶片，花朵粉红或红色，悬垂开放。

株高75厘米　冠幅45厘米

'亮橙' 秋海棠
Begonia 'Illumination Orange'

♈ 多年生植物，不耐寒　　　　　　　　　114页

'艾琳·纳斯' 秋海棠
Begonia 'Irene Nuss'

♈ 多年生植物，不耐寒　　　　　　　　　115页

萨瑟兰秋海棠
Begonia sutherlandii

♈ 多年生植物，不耐寒　　　　　　　　　115页

地被旋花
Convolvulus sabatius

♈ 多年生植物，不耐寒　　　　　　　　　168页

'丁香美女' 双距花
Diascia 'Lilac Belle'

♈ 多年生植物　花穗松散，花朵紫红粉色，植株低矮。

株高20厘米　冠幅30厘米

'金玛琳卡' 倒挂金钟
Fuchsia 'Golden Marinka'

♈ 灌木，不耐寒　　　　　　　　　　　　248页

'杰克·谢安' 倒挂金钟
Fuchsia 'Jack Shahan'

♈ 灌木，不耐寒　　　　　　　　　　　　248页

'坎帕奈拉' 倒挂金钟
Fuchsia 'La Campanella'

♈ 灌木，不耐寒　　　　　　　　　　　　248页

'莉娜' 倒挂金钟
Fuchsia 'Lena'

♈ 灌木，不耐寒　　　　　　　　　　　　248页

'彩瀑' 南非半边莲
Lobelia erinus 'Colour Cascade'

♈ 一年生植物　枝条拖曳生长，花朵呈蓝色、粉色与白色。

株高15厘米　冠幅45厘米

理查森半边莲
Lobelia richardsonii

♈ 多年生植物，不耐寒　植株多分枝，但显得十分稀疏，枝条拖曳生长，叶片小型，花朵蓝色。

株高15厘米　冠幅30厘米

蓝雀花
Parochetus communis

♈ 多年生植物，不耐寒　为生长迅速的蔓性植物，叶片三叶草状，浅蓝色，花朵豌豆状。

株高10厘米　冠幅30厘米

'紫水晶' 天竺葵（同 '菲斯德尔'）
Pelargonium 'Amethyst'　(syn. 'Fisdel')

♈ 多年生植物，不耐寒　　　　　　　　　406页

'莱拉小瀑布' 天竺葵
Pelargonium 'Lila Mini Cascade'

多年生植物，不耐寒　株形紧凑且生长旺盛，花朵单生，粉色。
株高45～50厘米　冠幅15～20厘米

'克劳斯夫人' 天竺葵
Pelargonium 'Madame Crousse'

♀ 多年生植物，不耐寒　植株拖曳生长，花朵半重瓣，粉色。
株高50～60厘米　冠幅15～20厘米

'奥德伯里瀑布' 天竺葵
Pelargonium 'Oldbury Cascade'

多年生植物，不耐寒　株形紧凑，叶片具乳白色斑纹，花朵艳红色。
株高45厘米　冠幅30厘米

'轮盘赌' 天竺葵
Pelargonium 'Rouletta'

♀ 多年生植物，不耐寒　重瓣的花朵白色，具明显的红边。
株高50～60厘米　冠幅15～20厘米

'野猪' 天竺葵
Pelargonium 'The Boar'

♀ 多年生植物，不耐寒　408页

'巴黎城' 天竺葵
Pelargonium 'Ville de Paris'

多年生植物，不耐寒　单生的粉色花朵能够繁茂地开放在悬垂生长的植株上。
株高60厘米　冠幅45厘米

'耶鲁' 天竺葵
Pelargonium 'Yale'

♀ 多年生植物，不耐寒　枝条拖曳生长，半重瓣的亮红色花朵簇生于其上。
株高20～25厘米　冠幅15～20厘米

矮牵牛，爹嗲系
Petunia Daddy Series

一年生植物　花朵大型，具颜色较深的带晕脉纹。
株高可达35厘米　冠幅30～90厘米

'冒险家马可·波罗' 矮牵牛
Petunia 'Macro Polo Adventurer'

一年生植物　大型的亮玫瑰粉色重瓣花朵开放于拖曳生长的植株上。
株高38厘米　冠幅38厘米

'瑟菲妮亚柔粉' 矮牵牛
Petunia 'Surfinia Pastel Pink'

一年生植物　花朵大型，中粉色，开放于能够呈优美拖曳状生长的强壮植株上。
株高23～40厘米　冠幅30～90厘米

'克尼斯纳山' 心叶假马齿苋
Sutera cordata 'Knysna Hills'

多年生植物，不耐寒　植株多分枝，密缀以由细小的浅粉色花朵所构成的花序。
株高20厘米　冠幅60厘米

'雪花' 心叶假马齿苋
Sutera cordata 'Snowflake'

多年生植物，不耐寒　株形扩展，叶片小型，能开放出细小的有5瓣的白色花朵。
株高10厘米　冠幅60厘米

'幻想' 马鞭草
Verbena 'Imagination'

♀ 多年生植物，不耐寒　可进行播种繁殖。枝条松散，花朵小型，深紫罗兰色。
株高38厘米　冠幅38厘米

'塔皮恩粉' 马鞭草
Verbena 'Tapien Pink'

多年生植物，不耐寒　枝条拖曳生长，簇生的小型粉色花朵开放于其上。
株高38厘米　冠幅38厘米

'阳光' 堇菜
Viola 'Sunbeam'

二年生植物　植株呈半拖曳状生长，花朵小型，黄色。
株高30厘米　冠幅30厘米

春花型球根植物

春季球根花卉那绽开的花朵，通常是冬季逝去春季到来的最初迹象。从叶片拱出土面，植株矮小的冬菟葵，到外形壮丽的皇冠贝母，球根花卉可

以说是无处不在。它们绝大多数可在不同类型的土壤中生长，通常能够种植在乔木的树荫下。如在花盆里栽培，则可以摆放到室内欣赏。

克氏花葱
Allium cristophii

♀ 耐寒性不确定　　　　　　　　　　　83页

'白光' 迷人银莲花
Anemone blanda 'White Splendour'

♀ 耐寒植物　　　　　　　　　　　　90页

卡氏北美百合
Camassia cusickii*

耐寒植物　狭窄的叶片成束生长，总状花序高大，花朵蓝色，星形。
株高60～80厘米　冠幅10厘米
(原著为*Camassia cuisickii*，正确为：*Camassia cusickii*。——译者注)

雪光花
Chionodoxa luciliae

♀ 耐寒植物　　　　　　　　　　　　152页

撒丁雪光花
Chionodoxa sardensis

♀ 耐寒植物　花朵深蓝色，星形，开放于纤细的枝条上。
株高10～20厘米　冠幅3厘米

曲花紫堇
Corydalis flexuosa

♀ 耐寒植物　雅致的叶片丛生，亮蓝色的花朵呈俯垂状开放。
株高15～30厘米　冠幅20厘米

'乔治·贝克' 密花紫堇
Corydalis solida subsp *Solida* 'George Baker'

♀ 耐寒植物　　　　　　　　　　　　174页

狭叶番红花
Crocus angustifolius

耐寒植物　簇生的橙黄色花朵开放于春季。
株高5厘米　冠幅5厘米

'蓝珍珠' 金番红花
Crocus chrysanthus 'Blue Pearl'

♀ 耐寒植物　花朵丁香蓝色，具白色与黄色花心。
株高8厘米　冠幅4厘米

'鲍尔斯' 金番红花
Crocus chrysanthus 'E.A.Bowles'

♀ 耐寒植物　　　　　　　　　　　　185页

'休伯特·埃德尔斯坦' 希伯番红花
Crocus sieberi 'Hubert Edelstein'

♀ 耐寒植物　　　　　　　　　　　　185页

'三色' 希伯番红花
Crocus sieberi subsp. *sublimis* 'Tricolor'

♀ 耐寒植物　　　　　　　　　　　　185页

托马西尼番红花
Crocus tommasinianus

♀ 耐寒植物　为早花型番红花，能够开放出纤弱的银丁香蓝色花朵。
株高8～10厘米　冠幅2.5厘米

冬菟葵
Eranthis hyemalis

♀ 耐寒植物　　　　　　　　　　　　217页

'白美人' 加州猪牙花
Erythronium californicum 'White Beauty'

♀ 耐寒植物　花朵反卷，白色，高于具斑驳的叶片开放。
株高15～35厘米　冠幅10厘米

'宝塔' 猪牙花
Erythronium 'Pagoda'

♀ 耐寒植物　　　　　　　　　　　　226页

'金边' 皇冠贝母
Fritillaria imperialis 'Aureomarginata'

耐寒植物　花葶高大，能够生长出橙黄色花朵所构成的花序，叶片具黄边。
株高1.5米　冠幅25～30厘米

伊犁贝母
Fritillaria pallidiflora

♀ 耐寒植物　　　　　　　　　　　　243页

雪花莲
Galanthus nivalis

♀ 耐寒植物　这种十分常见且容易栽培的雪花莲，最好将带有叶片的植株进行定植。
株高10厘米　冠幅10厘米

神指鸢尾
Hermodactylus tuberosus

耐寒植物　黑色相间的鸢尾状花朵，绽放在看起来显得散乱的叶片间。
株高20～40厘米　冠幅5厘米

'蓝夹克'风信子
Hyacinthus orientalis 'Blue Jacket'
🏆 耐寒植物　　　　　　　　　　295页

'安娜·玛丽'风信子
Hyacinthus orientalis 'Anna Mar'
🏆 耐寒植物　花序穗状，具香气，花朵浅粉色。
株高20厘米　冠幅8厘米

'弗罗伊尔·米尔'紫星花
Ipheion uniflorum 'Froyle Mill'
🏆 耐寒植物　植株丛生，叶片具洋葱气味，花朵星形，紫罗兰色。
株高15～20厘米

布哈拉鸢尾
Iris bucharica
🏆 耐寒植物　　　　　　　　　　312页

'剑桥人'网脉鸢尾
Iris reticulata 'Cantab'
耐寒植物　花朵浅蓝色，垂瓣颜色较深。叶片细长，花后抽生。
株高10～15厘米

阔叶蓝壶花
Muscari latifolium
耐寒植物　叶片开阔，在花穗上开放着浅蓝与深蓝两种颜色的花朵。
株高20厘米　冠幅5厘米

'诗歌'水仙
Narcissus 'Actaea'
🏆 耐寒植物　　　　　　　　　　380页

围裙水仙
Narcissus bulbocodium
🏆 耐寒植物　　　　　　　　　　378页

'二月黄金'水仙
Narcissus 'February Gold'
🏆 耐寒植物　　　　　　　　　　378页

'哈韦拉'水仙
Narcissus 'Hawera'
🏆 耐寒植物　　　　　　　　　　379页

'冰凝舞剧'水仙
Narcissus 'Ice Follies'
🏆 耐寒植物　　　　　　　　　　381页

'小魔女'水仙
Narcissus 'Little Witch'
耐寒植物　花朵金黄色，花瓣反折。
株高22厘米

小水仙
Narcissus minor
🏆 耐寒植物　　　　　　　　　　379页

'热情'水仙
Narcissus 'Passionale'
🏆 耐寒植物　　　　　　　　　　381页

三蕊水仙
Narcissus triandrus
🏆 耐寒植物　　　　　　　　　　379页

二叶绵枣儿
Scilla bifolia
🏆 耐寒植物　　　　　　　　　　519页

'图伯根'伊朗绵枣儿
Scilla mischtschenkoana 'Tubergeniana'
🏆 耐寒植物　　　　　　　　　　519页

西伯利亚绵枣儿
Scilla siberica
🏆 耐寒植物　花朵钟形，钴蓝色，在亮绿色的叶片之上开放。
株高10～20厘米　冠幅5厘米

'精英'郁金香
Tulipa 'Apeldoorn's Elite'
🏆 耐寒植物　艳黄色的花朵嵌着红色羽状花纹，给人留下难以捉摸的感觉。
株高60厘米

'叙事曲'郁金香
Tulipa 'Ballade'
🏆 耐寒植物　花朵典雅，浓粉色，花瓣边缘与先端呈白色。
株高50厘米

'中国粉'郁金香
Tulipa 'China Pink'
🏆 耐寒植物　　　　　　　　　　556页

'莫林'郁金香
Tulipa 'Maureen'
🏆 耐寒植物　花朵呈卵形，象牙白色。
株高50厘米

'约翰·奇帕斯夫人'郁金香
Tulipa 'Mrs John T.Scheepers'
🏆 耐寒植物　花朵大型，具皱，浅黄色。
株高60厘米

'惊红'郁金香
Tulipa 'Red Surprise'
🏆 耐寒植物　花朵亮红色，开放时呈星状。
株高20厘米

夏花型球根植物

夏花型球根植物的亮丽色彩与具异国情调的外形能够给花园中带来亮点。令人遗憾的是，许多种类不能忍受霜冻的气候条件，但所幸它们的售价不高，多数夏花型球根植物能够在秋季时起苗并置于免遭霜害的荫棚下。大丽花与唐菖蒲为每个人都熟知的种类，而现代百合类也容易种植，虎皮花与姜花均为颇具异国情调的种类。

大花葱
Allium giganteum

♀ 耐寒植物　　　　　　　　　　　　83页

'紫印' 荷兰花葱
Allium hollandicum 'Purple Sensation'

♀ 耐寒植物　　　　　　　　　　　　83页

卡拉套花葱
Allium karataviense

♀ 畏寒植物　　　　　　　　　　　　84页

白芨
Bletilla striata

畏寒植物　为稍畏寒的地生兰，叶片繁茂，每根花茎能够开放出1~6朵粉色小花。

株高30~60厘米　冠幅30~60厘米

鲍威尔文殊兰
Crinum × powellii

耐寒植物　为大型球根花卉，植株能够生长出大型叶片，开放粉色的长喇叭状花朵。

株高1.5米　冠幅30厘米

'艾米丽·麦肯齐' 雄黄兰
Crocosmia 'Emily McKenzie'

耐寒植物　叶片剑状，花朵亮橙色，具青铜色斑痕。

株高60厘米　冠幅8厘米

'海姆斯泰德荣耀' 大丽花
Dahlia 'Glorie van Heemstede'

耐寒具块根多年生植物　花朵中型，亮黄色，宛如睡莲。

株高1.3米　冠幅60厘米

'杰斯科特·朱莉' 大丽花
Dahlia 'Jescot Julie'

具块根多年生植物，不耐寒　花瓣长，呈橙色与红色。

株高1米　冠幅45厘米

'海姆斯泰德珍珠' 大丽花
Dahlia 'Pearl of Heemstede'

耐寒植物　这种睡莲型大丽花能够开放出银粉色的花朵。

株高1米　冠幅45厘米

龙芋
Dracunculus vulgaris

耐寒植物　茎秆被斑点，叶片有趣，巨大的紫红色佛焰苞，能够散发出令人不快的气味。

株高可达1.5米　冠幅60厘米

'克利奥帕特拉' 独尾草
Eremurus 'Cleopatra'

耐寒植物　带形的叶片呈莲座状生长，高大的花穗由小型的柔橙色花朵所构成。

株高1.5米　冠幅60厘米

菠萝百合
Eucomis bicolor

畏寒植物　花穗由具紫边的乳白色星形花朵所构成，其下为呈莲座状生长的宽阔叶片。

株高30~60厘米　冠幅20厘米

穆里尔唐菖蒲
Gladiolus murielae

♀ 畏寒植物　　　　　　　　　　　　264页

拜占庭唐菖蒲
Gladiolus communis subsp. *byzantinus*

♀ 耐寒植物　　　　　　　　　　　　263页

'绿啄木鸟' 唐菖蒲
Gladiolus 'Green Woodpecker'

♀ 畏寒植物　花朵微绿黄色，具红色斑痕。

株高1.5米　冠幅12厘米

猩红姜花
Hedychium coccineum

耐寒植物　为具异国情调的植物，花序由具香气的管状橙色、粉色或乳白色花朵所构成。

株高3米　冠幅1米

加德纳姜花
Hedychium gardnerianum

♀ 多年生植物，不耐寒　花序大型，由引人注目的微具甜香的蜘蛛状乳白色花朵所构成。

株高2~2.2米

'再会' 姜花
Hedychium 'Tara'

❀ 耐寒植物　为从猩红姜花(*H.coccineum*)所育出的，能够开放颜色较深花朵的品种。

株高3米　冠幅1米

绿鸟胶花
Ixia viridiflora

畏寒植物　花莛细高，轻盈，花朵呈不同寻常的浅松石绿色。

株高30～60厘米

'格拉维提巨人' 夏雪片莲
Leucojum aestivum 'Gravetye Giant'

❀　343页

'黑龙' 百合
Lilium 'Black Dragon'

❀ 耐寒植物　花莛高大，其上开放着蕾期时呈深紫红色的具香气纯白色花朵。

株高1.5米

'珠穆朗玛峰' 百合
Lilium 'Everest'

耐寒植物　花朵大型，白色，具浓香，被深色斑点，开放于高大的花莛上。

株高1.5米

湖北百合
Lilium henryi

❀ 耐寒植物　347页

'卡伦·诺斯' 百合
Lilium 'Karen North'

❀ 耐寒植物　花朵典雅，花瓣反折，橙粉色，被颜色较深的斑点。

株高1～1.3米

白花头巾百合
Lilium martagon var.*album*

❀ 耐寒植物　348页

比利牛斯百合
Lilium pyrenaicum

❀ 耐寒植物　350页

王百合
Lilium regale

❀ 耐寒植物　350页

西西里蜜百合
Nectaroscordum siculum

耐寒植物　植株具较浓的蒜香，伞形花序松散，乳白色的花朵悬垂开放。

株高可达1.2米　冠幅10厘米

'四红' 樱茅
Rhodohypoxis baurii 'Tetra Red'

畏寒植物　植株丛生或呈抢眼的低矮垫状生长，花朵星形。

株高10厘米　冠幅10厘米

虎皮花
Tigridia pavonia

畏寒植物　花朵开展，具斑点，呈红、黄与白色，每朵持续开放一天。

株高1.5米　冠幅10厘米

多叶金莲花
Tropaeolum polyphyllum

耐寒植物　枝条拖地生长，灰色的叶片具细裂，花朵亮黄色。

株高5～8厘米　冠幅可达1米

'绿色女神' 马蹄莲
Zantedeschia aethiopica 'Green Goddess'

❀ 耐寒植物　577页

秋花型球根植物

当大多数植物凋谢后，耐寒的鳞茎与球茎花卉能够给环境增添色彩与情趣。大部分植物需要全日照与排水良好的土壤，如在每年最后的时间里天气保持晴朗，则它们的花朵能开放得更好。由于没有按其生长周期进行种植，很多球根花卉在花园里直到成形都无法开花，因此需要多花费些心思到苗圃中去取经。

欧洲花葱
Allium callimischon
耐寒植物　在纤细茎秆上开放着白色或浅粉色花朵，喜干燥土壤。
株高8～35厘米　冠幅5厘米

粉烛花
× *Amarygia parkeri*
耐寒植物　在温暖地区的花园里，这个稀有的属间杂交种能够开放出大型的粉色喇叭状花朵。
株高1米　冠幅30厘米

孤挺花
Amaryllis belladonna
耐寒植物　喜背风之地，在颜色发深的花茎上开放着美丽的喇叭状花朵。
株高60厘米　冠幅10厘米

‘白花’美丽秋水仙
Colchicum speciosum ‘Album’
🏆 耐寒植物　167页

‘睡莲’秋水仙
Colchicum ‘Waterlily’
🏆 耐寒植物　美丽的白色高脚杯形花朵先叶开放。
株高18厘米　冠幅10厘米

‘白花’鲍威尔文殊兰
Crinum × powellii ‘Album’
🏆 耐寒植物　183页

巴纳特番红花
Crocus banaticus
🏆 耐寒植物　186页

博里番红花
Crocus boryi
🏆 耐寒植物　每个球茎能够开放出数量可达4枚的乳白色花朵。
株高8厘米　冠幅5厘米

古氏番红花
Crocus goulimyi
🏆 耐寒植物　186页

黎巴嫩番红花
Crocus kotschyanus
🏆 耐寒植物　186页

意大利番红花
Crocus medius
🏆 耐寒植物　186页

淡赭番红花
Crocus ochroleucus
🏆 耐寒植物　186页

美丽番红花
Crocus pulchellus
🏆 耐寒植物　186页

艳丽番红花
Crocus speciosus
🏆 耐寒植物　花朵紫罗兰色，有香气，柱头橙色。
株高15厘米

常春藤叶仙客来
Cyclamen hederifolium
🏆 耐寒植物　190页

秋雪片莲
Leucojum autumnale
🏆 耐寒植物　343页

山秋水仙
Merendera montana
耐寒植物　花朵星形，丁香色。需排水良好的土壤。
株高5厘米　冠幅5厘米

海女花
Nerine bowdenii
🏆 耐寒植物　382页

黄花石蒜
Sternbergia lutea
耐寒植物　具深绿色叶片与亮黄色番红花状花朵。
株高15厘米　冠幅8厘米

‘肯·阿斯莱特’球根旱金莲
Tropaeolum tuberosum ‘Ken Aslet’
🏆 畏寒植物　枝条攀缘生长，叶片小型，花朵黄色，盔状。
株高2～4米

葱莲
Zephyranthes candida
耐寒植物　狭窄的叶片丛生，白色的番红花状花朵能够开放许多星期。
株高10～20厘米　冠幅8厘米

春季花坛植物

当以前的花坛植物在春季枯萎后，正好是使用那些已经越冬的新株对其进行替代的时间，尔后它们将于春季开花。它们中的大多数是二年生植物，例如风铃草、美国石竹与桂竹香。使用冬季开花的堇菜类花卉能够为早春增添色彩，特别是在容器中栽培时更是如此。在这些花坛植物间栽种些春花型球根植物能够增加额外的情趣。

'绒球' 雏菊
Bellis perennis 'Pomponette'
♀ 二年生植物　　116页

'萼花' 风铃草
Campanula medium 'Calycanthema'
二年生植物　植株能够开放出粉色、蓝色与白色的花朵。
株高可达75厘米

'耳斑' 美国石竹
Dianthus barbatus 'Auricula-Eyed Mixed'
♀ 二年生植物　为传统的美国石竹，花朵环绕着白色、粉色与彩色的纹理。
株高可达60厘米

'金布' 桂竹香
Erysimum cheiri 'Cloth of Gold'
二年生植物　花朵亮黄色，具香气。
株高45厘米

'新火王' 桂竹香
Erysimum cheiri 'Fireking Improved'
二年生植物　成形植株能够开放出橙红色的花朵。
株高45厘米

'淡黄王子' 桂竹香
Erysimum cheiri 'Prince Primrose Yellow'
二年生植物　为开放着大型花朵的低矮品种。
株高30厘米

'软糖' 风信子
Hyacinthus orientalis 'Fondant'
球根花卉　花朵呈没有蓝色痕迹的纯粉色。
株高25厘米

'粉珍珠' 风信子
Hyacinthus orientalis 'Pink Pearl'
球根花卉　　296页

'紫珍珠' 风信子
Hyacinthus orientalis 'Violet Pearl'
球根花卉　植株能够开放出紫水晶色的花朵。
株高25厘米

'春季调和蓝' 勿忘草
Myosotis 'Spring Symphony Blue'
二年生植物　所开放的蓝色花朵，能够很好地衬托出多数春植球根花卉之美色。
株高15厘米

多花报春
Polyanthus primroses
♀ 多年生植物　　448页

'哈尔克罗' 郁金香
Tulipa 'Halcro'
♀ 球根花卉　花朵大型，深鲜红色。
株高70厘米

'橙色拿骚城' 郁金香
Tulipa 'Oranje Nassau'
♀ 球根花卉　火红的花朵呈现出深浅不同的红色与猩红色。
株高30厘米

'春绿' 郁金香
Tulipa 'Spring Green'
♀ 球根花卉　　557页

'费利克斯' 堇菜
Viola 'Felix'
二年生植物　植株簇生，花朵长有"胡须"，黄紫相间。
株高15厘米

'潺潺流水' 堇菜
Viola 'Rippling Waters'
二年生植物　花朵大型，淡紫色，边缘白色，春季开放。
株高15厘米

堇菜，极限系
Viola Ultima Series
♀ 二年生植物　通过植株所开放的色彩丰富的花朵，能够散发出淡雅的魅力。
株高15厘米

夏季花坛植物

靠大规模移栽来营造花坛或许已不像维多利亚女王时代那样流行，因为多数园艺工作者找到了适合室外点缀、开花很快植物的栽培方式。相关种类多数不耐霜冻，有些为一年生植物，还有些为畏寒多年生植物。尽管有的种类仅能开放一季，但是多数种类具有很长的花期，使用价值极高。

'太平洋'休斯顿藿香蓟
Ageratum houstonianum 'Pacific'
☿ 一年生植物　株形紧凑，能够生长出由紫蓝色花朵所构成的密集花序。
株高20厘米

金鱼草，索奈特系
Antirrhinum majus Sonnet Series
☿ 一年生植物　　　　　　　　　30页

'百看不厌'秋海棠
Begonia 'Pin Up'
☿ 多年生植物，不耐寒　　　　　115页

秋海棠，奥林匹亚系
Begonia Olympia Series
☿ 多年生植物，不耐寒　为花朵大型，株形紧凑的花坛用秋海棠。
株高20厘米　冠幅20厘米

'科尔内斯宝石'大丽花
Dahlia 'Coltness Gem'
多年生植物，不耐寒　为令人信赖的植物,花序单生，颜色透亮。
株高45厘米　冠幅45厘米

硬茎双距花
Diascia rigescens
☿ 多年生植物，不耐寒　　　　　206页

凤仙花，装饰系
Impatiens Deco Series
一年生植物　亮丽的花朵大型，叶片深绿色。
株高可达20厘米　冠幅可达20厘米

'第一猩红'半边莲
Lobelia 'Compliment Scarlet'
☿ 多年生植物　为醒目的花卉，其叶片绿色，大型的猩红色花朵开放在细高的花序上。
株高75厘米　冠幅30厘米

'水晶宫'半边莲
Lobelia 'Crystal Palace'
☿ 一年生植物　　　　　　　　　354页

'克利兰夫人'南非半边莲
Lobelia erinus 'Mrs Clibran'
☿ 一年生植物　株形紧凑，亮蓝色的花朵具白心。
株高10～15厘米

'青柠檬'烟草
Nicotiana 'Lime Green'
☿ 一年生植物　　　　　　　　　383页

'橙红面具'红花烟草
Nicotiana × sanderae 'Domino Salmon Pink'
一年生植物　株形紧凑，鲑粉色花朵朝上开放。
株高30～45厘米

'杰基尔小姐'黑种草
Nigella damascena 'Miss Jekyll'
☿ 一年生植物　　　　　　　　　383页

天竺葵，多花系
Pelargonium Multibloom Series
☿ 多年生植物，不耐寒　　　　　408页

天竺葵，幻影系
Pelargonium Video Series
☿ 多年生植物，不耐寒　　　　　408页

'山毛榉公园'钓钟柳
Penstemon 'Beech Park'
☿ 多年生植物　在整个夏季里，植株能够开放出大型的粉色与白色的喇叭状花朵。有时以 'Barbara Barker' 的名称出售。
株高75厘米　冠幅45厘米

'勃艮第'钓钟柳
Penstemon 'Burgundy'
多年生植物　深葡萄酒红色的花朵高于深绿色的叶片开放。
株高90厘米　冠幅45厘米

'莫里斯·吉布斯'钓钟柳
Penstemon 'Maurice Gibbs'
☿ 多年生植物　叶片大型，花穗部呈白色的樱桃色花朵所构成。
株高75厘米　冠幅45厘米

'迈德尔顿宝石' 钓钟柳

Penstemon 'Myddelton Gem'

多年生植物　植株生长着浅绿色叶片，花期很长，管状花朵深粉色。

株高75厘米　冠幅45厘米

'海市蜃楼' 矮牵牛

Petunia 'Mirage Reflections'

♀ 一年生植物　为对气候适应性强的多花矮牵牛，花朵的色彩柔和，具较深的脉纹。

株高30厘米　冠幅60厘米

'挂毯' 福禄考

Phlox drummondii 'Tapestry'

一年生植物　多分枝，植株能够开放出丰富的柔与复色花朵。

株高50厘米　冠幅38厘米

'兰布鲁克紫红' 花荵

Polemonium 'Lambrook Mauve'

多年生植物　　　　　　　　　　　　440页

大花马齿苋，日晷系

Portulaca grandiflora Sundial Series

一年生植物　喜日光充沛之地。花色亮丽，花瓣如缎。

株高10厘米　冠幅15厘米

'乡村矮人' 黑心菊

Rudbeckia hirta 'Rustic Dwarfs'

一年生植物　中部深色的大型花朵能够为秋季增添美色。

株高可达60厘米

智利喇叭花，卡西诺系

Salpiglossis Casino Series

♀ 一年生植物　　　　　　　　　　　52页

'红衣女郎' 红花鼠尾草

Salvia coccinea 'Lady in Red'

♀ 一年生植物　植株多分枝，在整个夏季里于纤弱的花梗上能够开放出虽然不大但是绚丽的红色花朵。

株高40厘米

'维多利亚' 被粉鼠尾草

Salvia farinacea 'Victoria'

♀　花朵小型，深蓝色，形成密集的花穗，高于叶片开放。

株高可达60厘米　冠幅可达30厘米

绚丽鼠尾草

Salvia fulgens

♀ 亚灌木　　　　　　　　　　　　506页

草原鼠尾草，红脉组

Salvia pratensis Haematodes Group

♀ 多年生植物，不耐寒　　　　　　510页

一串红，烧灼系

Salvia splendens Sizzle Series

一年生植物，有些获得 ♀

开放早的花朵呈红、薰衣草蓝与白色。

株高25～30厘米

'迪斯科橙' 展瓣万寿菊

Tagetes patula 'Disco Orange'

♀ 一年生植物　对气候适应性强，花朵单生。

株高20～25厘米

'沙法里猩红' 展瓣万寿菊

Tagetes patula 'Safari Scarlet'

♀ 一年生植物　能够开放出颜色亮丽的大型重瓣花朵。

株高20～25厘米

'最红' 万寿菊

Tagetes 'Zenith Red'

一年生植物　为能够开放出红色重瓣花朵的品种。

株高30厘米

'粉白相间' 美女樱

Verbena 'Peaches and Cream'

一年生植物　可进行播种繁殖。株形扩展，花朵桃红色，随开放渐变为乳白色。

株高30厘米　冠幅45厘米

'西尔弗·安妮' 美女樱

Verbena 'Silver Anne'

♀ 多年生植物，不耐寒　花朵粉色，具甜香，随着开放几近白色，在具裂的叶片之上开放。

株高30厘米　冠幅60厘米

花叶草本植物

花叶是指在叶片边缘具有狭窄的彩纹，生长着这样叶片的植物有可能更为引人注目。在大型叶片上规则分布的白色、乳白色或金黄色花纹，能使其轮廓更为清晰，而某些在植物叶片上杂乱的条纹与斑点，会使其显得乱七八糟。应该记住，这些植物有可能会反转为原来的绿色叶片类型；要经常将任何生长着普通绿色叶片的枝条剪去。

耧斗菜, 彩叶组
Aquilegia vulgaris Vervaeneana Group
多年生植物　花朵白色、粉色或蓝色，在具黄绿相间的斑驳与花纹的叶片之上开放。
株高90厘米　冠幅45厘米

'花叶' 匍枝南芥
Arabis procurrens 'Variegata'
🏵 多年生植物，不很耐寒　　　　　　95页

'花叶' 辣根
Armoracia rusticana 'Variegata'
多年生植物　为深根型植物。叶片大，间以清晰的白色花纹，特别在春季时更为明显。
株高1米　冠幅45厘米

'森宁代尔花叶' 大星花芹
Astrantia major 'Sunningdale Variegated'
🏵 多年生植物　　　　　　　　　　108页

'哈兹本乳斑' 大叶牛舌草
Brunnera macrophylla 'Hadspen Cream'
🏵 多年生植物　　　　　　　　　　124页

'卡利普索' 金鸡菊
Coreopsis 'Calypso'
多年生植物　叶片狭窄，边缘金黄色，黄色的花朵具红色环斑。
株高38厘米　冠幅38厘米

'科里金' 山桃草
Gaura lindheimeri 'Corrie's Gold'
多年生植物　白色的花朵开放于细弱的花梗上，叶片小型，边缘金黄色。
株高可达1.5米　冠幅90厘米

'宽扎花叶' 萱草
Hemerocallis fulva 'Kwanzo Variegata'
多年生植物　叶片拱形，具亮白色条纹，偶尔会开放出橙色的重瓣花朵。
株高75厘米

白斑玉簪
Hosta fortunei var.*albopicta*
🏵 多年生植物　　　　　　　　　　291页

'金色头饰' 玉簪
Hosta 'Golden Tiara'
🏵 多年生植物　　　　　　　　　　291页

'厚望' 玉簪
Hosta 'Great Expectations'
多年生植物　叶片灰绿色，具皱，中部有宽阔的黄色纹理，花朵微灰白色。
株高55厘米　冠幅85厘米

'自吹自擂' 玉簪
Hosta 'Shade Fanfare'
🏵 多年生植物　　　　　　　　　　292页

优雅玉簪
Hosta sieboldiana var.*elegans*
🏵 多年生植物　　　　　　　　　　292页

'翠鸟' 玉簪, 塔黛安娜组
Hosta Tardiana Group 'Halcyon'
🏵 多年生植物　　　　　　　　　　293页

缟纹玉簪
Hosta undulata var.*univittata*
🏵 多年生植物　　　　　　　　　　293页

可爱玉簪
Hosta venusta
🏵 多年生植物　　　　　　　　　　293页

'宽边' 玉簪
Hosta 'Wide Brim'
🏵 多年生植物　　　　　　　　　　293页

'变色龙' 蕺菜
Houttuynia cordata 'Chameleon'
多年生植物　鲜亮的叶片被以乳白色、绿色与红色，花朵小型、白色。
株高可达15～30厘米或更高　冠幅不确定

'花叶' 燕子花
Iris laevigata 'Variegata'
🏵 多年生植物　　　　　　　　　　310页

'花叶' 香根鸢尾
Iris pallida 'Variegata'
🏵 多年生植物　　　　　　　　　　320页

斑纹鸢尾
Iris variegata
❀ 多年生植物

'亚历山大'斑点珍珠菜
Lysimachia punctata 'Alexander'
多年生植物　植株蔓生，花朵黄色，呈尖塔状排列,叶片边缘白色，在春季时染以粉色。
株高1米　冠幅60厘米

'花叶'猴面花
Mimulus luteus 'Variegatus'
多年生植物　植株蔓生，花朵黄色，浅绿色的叶片具白边。
株高30厘米　冠幅45厘米

'花叶'酸沼草
Molinia caerulea subsp. *caerulea* 'Variegata'
❀ 观赏草类

'调色板'弗吉尼亚桃叶蓼
Persicaria virginiana 'Painter's Palette'
多年生植物　茎秆红色，发亮的叶片间以白色花纹，并具红色与褐色斑痕。
株高40～120厘米　冠幅60～140厘米

矮牵牛,梦幻系
Phalaris arundinacea 'Picta'
❀ 观赏草类

'粉花束'宿根福禄考
Phlox paniculata 'Pink Posie'
多年生植物　为株形紧凑、长势强健的福禄考，叶片具白边，花朵粉色。
株高75厘米　冠幅60厘米

'三色'胡克新西兰麻
Phormium cookianum subsp.*hookeri* 'Tricolor'
❀ 常绿多年生植物

'花叶'假龙头花
Physostegia virginiana 'Variegata'
多年生植物　植株直立生长，叶片微灰色，边缘白色，花朵深粉色。
株高75厘米　冠幅60厘米

绿纹苦竹
Pleioblastus viridiastriatus
❀ 竹类植物

'大卫·沃德'红花肺草
Pulmonaria rubra 'David Ward'
多年生植物　在春季时，植株能够开放出珊瑚红色的花朵，叶片大型，具白色宽边。
株高可达40厘米　冠幅90厘米

'三色'虎耳草
Saxifraga stolonifera 'Tricolor'
❀ 常绿多年生植物　植株较匍寒，叶片圆形，具白粉相间的花边。
株高30厘米　冠幅30厘米

'梅姨'条纹庭菖蒲
Sisyrinchium striatum 'Aunt May'
多年生植物　狭窄的灰色叶片具乳白色边缘，其排列成直立的扇状生长，花穗由乳白色花朵所构成。
株高可达50厘米　冠幅可达50厘米

'花叶'乌普兰聚合草
Symphytum × *uplandicum* 'Variegatum'
❀ 多年生植物

'花叶'拟龙胆婆婆纳
Veronica gentianoides 'Variegata'
多年生植物　叶片深绿色，边缘白色，呈垫状生长，花穗由小型的浅蓝色花朵所构成。
株高45厘米　冠幅45厘米

'花叶'蔓长春花
Vinca major 'Variegata'
❀ 多年生植物

花叶木本植物

尽管通常花朵开放的时间短暂，但是彩色叶片至少能够欣赏半年之久——如果是常绿植物则可以欣赏全年。彩叶灌木因其亮丽的色彩为环境增加了情趣，有些开花的种类能够弥补叶片

的不足。许多常绿的彩叶植物可以使荫蔽的环境显得更为明亮，并能够在花盆或容器中很好生长，它们也常作为插花材料使用。

'狂欢节' 田园枫
Acer campestre 'Carnival'
乔木　为能通过修剪保持较小株形的树木，其叶片间以粉色花纹。
株高8米　冠幅5米

'火烈鸟' 梣叶枫
Acer negundo 'Flamingo'
♀ 乔木　　　　　　　　　　　　　　65页

'蝴蝶' 青枫
Acer palmatum 'Butterfly'
♀ 灌木或小乔木　　　　　　　　　66页

'德拉蒙德' 拟悬铃木枫
Acer platanoides 'Drummondii'
♀ 乔木　　　　　　　　　　　　　69页

'利奥波德' 假悬铃木枫
Acer pseudoplatanus 'Leopoldii'
♀ 乔木　叶片在春季刚长出时呈粉色，尔后具黄色斑点。
株高10米　冠幅10米

'花叶' 高楤木
Aralia elata 'Variegata'
♀ 乔木　　　　　　　　　　　　　96页

'溢彩玫瑰' 紫叶小檗
Berberis thunbergii f.*atropurpurea* 'Rose Glow'
♀ 灌木　　　　　　　　　　　　118页

'小丑' 大叶醉鱼草
Buddleja davidii 'Harlequin'
灌木　引人注目的叶片具白边，花朵紫色。
株高2.5米　冠幅2.5米

'桑塔纳' 大叶醉鱼草
Buddleja davidii 'Santana'
灌木　叶片具黄绿相间的斑点，花朵紫色。
株高2.5米　冠幅2.5米

'优雅' 常绿黄杨
Buxus sempervirens 'Elegantissima'
♀ 常绿灌木　　　　　　　　　　127页

'金斑' 威廉斯山茶
Camellia×*williamsii* 'Golden Spangles'
常绿灌木　为不喜石灰质土壤的灌木，花朵呈亮粉色，叶片间以金黄色斑纹。
株高2.5米　冠幅2.5米

'珀肖尔·桑吉巴尔' 蓟木
Ceanothus 'Pershore Zanzibar'
常绿灌木　植株生长迅速，花朵呈朦胧的蓝色，于暮春开放，生长着柠檬黄与亮绿色相间的叶片。
株高2.5米　冠幅2.5米

'优雅' 红瑞木
Cornus alba 'Elegantissima'
♀ 灌木　枝条深红色，叶片灰绿色，边缘白色，其秋季转为粉色。
株高3米　冠幅3米

'史佩斯' 红瑞木
Cornus alba 'Spaethii'
♀ 灌木　　　　　　　　　　　　170页

'银斑' 互生山茱萸
Cornus alternifolia 'Argentea'
♀ 灌木　水平生长的分枝呈层状叠放排列，其上生长着边缘呈白色的小型叶片。
株高3米　冠幅2.5米

'花叶' 欧亚山茱萸
Cornus mas 'Variegata'
♀ 灌木　花朵黄色，春季开放，尔后会长出亮丽且具红边的叶片。
株高2.5米　冠幅2米

'花叶' 黑紫枸子
Cotoneaster atropurpureus 'Variegatus'
♀ 灌木　　　　　　　　　　　　177页

'斑叶' 胡颓子
Elaeagnus pungens 'Maculata'
♀ 常绿灌木　　　　　　　　　　214页

'银皇后' 扶芳藤
Euonymus fortunei 'Silver Queen'
♀ 常绿灌木　　　　　　　　　　232页

'花叶'细茎倒挂金钟
Fuchsia magellanica var.*gracilis* 'Variegata'
❄ 耐寒灌木　灰绿色的叶片带有粉色，如同罩有烟雾，花朵小型，红色与紫色。
株高可达3米　冠幅2～3米

'沙皮特'莫氏倒挂金钟
Fuchsia magellanica var.*molinae* 'Sharpitor'
灌木　植株稍畏寒，生长着美丽的具白边叶片，花朵浅粉色。
株高可达3米　冠幅2～3米

'冰川'常春藤
Hedera helix 'Glacier'
❄ 常绿攀缘植物　　　　　　　　278页

'米汉'木槿
Hibiscus syriacus 'Meehanii'
灌木　植株喜阳，花朵紫蓝色，叶片具宽阔的白色边缘。
株高3米　冠幅2米

'三色'八仙花
Hydrangea macrophylla 'Tricolor'
❄ 灌木　叶片灰绿色，具白色斑痕，花朵浅粉色。
株高1.5米　冠幅1.2米

'劳森'英国冬青
Ilex × Altaclerensis 'Lawsoniana'
❄ 常绿灌木　　　　　　　　　　303页

'超巨星'女贞
Ligustrum lucidum 'Excelsum Superbum'
❄ 常绿灌木　　　　　　　　　　346页

'花叶'柊树
Osmanthus heterophyllus 'Variegatus'
常绿灌木　叶片冬青状，边缘具宽阔的黄边，在秋季时开放出细小的芳香花朵。
株高2.5米　冠幅2米

'花叶'欧洲山梅花
Philadelphus coronarius 'Variegatus'
灌木　　　　　　　　　　　　　417页

'清白'山梅花
Philadelphus 'Innocence'
灌木　枝条呈拱形生长，叶片乳黄色，白色的花朵半重瓣。
株高3米　冠幅2米

'弗莱明银'马醉木
Pieris 'Flaming Silver'
❄ 常绿灌木　植株喜酸性土壤，叶片狭窄，边缘白色，其在春季时呈粉色。
株高2.5米　冠幅2.5米

'艾琳·帕特森'细叶海桐
Pittosporum tenuifolium 'Irene Paterson'
❄ 常绿灌木　植株生长缓慢，稍耐寒，叶片具白斑。
株高1.2米　冠幅60厘米

'金斑'假人参
Pseudopanax lessonii 'Gold Splash'
❄ 常绿灌木，不耐寒　　　　　　458页

'银斑'意大利鼠李
Rhamnus alaternus 'Argenteovariegata'
❄ 常绿灌木　　　　　　　　　　466页

'罗斯福总统'杜鹃
Rhododendron 'President Roosevelt'
常绿灌木　植株分枝性差，喜酸性土壤，叶片具金黄色斑驳，花朵红色。
株高2米　冠幅2米

'粉状斑'黑果接骨木
Sambucus nigra 'Pulverulenta'
灌木　植株亮丽，生长缓慢，喜疏荫环境，嫩叶间以十分明显的白色花纹。
株高2米　冠幅2米

'花叶'锦带花
Weigela 'Florida Variegata'
❄ 灌木　　　　　　　　　　　　573页

叶色泛黄的植物

叶色泛黄的植物能够给花园里洒下如同阳光的斑点。与彩色叶片相比，多数叶片完全呈金黄色的植物在全日照下更容易被灼伤，因此最好将其置于轻荫之处，但是应该避免环境过荫，

否则叶片可能会变为青柠檬绿色。有些种类的植物仅在其生长阶段的某一时期呈现金黄色，嫩枝先端金黄色，渐变为绿色，而这种色彩差异则令人赏心悦目。

'金叶'青皮枫
Acer cappadocicum 'Aureum'
♀ 乔木　叶片在春季展开时呈金色，夏季变为绿色，在秋季里则呈金黄色。
株高15米　冠幅10米

'金叶'白泽枫
Acer shirasawanum 'Aureum'
♀ 乔木　植株亮黄色的叶片在秋季时变为红色。
株高6米　冠幅6米

'虎爪'秋海棠
Begonia 'Tiger Paws'
♀ 多年生植物，不耐寒　　　　113页

'贝奥利safely'帚石楠
Calluna vulgaris 'Beoley Gold'
♀ 常绿灌木　　　　130页

'金叶'高苔草
Carex elata 'Aurea'
♀ 观赏草类　　　　141页

'金心'大岛苔草
Carex oshimensis 'Evergold'
♀ 观赏草类　　　　141页

'迷你金叶'美国扁柏
Chamaecyparis lawsoniana 'Minima Aurea'
♀ 松柏类植物　为小型的常绿圆锥形灌木，生长着柠檬绿与金黄色相间的叶片。
株高1米

'星团'美国扁柏
Chamaecyparis lawsoniana 'Stardust'
♀ 松柏类植物　叶片呈黄色，蕨状。
株高15米　冠幅8米

'克里普斯'钝叶刺扁柏
Chamaecyparis obtusa 'Crippsii'
♀ 松柏类植物　为生长缓慢的乔木，叶片金黄色。
株高15米　冠幅8米

'太阳舞'三叶墨西哥橘
Choisya ternata 'Sundance'
♀ 常绿灌木　　　　153页

'金叶'红瑞木
Cornus alba 'Aurea'
♀ 灌木　美丽的叶片呈柔和的金黄色，在干燥之地种植时要防止被日光灼伤。
株高1米　冠幅1米

'金线'蒲苇
Cortaderia selloana 'Aureolineata'
♀ 观赏草类　　　　173页

'艾伯特金'树欧石楠
Erica arborea 'Albert's Gold'
♀ 常绿灌木　诱人的植株直立生长，叶片金黄色，开花不多。
株高2米　冠幅80厘米

'狐穴'肉粉欧石楠
Erica carnea 'Foxhollow'
♀ 常绿灌木　　　　219页

'韦斯特伍德黄'肉粉欧石楠
Erica carnea 'Westwood Yellow'
♀ 常绿灌木　植株直立生长，叶片黄色，浅粉色的花朵于冬季开放。
株高20厘米　冠幅30厘米

'爱尔兰柠檬'斯图亚特欧石楠
Erica × stuartii 'Irish Lemon'
♀ 常绿灌木　　　　221页

'达维克金'林地山毛榉
Fagus sylvatica 'Dawyck Gold'
♀ 乔木　为直立生长，树冠狭窄，株形紧凑的乔木，叶片亮黄色。
株高18米　冠幅7米

'黄枝'高白蜡
Fraxinus excelsior 'Jaspidea'
♀ 乔木　在春季时，枝条呈黄色；自春季与秋季间，叶片亦呈黄色。
株高30厘米　冠幅20厘米

'魔仆'倒挂金钟
Fuchsia 'Genii'
♀ 灌木　　　　244页

'骤晴' 三刺皂荚
Gleditsia triacanthos 'Sunburst'
🏵 乔木   264页

'日冕' 大箱根草
Hakonechloa macra 'Aureola'
🏵 观赏草类   267页

'毛茛' 常春藤
Hedera helix 'Buttercup'
🏵 常绿攀缘植物   278页

'总和' 玉簪
Hosta 'Sum and Substance'
🏵 多年生植物   293页

'金叶' 啤酒花
Humulus lupulus 'Aureus'
🏵 攀缘多年生植物   294页

'金色宝石' 钝齿冬青
Ilex crenata 'Golden Gem'
🏵 常绿灌木   株形紧凑，稀疏的小型叶片呈亮
黄色，果实黑色。
株高1米   冠幅1.2～1.5米

'花叶' 黄花菖蒲
Iris pseudacorus 'Variegata'
🏵 多年生植物   310页

'金叶' 月桂
Laurus nobilis 'Aurea'
🏵 常绿灌木   336页

'巴格森金' 光叶忍冬
Lonicera nitida 'Baggesen's Gold'
🏵 常绿灌木   355页

'金叶' 牛至
Origanum vulgare 'Aureum'
🏵 多年生草木植物   390页

'花叶' 皱叶天竺葵
Pelargonium crispum 'Variegatum'
🏵 多年生植物，不耐寒   404页

'金叶' 欧洲山梅花
Philadelphus coronarius 'Aureus'
🏵 落叶灌木   嫩叶金黄色，在夏季时转为绿黄
色，花朵白色，具芳香，早春开放。
株高2.5米   冠幅1.5米

'黄波' 新西兰麻
Phormium 'Yellow Wave'
🏵 多年生植物，不很耐寒   426页

'布罗克班克' 血红茶藨子
Ribes sanguineum 'Brocklebankii'
🏵 灌木   477页

'金合欢' 刺槐
Robinia pseudoacacia 'Frisia'
🏵 乔木   479页

'邱园金' 鼠尾草
Salvia officinalis 'Kew Gold'
🏵 常绿亚灌木   芳香的叶片金黄色，有时具绿
色细斑，紫红色的花穗夏季长出。
株高20～30厘米   冠幅30厘米

'萨瑟兰金' 总状接骨木
Sambucus racemosa 'Sutherland Gold'
🏵 灌木   叶片亮黄色，具细裂。为了保持最佳
的观赏效果，应该对植株定期进行修剪。
株高2米   冠幅2米

'金焰' 绣线菊
Spiraea japonica 'Goldflame'
🏵 灌木   533页

叶色暗紫的植物

叶色发暗的植物之最初价值是作为其他植物的后衬，它们中的许多种类在单独栽培时也非常美丽。与叶片为紫色的植株相衬，则能够使叶片呈金黄色、彩色与银白色的植株看起来显得更为亮丽，其作为开放着白色、粉色、黄色与橙色花朵的植株之后衬效果更好。多数紫色物种在全日照的条件下才能够展示出它们最佳的色彩，环境荫蔽植株看起来发暗，微呈绿色。

'深红王' 拟悬铃木枫
Acer platanoides 'Crimson King'
♀ 乔木   68页

单性类叶升麻 '黑发姑娘'
Actaea simplex 'Brunette'
♀ 多年生植物

'兹瓦特科普' 莲花掌
Aeonium 'Zwartkop'
♀ 灌木，不耐寒   77页

'紫叶' 匍匐筋骨草
Ajuga reptans 'Atropurpurea'
♀ 多年生植物   81页

紫叶小檗
Berberis thunbergii f.*atropurpurea*
♀ 灌木   叶片深紫色，在秋季脱落前变为亮红色，枝条具刺。
株高2米   冠幅2.5米

'红衣首领' 紫叶小檗
Berberis thunbergii f.*atropurpurea* 'Red Chief'
♀ 灌木   植株直立生长，叶片深微红紫色。
株高1.5米   冠幅60厘米

'森林紫' 加拿大紫荆
Cercis canadensis 'Forest Pansy'
♀ 乔木   早春，在植株的无叶小枝上能够开放出粉色的花朵，随后会抽生出美丽的紫色叶片。
株高10米   冠幅10米

'四瓣玫瑰' 粉红山铁线莲
Clematis montana var.*rubens* 'Tetrarose'
♀ 攀缘植物   160页

'紫叶' 巨榛
Corylus maxima 'Purpurea'
♀ 灌木   175页

'第一紫' 黄栌
Cotinus coggygria 'Royal Purple'
♀ 灌木   176页

'优雅' 黄栌
Cotinus 'Grace'
♀ 灌木   177页

紫叶鸭儿芹
Cryptotaenia japonica f.*atropurpurea*
二年生植物   叶片具3裂，生长在直立的枝条上，整株呈紫色。花朵细小。
株高60厘米   冠幅60厘米

'维维尔' 肉粉欧石楠
Erica carnea 'Vivellii'
♀ 常绿灌木   219页

'变色龙' 甜大戟
Euphorbia dulcis 'Chameleon'
多年生植物   植株多分枝，叶片紫色，花朵具青柠檬绿色的苞片。
株高30厘米   冠幅30厘米

'达维克紫' 林地山毛榉
Fagus sylvatica 'Dawyck Purple'
♀ 乔木   这种树冠呈柱形的乔木生长着深紫色的叶片。
株高20米   冠幅5米

'紫垂枝' 林地山毛榉
Fagus sylvatica 'Purpurea Pendula'
♀ 乔木   叶片淡紫色，生长在这种树冠呈圆屋顶状小型乔木的下垂枝条上。
株高3米   冠幅3米

'黑叶' 新西兰老鹳草
Geranium sessiliflorum subsp. *novae-zelandiae* 'Nigricans'
多年生植物   这种植物呈垫状生长，叶片暗青铜紫色，花朵小型白色。
株高8厘米   冠幅15厘米

'温德尔夫人' 玄参木
Hebe 'Mrs.Winder'
♀ 常绿灌木   株形紧凑，叶片色深，幼嫩时呈紫色，花朵紫罗兰色。
株高1米   冠幅1.2米

'紫叶'常春藤
Hedera helix 'Atropurpurea'
🌼 常绿攀缘植物　　
'宫殿紫'齿叶小花矾根
Heuchera micrantha var.*diversifolia*
'Palace Purple'
🌼 多年生植物　　
'墨龙'扁茎沿阶草
Ophiopogon planiscapus 'Nigrescens'
🌼 多年生植物　　
'哈斯克红'毛地黄钓钟柳
Penstemon digitalis 'Husker Red'
多年生植物　为半常绿多年生植物，叶片红紫相间，花朵浅粉色。
株高50～75厘米　冠幅30厘米
'空竹'荚蒾叶风箱果
Physocarpus opulifolius 'Diabolo'
灌木　叶片深紫色，近褐色，小型的粉色花朵簇生。
株高2米　冠幅1米
'黑红叶'大黄
Rheum palmatum 'Atrosanguineum'
多年生植物　芽呈猩红色，展开的叶片大型，十分醒目，随着生长逐渐转为深绿色。
株高2米
灰叶蔷薇
Rosa glauca
🌼 月季原种　　
'紫叶'鼠尾草
Salvia officinalis 'Purpurascens'
🌼 常绿亚灌木　　
'金乔紫'黑果接骨木
Sambucus nigra 'Guincho Purple'
🌼 灌木　　
紫景天，紫叶组
Sedum telephium Atropurpureum Group
🌼 多年生植物　　
紫竹梅
Tradescantia pallida 'Purpurea'
🌼 多年生植物，不耐寒　这种蔓生植物具有亮紫色的叶片，能够开放出小型的粉色花朵。
株高20厘米　冠幅40厘米

'奥内达加人'萨金特荚蒾
Viburnum sargentii 'Onondaga'
🌼 灌木　植株直立生长，叶片紫色，在秋季时转为红色，花朵浅粉色。
株高2米
'紫叶'里氏堇菜
Viola riviniana 'Purpurea'
多年生植物　植株低矮，叶片与花朵小型，紫色，结实很多。
株高10～20厘米　冠幅20～40厘米
'紫叶'葡萄
Vitis vinifera 'Purpurea'
攀缘植物　　
'弗利斯紫'锦带花
Weigela florida 'Foliis Purpureis'
🌼 灌木

叶色泛白的植物

多数具有银白色叶片的植物适应炎热、曝晒的气候条件，它们可被栽培在花园中的全日照之地。在许多情况下，这些植物也能够适应降水量较低的环境，因此它们成为旱生园或砾石园的主栽种类。它们能够与开放着粉色与白色花朵，具有紫色叶片的植物形成理想的色彩搭配。此外，许多叶色泛白的植物种类具有芳香的叶片。

贝利相思树
Acacia baileyana
♡ 灌木，不耐寒　其叶片不像被粉金合欢(*A.dealbata*)的那样细小，且呈钢灰色，花朵亮黄色。
株高5～8米　冠幅3～6米

凤梨番石榴
Acca sellowiana
常绿灌木　叶片表面绿色，背面银白色，花朵肉质，红白相间，花瓣可食。
株高2米　冠幅2.5米

三脉香青
Anaphalis triplinervis
♡ 多年生植物　植株丛生，叶片银灰色，花朵白色，暮夏开放。
株高80～90厘米　冠幅45～60厘米

'夏雪'三脉香青
Anaphalis triplinervis 'Sommerschnee'
♡ 多年生植物　　　　　　　　　　88页

小叶蝶须菊
Antennaria microphylla
♡ 多年生植物　　　　　　　　　　93页

春黄菊
Anthemis punctata subsp.*cupaniana*
♡ 多年生植物　　　　　　　　　　93页

'灰白叶'白蒿
Artemisia alba 'Canescens'
♡ 多年生植物　叶片灰色，具很细的裂，聚生羽状。
株高45厘米　冠幅30厘米

'银皇后'路易斯安那蒿
Artemisia ludoviciana 'Silver Queen'
♡ 多年生植物　　　　　　　　　　101页

黑海蒿
Artemisia pontica
♡ 常绿多年生植物　植株匍匐生长，枝条密集，直立，羽状叶片丛生，呈圆丘状。
株高40～80厘米　冠幅不确定

滨藜
Atriplex halimus
灌木　植株稍耐寒且抗风，生长迅速，银白色的叶片小型，具刺。
株高2米　冠幅2.5米

'阳光'短舌菊
Brachyglottis 'Sunshine'
♡ 常绿灌木　　　　　　　　　　123页

大西洋雪松，灰叶组
Cedrus atlantica G lauca G roup
♡ 松柏类植物　为由大西洋雪松而出的，一种生长着蓝灰色叶片的大型孤植乔木。
株高40米　冠幅10米

橄榄叶旋花
Convolvulus cneorum
♡ 常绿灌木　　　　　　　　　　168页

巴氏金雀花
Cytisus battandieri
♡ 灌木　　　　　　　　　　191页

'贝基·鲁宾逊'香石竹
Dianthus 'Becky Robinson'
♡ 多年生植物　　　　　　　　　　204页

'海特白'香石竹
Dianthus 'Haytor White'
♡ 多年生植物　　　　　　　　　　204页

'水银'胡颓子
Elaeagnus 'Quicksilver'
♡ 常绿灌木　　　　　　　　　　215页

'柔白'四齿欧石楠
Erica tetralix 'Alba Mollis'
♡ 常绿灌木　　　　　　　　　　221页

冈恩桉
Eucalyptus gunnii
❦ 常绿乔木　　　　　　　　　　229页

'苏珊' 海蔷薇
Halimium 'Susan'
❦ 常绿灌木　　　　　　　　　　269页

'水银' 拟稻花玄参木
Hebe pimeleoides 'Quicksilver'
❦ 常绿灌木　植株贴着地面生长，细小的叶片
呈银蓝灰色，花朵浅紫色。
株高30厘米　冠幅60厘米

'佩奇' 厚叶玄参木
Hebe pinguifolia 'Pagei'
❦ 常绿灌木　　　　　　　　　　274页

'红缘' 玄参木
Hebe 'Red Edge'
❦ 常绿灌木　植株低矮，扩展，叶片灰色，边
缘红色。
株高45厘米　冠幅60厘米

'威斯利黄' 半日花
Helianthemum 'Wisley Primrose'
❦ 常绿灌木　　　　　　　　　　281页

华丽蜡菊
Helichrysum splendidum
❦ 多年生植物　　　　　　　　　282页

常绿异燕麦
Helictotrichon sempervirens
❦ 观赏草类　为丛生显丘状的多年生植物，叶
片灰绿色，在初夏时，植株能够抽生出较高的
花茎。
株高1.4米　冠幅60厘米

大薰衣草·荷兰组
Lavandula × *intermedia* Dutch Group
❦ 灌木　　　　　　　　　　　　338页

'垂枝' 柳叶梨
Pyrus salicifolia 'Pendula'
❦ 乔木　　　　　　　　　　　　464页

加州罂粟
Romneya coulteri
❦ 多年生植物　生长旺盛，具吸芽，银白色的
叶片有粗齿，白色的花朵中部黄色。
株高2米　冠幅不确定

'博伊德' 柳
Salix 'Boydii'
❦ 灌木　　　　　　　　　　　　501页

毛叶柳
Salix lanata
❦ 灌木　　　　　　　　　　　　503页

银叶鼠尾草
Salvia argentea
❦ 多年生植物　　　　　　　　　504页

异色鼠尾草
Salvia discolor
❦ 多年生植物，不耐寒　　　　　505页

绵杉菊
Santolina chamaecyparissus
❦ 常绿灌木　　　　　　　　　　513页

'布兰科角' 匙叶景天
Sedum spathulifolium 'Cape Blanco'
❦ 多年生植物　　　　　　　　　521页

'银粉' 银叶菊
Senecio cineraria 'Silver Dust'
❦ 常绿灌木　　　　　　　　　　54页

'白钻石' 银叶菊
Senecio cineraria 'White Diamond'
❦ 常绿灌木　叶片近白色，在形状上与橡树相
似。
株高30～40厘米　冠幅30厘米

银羽菊
Senecio viravira
❦ 亚灌木*，不很耐寒　叶片具细裂，生长在
蔓性的枝条上，植株能够开放出乳白色的绒球
状花朵。
株高60厘米　冠幅1米
（*：原著为灌木（Shrub），正确为亚灌木。——
译者注）

蚕状毛蕊花
Verbascum bombyciferum
❦ 多年生植物　　　　　　　　　516页

春季配色花卉

春季为花园令人心醉的时段，这时每种植物看起来似乎都想争奇夺艳。最早绽蕊的花朵不易遭受雨雪与寒风的摧残，但是看起来不甚舒展，然而到了四月，植株的花朵就能够开放得更加

硕大、更为醒目，这时春花型球根植物那黄色、白色及蓝色花朵就会与成片的粉色樱花、艳丽的玉兰、杜鹃、铁线莲及紫藤的花朵融合在一起。

'绚丽'假悬铃木枫
Acer pseudoplatanus 'Brilliantissimum'
❀ 乔木　　　　　　　　　　　　　　　69页

岩白菜
Bergenia purpurascens
❀ 多年生植物　叶片醒目，革质，在寒冷的季节会转为红色，亮丽的微紫色花朵簇生，在春季时开放。
株高45厘米　冠幅30厘米

驴蹄草
Caltha palustris
❀ 多年生植物　　　　　　　　　　　131页

威廉斯山茶，品种
Camellia × *williamsii* cultivars
❀ 常绿灌木　　　　　　　　　136～137页

'摩露塞'贴梗海棠
Chaenomeles speciosa 'Moerloosei'
❀ 灌木　　　　　　　　　　　　　　148页

高山铁线莲
Clematis alpina
❀ 攀缘植物　钟形的花朵蓝色，中部白色，植株能够结出披茸毛的果实。
株高2～3米

'弗朗西丝·里维斯'高山铁线莲
Clematis alpina 'Frances Rivis'
❀ 攀缘植物　　　　　　　　　　　160页

'马卡姆粉'大瓣铁线莲
Clematis macropetala 'Markham's Pink'
❀ 攀缘植物　　　　　　　　　　　160页

粉红山铁线莲
Clematis montana var.*rubens*
❀ 攀缘植物　　　　　　　　　　　160页

密花紫堇
Corydalis solida
❀ 具球期多年生植物　管状的花朵粉色，在灰色的羽状叶片之上开放。
株高25厘米　冠幅20厘米

疏花蜡瓣花
Corylopsis pauciflora
❀ 灌木　　　　　　　　　　　　　174页

西藏瑞香
Daphne tangutica
❀ 常绿灌木　花朵具芳香，粉白相间，暮春星星点点地绽放在枝条先端。
株高1米　冠幅1米

'丰盛'荷包牡丹
Dicentra 'Luxuriant'
❀ 多年生植物　叶片具深裂，簇生的红色花朵能够开放很长时间。
株高30厘米　冠幅45厘米

流星花
Dodecatheon meadia
❀ 多年生植物　植株丛生，成簇开放的洋红粉色花朵与仙客来相似。
株高40厘米　冠幅25厘米

红花淫羊藿
Epimedium × *rubrum*
❀ 多年生植物　　　　　　　　　　216页

'硫黄'杂色淫羊藿
Epimedium × *versicolor* 'Sulphureum'
❀ 多年生植物　植株常绿，丛生，生长着具裂的叶片，能够开放出漂亮的浅黄色花朵。
株高30厘米　冠幅30厘米

马丁大戟
Euphorbia × *martinii*
❀ 常绿亚灌木　　　　　　　　　　234页

多色大戟
Euphorbia polychroma
❀ 多年生植物　　　　　　　　　　235页

'林伍德'金钟连翘
Forsythia × *intermedia* 'Lynwood'
❀ 灌木　　　　　　　　　　　　　240页

大瓶刷树
Fothergilla major
❀ 灌木　　　　　　　　　　　　　241页

雪割草
Hepatica nobilis
❀ 多年生植物　　　　　　　　　　287页

'查尔斯·拉菲尔'滇藏木兰
Magnolia campbellii 'Charles Raffill'
☿ 灌木

'伊丽莎白'玉兰
Magnolia 'Elizabeth'
☿ 灌木

'梅里尔'洛氏木兰
Magnolia × *loebneri* 'Merrill'
☿ 灌木

'伦尼'二乔玉兰
Magnolia × *soulangeana* 'Lennei'
☿ 乔木   为株形扩展的美丽乔木，能够开放出深紫色的大型花朵。
株高6米   冠幅6米

星花玉兰
Magnolia stellata
☿ 乔木

多花海棠
Malus floribunda
☿ 乔木

'山火'马醉木
Pieris japonica 'Mountain Fire'
☿ 常绿灌木   植株喜酸性土壤，花朵白色，新枝为红色，尔后呈青铜色，最终变为绿色。
株高4米   冠幅3米

莲香报春
Primula veris
☿ 多年生植物

高穗报春
Primula vialii
☿ 多年生植物   植株的观赏期短，密集花序由淡紫色的花朵所构成，花蕾呈红色。
株高30～60厘米   冠幅30厘米

'重瓣'甜樱桃
Prunus avium 'Plena'
☿ 乔木

'白重瓣'郁李
Prunus glandulosa 'Alba Plena'
☿ 灌木

'关山'樱
Prunus 'Kanzan'
☿ 乔木

'彩叶'稠李
Prunus padus 'Colorata'
☿ 乔木

'沃特勒'稠李
Prunus padus 'Watereri'
☿ 乔木

'潘多拉'樱
Prunus 'Pandora'
☿ 乔木

'粉色经典'樱
Prunus 'Pink Perfection'
☿ 乔木

'白普贤'樱
Prunus 'Shirofugen'
☿ 乔木

Prunus 'Shôgetsu'
☿ 乔木

'尖塔'樱
Prunus 'Spire'
☿ 乔木

'秋玫瑰'日本早樱
Prunus × *subhirtella* 'Autumnalis Rosea'
☿ 乔木

'郁金'樱
Prunus 'Ukon'
☿ 乔木

江户樱
Prunus × *yedoensis*
☿ 乔木

红花肺草
Pulmonaria rubra
☿ 多年生植物

杜鹃，原种与品种
Rhododendron Species and Cultivars
☿ 灌木

'波涛滚滚'虎耳草
Saxifraga 'Tumbling Waters'
☿ 高山植物   银绿色的叶片呈莲座状生长，成百的细小白色花朵开放在高大的拱形花梗上。
株高45厘米   冠幅30厘米

'麦戈·莫特'堇菜
Viola 'Maggle Mott'
☿ 多年生植物   植株多分枝，花朵秀丽，蓝色与白色。
株高15厘米   冠幅25厘米

'粉花'多花紫藤
Wisteria floribunda 'Rosea'
☿ 攀缘植物   修长的总状花序由浅粉色花朵所构成，在生长旺盛的植株上悬垂绽放。
株高9米

夏季配色花卉

在夏月的花园里，花坛植物常占有优势，但也有许多开放着亮丽花朵的多年生植物展示着它们的美姿。在仲夏时，开花的灌木比春季要少些，但月季却是一个特例，没有这种植物花园里将显得极其单调。因为在花园里的每一角落，从攀缘植物到地被植物都伴随着月季的身影。

'洛登保皇党' 牛舌草
Anchusa azurea 'Loddon Royalist'
🏆 多年生植物 89页

'诺拉·巴洛' 星花耧斗菜
Aquilegia vulgaris var.*stellata* 'Nora Barlow'
🏆 多年生植物 95页

'达特姆尔高原' 大叶醉鱼草
Buddleja davidii 'Dartmoor'
🏆 灌木 叶片狭窄，具深齿，花朵为很深的微红紫色。
株高3米 冠幅5米

球花醉鱼草
Buddleja globosa
🏆 灌木 126页

'洛登·安娜' 乳花风铃草
Campanula lactiflora 'Loddon Anna'
🏆 多年生植物 139页

'比斯纪念日' 铁线莲
Clematis 'Bees's Jubilee'
🏆 攀缘植物 161页

杜兰德铁线莲
Clematis × durandii
🏆 多年生植物 为不能攀缘依靠其他植物蔓生的杂交种，能够开放出大型的蓝色花朵。
株高1～2米

'吉普赛皇后' 铁线莲
Clematis 'Gipsy Queen'
🏆 攀缘植物 绒质的紫色花朵具红色花药，整个夏季开放。
株高3米

'天蓝珍珠' 铁线莲
Clematis 'Perle d' Azur'
🏆 攀缘植物 165页

'珍珠串' 荷包牡丹
Dicentra formosa 'Langtrees'
🏆 多年生植物 花朵浅珍珠白色，生长在具光泽的枝条上，高于灰色的羽状叶片开放。
株高30厘米 冠幅45厘米

毛地黄
Digitalis lanata
🏆 多年生植物 多叶的茎秆被茂密的乳白色或浅黄褐色的小型花朵所覆盖。
株高60厘米 冠幅30厘米

'柔和夜色' 灰叶欧石楠
Erica cinerea 'Velvet Night'
🏆 常绿灌木 植株不常见的深色叶片，为深紫色的花朵所衬托。
株高60厘米 冠幅80厘米

'莱昂瑟' 康沃尔欧石楠
Erica vagans 'Lyonesse'
🏆 常绿灌木 221页

'马克斯韦尔夫人' 康沃尔欧石楠
Erica vagans 'Mrs.D.F.Maxwell'
🏆 常绿灌木 221页

先令大戟
Euphorbia schillingii
🏆 多年生植物 235页

耐寒倒挂金钟
Fuchsia hardy types
🏆 灌木 244页

'菲利斯' 倒挂金钟
Fuchsia 'Phyllis'
🏆 灌木 植株耐寒，直立生长，樱桃色的花朵半重瓣，不断开放。
株高1～1.5米 冠幅75～90厘米

大型耐寒老鹳草
Geraniums，hardy，large
🏆 多年生植物 260～261页

'大奥姆' 玄参木
Hebe 'Great Orme'
🏆 常绿灌木 273页

萱草，品种
Hemerocallis cultivars
🏆 多年生植物 286页

'粉缎' 萱草
Hemerocallis 'Pink Damask'
🏆 多年生植物 深鲑粉色的花朵大型，高于拱

形的叶片开放。

株高1米

'蓝鸟' 粗齿绣球
Hydrangea serrata 'Bluebird'

♀ 灌木　　　　　　　　　　　　　　300页

'希德寇特' 金丝桃
Hypericum 'Hidcote'

♀ 灌木　　　　　　　　　　　　　　301页

髯须鸢尾
Bearded Iris

♀ 多年生植物　　　　　　　　316～319页

'北极幻想' 鸢尾
Iris 'Arctic Fancy'

♀ 多年生植物　花瓣白色，缘具明显的深紫罗兰色。

株高50厘米

'蓝眼褐发女郎' 鸢尾
Iris 'Blue-Eyed Brunette'

♀ 多年生植物　花朵大型，浅褐色，须毛基部具丁香蓝色斑痕。

株高90厘米

燕子花
Iris laevigata

♀ 多年生植物　　　　　　　　　　　310页

'反卷叶' 矮素馨
Jasminum humile 'Revolutum'

♀ 灌木　花朵亮丽，黄色，具芳香，贴着具裂的叶片开放，在夏季的大多数时间开放。

株高2.5米　冠幅3米

'白珍珠' 阔叶香豌豆
Lathyrus latifolius 'White Pearl'

攀缘植物　这种草本多年生植物能够开放出无香气的纯白色花朵。

株高2米

'烟花' 灌木月见草
Oenothera fruticosa 'Fyrverkeri'

♀ 多年生植物　　　　　　　　　　　386页

钓钟柳，品种
Penstemon cultivars

♀ 多年生植物　　　　　　　　410～411页

'红罗宾' 红叶石楠
Photinia × fraseri 'Red Robia'

♀ 常绿灌木　　　　　　　　　　　　428页

'黄喇叭' 流光花
Phygelius aequalis 'Yellow Trumpet'

♀ 常绿灌木　　　　　　　　　　　　428页

桔梗
Platycodon grandiflorus

♀ 多年生植物　　　　　　　　　　　438页

'吉布森猩红' 委陵菜
Potentilla 'Gibson's Scarlet'

♀ 多年生植物　　　　　　　　　　　443页

'杰斯特·乔伊' 月季
Rosa 'Just Joey'

♀ 大花月季　　　　　　　　　　　　481页

'健康长寿' 月季
Rosa Many Happy Returns 'Harwanted'

♀ 丰花月季　　　　　　　　　　　　483页

'蒙巴顿' 月季
Rosa Mountbatten 'Harmantelle'

♀ 丰花月季　　　　　　　　　　　　483页

'美梦' 月季
Rosa Sweet Dream 'Fryminicot'

♀ 庭院月季　　　　　　　　　　　　489页

'特奎拉日出' 月季
Rosa 'Tequila Sunrise'

♀ 大花丛月季　花朵亮黄色，边缘呈明显的猩红色。

株高75厘米　冠幅60厘米

古代庭园月季
Roses，Old Garden

♀ 落叶灌木　　　　　　　　　492～493页

蔓生月季
Roses，Rambler

♀ 落叶攀缘植物　　　　　　　486～487页

'五月之夜' 林地鼠尾草
Salvia × sylvestris 'Mainacht'

♀ 多年生植物　　　　　　　　　　　511页

'休伊特' 偏翅唐松草
Thalictrum delavayi 'Hewitt's Double'

♀ 多年生植物　　　　　　　　　　　542页

'威格林' 安德森紫露草
Tradescantia × andersoniana 'J.C.Weguelin'

♀ 多年生植物　　　　　　　　　　　550页

'鱼鹰' 安德森紫露草
Tradescantia × andersoniana 'Osprey'

♀ 多年生植物　　　　　　　　　　　550页

秋季配色花卉

秋天是花园变化最大的一个季节，尽管许多一年生与多年生植物能够继续展示它们的夏季美姿，然而这时叶片以果实的色彩（也可参阅502~503页）占据着景观的主导位置。此刻是所有花园中

为引人入胜的阶段，当显得十分郁闷的冬季景观来临前，花境里依然开放着橙色与各种红色的花朵。

长裂葛萝枫
Acer grosseri var.*hersii*

♀ 乔木   64页

'**血红**' **青枫**
Acer palmatum 'Bloodgood'

♀ 小乔木   66页

'**石榴红**' **青枫**
Acer palmatum 'Garnet'

♀ 灌木   66页

'**大杯**' **青枫**
Acer palmatum 'Osakazuki'

♀ 灌木或小乔木   67页

'**十月荣光**' **北美红枫**
Acer rubrum 'October Glory'

♀ 乔木   70页

拉马克唐棣
Amelanchier lamarckii

♀ 大灌木   87页

'**哈兹本丰花**' **湖北银莲花**
Anemone × *hupehensis* 'Hadspen Abundance'

♀ 多年生植物   91页

'**九月魅力**' **湖北银莲花**
Anemone hupehensis 'September Charm'

♀ 多年生植物   花朵浅粉色，开放在优雅的枝条上。
株高60~90厘米 冠幅40厘米

'**乔治国王**' **意大利紫菀**
Aster amellus 'King George'

♀ 多年生植物   104页

'**粉云**' **拟欧石楠紫菀**
Aster ericoides 'Pink Cloud'

♀ 多年生植物   多分枝，秋季植株缀满小型的粉色花朵。
株高1米 冠幅30厘米

平枝侧花紫菀
Aster lateriolius var.*horizontalis*

♀ 多年生植物   105页

金花小檗
Berberis wilsoniae

♀ 灌木   119页

'**凡尔赛荣耀**' **蓟木**
Ceanothus × *delileanus* 'Gloire De Versailles'

♀ 灌木   145页

'**白丰**' **铁线莲**
Clematis 'Alba Luxurians'

♀ 攀缘植物   164页

'**奥尔巴尼公爵夫人**' **铁线莲**
Clematis 'Duchess of Albany'

♀ 攀缘植物   164页

'**红边**' **铁线莲**
Clematis × *triternata* 'Rubromarginata'

♀ 攀缘植物   枝条强壮，其上开放着大量的十字形深粉色与白色的小型花朵。
株高5米

四照花
Cornus kousa var.*chinensis*

♀ 乔木   171页

'**森宁代尔银**' **蒲苇**
Cortaderia selloana 'Sunningdale Silver'

♀ 观赏草类   173页

小叶栒子
Cotoneaster microphyllus

♀ 常绿灌木   植株呈圆形，在秋季时能够结出微小红色的果实。
株高1米 冠幅1.5米

大丽花 品种
Dahlia Cultivars

♀ 多年生植物   194~195页

'**尼曼斯花园**' **香花木**
Eucryphia × *nymansensis* 'Nymansay'

♀ 常绿乔木   230页

卫矛
Euonymus alatus

♀ 灌木   230页

'**红色瀑布**' **欧洲卫矛**
Euonymus europaeus 'Red Cascade'

♀ 灌木   231页

'**波普尔夫人**' **倒挂金钟**
Fuchsia 'Mrs. Popple'

♀ 灌木   244页

七裂龙胆
Gentiana septemfida

♀ 多年生植物   257页

银杏
Ginkgo biloba
♀ 耐寒乔木　这种落叶的树木具有宽阔的叶冠，在秋季它们脱落前能够转为乳黄色。
株高可达30米　冠幅8米

'伦敦金' 向日葵
Helianthus 'London Gold'
♀ 多年生植物　　　　　　　　　　　281页

'蓝鸟' 木槿
Hibiscus syriacus 'Oiseau Bleu'
♀ 灌木　　　　　　　　　　　　　288页

钝花木蓝
Indigofera amblyantha
♀ 灌木　枝条纤细，直立，其上生长着羽状叶片，开放着细小的粉色花朵。
株高2米　冠幅2.5米

郁金香鹅掌楸
Liriodendron tulipifera
♀ 乔木　　　　　　　　　　　　　352页

短葶山麦冬
Liriope muscari
♀ 多年生植物　　　　　　　　　　353页

'约翰·唐尼' 海棠
Malus 'John Downie'
♀ 乔木　　　　　　　　　　　　　368页

南天竹
Nandina domestic
♀ 灌木　　　　　　　　　　　　　377页

蓝果树
Nyssa sinensis
♀ 乔木　　　　　　　　　　　　　385页

林地蓝果树
Nyssa sylvatica
♀ 乔木　　　　　　　　　　　　　385页

地锦
Parthenocissus tricuspidata
♀ 攀缘植物　　　　　　　　　　　401页

南非流光花
Phygelius capensis
♀ 灌木，不很耐寒　　　　　　　　428页

大山樱
Prunus sargentii
♀ 乔木　　　　　　　　　　　　　457页

'秋玫瑰' 日本早樱
Prunus × *subhirtella* 'Autumnalis Rosea'
♀ 乔木　　　　　　　　　　　　　457页

假落叶松
Pseudolarix amabilis
♀ 乔木　这种落叶的松柏类植物，因其具吸引力的圆锥形树冠与秋季金黄的色彩而被栽培。
株高15～20米　冠幅6～12米

'裂叶' 火炬树
Rhus typhina 'Dissecta'
♀ 灌木　　　　　　　　　　　　　477页

迪姆金光菊
Rudbeckia fulgida var.*deamii*
♀ 多年生植物　花朵雏菊状，橙色，具黑心。
株高60厘米　冠幅45厘米

'金山' 细裂金光菊
Rudbeckia laciniata 'Goldquelle'
♀ 多年生植物　　　　　　　　　　500页

沼泽鼠尾草
Salvia uliginosa
♀ 多年生植物　　　　　　　　　　511页

'大花' 裂柱鸢尾
Schizostylis coccinea 'Major'
♀ 多年生植物　　　　　　　　　　518页

'溢彩红宝石' 景天
Sedum 'Ruby Glow'
♀ 多年生植物　　　　　　　　　　520页

'冰山' 华丽景天
Sedum spectabile 'Iceberg'
♀ 多年生植物　叶片肉质、色浅，花朵纯白色。
株高30～45厘米　冠幅35厘米

铺地花楸
Sorbus reducta
♀ 灌木　　　　　　　　　　　　　531页

川滇花楸
Sorbus vilmorinii
♀ 灌木或小乔木　　　　　　　　　532页

台湾油点草
Tricyrtis formosana
♀ 多年生植物　枝条直立，叶片具光泽，花朵浅粉色，星形，具颜色较深的斑点。
株高80厘米　冠幅45厘米

'玛利埃斯' 雪球荚
Viburnum plicatum 'Mariesii'
♀ 灌木　　　　　　　　　　　　　568页

紫葛葡萄
Vitis coignetiae
♀ 攀缘植物　　　　　　　　　　　572页

冬季情趣花卉

那些认为在冬季花园里无可欣赏的园艺工作者，似乎忘记了在所有花卉中那最令人心动的种类。其实，即使是在最为寒冷的气候条件下，也能欣赏到花朵的淡雅清香与亮丽色彩。

许多植物能够很好地在荫蔽的环境里生长，那里是栽培冬季花园植物的理想地点，所使用的花卉最好种植在靠近大门旁或从窗户里能够看到的地方。

血皮枫

Acer griseum

🌿 乔木　　　　　　　　　　　　　　64页

'赤衣' 宾夕法尼亚枫

Acer pensylvanicum 'Erythrocladum'

🌿 落叶乔木　　　　　　　　　　　68页

对开蕨，冠毛组

Asplenium scolopendrium Cristatum Group

常绿蕨类植物　植株直立生长，革质的羽片开阔，先端不规则，其在冬季看起来十分醒目。

株高45厘米　冠幅60厘米

'巴豆叶'　日本桃叶珊瑚

Aucuba japonica 'Crotonifolia'

🌿 常绿灌木　　　　　　　　　　110页

'鲍络利' 岩白菜

Bergenia 'Ballawley'

🌿 多年生植物　　　　　　　　　120页

'罗伯特·查普曼' 帚石楠

Calluna vulgaris 'Robert Chapman'

🌿 石楠类植物　　　　　　　　　130页

'迷你金叶' 钝叶扁柏

Chamaecyparis obtusa 'Nana Aurea'

🌿 松柏类植物　这个矮生松柏类植物品种，树冠呈圆形，叶片黄色，先端扁平。

株高2米

'大花' 蜡梅

Chimonanthus praecox 'Grandiflorus'

🌿 灌木　　　　　　　　　　　　152页

西班牙铁线莲

Clematis cirrhosa var.balearica

🌿 攀缘植物　这种常绿的攀缘植物,能够开放出具芳香的乳白色钟形花朵。

株高2.5～3米

'西伯利亚' 红瑞木

Cornus alba 'Sibirica'

🌿 　　　　　　　　　　　　　　169页

欧亚山茱萸

Cornus mas

🌿 灌木或小乔木　　　　　　　　171页

金叶' 欧亚山茱萸

Cornus mas 'Aurea'

🌿 灌木　植株在冬季里能够开出大量的黄色细小花朵，随后于春季抽生出黄色叶片，它们在夏季渐变成绿色。

株高5米　冠幅5米

西里西亚仙客来

Cyclamen cilicium

🌿 具块根多年生植物　　　　　　189页

小花仙客来，白蜡组

Cyclamen coum Pewter Group

🌿 球根花卉　　　　　　　　　　190页

'廓尔喀族' 藏东瑞香

Daphne bholua 'Gurkha'

🌿 灌木　　　　　　　　　　　　196页

'安·斯帕克斯' 肉粉欧石楠

Erica carnea 'Ann Sparkes'

🌿 常绿灌木　　　　　　　　　　219页

'粉光' 肉粉欧石楠

Erica carnea 'Pink Spangles'

🌿 常绿灌木　这个亮丽的欧石楠品种能够绽放出粉色的花朵，当它们初开时粉白相间。

株高15厘米　冠幅45厘米

'维维尔' 肉粉欧石楠

Erica carnea 'Vivellii'

🌿 常绿灌木　　　　　　　　　　219页

'弗泽伊' 达利欧石楠

Erica × darleyensis 'Furzey'

🌿 常绿灌木　这种小型的灌木生长着颜色发暗的叶片，能够开放出深桃色的花朵。

株高30厘米　冠幅60厘米

'波特' 达利欧石楠

Erica × darleyensis 'J.W.Porter'

🌿 常绿灌木　叶片深绿色，在春季时其先端为乳白色与红色，花朵深粉色。

株高30厘米　冠幅60厘米

倭金缕梅，品种

Hamamelis × intermedia　Cultivars

🌿 灌木　　　　　　　　　　270～271页

尖叶嚏根草
Helleborus argutifolius
♀ 多年生植物　　284页

黑嚏根草
Helleborus niger
♀ 多年生植物　　285页

黑波嚏根草
Helleborus × nigercors
♀ 多年生植物　　植株丛生，分枝短，花朵白色，具绿色与粉色晕。
株高30厘米　冠幅1米

'金宝宝' 枸骨叶冬青
Ilex aquifolium 'Golden Milkboy'
♀ 冬青类植物　　305页

'蓝公主' 梅瑟夫冬青
Ilex × meserveae 'Blue Princess'
♀ 冬青类植物　　306页

爪鸢尾
Iris unguicularis
♀ 多年生植物　　321页

'波浪' 欧洲刺柏
Juniperus communis 'Repanda'
♀ 松柏类植物　　这种贴着地面生长的松柏类植物，叶片冬季常呈青铜色。
株高20厘米　冠幅1米

'莱昂内尔·福蒂斯丘' 十大功劳
Mahonia × media 'Lionel Fortescue'
♀ 常绿灌木　　具裂的叶片生长着像冬青那样的小叶，由亮黄色花朵所构成的花穗直立生长。
株高5米　冠幅4米

'冬日' 十大功劳
Mahonia × media 'Winter Sun'
♀ 常绿灌木　　这种多刺的直立灌木之吸引力，为其冬季能够开放出具芳香的黄色花朵。
株高5米　冠幅4米

红花肺草
Pulmonaria rubra
♀ 常绿多年生植物　　459页

西藏悬钩子
Rubus thibetanus
♀　　499页

'龙爪' 北京垂柳
Salix babylonica var. *pekinensis* 'Tortuosa'
♀ 乔木　　501页

'维尔哈恩' 戟柳
Salix hastata 'Wehrhahnii'
♀ 灌木　　502页

'尼曼斯花园' 香茵芋
Skimmia japonica 'Nymans'
♀ 常绿灌木　　这种树冠扩展的灌木为雌株，能够结出好看的簇生红色果实。
株高1米　冠幅2米

旌节花
Stachyurus praecox
♀　　535页

'白篱' 毛核木
Symphoricarpus × doorenbosii 'White Hedge'
♀ 灌木　　具吸枝，直立生长，浆果白色。
株高2米　冠幅不确定

'黎明' 博德南特荚蒾
Viburnum × bodnantense 'Dawn'
♀ 灌木　　566页

香荚蒾
Viburnum farreri
♀ 灌木　　567页

'伊夫·普赖斯' 地中海荚蒾
Viburnum tinus 'Eve Price'
♀ 常绿灌木　　569页

观赏果实的植物

如果鸟类在果实成熟时不去啄食它们,那么所结的浆果就能为花园延长数月的观赏时间。红色的浆果是最普通的,几乎可以在任何花园中见到,但也有黑色、白色、粉色、蓝色,甚至是紫色的浆果。结有浅色果实的植物靠着深色背景植物种植看起来效果最好,像四季常青的绿篱观赏效果最好,红色的浆果在阳光明媚的冬日衬托下看起来更加具有吸引力。

白果类叶升麻
Actaea alba
♀ 多年生植物 植株丛生,叶片具裂,花朵被茸毛,浆果珍珠白色,具黑色眼斑。
株高90厘米 冠幅45~60厘米

红花荔莓
Arbutus unedo f. rubra
♀ 常绿乔木 花朵粉红色,果实球形,红色,其二者在秋季均具最好的观赏价值。
株高8米 冠幅8米

'大理石纹'意大利疆南星
Arum italicum 'Marmoratum'
♀ 多年生植物 常绿的叶片具大理石斑纹,当秋季叶片枯萎后,依然能够欣赏到由红色浆果所构成的果穗。
株高30厘米 冠幅15厘米

网叶小檗
Berberis dictyophylla
♀ 灌木 这种落叶灌木冬季的观赏效果最好,届时其白色的枝条上星星点点地生长着红色的浆果。
株高2米 冠幅1.5米

'矮珊瑚'狭叶小檗
Berberis × stenophylla 'Corallina Compacta'
♀ 常绿灌木   117页

疣枝小檗
Berberis verruculosa
♀ 常绿灌木   119页

'繁花'老鸦糊
Callicarpa bodinieri var.*giraldii* 'Profusion'
♀ 灌木   128页

南蛇藤
Celastrus orbiculatus
♀ 攀缘植物 植株生长强健,在秋季时叶片呈黄色,这时黄色的果实也会绽开,露出红色种子。
株高14米

法吉斯海州常山
Clerodendrum *trichotomum* var.*fargesii*
♀ 灌木 植株生长迅速,白色的花朵芳香,松石绿色的果实靠着红色的萼片生长。
株高5米 冠幅5米

黄果草马桑
Coriaria terminalis var. *xnthocarpa*
灌木,不耐寒冷,枝条拱形的亚灌木,叶片小型,半透明的浆果簇生。
株高1米 冠幅2米

(*:原著为*Coriaria terminalis* var.*anthocarpa*,正确为*Coriaria terminalis* var.*xanthocarpa*。——译者注)

'诺曼·哈登'山茱萸
Cornus 'Norman Hadden'
♀ 常绿乔木 每到秋季一些叶片会转黄,并脱落。在乳白色与粉色的花朵凋谢后,会结出大型的红色果实。
株高8米 冠幅8米

'美丽'大果栒子
Cotoneaster conspicuus 'Decorus'
♀ 常绿灌木   178页

'罗斯柴尔德'栒子
Cotoneaster 'Rothschildianus'
♀ 常绿灌木 植株呈拱形,在夏季开放的白色花朵凋谢后,植株会于秋季结出金黄色的果实。
株高5米 冠幅5米

扁足卫矛
Euonymus planipes
♀ 灌木 秋季植株的叶片呈亮红色,在它们脱落后,会留下内含橙色种子的红色蒴果。
株高3米 冠幅3米

'冬季'尖叶白珠树
Gaultheria mucronata 'Wintertime'
♀ 常绿灌木   252页

沙棘
Hippophae rhamnoides
♀ 灌木   289页

贵州金丝桃
Hypericum kouytchense
♀ 灌木 　　　　　　　　　　　　　302页

枸骨叶冬青，品种
Ilex aquifolium & cultivars
♀ 常绿灌木 　　　　　　　　　304～305页

'蓝天使' 梅瑟夫冬青
Ilex × meserveae 'Blue Angel'
♀ 常绿灌木　株形紧凑，生长缓慢，发亮的叶片呈微蓝的深绿色，果实红色。
株高4米　冠幅3米

'冬红' 轮生冬青
Ilex verticillata 'Winter Red'
灌木　植株落叶，花朵白色，春季开放，冬季能观赏到大量的小型红色果实。
株高2.5～3米　冠幅3米

美丽鬼吹箫
Leycesteria formosa
灌木　枝条高大，呈拱形生长，其先端在栗色苞片内可以开放出白色花朵，之后能够结出紫色浆果。
株高2米　冠幅2米

'巴格森金' 光叶忍冬
Lonicera nitida 'Baggesen's Gold'
♀ 常绿灌木 　　　　　　　　　355页

'格雷厄姆·托马斯' 香忍冬
Lonicera periclymenum 'Graham Thomas'
攀缘植物 　　　　　　　　　　356页

酸浆
Physalis alkekengi
♀ 多年生植物　为具直立枝条、匍匐生长的植物，当白色的花朵凋谢后，在其橙色的灯笼状宿萼中生长着橙色的浆果。
株高60～75厘米　冠幅90厘米

'卡德罗' 火棘
Pyracantha 'Cadrou'
常绿灌木　植株具刺，花朵白色，梨果*红色，抗斑点病。
株高2米　冠幅2米
（*：原著为浆果（berries），正确为梨果。——译者注）

'达格玛·海斯楚普夫人' 月季
Rosa 'Fru Dagmar Hastrup'
♀ 灌木月季 　　　　　　　　　496页

'老鹳草' 月季
Rosa 'Geranium'
♀ 灌木月季　枝条具刺，拱形，花朵规整，红色，植株能够结出大型的红色长蔷薇果。
株高2.5米　冠幅1.5米

'猩红火焰' 月季
Rosa 'Scharlachglut'
♀ 灌木月季　植株生长旺盛，枝条细长，能够进行牵引作为攀缘植物栽培。艳丽的花朵猩红色，蔷薇果亮猩红色。
株高3米　冠幅2米

'金羽毛' 总状接骨木
Sambucus racemosa 'Plumosa Aurea'
灌木　具裂的叶片黄色，植株在夏季能够结出成簇的小型红色果实。
株高3米　冠幅3米

'白果' 香茵芋
Skimmia japonica 'Fructu Albo'
♀ 常绿灌木　植株规整，四季常青，花朵白色，果实发亮，白色。
株高60厘米　冠幅1米

'丝绒叶' 白花楸
Sorbus aria 'Lutescens'
♀ 乔木 　　　　　　　　　　　530页

钝叶湖北花楸
Sorbus hupehensis var.*obtusa*
♀ 乔木 　　　　　　　　　　　530页

美丽金莲花
Tropaeolum speciosum
♀ 多年生攀缘植物 　　　　　　553页

川西荚蒾
Viburnum davidii
♀ 常绿灌木 　　　　　　　　　567页

'金果' 欧洲荚蒾
Viburnum opulus 'Xanthocarpum'
♀ 灌木 　　　　　　　　　　　568页

小型花园适用松柏类

松柏类植物具有令人惊奇的外形、株高、色彩与纹理。它们在花境中能够表现出直立特征，可作为茂密的植屏及常绿地被植物。它们可在绝大多数土壤中生长，但是除红豆杉之外，多数种类需要阳光。许多松柏类植物随着季节改变颜色，特别是在初夏当新枝与较老叶片形成对比时显得最为亮丽。

香冷杉，哈德森组

Abies balsamea Hudsonia Group

❧ 松柏类植物　这个极为低矮的变型呈株形发圆的灌木状生长，但是植株结不出球果。

株高60厘米　冠幅1米

'西尔伯洛克' 朝鲜冷杉

Abies koreana 'Silberlocke'

❧ 松柏类植物　具吸引力的扭曲叶片，在展开时呈银白色，能够变为针状，球果具观赏价值。

株高10米　冠幅6米

'密集' 糙果冷杉

Abies lasiocarpa 'Compacta'

❧ 松柏类植物　为生长缓慢，树冠呈圆锥形的乔木，叶片呈蓝灰色。

株高3～5米　冠幅2～3米

'金展枝' 高加索冷杉

Abies nordmanniana 'Golden Spreader'

❧ 松柏类植物　植株低矮，生长缓慢，叶片亮金黄色。

株高1米　冠幅1.5米

'柴尔沃斯银' 美国扁柏

Chamaecyparis lawsoniana 'Chilworth Silver'

❧ 松柏类植物　为生长缓慢，树冠呈圆锥形的灌木，叶片呈银灰色。

株高1.5米

'埃尔伍德金' 美国扁柏

Chamaecyparis lawsoniana 'Ellwood's Gold'

❧ 松柏类植物　　　　　　　　　　149页

'迷你细叶' 钝叶扁柏

Chamaecyparis obtusa 'Nana Gracilis'

❧ 松柏类植物　　　　　　　　　　150页

'雅密' 日本柳杉

Cryptomeria japonica 'Elegans Compacta'

❧ 松柏类植物　　　　　　　　　　187页

'维尔莫林' 日本柳杉

Cryptomeria japonica 'Vilmoriniana'

❧ 松柏类植物　叶片密生，呈球状，其在夏季时为绿色，但冬季呈青铜色。

株高45厘米　冠幅45厘米

'布洛乌' 刺柏

Juniperus chinensis 'Blaauw'

❧ 松柏类植物　为枝条密集的直立灌木，叶片银灰色。

株高1.2米　冠幅1米

'丰碑' 刺柏

Juniperus chinensis 'Obelisk'

❧ 松柏类植物　植株长到可供观赏的阶段需要很长时间，树体直立，叶片微蓝绿色。

株高2.5米　冠幅60厘米

'紧密' 欧洲刺柏

Juniperus communis 'Compressa'

❧ 松柏类植物　　　　　　　　　　325页

'威廉·菲策' 刺柏

Juniperus × *pfitzeriana* 'Wihelm Pfizer'

❧ 松柏类植物　　　　　　　　　　325页

'迷你' 偃刺柏

Juniperus procumbens 'Nana'

❧ 松柏类植物　　　　　　　　　　326页

'蓝天' 岩生刺柏

Juniperus scopulorum 'Blue Heaven'

❧ 松柏类植物　株形规整，叶片蓝色，树冠呈圆锥形。

株高2米　冠幅60厘米

'蓝星' 鳞叶刺柏

Juniperus squamata 'Blue Star'

❧ 松柏类植物　　　　　　　　　　326页

'霍尔格' 鳞叶刺柏

Juniperus squamata 'Holger'

❧ 松柏类植物　树冠扩展，四季常青，叶片微蓝色，与微黄色的新枝相互映衬。

株高2米　冠幅2米

小侧柏

Microbiota decussata

❧ 松柏类植物　树冠扩展，细小的叶片在冬季时变为青铜色。

株高1米　冠幅不确定

'鸟巢' 挪威云杉
Picea abies 'Nidiformis'
❁ 松柏类植物　这种生长缓慢，枝条向外生长的植株，中心呈"鸟巢"状。
株高1.5米　冠幅3～4米

'圆锥' 艾伯特云杉
Picea glauca var.*albertiana* 'Conica'
❁ 松柏类植物　　　　　　　　　432页

'迷你' 北美云杉
Picea mariana 'Nana'
❁ 松柏类植物　　　　　　　　　433页

'科斯特'科罗拉多云杉
Picea pungens 'Koster'
❁ 松柏类植物　　　　　　　　　433页

'拖把头' 矮松
Pinus mugo 'Mops'
❁ 松柏类植物　　　　　　　　　436页

'阿德科克矮人' 五针松
Pinus parviflora 'Adcock's Dwarf'
❁ 松柏类植物　为低矮的五针松的品种，叶片微灰色。
株高2米

'伯夫龙' 欧洲赤松
Pinus sylvestris 'Beuvronensis'
❁ 松柏类植物　为欧洲赤松的树冠呈圆形的低矮品种。
株高1米

'达沃斯顿金叶' 欧洲红豆杉
Taxus baccata 'Dovastonii Aurea'
❁ 松柏类植物　　　　　　　　　541页

'金边扫帚' 欧洲红豆杉
Taxus baccata 'Fastigiata Aureomarginata'
❁ 松柏类植物　为直立的主景植物，叶片边缘呈黄色，浆果的肉(具毒性)呈红色。
株高3～5米　冠幅1～2.5米

'扫帚' 欧洲红豆杉
Taxus baccata 'Fastigiata'
❁ 松柏类植物　　　　　　　　　542页

'金匍枝' 欧洲红豆杉
Taxus baccata 'Repens Aurea'
❁ 松柏类植物　这是欧洲红豆杉的一个树冠扩展的品种，植株生长着金黄色的叶片。
株高1～1.5米　冠幅1～1.5米

'霍姆斯楚普'欧美崖柏
Thuja occidentalis 'Holmstrup'
❁ 松柏类植物　　　　　　　　　543页

'莱茵河黄金'欧美崖柏
Thuja occidentalis 'Rheingold'
❁ 松柏类植物　　　　　　　　　544页

'祖母绿' 欧美崖柏
Thuja occidentalis 'Smaragd'
❁ 松柏类植物　为低矮、树冠圆锥形的灌木，植株生长着亮绿色的叶片。
株高1米　冠幅80厘米

'迷你金叶' 东方崖柏
Thuja orientalis 'Aurea Nana'
❁ 松柏类植物　　　　　　　　　544页

'斯托纳姆金' 褶叶崖柏
Thuja plicata 'Stoneham Gold'
❁ 松柏类植物　　　　　　　　　545页

'杰德洛' 加拿大铁杉
Tsuga canadensis 'Jeddeloh'
❁ 松柏类植物　　　　　　　　　553页

小型花园适用乔木类

乔木能够为花园增添阴凉与特色，但是大型的森林和木艺不应有植在小型的花园中或距离住宅太近的地方。山毛榉、橡树与白蜡不仅通常售价低廉，而且也是所期望的每年能够给环境带来长期情趣之最佳小型乔木。考虑到它们能够营造出荫蔽环境，茂密的常绿植物能够为矮小植株提供干燥与阴暗的生长环境。

'欧内斯特·威尔逊'青榨枫
Acer davidii 'Ernest Wilson'
☺☺ 落叶乔木　无暇的叶片为绿色，在秋季脱落前转为橙色，分枝具白色条纹。
株高8米　冠幅10米

青枫，品种
Acer palmatum cultivars
☺☺ 落叶乔木或大灌木　　　　　　66～67页

'芭蕾女郎'　大花唐棣
Amelanchier × *grandiflora* 'Ballerina'
☺☺ 落叶乔木　　　　　　　　　　87页

白皮糙皮桦
Betula utilis var.*jacquemontii* Deciduous tree
☺ 落叶乔木　　　　　　　　　　122页

南欧紫荆
Cercis siliquastrum
☺ 落叶乔木　　　　　　　　　　147页

'埃迪之奇白'山茱萸
Cornus 'Eddie's White Wonder'
☺☺ 落叶乔木　植株多分枝，能够开放出深紫色的小型花朵，在它们周围环绕着大型的苞片。
株高6米　冠幅5米

'保罗猩红'光叶山楂
Crataegus laevigata 'Paul's Scarlet'
☺ 落叶乔木　　　　　　　　　　181页

火山染料木
Genista aetnensis
☺ 落叶乔木或大灌木　　　　　　255页

'红边'三刺皂荚
Gleditsia triacanthos 'Rubylace'
落叶乔木　叶片典雅，具裂，当幼嫩时呈亮丽的红葡萄酒色，尔后渐变为青铜绿色。
株高12米　冠幅10米

'沃斯'金链花
Laburnum × *watereri* 'Vossii'
☺ 落叶乔木　　　　　　　　　　332页

女贞
Ligustrum lucidum
☺ 落叶乔木或大灌木　　　　　　345页

'天香'玉兰
Magnolia 'Heaven Scent'
☺ 落叶乔木　花朵粉色，高脚杯形，内部呈白色，在春季与初夏间开放。
株高10米　冠幅10米

'伦纳德·梅塞尔'洛氏玉兰
Magnolia × *loebneri* 'Leonard Messel'
☺ 落叶乔木　　　　　　　　　　365页

'夏洛特'甜海棠
Malus coronaria 'Charlottae'
落叶乔木　树冠扩展，植株在春时能够开放出芳香的浅粉色半重瓣花朵。
株高9米　冠幅9米

日本海棠
Malus tschonoskii
☺ 落叶乔木　　　　　　　　　　369页

细齿樱
Prunus serrula
☺ 落叶乔木　　　　　　　　　　455页

'雄鸡'豆梨
Pyrus calleryana 'Chanticleer'
☺ 落叶乔木　　　　　　　　　　463页

'基尔马诺克'山羊柳
Salix caprea 'Kilmarnock'
☺ 落叶乔木　　　　　　　　　　502页

'红曲枝'柳
Salix 'Erythroflexuosa'
落叶乔木　植株呈半匍匐状生长，枝条扭曲，橙黄色。
株高5米　冠幅5米

'约瑟夫摇摆舞'花楸
Sorbus 'Joseph Rock'
☺ 落叶乔木　　　　　　　　　　531页

安息香
Styrax japonicus
☺ 落叶乔木　　　　　　　　　　536页

玉铃花
Styrax obassia
☺ 落叶乔木　　　　　　　　　　536页

观叶绿篱植物

规整式的绿篱植物必须能够耐受定期修剪。对那些每年只开一次花的植株，像红豆杉在每个季节里只需修剪一次，而不像女贞那样需要进行两或三次整形。常绿植物的应用极其广泛，但是落叶植物也同样能够降低风速，且通常购买的价格便宜（以下所列出的数据为未经修剪植株的尺寸）。

'优雅'常绿黄杨
Buxus sempervirens 'Elegantissima'
✿ 常绿灌木　　　　　　　　　　　127页

'亚灌木'常绿黄杨
Buxus sempervirens 'Suffruticosa'
✿ 常绿灌木　　　　　　　　　　　127页

'弗莱彻'美国扁柏
Chamaecyparis lawsoniana 'Fletcheri'
✿ 松柏类植物　繁茂的叶片呈灰色，植株直立，株形紧凑。
株高12米

'莱恩'美国扁柏
Chamaecyparis lawsoniana 'Lane'
✿ 松柏类植物　　　　　　　　　　149页

'彭伯利蓝'美国扁柏
Chamaecyparis lawsoniana 'Pembury Blue'
✿ 松柏类植物　　　　　　　　　　149页

莱兰扁柏
× *Cupressocyparis leylandii*
松柏类植物　为生长极为旺盛，能够用于造型的植物，宜在早期生长阶段进行整形，以后也要定期进行这项工作。
株高35米　冠幅5米

'哈格斯顿·格雷'莱兰扁合柏
× *Cupressocyparis leylandii* 'Haggerston Grey'
✿ 松柏类植物　　　　　　　　　　188页

'鲁宾逊金'莱兰扁合柏
× *Cupressocyparis leylandii* 'Robinson's Gold'
✿ 松柏类植物　为极好的植株呈金黄色的类型，叶片在幼嫩时呈青铜色。
株高35米　冠幅5米

林地山毛榉
Fagus sylvatica
✿ 落叶乔木　如果整形为2米高，林地山毛榉与其紫叶的品种均可保持其枯叶在冬季里不脱落。
株高25米　冠幅15米

'金斑'卵叶女贞
Ligustrum ovalifolium 'Aureum'
✿ 常绿灌木　栽培这种植物为需要建立呈亮黄色篱笆者的良好选择，应该定期进行修剪。
株高4米　冠幅4米

紫叶矮樱
Prunus × *cistena*
✿ 落叶灌木　　　　　　　　　　　453页

月桂樱
Prunus laurocerasus
✿ 常绿灌木　月桂樱需要仔细地修剪，才能够因之而具有吸引力，植株很耐强剪。
株高8米　冠幅10米

'奥托·卢伊肯'月桂樱
Prunus laurocerasus 'Otto Luyken'
✿ 常绿灌木　　　　　　　　　　　454页

葡萄牙稠李
Prunus lusitanica
✿ 常绿灌木　植株四季常青，受人欢迎。深绿色的叶片生长在红色的叶柄上，如果不进行修剪，则植株长出白色的花朵。
株高20米　冠幅20米

欧洲红豆杉
Taxus baccata
✿ 常绿乔木　　　　　　　　　　　541页

观花绿篱植物

开花的绿篱植物比其他植物能够给花园增添更多的构型要素与私密保障，它们常成为人们所注目的焦点。许多耐修剪的花灌木可供使用，

因为只有通过修剪，植株开花才能最好。它们可能不太适合用来构建密集的规整式绿篱以及周年屏蔽式分界绿篱。

'苹果花' 鼠刺
Escallonia 'Apple Blossom'
🌷 常绿灌木　　　　　　　　　　226页

'林伍德' 金钟连翘
Forsythia × *intermedia* 'Lynwood Variety'
🌷 灌木　　　　　　　　　　　240页

'里卡顿' 倒挂金钟
Fuchsia 'Riccartonii'
🌷 灌木　　　　　　　　　　　244页

'仲夏美人' 玄参木
Hebe 'Midsummer Beauty'
🌷 常绿灌木　叶片亮绿色，花朵紫色，渐变为白色，自仲夏至暮夏间于短小的花序上开放。
株高1米　冠幅1.2米

'罗瓦林' 金丝桃
Hypericum 'Rowallane'
🌷 灌木　半常绿植物，簇生的黄色杯状花朵于夏季在拱形的枝条上开放。
株高2米　冠幅1米

'希德寇特' 狭叶薰衣草
Lavandula angustifolia 'Hidcote'
🌷 常绿灌木　　　　　　　　　337页

伯克伍德木犀
Osmanthus × *burkwoodii*
🌷 常绿灌木　　　　　　　　　391页

'金叶' 欧洲山梅花
Philadelphus coronarius 'Aureus'
🌷 灌木　将植株种植在贫瘠的土壤中，在全日照条件下其金黄色的叶片则会被灼伤，花朵白色，具芳香。
株高2.5米　冠幅1.5米

'报春美人' 金露梅
Potentilla fruticosa 'Primrose Beauty'
🌷 灌木　　　　　　　　　　　442页

紫叶矮樱
Prunus × *cistena*
🌷 灌木　　　　　　　　　　　453页

亚速尔稠李
Prunus lusitanica subsp.*azorica*
🌷 灌木，耐寒性不确定　　　　455页

'日梅' 杜鹃
Rhododendron 'Hinomayo'
🌷 常绿灌木　　　　　　　　　468页

'普尔伯勒猩红' 血红茶藨子
Ribes sanguineum 'Pulborough Scarlet'
🌷 灌木　　　　　　　　　　　478页

'米色美人' 月季
Rosa 'Buff Beauty'
🌷 现代月季　　　　　　　　　494页

'唐人街' 月季
Rosa 'Chinatown'
🌷 丰花丛生月季　　　　　　　482页

'菲利西亚' 月季
Rosa 'Felicia'
🌷 现代月季　　　　　　　　　494页

菱叶绣线菊
Spiraea × *vanhouttei*
🌷 灌木　　　　　　　　　　　534页

'华丽' 小叶丁香
Syringa pubescens subsp.*microphylla* 'Superba'
🌷 灌木　　　　　　　　　　　538页

'格温莲' 地中海荚蒾
Viburnum tinus 'Gwenllian'
🌷 常绿灌木　叶片繁茂，花蕾深粉色，在开放后呈微粉色。
株高3米　冠幅3米

带刺的绿篱植物

在花园中有的地方通常要进行围边，在那里仅靠绿篱来设置自然的屏障不能满足需要，有时不得不使用带刺的植物，以保证私密性并防止动物闯入。虽然这些植物具有很多优点，但也是必须修剪与整形。当要为植株基部的地面除草时，下垂的小枝会对将来的管理造成较多的不便。

达尔文小檗
Berberis darwinii
🌿 常绿灌木　　　　　　　　　　　　116页

'华丽'渥太华小檗
Berberis × ottawensis 'Superba'
🌿 灌木　　　　　　　　　　　　　117页

狭叶小檗
Berberis × stenophylla
🌿 常绿灌木　枝条细长，拱形，在春季时其上密绿着小型的橙色花朵，植株终年具刺。
株高3米　冠幅5米

小檗
Berberis thunbergii
🌿 灌木　枝条具刺，叶片紫色，在秋季脱落前转为红色。
株高1米　冠幅2.5米

单蕊山楂
Crataegus monogyna
🌿 乔木　单蕊山楂能够作为速生的具刺绿篱使用，但是看起来不像有些种类那样具有吸引力。
株高10米　冠幅8米

枸骨叶冬青，品种
Ilex aquifolium & cultivars
🌿 常绿灌木　　　　　　　　　304～305页

十大功劳
Mahonia japonica
🌿 常绿灌木　　　　　　　　　　　366页

'巴克兰'十大功劳
Mahonia × media 'Buckland'
🌿 常绿灌木　　　　　　　　　　　367页

枸橘
Poncirus trifoliata
🌿 灌木　在其棱的绿色枝条上生长着令人讨厌的刺，花朵白色，具芳香。秋季植株能够结出柑橘状的果实。
株高5米　冠幅5米

黑刺李
Prunus spinosa
🌿 灌木*　黑刺李为枝条密集的灌木，白色花朵春季开放，在秋季时植株结果。
株高5米　冠幅4米
　（*：原著为乔木（Tree），正确为灌木。——译者注）

'溢彩橙红'火棘
Pyracantha 'Orange Glow'
🌿 常绿灌木　　　　　　　　　　　462页

'沃特勒'火棘
Pyracantha 'Watereri'
🌿 常绿灌木　　　　　　　　　　　463页

灰叶蔷薇
Rosa glauca
🌿 灌木月季　　　　　　　　　　　496页

'白花'玫瑰
Rosa rugosa 'Alba'
🌿 灌木月季　灌丛由带刺的枝条所构成，植株在开放出白色花朵后会结出大型的红色蔷薇果。
株高1～2.5米　冠幅1～2.5米

'宝石红'玫瑰
Rosa rugosa 'Rubra'
🌿 灌木月季　　　　　　　　　　　497页

阳地适用地被植物

许多具匍匐、拖曳或丛生特点的花卉能够栽种在向阳的地段里，作为地被植物使用。然而它们多数种类仅仅是取代了新长出的杂草，只有极少数种类才能有效地抑制住正在生长的杂草，因此在进行种植前应该对土壤中的所有多年生的杂草进行清除。当栽种时，要混栽有不同的种类以营造出情趣，并添加少量较高的植物，以避免环境显得平淡无奇。

柔毛斗蓬草
Alchemilla mollis
☿ 多年生植物　　81页

'鲍顿银' 白蒿
Artemisia stelleriana 'Boughton Silver'
多年生植物　具裂的四季不凋之银白色叶片呈密集的垫状生长。
株高15厘米　冠幅30～45厘米

'华丽' 聚花风铃草
Campanula glomerata 'Superba'
☿ 多年生植物　　138页

匍匐蓟木
Ceanothus thyrsiflorus var.*repens*
☿ 常绿灌木，不很耐寒　　145页

'斯图尔特·波斯曼' 荷包牡丹
Dicentra 'Stuart Boothman'
☿ 多年生植物　　208页

'詹妮·波特' 达利欧石楠
Erica × *darleyensis* 'Jenny Porter'
☿ 常绿灌木　　219页

'约翰逊蓝' 老鹳草
Geranium 'Johnson's Blue'
☿ 多年生植物　　259页

'沃格雷弗粉' 牛津老鹳草
Geranium × *oxonianum* 'Wargrave Pink'
☿ 多年生植物　　261页

金边玉簪
Hosta fortunei var.*aureomarginata*
☿ 多年生植物　　291页

'蓝毯' 鳞叶刺柏
Juniperus squamata 'Blue Carpet'
☿ 松柏类植物　植株矮小，枝条自地面以和缓的角度长出。
株高30～45厘米　冠幅1.5～1.8米

'怀特·南希' 斑点野芝麻
Lamium maculatum 'White Nancy'
☿ 多年生植物　　333页

可爱骨种菊
Osteospermum jucundum
☿ 多年生植物，耐寒性不确定　　392页

越橘桃叶蓼
Persicaria vacciniifolia
☿ 多年生植物　　414页

丝带草
Phalaris arundinacea 'Picta'
☿ 多年生草类　　415页

俄罗斯糙苏
Phlomis russeliana
☿ 多年生植物　　418页

'丹氏软垫' 锥叶福禄考
Phlox subulata 'McDaniel's Cushion'
☿ 高山植物　叶片苔藓状，在暮春时其上密缀着星形的粉色花朵。
株高5～15厘米　冠幅50厘米

巨花委陵菜
Potentilla megalantha
☿ 多年生植物　　443页

蔷薇属(*Rosa*)，地被型
Rosa ground cover types
☿ 灌木　　490～491页

'塞汶海' 迷迭香
Rosmarinus officinalis 'Severn Sea'
☿ 常绿灌木　植株呈圆丘状，枝条拱形，花朵亮蓝色。
株高1米　冠幅1.5米

纤毛长生草
Sempervivum ciliosum
☿ 高山植物　　524页

拟龙胆婆婆纳
Veronica gentianoides
☿ 多年生植物　　564页

'内莉·布里顿' 堇菜
Viola 'Nellie Britton'
☿ 多年生植物　　471页

荫地适用地被植物

荫蔽通常被认为是一个难题，但有很多种植物可以作为地被材料使用而不需要充足的阳光，但是适合较为郁蔽之地使用的植物为数不多，幸运的是尽管它们生长缓慢，但这些能够忍受恶劣的条件者均为常绿植物。在不十分恶劣的环境里，这些植物的很多种类生长迅速，可以在草类与树木间选择最为合适的植物。

美叶铁线蕨
Adiantum venustum
♀ 蕨类植物　　　　　　　　　　76页

'卡特林之最' 匍匐筋骨草
Ajuga reptans 'Catlin's Giant'
♀ 多年生植物　　叶片极大，紫色，在高大的花穗上开放着蓝色的花朵。
株高20厘米　冠幅60~90厘米

'银光' 岩白菜
Bergenia 'Silberlight'
♀ 多年生植物　　　　　　　　　120页

铃兰
Convallaria majalis
♀ 多年生植物　　　　　　　　　167页

矮生栒子
Cotoneaster dammeri
♀ 常绿灌木　株形扩展，植株能够开放出白色的花朵，结出红色的果实。
株高20厘米　冠幅2米

黄花淫羊藿
Epimedium × perralchicum
♀ 多年生植物　　　　　　　　　216页

'翡翠乐' 扶芳藤
Euonymus fortunei 'Emerald Gaiety'
♀ 常绿灌木　多分枝，叶片边缘白色，在冬季时染以粉色。
株高1米　冠幅1.5米

罗布大戟
Euphorbia amygdaloides var.*robbiae*
♀ 多年生植物　　　　　　　　　233页

匍匐白珠树
Gaultheria procumbens
♀ 常绿灌木　　　　　　　　　　253页

'克扎考' 大根老鹳草
Geranium macrorrhizum 'Czakor'
多年生植物　其芳香的叶片呈垫状生长，其在冬季时染以紫色，洋红色的花朵于夏季开放。
株高50厘米　冠幅60厘米

'白花' 林地老鹳草
Geranium sylvaticum 'Album'
♀ 多年生植物　喜湿润之地，叶片具深裂，花朵小型，白色。
株高75厘米　冠幅60厘米

爱尔兰常春藤
Hedera hibernica
♀ 常绿攀缘植物　　　　　　　　277页

'红闪光' 矾根
Heuchera 'Red Spangles'
♀ 多年生植物　　　　　　　　　288页

'弗朗西丝·威廉斯' 玉簪
Hosta 'Frances Williams'
♀ 多年生植物　　　　　　　　　291页

西亚脐果草
Omphalodes cappadocica
♀ 多年生植物　　　　　　　　　387页

顶花板凳果
Pachysandra terminalis
♀ 多年生植物　　　　　　　　　394页

'重瓣' 加拿大血根草
Sanguinaria canadensis 'Plena'
♀ 多年生植物　喜湿润土壤，叶片大型，蓝绿色，花朵重瓣，白色。
株高15厘米　冠幅30厘米

心叶黄水枝
Tiarella cordifolia
♀ 多年生植物　　　　　　　　　547页

'塔夫金' 驮子草
Tolmiea menziesii 'Taff's Gold'
♀ 多年生植物　　　　　　　　　548页

糙毛花
Trachystemon orientalis
多年生植物　叶片大型，粗糙，心形，花朵琉璃苣状。
株高30厘米　冠幅1米

'银灰斑' 小蔓长春花
Vinca minor 'Argenteovariegata'
♀ 多年生植物　叶片灰绿色与奶黄色相间，植株能够开放出浅蓝色的花朵。
株高15厘米　冠幅1米

叶片具香气的花卉

虽然植物的花朵能够散发出甜香、果香，但是其叶片也能释放出更为浓烈的或树脂的气味等，而有些植物，特别是天竺葵，具有类似于其他植物的香气。有些植物将它们的香气释放到空气里，还有些种类则需要稍加触摸才能闻到香气。像这类叶片具有香气的花卉，不仅对昆虫有难以抵御的诱惑，也会引起园艺工作者极大的兴趣。

紫苞花

Amicia zygomeris

多年生植物　株形不同寻常，与豆类有亲缘关系，灰绿色的叶片被搓碎后能够散发出黄瓜的气味。

株高2.2米　冠幅1.2米

北美翠柏

Calocedrus decurrens

♀ 松柏类植物　为树冠呈圆柱形的乔木，当叶片被搓碎后能散发出甜香。

株高20～40米　冠幅2～9米

欧夏蜡梅

Calycanthus occidentalis

灌木　叶片大型，具刺鼻香气，花朵砖红色，能够散发出醋的气味。

株高3米　冠幅4米

连香树

Cercidiphyllum japonicum

乔木　这种株形优美的乔木的叶片在秋季时会变成橙色与红色，具糖蜜的气味。

株高20米　冠幅15米

'苹果香草'果香菊

Chamaemelum nobile 'Treneague'

多年生植物　这个果香菊的不开花品种紧靠着地面生长，当其叶片被轻搓后会散发出水果气味。

株高10厘米　冠幅45厘米

胶岩蔷薇

Cistus ladanifer

♀ 常绿灌木　深绿色的叶片发黏，具芳香，花朵白色，花心黄色。

株高2米　冠幅1.5米

意大利蜡菊

Helichrysum italicum

♀ 常绿灌木　植株小型，具咖喱气味，叶片狭窄、银白色。

株高60厘米　冠幅1米

'重瓣'蕺菜

Houttuynia cordata 'Flore Pleno'

多年生植物　为侵占性相当强的匍匐植物，叶片微紫色，当被揉搓后能释放出浓烈的柑橘气味。

株高15～30厘米　冠幅不确定

'特威克尔紫'狭叶薰衣草

Lavandula angustifolia 'Twickel Purple'

♀ 常绿灌木　　　　　　　　　　337页

法国薰衣草

Lavandula stoechas

灌木　花序紫色，其上生长着紫色的苞片。

株高60厘米　冠幅60厘米

'金叶'蜜蜂花

Melissa officinalis 'Aurea'

多年生植物　为蜜蜂花之叶片上间有黄色花纹的品种。

株高1米　冠幅45厘米

'花叶'香薄荷

Mentha suaveolens 'Variegata'

多年生植物　植株具有令人愉快的香气与色彩艳丽的叶片。

株高1米　冠幅不确定

'剑桥猩红'美国薄荷

Monarda 'Cambridge Scarlet'

♀ 多年生植物　　　　　　　　　374页

'蝎子'美国薄荷

Monarda 'Scorpion'

多年生植物　苞片轮生，紫罗兰色的花朵开放在高大的多叶枝条上。

株高1.5米　冠幅1米

光叶牛至

Origanum laevigatum

♀ 多年生植物　　　　　　　　　389页

'海伦豪森'光叶牛至

Origanum laevigatum 'Herrenhausen'

♀ 多年生植物　　　　　　　　　390页

天竺葵，香叶型
Pelargonium，Scented-leaved
⚲ 多年生植物，不耐寒　　　　404～405页

皱叶紫苏
Perilla frutescens var.*crispa*
⚲ 一年生植物　　　　412页

滨藜叶分药花
Perovskia atriplicifolia
⚲ 灌木　枝条直立，秋季在它们的上面开放着细小的蓝色花朵，整个夏季微灰的叶片能够散发出香气。
株高1.2米　冠幅1米

'蓝尖'分药花
Perovskia 'Blue Spire'
⚲ 亚灌木　　　　412页

楔叶突药花
Prostanthera cuneata
⚲ 常绿灌木　植株稍畏寒，叶片小型，具薄荷香气，漂亮的白色花朵夏季开放。
株高30～90厘米　冠幅30～90厘米

圆叶突药花
Prostanthera rotundifolia
⚲ 灌木，不耐寒　暮春，具薄荷香气的叶片几乎被淡紫色花朵所覆盖。
株高2～4米　冠幅1～3米

花旗松
Pseudotsuga menziesii
⚲ 松柏类植物　为大型乔木，叶片含有树脂。
株高25～50米　冠幅6～10米

'金叶'榆橘
Ptelea tripoliata 'Aurea'
⚲ 乔木　叶片金黄色，树皮具浓香。
株高5米

香叶蔷薇
Rosa eglanteria
⚲ 月季原种　枝条拱形，刺极多。花朵小型，粉色。当叶片被弄湿后，能够散发出苹果气味。
株高2.5米　冠幅2.5米

'银尖塔'迷迭香
Rosmarinus officinalis 'Silver Spires'
常绿灌木　植株直立，生长着具银白色花纹的叶片。
株高1米　冠幅60厘米

异色鼠尾草
Salvia discolor
⚲ 灌木，不耐寒　　　　505页

'金镶玉'鼠尾草
Salvia officinalis 'Icterina'
⚲ 亚灌木　　　　508页

'邱园绿'茵芋
Skimmia × *confusa* 'Kew Green'
⚲ 常绿灌木　　　　527页

花朵具香气的花卉

当在花园里栽培植物时，能够闻到花香实属常事。然而，香气的多种变化如同五彩缤纷的颜色一样；它们可以影响心情，能使你想起孩提时代以及完全消失的遥远记忆。绝大多数具浓香的花朵通常呈白色，或看起来不显眼，但是它们可以通过释放香气来展示自己。

华六道木

Abelia chinensis

灌木　株形扩展，暮夏，植株会长出由小型浅粉色花朵所构成的花序。

株高1.5米　冠幅2.5米

互叶醉鱼草

Buddleja alternifolia

♀ 灌木　　　　　　　　　　　　　　124页

'灵感'山茶

Camellia 'Inspiration'

♀ 常绿灌木　　　　　　　　　　　132页

'阿道夫·奥杜森'山茶

Camellia japonica 'Adolphe Audusson'

♀ 常绿灌木　　　　　　　　　　　132页

'优雅'山茶

Camellia japonica 'Elegans'

♀ 常绿灌木　　　　　　　　　　　132页

'大花'蜡梅

Chimonanthus praecox 'Grandiflorus'

♀ 灌木　　　　　　　　　　　　　152页

'明黄'蜡梅

Chimonanthus praecox 'Luteus'

♀ 灌木　　冬季当大型的叶片脱落后，植株能够开放出具香气的淡黄色花朵。

株高4米　冠幅3米

三叶墨西哥橘

Choisya ternata

♀ 常绿灌木　　　　　　　　　　　153页

'阿族珍珠'德威特墨西哥橘

Choisya 'Aztec Pearl'

♀ 常绿灌木　　深绿色的叶片具狭裂，春秋二季所开放的白色花朵稍被粉色。

株高2.5米　冠幅2.5米

大花山铁线莲

Clematis montana var. *grandifora*

♀ 攀缘植物　　　　　　　　　　　160页

'廓尔喀族'藏东瑞香

Daphne bholua 'Gurkha'

♀ 灌木　　　　　　　　　　　　　196页

西藏瑞香，凹叶组

Daphne tangutica Retusa Group

♀ 常绿灌木　　　　　　　　　　　196页

'多丽丝'石竹

Dianthus 'Doris'

♀ 多年生植物　　　　　　　　　　204页

'金夫人'春欧石楠

Erica erigena 'Golden Lady'

♀ 常绿灌木　　　　　　　　　　　219页

金缕梅属

Hamamelis（金缕梅Witch hazels）

灌木　　　　　　　　　　　　270～271页

'蜂铃'玉簪

Hosta 'Honeybells'

♀ 多年生植物　　　　　　　　　　292页

素方花

Jasminum officinale

攀缘植物　植株强健，缠绕生长，夏季所开放的白色花朵能够散发出浓郁的甜香。

株高12米

'银灰斑'素方花

Jasminum officinale 'Argenteovariegatum'

♀ 攀缘植物　　　　　　　　　　　324页

百合，第一粉组

Lilium Pink Perfection Group

♀ 球根花卉　　　　　　　　　　　349页

羊叶忍冬

Lonicera caprifolium

♀ 攀缘植物　夏季，植株能够开放出粉白相间的芳香花朵。

株高6米

'比利时'香忍冬

Lonicera periclymenum 'Belgica'

♀ 攀缘植物　初夏，这种忍冬能够开放出乳黄色，具栗色条纹的花朵。

株高7米

'格雷厄姆·托马斯'香忍冬

Lonicera periclymenum 'Graham Thomas'

♀ 攀缘植物　　　　　　　　　　　356页

'巨人' 荷花玉兰
Magnolia grandiflora 'Goliath'
♔ 常绿乔木　363页

'博爱' 十大功劳
Mahonia × media 'Charity'
♔ 常绿灌木　367页

'小白脸' 山梅花
Philadelphus 'Beauclerk'
♔ 灌木　416页

'女明星' 山梅花
Philadelphus 'Belle Etoile'
♔ 灌木　416页

'白蛱蝶' 宿根福禄考
Phlox paniculata 'White Admiral'
多年生植物　植株的大型花序，由散发着刺鼻甜香气味的纯白色花朵所构成，花期夏季。
株高1米

细叶海桐
Pittosporum tenuifolium
♔ 常绿灌木　437页

巨伞钟报春
Primula florindae
♔ 多年生植物　446页

'艾伯丁' 月季
Rosa 'Albertine'
♔ 蔓性月季　486页

'亚瑟·贝尔' 月季
Rosa 'Arthur Bell'
♔ 丰花丛生月季　482页

'祝福' 月季
Rosa 'Blessings'
♔ 大花丛生月季　480页

'藤冰山' 月季
Rosa 'Climbing Iceberg'
♔ 攀缘月季　这个优良的月季品种在整个夏季里能够开放出繁茂的纯白色花朵。
株高2.5米

'同情' 月季
Rosa 'Compassion'
♔ 攀缘月季　484页

'格雷厄姆·托马斯' 月季
Rosa Graham Thomas
♔ 现代月季　495页

'杰斯特·乔伊' 月季
Rosa 'Just Joey'
♔ 大花丛生月季　481页

'玛格丽特·梅利尔' 月季
Rosa Margaret Merril 'Harkuly'
♔ 丰花丛生月季　483页

'和平' 月季
Rosa Peace 'Madame A.Meilland'
♔ 大花丛生月季　481页

'珀涅罗珀' 月季
Rosa 'Penelope'
♔ 现代月季　495页

'勿忘我' 月季
Rosa Remember Me
♔ 大花丛生月季　481页

双蕊野扇花
Sarcococca hookeriana var.*digyna*
♔ 常绿灌木　515页

'红云' 香茵芋
Skimmia japonica 'Rubella'
♔ 常绿灌木　527页

'帕利宾' 蓝丁香
Syringa meyeri 'Palibin'
♔ 灌木　537页

'莱莫因夫人' 欧丁香
Syringa vulgaris 'Madame Lemoine'
♔ 灌木　539页

'重瓣' 欧洲荆豆
Ulex europeaeus 'Flore Pleno'
♔ 常绿灌木　植株多刺，能够开放出数量不多、具椰香的重瓣花朵，花期几近全年。
株高2.5米　冠幅2米

'园田' 伯克伍德荚蒾
Viburnum×burkwoodii 'Park Farm Hybrid'
♔ 常绿灌木　植株直立，新叶青铜色，在暮春时能够开放出具香气的深粉色花朵。
株高3米　冠幅2米

'极光' 卡莱斯荚蒾
Viburnum carlesii 'Aurora'
♔ 灌木　植株多分枝，在暮春时能够开放出粉色花朵，花蕾红色。
株高2米　冠幅2米

铺石路面装饰植物

用于铺石或砂砾路面的植物能够打破其空旷感，保持表面干净,有助于避免小型植物的精巧花朵被溅上泥土，并且能够将热量反射给喜阳花卉。少数植物极耐践踏，像百里香与黄春菊，这些枝叶极其坚韧的种类能栽培于交通拥挤之处。在不很繁忙的地方，可栽种低矮灌木与高山植物。

‘蓝雾’刺果
Acaena ‘Blue Haze’
多年生植物　生长旺盛、株形扩展，灰蓝色的叶片具裂，白色的花序圆形，植株能够结出红色的刺果。
株高10～15厘米　冠幅1米

小叶刺果
Acaena microphylla
🏆 多年生植物　63页

藿香蓟叶蓍
Achillea ageratifolia
🏆 多年生植物　71页

‘沃利·罗斯’岩芥菜
Aethionema ‘Warley Rose’
🏆 灌木　78页

‘紫叶’匍匐筋骨草
Ajuga reptans ‘Atropurpurea’
🏆 多年生植物　81页

春黄菊
Anthemis punctata subsp.*cupaniana*
🏆 多年生植物　93页

山地无心菜
Arenaria montana
🏆 多年生植物　98页

刺柏叶海石竹
Armeria juniperifolia
🏆 亚灌木　100页

岩荠叶风铃草
Campanula cochleariifolia
🏆 多年生植物　138页

‘苹果香草’果香菊
Chamaemelum nobile ‘Treneague’
多年生植物　这个果香菊的不开花品种紧靠着地面生长，当其叶片被轻搓后会散发出水果气味。
株高10厘米　冠幅45厘米

‘派克粉’石竹
Dianthus ‘Pike’s Pink’
🏆 多年生植物　205页

‘乔伊斯之精品’双距花
Diascia ‘Joyce’s Choice’
🏆 多年生植物　为早花品种，花序长，花朵浅杏粉色，夏季开放。
株高30厘米　冠幅45厘米

卡氏飞蓬
Erigeron karvinskianus
🏆 多年生植物　222页

高山岩唐草
Erinus alpinus
🏆 多年生植物　222页

‘肉粉鳞托菊’半日花
Helianthemum ‘Rhodanthe Carneum’
🏆 常绿灌木　280页

‘金叶’串钱珍珠菜
Lysimachia nummularia ‘Aurea’
🏆 多年生植物　361页

岩生钓钟柳
Penstemon rupicola
🏆 低矮灌木　与拟大岩桐钓钟柳相比更显细小，植株常绿，叶片革质，深粉色的小型花朵管状，初夏开放。
株高10厘米　冠幅45厘米

具梗铜锤玉带草
Pratia pedunculata
多年生植物　为匍匐生长的植物，稍具侵占性。叶片细小，花朵星形，浅蓝色，夏季开放。
株高1.5厘米　冠幅不确定

岩生肥皂草
Saponaria ocymoides
🏆 多年生植物　514页

‘金叶’苔景天
Sedum acre ‘Aureum’
多年生植物　为侵占性很强的多肉植物，枝条细小，叶片在幼嫩时呈黄色，花朵黄色。
株高5厘米　冠幅60厘米

‘花叶’堪察加景天
Sedum kamtschaticum ‘Variegatum’
Ϙ 多年生植物　　　　　　　　　　520页

‘紫叶’匙叶景天
Sedum spathulifolium ‘Purpureum’
Ϙ 多年生植物　　　　　　　　　　521页

‘龙血’高加索景天
Sedum spurium ‘Schorbuser Blut’
Ϙ 多年生植物　　　　　　　　　　522页

‘金叶’婴儿泪
Soleirolia soleirolii ‘Aurea’
多年生植物　植株呈丘状与垫状生长，为稍畏寒且极具侵占性的植物，叶片细小，亮柠檬绿色。
株高5厘米　冠幅1米

‘伯特伦·安德森’柠檬百里香
Thymus Pulegioides ‘Bertram Anderson’
Ϙ 常绿灌木　　　　　　　　　　546页

‘银皇后’柠檬百里香
Thymus Citriodorus ‘Slver Queen’
Ϙ 常绿灌木　这个品种的叶片呈彩色，与薰衣草粉色的花朵相衬显得很好看。
株高30厘米　冠幅25厘米

‘粉花棉布’百里香
Thymus ‘Pink Chintz’
Ϙ 多年生植物　拖曳的枝条随着生长会扎出根来，叶片微灰色，粉色的花朵为蜜蜂所钟爱。
株高25厘米　冠幅45厘米

‘白花’英国百里香
Thymus polytrichus subsp.*britannicus* ‘Albus’
Ϙ 亚灌木　为呈垫状生长的枝条木质化的植物，叶片被毛，花朵白色。
株高5厘米　冠幅60厘米

猩红百里香
Thymus serpyllum var.*coccineus*
Ϙ 亚灌木　　　　　　　　　　546页

‘顽童’堇菜
Viola ‘Jackanapes’
Ϙ 多年生植物　　　　　　　　　　571页

花园主体构架植物

每个花园都需要令人震撼的植物，而它们所具有的形状或外貌常可被忽视。这些植物的很多种类能够为环境营造出亚热带风情，有着醒目的叶片与长而尖的外形，但是如果将它们精心地

栽培在看起来不怎么出众的植物间，则会使其成为花境中的视觉焦点或"令人驻足"为花境中的观赏焦点或"句号"。可利用光线和阴影来强调植株明显的侧面轮廓。

刺老鼠簕

Acanthus spinosus

♀ 多年生植物　　　　　　　　　　　63页

小花七叶树

Aesculus parviflora

♀ 灌木　　　　　　　　　　　　　　78页

龙舌兰

Agave americana

♀ 多肉植物　植株令人讨厌的刺，叶片钢灰色，它们呈弯曲状生长，形成优美的莲座状。
株高2米　冠幅3米

臭椿

Ailanthus altissima

♀ 乔木　这种能够长得很高的树木如果每年进行重剪，则能够长出长度可达1.2米的具裂叶片。
株高25米　冠幅15米

异叶南洋杉

Araucaria heterophylla

♀ 松柏类植物　　　　　　　　　　　96页

黑桦

Betula nigra

♀ 乔木　　　　　　　　　　　　　　121页

'杨氏'垂枝桦

Betula pendula 'Youngii'

♀ 乔木　　　　　　　　　　　　　　121页

'金叶'美国梓树

Catalpa bignonioides 'Aurea'

♀ 乔木　树冠扩展，植株经过每年的强剪能够生长出金黄色的大型叶片。
株高10米　冠幅10米

'垂枝'努特卡扁柏

Chamaecyparis nootkatensis 'Pendula'

♀ 松柏类植物　　　　　　　　　　　150页

'金丝'豆形果扁柏

Chamaecyparis pisifera 'Filifera Aurea'

♀ 松柏类植物　为宽阔的半圆形灌木，能够长出鞭状的金黄色枝条。
株高12米　冠幅5米

'龙爪'欧洲榛

Corylus avellana 'Contorta'

♀ 灌木　　　　　　　　　　　　　　175页

梅森雄黄兰

Crocosmia masoniorum

♀ 多年生植物　　　　　　　　　　　184页

大刺芹

Eryngium giganteum

♀ 二年生植物　深绿色的叶片排成莲座状生长，枝条白色，具刺，花序要在第二年时长出。
株高90厘米　冠幅30厘米

雪花桉

Eucalyptus pauciflora subsp.*niphophila*

♀ 常绿乔木　　　　　　　　　　　　229页

'垂枝'林地山毛榉

Fagus sylvatica 'Pendula'

♀ 乔木　为在水平方向上占地面积很大的树木，拱形的枝条向着地面悬垂生长。
株高15米　冠幅20米

华西箭竹

Fargesia nitida

♀ 观赏草类　　　　　　　　　　　　237页

大叶洋二仙草

Gunnera manicata

♀ 多年生植物　　　　　　　　　　　265页

'君主'向日葵

Helianthus 'Monarch'

♀ 多年生植物　　　　　　　　　　　282页

短茎火炬花

Kniphofia caulescens

♀ 多年生植物　　　　　　　　　　　329页

'凯尔韦之珊瑚羽'邱园博落回

Macleaya × *Kewensis* 'Kelway's Coral Plume'

♀ 多年生植物　　　　　　　　　　　362页

大蜜花

Melianthus major

♀ 多年生植物，不耐寒　　　　　　　372页

紫牡丹
Paeonia delavayi
🏆 灌木 395页

'赛奶油'胡克新西兰麻
Phormium cookianum subsp.*hookeri* 'Cream Delight'
🏆 多年生植物 424页

新西兰麻
Phormium tenax
🏆 多年生植物 425页

新西兰麻，紫叶组
Phormium tenax Purpureum Group
🏆 多年生植物 426页

罗汉竹
Phyllostachys aurea
🏆 竹类植物　植株生长着黄褐色的竹竿与黄绿色的叶片。
株高2～10米　冠幅不确定

'金茎'黄槽竹
Phyllostachys aureosulcata f.*aureocaulis*
竹类植物　为叶片狭窄，竹竿呈亮金黄色的大型竹类植物。
株高3～6米　冠幅不确定

紫竹
Phyllostachys nigra
🏆 竹类植物 430页

毛金竹
Phyllostachys nigra f.*henonis*
🏆 竹类植物 431页

斑驳苦竹
Pleioblastus variegatus
🏆 竹类植物 439页

'天野川'樱
Prunus 'Amanogawa'
🏆 乔木　植株十分纤细，直立生长，类似于黑杨,半重瓣的粉色花朵在春季时开放。
株高8米　冠幅4米

'菊瓣垂枝'樱
Prunus 'Kiku-Shidare-Zakura'
🏆 乔木 454页

七叶鬼灯檠
Rodgersia aesculifolia
🏆 多年生植物　根茎匍匐生长，能够萌发出成丛的像荸荠般的大型叶片，花朵粉色。
株高2米　冠幅1米

狭叶绒毛珍珠梅
Sorbaria tomentosa var.*angustifolia*
🏆 灌木　株形扩展，叶片革质，枝条红色，白色的花序被茸毛。
株高3米　冠幅3米

巨针茅
Stipa gigantea
🏆 观赏草类 535页

棕榈
Trachycarpus fortunei
🏆 耐寒棕榈类植物　为生长缓慢且耐寒的棕榈类植物，叶片呈扇形，随着生长树干表面出现毛状纤维。
株高20米　冠幅2.5米

'粉美人'雪球荚蒾
Viburnum plicatum 'Pink Beauty'
🏆 灌木　株形扩展，枝条呈水平的层叠状生长，植株能够开放出先白后粉的花朵。
株高3米　冠幅4米

气根狗脊蕨
Woodwardia radicans
🏆 耐寒蕨类植物　为大型的常绿蕨类植物，生长着巨大的拱形叶状体。
株高2米　冠幅3米

丝兰
Yucca filamentosa
🏆 常绿灌木　植株丛生，无茎，叶片柔软，乳白色的花朵排成塔尖状开放。
株高75厘米　冠幅1.5米

'金边'丝兰
Yucca filamentosa 'Bright Edge'
🏆 灌木 575页

'象牙白'软叶丝兰
Yucca flaccida 'Ivory'
🏆 灌木 576页

凤尾兰
Yucca gloriosa
🏆 常绿灌木　树干直立，狭窄的叶片呈灰绿色，具绿尖。白色的花朵成大簇开放。
株高2米　冠幅2米

适用于背阴墙壁旁的植物

最为寒冷的墙壁或篱栅几乎终年不见日光，但此处的平均温度与常处于湿润的土壤适合常春藤、藤绣球与一些灌木生长，这类墙壁仅能接受清晨的阳光，这对容易上冻的季节来说是个问题。迅速解冻会使枝条与花朵受到伤害，像是这样的地方对于有些铁线莲、攀缘月季、木瓜与忍冬来说是更好的生长地点。

木通
Akebia quinata
半常绿攀缘植物　枝条缠绕生长，深绿色的叶片具裂，有香气的紫色花朵于春季开放。
株高10米

'弗朗西斯·汉格' 威廉斯山茶
Camellia × williamsii 'Francis Hanger'
常绿灌木　花朵白色，花心呈金黄色，植株具光泽的叶片能够成为其良好后衬。
株高1.5米　冠幅1.5米

'歌女' 贴梗海棠
Chaenomeles speciosa 'Geisha Girl'
灌木　植株多分枝，花朵半重瓣，浅杏粉色。
株高1.5米　冠幅1.5米

'卡纳比' 铁线莲
Clematis 'Carnaby'
中花铁线莲　为株形紧凑的攀缘植物，粉色的花朵大型，每枚花瓣的中部颜色较深。
株高2.5米　冠幅1米

'赫尔辛堡' 铁线莲
Clematis 'Helsingborg'
早花铁线莲　植株能够开放出大量的深蓝紫色的优美花朵，随后会结出被茸毛的果实。
株高2～3米　冠幅1.5米

'亨利' 铁线莲
Clematis 'Henryi'
♥ 中花铁线莲　　　　　　　　　　　162页

'小舞步' 铁线莲
Clematis 'Minuet'
♥ 晚花铁线莲　　　　　　　　　　　165页

'内莉·莫泽' 铁线莲
Clematis 'Nelly Moser'
♥ 中花铁线莲　　　　　　　　　　　162页

'尼俄伯' 铁线莲
Clematis 'Niobe'
♥ 中花铁线莲　　　　　　　　　　　163页

'维诺萨萨紫' 铁线莲
Clematis 'Venosa Violacea'
♥ 晚花铁线莲　　　　　　　　　　　165页

鸡蛋参
Codonopsis convolvulacea
多年生攀缘植物　　　　　　　　　　166页

疏花蜡瓣花
Corylopsis pauciflora
♥ 灌木　　　　　　　　　　　　　　174页

平枝栒子
Cotoneaster horizontalis
♥ 灌木　　　　　　　　　　　　　　178页

'金边' 瑞香
Daphne odora 'Aureomarginata'
常绿灌木　植株低矮，呈丘状，叶片边缘为金黄色与浅粉色，花朵具芳香。
株高1.5米　冠幅1.5米

'翡翠黄金' 扶芳藤
Euonymus fortunei 'Emerald 'n' Gold'
♥ 常绿灌木　　　　　　　　　　　　231页

连翘
Forsythia suspensa
♥ 灌木　　　　　　　　　　　　　　241页

'极点' 椭圆叶绞木
Garrya elliptica 'James Roof'
♥ 常绿灌木　　　　　　　　　　　　251页

'马伦士之荣耀' 加那利常春藤
Hedera canariensis 'Gloire de Marengo'
♥ 常绿攀缘植物　银绿色的叶片具白色花纹，在冬季时稍被以粉色。
株高4米

'齿叶' 波斯常春藤
Hedera colchica 'Dentata'
♥ 常绿攀缘植物　　　　　　　　　　276页

'磺心' 波斯常春藤
Hedera colchica 'Sulphur Heart'
♥ 常绿攀缘植物　　　　　　　　　　277页

'金心'常春藤
Hedera helix 'Goldheart'
常绿攀缘植物　枝条红色，叶片深绿色，中部
具金黄色斑纹。
株高8米

长柄藤绣球
Hydrangea anomala subsp.petiolaris
☼ **攀缘植物**　　　　　　　　　　　　296页

矮素馨
Jasminum humile
常绿灌木　分枝稀疏，植株半圆形，花朵亮黄
色，夏季开放。
株高2.5米　冠幅2.5米

迎春
Jasminum nudiflorum
☼ **灌木**　　　　　　　　　　　　　　323页

'重瓣花'棣棠
Kerria japonica 'Pleniflora'
☼ **灌木**　植株直立，生长旺盛，绿色的枝条纤
细，重瓣的花朵橙色或金黄色。
株高3米　冠幅3米

'霍尔'金银花
Lonicera japonica 'Halliana'
☼ **常绿攀缘植物**　植株生长强健，具芳香的白
色花朵随着开放逐渐变黄。
株高10米

小叶线藤蓼
Muehlenbeckia complexa
攀缘植物　植株生长着大量的颜色发暗的线状
扭曲枝条，细小的叶片提琴状。
株高3米

花叶地锦
Parthenocissus henryana
☼ **攀缘植物**　　　　　　　　　　　　401页

美国地锦
Parthenocissus quinquefolia
☼ **攀缘植物**　植株生长旺盛，叶片脱落，秋季
分裂成5枚小叶的叶片能够变成鲜红色。
株高15米

盖冠藤
Pileostegia viburnoides
☼ **常绿攀缘植物**　深绿色的叶片椭圆形，白色
的花朵簇生，被茸毛。
株高6米

'小丑'火棘
Pyracantha 'Harlequin'
常绿灌木　植株多刺，叶片具白色花纹，花朵
白色，果实红色。
株高1.5米　冠幅2米

'阿尔伯里克·巴比尔'月季
Rosa 'Albéric Barbier'
☼ **蔓生月季**　　　　　　　　　　　　486页

'都柏林海湾'月季
Rosa Dublin Bay
☼ **攀缘月季**　　　　　　　　　　　　484页

'汉德尔'月季
Rosa Händel 'Macha'
☼ **攀缘月季**　　　　　　　　　　　　485页

'美人鱼'月季
Rosa 'Mermaid'
☼ **攀缘月季**　为生长强健的具刺攀缘植物，叶
片颜色发深，有刺，花朵单生，报春黄色。
株高6米

钻地风
Schizophragma integrifolium
攀缘植物　植株大型，绿色的叶片具齿，
植株能够开放出引人注目的白色花朵。
株高12米

适用于向阳墙壁旁的植物

在你所处的气候条件下，应该将花园中最为温暖、光照最多的墙壁前面，留着去种植那些不很耐寒的植物。但是这些地点也可能十分干燥，特别是如果边缘窄小并在屋顶的屋檐下，

可能难于使植株长大。仅能接受下午日光照射的墙壁对于植物来说可能不太适合，因为能够得到更多的湿气，在那里它们可能生长得更为迅速。

'爱德华·古彻'　六道木
Abelia 'Edward Goucher'
♀ 半常绿灌木　　　　　　　　　　　　60页

多花六道木
Abelia floribunda
♀ 半常绿灌木，不很耐寒　　　　　　　60页

大花六道木
Abelia × *grandiflora*
♀ 半常绿灌木　　　　　　　　　　　　61页

'弗朗西斯·梅森'　大花六道木
Abelia × *grandiflora* 'Francis Mason'
♀ 常绿灌木　　叶片黄色与深绿色相间，浅粉色的花朵于暮夏开放。
株高1.5米　冠幅1.5米

被粉金合欢
Acacia dealbata
♀ 常绿乔木　　植株不很耐寒，但很美丽，革质的叶片灰绿色，芳香的黄色花朵于春季开放。
株高15～30米　冠幅6～10米

狗枣猕猴桃
Actinidia kolomikta
♀ 攀缘植物　　　　　　　　　　　　75页

瓦氏面具花
Alonsoa warscewiczii
♀ 多年生植物，不很耐寒　　　　　　　86页

'辉煌'　柠檬红千层
Callistemon citrinus 'Splendens'
♀ 常绿灌木，不耐寒　　　　　　　　129页

'伽林夫人'　美亚凌霄
Campsis × *tagliabuana* 'Madame Galen'
♀ 攀缘植物　　　　　　　　　　　　140页

铁庐木
Carpenteria californica
♀ 常绿灌木，不耐寒　　　　　　　　142页

'秋蓝'　蓟木
Ceanothus 'Autumnal Blue'
♀ 常绿灌木，不耐寒　　　　　　　　144页

'半球'　蓟木
Ceanothus 'Concha'
常绿灌木　　花朵深蓝色。
株高3米　冠幅3米

柳叶夜香树
Cestrum parqui
♀ 灌木　枝条细弱，叶片狭窄，柠檬绿色的管状花朵簇生，夜晚能够释放出香气，夏季开放。
株高2米　冠幅2米

'雀斑'　卷须铁线莲
Clematis cirrhosa 'Freckles'
♀ 早花铁线莲　稍被紫晕的叶片有乳白色斑点，钟形的花朵于冬季开放。
株高2.5～3米　冠幅1.5米

'明星瓦奥莱特'　铁线莲
Clematis 'Etoile Violette'
♀ 晚花铁线莲　　　　　　　　　　164页

'杰克曼'　铁线莲
Clematis 'Jackmanii'
♀ 晚花铁线莲　　　　　　　　　　165页

'拉瑟斯登'　铁线莲
Clematis 'Lasurstern'
♀ 中花铁线莲　　　　　　　　　　162页

长花铁线莲
Clematis rehderiana
♀ 晚花铁线莲　　　　　　　　　　165页

'总统'　铁线莲
Clematis 'The President'
♀ 中花铁线莲　　　　　　　　　　163页

'姹紫'　意大利铁线莲
Clematis 'Purpurea Plena Elegans'
♀ 晚花铁线莲　　　　　　　　　　165页

红耀花豆
Clianthus puniceus
♀ 常绿灌木，不耐寒　　　　　　　　166页

巴氏金雀花
Cytisus battandieri
♀ 半常绿灌木　　　　　　　　　　161页

智利垂果藤
Eccremocarpus scaber
♀ 攀缘植物，不耐寒　　　　　　　　212页

'兰里'　鼠刺
Escallonia 'Langleyensis'
♀ 常绿灌木　　　　　　　　　　　227页

'荣耀'　加州桐
Fremontodendron 'California Glory'

灌木，不耐寒　　242页
红丝姜花
Hedychium gardnerianum
多年生生物，不耐寒　在植株的大型花序上，能够开放出引人注目的蜘蛛状具甜香的乳白色花朵。
株高2～2.2米　　冠幅2～2.2米
锐叶牵牛花
Ipomoea indica
攀缘植物，不耐寒　　309页
淡红素馨
Jasminum × stephanense
攀缘植物　植株生长迅速，具芳香的粉色花朵簇生，在夏季时开放。
株高5米
紫开口花
Jovellana violacea
半常绿灌木　植株相当耐寒，生长势弱，叶片细小，钟状的浅紫罗兰色花朵于夏季开放。
株高60厘米　　冠幅1米
智利钟花
Lapageria rosea
攀缘植物，不耐寒　　333页
意大利忍冬
Lonicera × italica
攀缘植物　　355页
台尔曼忍冬
Lonicera × tellmanniana
攀缘植物　　357页
‘埃克斯茅斯’荷花玉兰
Magnolia grandiflora ‘Exmouth’
常绿灌木　　362页
西番莲
Passiflora caerulea
攀缘植物，耐寒性不确定　　402页
流光花
Phygelius
灌木，耐寒性不确定　　428～30页
‘银皇后’细叶海桐
Pittosporum tenuifolium ‘Silver Queen’
常绿灌木　在植株的线形黑色小枝上生长着边缘发白的灰绿色叶片，具香气的紫色花朵于秋季开放。
株高1～4米　　冠幅2米
摩洛哥罗丹菊
Rhodanthemum hosmariense
亚灌木　　467页

美丽茶藨子
Ribes speciosum
灌木　植株具刺，枝条被刚毛，叶片小型，具光泽，与倒挂金钟相似的红色花朵悬垂开放。
株高2米　　冠幅2米
攀缘月季
Roses，climbing
落叶攀缘植物　　484～485页
‘格拉斯内文’皱叶茄
Solanum crispum ‘Glasnevin’
攀缘植物，不耐寒　　528页
‘白花’素馨茄
Solanum laxum ‘Album’
攀缘植物，不耐寒　　528页
大花老鸦嘴
Thunbergia grandiflora
攀缘植物，不耐寒　　545页
络石
Trachelospermum jasminoides
常绿攀缘植物，不耐寒　　549页
臭筒
Vestia foetida
灌木　为观赏寿命短，相当耐寒的植物，叶片具令人不愉快的气味，植株能够开放出大量的悬垂状的黄色花朵。
株高2米　　冠幅1.5米
‘黑雁’葡萄
Vitis ‘Brant’
攀缘植物　为可供观赏的藤本植物，绿色的叶片在秋季里能够转红，植株能够结出黑色的可供食用的葡萄。
株高7米
‘白花’多花紫藤
Wisteria floribunda ‘Alba’
攀缘植物　　574页
紫藤
Wisteria sinensis
攀缘植物　　575页
‘马德雷山脉’紫藤
Wisteria sinensis ‘Sierra Madre’
攀缘植物　为能够开放出具香气双色花朵的有吸引力的品种。
株高9米
‘都柏林’加州蜂雀花
Zauschneria californica ‘Dublin’
多年生植物，不耐寒　　577页

招蜂引蝶的植物

通常结构简单，花朵呈管状或雏菊状的植物，能够吸引这些迷人且具有用的花园造访者，特别是花朵呈粉色或紫红色的种类更是如此。避免使用重瓣的品种。蝴蝶也喜欢带有果香的植

物。应该记住它们在毛虫阶段需要不同种类的食物，荨麻是人熟知的蛱蝶的食物，但高草与其他草类能够为它们的许多种类提供食物。

'布朗赫兹' 匍匐筋骨草
Ajuga reptans 'Braunherz'
🌸 多年生植物　植株匍匐生长，微紫色的叶片具光泽，蓝色的花朵于春季开放。
株高15厘米　冠幅90厘米

'弗莱斯凯特' 北葱
Allium schoenoprasum 'Forescate'
多年生植物　为北葱具观赏价值的品种，花序由大量的粉色花朵所构成。
株高60厘米

肉粉马利筋
Asclepias incarnata
多年生植物　枝条稠密，直立生长，小型的花序由外形奇特的浅粉色花朵所构成。植株能够结出看起来有趣的果实。
株高1.2米　冠幅60厘米

'索尼亚' 意大利紫菀
Aster amellus 'Sonia'
多年生植物　植株多叶，被毛，花朵浅紫色，具黄心。
株高60厘米　冠幅45厘米

'阿尔玛·波特奇克' 紫菀
Aster 'Andenken an Alma Pötschke'
🌸 多年生植物　　　　　　　104页

'门希' 弗氏紫菀
Aster × *frikartii* 'Mönch'
🌸 多年生植物　　　　　　　105页

小陀螺紫菀
Aster turbinellus
🌸 多年生植物　近黑色的枝条丝丝状，叶片小型，松散的花序由暮夏开放的淡紫色花朵所构成。
株高1.2米　冠幅60厘米

耳状醉鱼草
Buddleja auriculata
常绿灌木　呈白色与黄色的具香气花朵呈小簇于秋季开放。
株高3米　冠幅3米

大叶醉鱼草，品种
Buddleja davidii Cultivars
🌸 灌木　　　　　　　　　　125页

'黑骑士' 大叶醉鱼草
Buddleja davidii 'Black Knight'
🌸 灌木　花穗高大，花朵深紫色，如想获得最佳的栽培效果，在生长初期需要进行强剪。
株高3米　冠幅5米

'洛金奇' 醉鱼草
Buddleja 'Lochinch'
🌸 灌木，耐寒性不确定　　　　126页

'威克沃火焰' 帚石楠
Calluna vulgaris 'Wickwar Flame'
🌸 常绿灌木　具垫状生长的金黄色叶片冬季转为红色，粉色的花朵夏季开放。
株高50厘米　冠幅60厘米

'天蓝' 克兰登莸
Caryopteris × *clandonensis* 'Heavenly Blue'
🌸 灌木　　　　　　　　　　142页

'帕吉特蓝' 蓟木
Ceanothus 'Puget Blue'
🌸 常绿灌木　植株生长着聚集在一起呈浪涛状的细小叶片，花朵呈中蓝色。
株高2.2米　冠幅2.2米

比恩金雀花
Cytisus × *beanii*
🌸 灌木　　　　　　　　　　192页

默克大丽花
Dahlia merckii
多年生植物，不耐寒　为具块根的植物，植株纤细，轮廓清晰，花朵浅紫红色，常呈俯垂状。
株高2米　冠幅1米

'萨顿杏黄' 毛地黄
Digitalis purpurea 'Sutton's Apricot'
🌸 二年生植物　为茎部高大的毛地黄，夏季植株能够开放出浅杏色粉色的花朵。
株高1～2米

松果菊
Echinacea purpurea
多年生植物　茎秆柔韧，花朵雏菊状，大型，花瓣粉色，花心颜色发深。
株高1米　冠幅45厘米

'蓝贝德' 蓝蓟
Echium vulgare 'Blue Bedder'
一年生植物　多分枝，微灰绿色的叶片被刚毛，夏季柔蓝色。
株高45厘米　冠幅45厘米

'伯奇光辉' 康沃尔欧石楠
Erica vagans 'Birch Glow'
♀ 常绿灌木　　　　　　　　　　221页

'瓦莱丽·普劳德莉' 康沃尔欧石楠
Erica vagans 'Valerie Proudley'
♀ 常绿灌木　叶片金黄色，花朵白色，夏季开放。
株高15厘米　冠幅30厘米

'埃克塞特' 维奇欧石楠
Erica × veitchii 'Exeter'
♀ 常绿灌木，不耐寒　　　　　　218页

扁叶刺芹
Eryngium planum
多年生植物　分枝为钢蓝色，小型的大头钉状浅蓝色花序抽生于呈莲座状排列的常绿叶片间。
株高90厘米　冠幅45厘米

光叶花楸木
Hoheria glabrata
乔木　　　　　　　　　　　　　290页

海索草
Hyssopus officinalis
常绿灌木　植株生长着绿色叶片，可做草药，花穗由夏季开放的蓝色花朵所构成。
株高60厘米　冠幅1米

大叶野芝麻
Lamium orvala
多年生植物　为多分枝的花卉精品，植株不会匍匐生长。叶片大型，花朵微紫色，春季开放。
株高60厘米　冠幅30厘米

'洛顿粉' 狭叶薰衣草
Lavandula angustifolia 'Loddon Pink'
常绿灌木　株形紧凑，叶片灰色，花序由浅粉色的花朵所构成。
株高45厘米　冠幅60厘米

宿根银扇草
Lunaria rediviva
多年生植物　具芳香的花朵呈浅丁香色，植株能够结出半透明的果实。
株高60~90厘米　冠幅30厘米

长叶薄荷，醉鱼草薄荷组
Mentha longifolia Buddleja Mint Group

多年生植物　微灰色的叶片生长在细长的枝条上，高大的花序由紧密排列的粉色花朵所构成。
株高1米　冠幅1米

'克罗夫特威粉' 美国薄荷
Monarda 'Croftway Pink'
♀ 多年生植物　　　　　　　　　375页

'海伦豪森' 光叶牛至
Origanum laevigatum 'Herrenhausen'
多年生植物　　　　　　　　　　390页

'塞德里克·莫里斯' 东方罂粟
Papaver orientale 'Cedric Morris'
多年生植物　　　　　　　　　　399页

虞美人，珍珠母组
Papaver rhoeas Mother of Pearl Group
一年生植物　容易播种繁殖，雅致的花朵能够呈现出各种柔和色调。
株高90厘米　冠幅30厘米

'酸葡萄' 钓钟柳
Penstemon 'Sour Grapes'
多年生植物　由淡人的呈微灰蓝色、粉色与紫红色花朵所构成的花穗高于大型的绿色叶片开放。
株高60厘米　冠幅45厘米

'魅力' 大花夏枯草
Prunella grandiflora 'Loveliness'
♀ 多年生植物　　　　　　　　　452页

'杰索普小姐' 迷迭香
Rosmarinus officinalis 'Miss Jessop's Upright'
♀ 常绿灌木　　　　　　　　　　498页

'秋喜' 景天
Sedum 'Herbstfreude'
♀ 多年生植物　植株直立，无分枝，叶片肉质，浅绿色。花朵深粉色，花序扁平，花期暮夏，也以 'Autumn Joy' 的名称出售。
株高60厘米　冠幅60厘米

'小顽皮玛丽埃塔' 万寿菊
Tagetes 'Naughty Marietta'
一年生植物　植株多分枝，单生的黄色花朵具红色斑痕。
株高30~40厘米

疗喉草
Trachelium caeruleum
♀ 多年生植物　通常作为一年生植物栽培，植株瘦弱，直立生长。花序扁平，小型的花朵紫色，夏季开放。
株高1米　冠幅30厘米

吸引鸟类的植物

当地的鸟类和外来的鸟类将造访花园，可在多种，特别是那些结出浆果与种子(也请参阅586页与615页)的植物间觅食。不幸的是，它们所必须摄取的食物来源意味着——具吸引力的秋季景观——无法持续长久，因此为它们提供多种植物，并保证定期的额外基本食物供应是值得的。

红滨藜

Atriplex hortensis var.*rubra*

一年生植物　生长旺盛，深红色的叶片能够与其他植物形成很好的对比，其种子为鸟类所喜爱。

株高1.2米　冠幅30厘米

小檗

Berberis thunbergii

灌木　叶片绿色，花朵黄色，夏季开放，在秋季时植株的叶片变红，并能结出浆果。

株高2米　冠幅2.5米

'侏儒' 蒲苇

Cortaderia selloana 'Pumila'

♀ 观赏草类　株形紧凑，花穗矮小。

株高1.5米　冠幅1.2米

白花栒子

Cotoneaster lacteus

♀ 常绿灌木　　　　　　　　　　　179页

西蒙斯栒子

Cotoneaster simonsii

♀ 灌木　　　　　　　　　　　　　179页

'招贤纳士' 拉瓦利山楂

Crataegus × *lavallei* 'Carrierei'

♀ 乔木　　　　　　　　　　　　　182页

小菜蓟

Cynara cardunculus

♀ 多年生植物　　　　　　　　　　191页

欧亚瑞香

Daphne mezereum

灌木　分枝直立生长，粉色的花朵具芳香，春季开放，秋季，植株能够结出红色的浆果。

株高1.2米　冠幅1米

常春藤，品种

Hedera helix & cultivars

常绿攀缘植物　　　　　　　　246~247页

当常春藤进入其开花阶段后，能够结出对许多鸟类具有吸引力的黑色浆果，常春藤也能为它们提供有价值的筑巢之地。

'八音盒' 向日葵

Helianthus annuus 'Music Box'

一年生植物　为花色丰富的向日葵品种，所结出的种盘经收获后可在以后的月份里作为喂鸟的饲料。

株高70厘米　冠幅60厘米

'汉兹沃思银边' 枸骨叶冬青

Ilex aquifolium 'Handsworth New Silver'

♀ 常绿灌木　　　　　　　　　　　305页

'晚花' 香忍冬

Lonicera periclymenum 'Serotina'

♀ 攀缘植物　　　　　　　　　　　356页

枸骨叶十大功劳

Mahonia aquifolium

常绿灌木　植株具吸枝，叶片具柔刺。花朵黄色，植株能结出黑色浆果。

株高1米　冠幅1.5米

'金蜂' 珠美海棠

Malus × *zumi* 'Golden Hornet'

♀ 乔木　　　　　　　　　　　　　369页

芒草

Miscanthus sinensis

♀ 观赏草类　这种草的细长拱形叶片能够成丛生长，暮夏植株能够抽生出银色与粉色的花序。

株高2.5米　冠幅1.2米

脉纹大翅蓟

Onopordum nervosum

♀ 二年生植物　植株大型，银白色，具刺，能够开放出蓟状的紫色花朵。

株高2.5米　冠幅1米

'白云' 罂粟

Papaver somniferum 'White Cloud'

一年生植物　重瓣的花朵呈白色，植株能够长出对鸟类有吸引力的美丽果实。

株高1米　冠幅30厘米

稠李
Prunus padus
乔木 树形扩展，悬垂的花序由小型的白色花朵所构成，植株能够结出黑色果实。
株高15米　冠幅10米

'莫哈维族'火棘
Pyracantha 'Mohave'
常绿灌木 枝条繁茂，具刺，叶片深绿色，果实亮红色。
株高4米　冠幅5米

香茶藨子
Ribes odoratum
灌木 分枝性差，叶片鲜绿色，具香气的黄色花朵于春季开放，植株在暮夏时能够结出黑色的果实。
株高2米　冠幅2米

'银色瀑布'腺梗月季
Rosa filipes 'Kiftsgate'
🌄 **攀缘月季**　　　　　　　　　　484页

茴芹叶蔷薇
Rosa pimpinellifolia
灌木月季原种 这种刺很多的灌木能够开放出白色的单花，尔后结出微紫黑色的蔷薇果。
株高1米　冠幅1.2米

'粉斑'月季
Rosa 'Scabrosa'
🌄 **灌木月季** 花朵深粉色，蔷薇果亮红色，它们生长在圆丘状植株的具深脉的叶片间。
株高1.7米　冠幅1.7米

'金边'黑果接骨木
Sambucus nigra 'Aureomarginata'
灌木 为可在任何土壤中生长的速生植物，叶片具黄边，花朵白色，植株能够结出成串的黑色果实。
株高6米　冠幅6米

水飞蓟
Silybum marianum
二年生植物 叶片具刺，脉带白色，它们呈莲座状生长，紫红色的花序多剪，种子蓟状。
株高1.5米　冠幅60～90厘米

'扫帚'欧洲花楸
Sorbus aucuparia 'Fastigiata'
乔木 植株直立，树冠狭窄，在春季开放出白色花朵后会于暮夏结出红色浆果。
株高8米　冠幅5米

桦叶荚蒾
Viburnum betulifolium
灌木 将其与几种别的植物混栽在一起时，植株在夏季开放出白色花朵后所结出的红色果实能够营造出引人入胜的景观。
株高3米　冠幅3米

欧洲荚蒾
Viburnum opulus
灌木 植株生长强健，夏季能够开放出白色的花朵，秋季植株具有亮丽的颜色，并能够结出红色果实。
株高5米　冠幅4米

'紫叶'葡萄
Vitis vinifera 'Purpurea'
🌄 **攀缘植物**　　　　　　　　　　572页

适合作为切花的植物

能从花园里直接采摘切花是最棒的,可以把它们单独,或与买来的切花共同使用。许多植物,特别是一年生者,可做切花栽种,而其他花园植物则能在株形不被破坏的情况下为家庭

提供切花。应该对那些多分枝的植株进行摘心,像在初夏时对紫菀与翠雀所做的那样,以保证采收到大量枝条不是很长的切花。

'加冕礼金'蓍草
Achillea 'Coronation Gold'
♀ 多年生植物   71页

'紫气东来'乌头
Aconitum 'Bressingham Spire'
♀ 多年生植物   74页

'利特尔·卡洛'紫菀
Aster 'Little Carlow'
♀ 多年生植物   106页

'蒙特·卡西诺'普林格尔紫菀
Aster pringlei var.pringler 'Monte Cassino'
♀ 多年生植物 枝条细长,株形直立,呈密集的灌木状生长。叶片针状,小型的花朵白色。
株高1米 冠幅30厘米

'灯塔'落新妇
Astilbe 'Fanal'
♀ 多年生植物   107页

'披头散发'大星芹
Astrantia major 'Shaggy'
♀ 多年生植物 环绕簇生花朵的苞叶比通常的更长。
株高30~90厘米 冠幅45厘米

南靛草
Baptisia australis
♀ 多年生植物   111页

'普里查德'乳花风铃草
Campanula lactiflora 'Prichard's Variety'
♀ 多年生植物 为株形紧凑的品种,仲夏,在其花序上可开出紫罗兰色的花朵。
株高75厘米 冠幅45厘米

'切特尔魅力'桃叶风铃草
Campanula persicifolia 'Chettle Charm'
多年生植物 深绿色的叶片呈垫状生长,在细小的枝条上能够开放出具蓝晕的白色花朵。
株高1米 冠幅30厘米

菊花
Chrysanthemums
♀ 多年生植物,不耐寒   154~157页

'索尔法塔雷'雄黄兰
Crocosmia × crocosmiiflora 'Solfaterre'
♀ 多年生植物   183页

'贝拉姆斯'翠雀
Delphinium 'Bellamosum'
多年生植物 茎秆上具有分布均匀的分枝,花穗细小,深蓝色的花朵能够开放很长时间。
株高1~1.2米 冠幅45厘米

'布鲁斯'翠雀
Delphinium 'Bruce'
♀ 多年生植物   198页

'阳光一现'翠雀
Delphinium 'Sungleam'
♀ 多年生植物   201页

花境石竹
Border Carnations(石竹属Dianthus)
♀ 多年生植物   203页

'王冠红宝石'香石竹
Dianthus 'Coronation Ruby'
♀ 多年生植物 为花朵呈粉色与宝石红色的,具丁香气味的带花边石竹。
株高38厘米 冠幅30厘米

三裂刺芹
Eryngium × tripartitum
♀ 多年生植物   224页

'布莱德肖夫人'水杨梅
Geum 'Mrs J.Bradshaw'
♀ 多年生植物 基生的叶片被毛,在茎秆上具细丝状分枝,重瓣的花朵猩红色。
株高40~60厘米 冠幅60厘米

'王旗'火炬花
Kniphofia 'Royal Standard'
♀ 多年生植物   330页

香豌豆
Lathyrus odoratus (Sweet Peas)
♀ 一年生攀缘植物   335页

适合作为干花的植物

干花能够延长夏季的美感直至全年，许多种类容易栽培并进行脱水，通过简单地在荫蔽、通风之处将它们大量悬挂起来即可获得。如果你在热沙或硅胶中进行处理，然后把它们放置于干燥的环境中，几乎任何花朵都能使用。应该选择新鲜、无瑕疵、尚未完全开放的花朵，在将它们做成花束前，应该先把大部分叶片摘去。

'金盘' 凤尾蓍
Achillea filipendulina 'Gold Plate'
♀ 多年生植物　　　　　　　　　　　72页

'月光' 蓍草
Achillea 'Moonshine'
♀ 多年生植物　　　　　　　　　　　73页

'绿姆指' 籽粒苋
Amaranthus hypochondriacus 'Green Thumb'
♀ 一年生植物　植株多叶，能够抽生出直立、具分枝的花穗，花朵浅绿色。
株高60厘米　冠幅30厘米

巨星芹
Astrantia maxima
♀ 多年生植物　　　　　　　　　　108页

蜡菊，亮丽比基尼系
Bracteantha Bright Bikini Series
♀ 一年生植物　　　　　　　　　　123页

'大花' 琉璃菊
Catananche caerulea 'Major'
♀ 多年生植物　花朵纸质，矢车菊状，高于狭窄的微灰色叶片的细丝般花梗开放。
株高50～90厘米　冠幅30厘米

'佛罗伦萨粉' 矢车菊
Centaurea cyanus 'Florence Pink'
一年生植物　植株直立生长，多分枝，花朵粉色。
株高35厘米　冠幅45厘米

飞燕草，皇家巨人系
Consolida ajacis　Giant Imperial Series
一年生植物　如同一年生翠雀那样，植株能够抽生出像塔尖状的、外形典雅的花朵。
株高60～90厘米　冠幅35厘米

'森宁代尔银' 蒲苇
Cortaderia selloana 'Sunningdale Silver'
♀ 观赏草类　　　　　　　　　　　173页

小蓝刺头
Echinops ritro
♀ 多年生植物　　　　　　　　　　213页

八仙花，品种
Hydrangea macrophylla cultivars
♀ 灌木　　　　　　　　　　　　　298页

'蓝鸟' 粗齿绣球
Hydrangea serrata 'Bluebird'
♀ 灌木　　　　　　　　　　　　　300页

'艺术色调' 勿忘我
Limonium sinuatum 'Art Shades'
多年生植物　常作为一年生植物栽培，所开放的卷曲花朵呈紫粉色、鲑肉色、橙色与粉蓝相间色。
株高60厘米　冠幅30厘米

'永恒黄金' 勿忘我
Limonium sinuatum 'Forever Gold'
♀ 多年生植物，不耐寒　　　　　　351页

'桑椹红' 黑种草
Nigella damascena 'Mulberry Rose'
♀ 一年生植物　叶片羽状，花朵微紫粉色，豆荚呈肿胀状。
株高45厘米　冠幅23厘米

'萨顿玫瑰红' 鳞托菊
Rhodanthe manglesii 'Sutton's Rose'
♀ 一年生植物　植株茎秆纤细，叶片微灰色，白色或粉色的花朵具稻草质感。
株高60厘米　冠幅15厘米

'灿烂' 华丽景天
Sedum spectabile 'Brilliant'
♀ 多年生植物　　　　　　　　　　522页

果实可供观赏的植物

虽然它们可能没有色彩鲜艳的花朵，但是具有可供欣赏的美丽果实。有些种类经过处理能够作为切果来装饰室内，还有些种类的果实经久不凋，其淡黄色、青铜色可以为冬季花园增添色彩。在它们经霜打至被鸟类作为食物前的一段时间里看起来效果特别好。

克氏花葱
Allium cristophii

♀ 球根花卉　　　　　　　　　　　　83页

矮落新妇
Astilbe chinensis var.pumila

♀ 多年生植物　其短粗的粉色花穗会随着植株的生长变为锈褐色。

株高25厘米　冠幅20厘米

'比尔·麦肯齐' 铁线莲
Clematis 'Bill Mackenzie'

♀ 攀缘植物　　　　　　　　　　　164页

'白天鹅' 大瓣铁线莲
Clematis macropetala 'White Swan'

攀缘植物　为株形极为紧凑的早花铁线莲，花朵白色，果实银白色。

株高1米

黄栌
Cotinus coggygria

♀ 灌木　植株叶片夏季呈绿色，在秋季时会转为猩红色，羽状的果序看起来具有烟雾感。

株高5米　冠幅5米

'大花' 圆锥绣球
Hydrangea paniculata 'Grandiflora'

♀ 灌木　　　　　　　　　　　　　299页

天仙子
Hyoscyamus niger

一年生植物　植株毒性极强，具脉纹的花朵不讨人喜欢，美丽的果实看起来像羽毛球。

株高60～120厘米　冠幅1米

臭鸢尾
Iris foetidissima

♀ 多年生植物　植株能够开出浅蓝色与褐色相间的花朵，随后秋季结出可以开裂的绿色荚果，并露出橙色的种子。

株高30～90厘米　冠幅30厘米

'花叶' 臭鸢尾
Iris foetidissima 'Variegata'

♀ 多年生植物　　　　　　　　　　314页

'巨人谢尔福德' 鸢尾
Iris 'Shelford Grant'

♀ 多年生植物　绿色的长叶成束生长，高大的花葶上能够开放出黄白相间的花朵，果实具明显的肋。

株高1.8米　冠幅60厘米

'变压器' 东方黑种草
Nigella orientalis 'Transformer'

一年生植物　植株多分枝，叶片具细裂，小型的花朵为黄色，果序呈伞状。

株高45厘米　冠幅22～30厘米

拉德罗芍药
Paeonia ludlowii

♀ 灌木　　　　　　　　　　　　　396页

'石莲花' 罂粟
Papaver somniferum 'Hen and Chickens'

一年生植物　果实单生，果实奇特，周围环绕着一圈小型的密集蒴状物。

株高1.2米　冠幅30厘米

酸浆
Physalis alkekengi

♀ 多年生植物　植株生长旺盛，具吸枝，在秋季时能够结出如同"中国灯笼"状的亮橙色果实。

株高60～75厘米　冠幅90厘米

'鼓槌' 星状蓝盆花
Scabiosa stellata 'Drumstick'

♀ 一年生植物　枝条呈细丝状，植株被毛，花朵浅丁香色，果实圆形，易碎。

株高30厘米　冠幅23厘米

乡村风格花园植物

夏季乡村花园的理想画面是蜜蜂围绕着月季、百合、金银花与芍药慢慢地飞舞，发出嗡嗡声响，但实际上，真正的乡村花园是美丽植物的聚集地，因为它囊括了被富有经验的园丁所遗忘的古典风格植物。乡村花园植物常具香气，多为草本，总是能够唤起人们对温文尔雅年代的回忆。

'黑人' 蜀葵
Alcea rosea 'Nigra'
二年生植物　为开放着"黑色花朵"的品种。
株高2米　冠幅60厘米

'吉卜赛女人节' 黄金盏
Calendula 'Fiesta Gitana'
♀ 一年生植物

'伯格哈尔特' 风铃草
Campanula 'Burghaltii'
多年生植物　为叶片中绿色，呈圆丘状生长的品种。大型的管状花朵呈微灰蓝色。
株高60厘米　冠幅30厘米

'白色茶具' 桃叶风铃草
Campanula persicifolia 'White Cup and Saucer'
多年生植物　钟状的花朵呈纯白色，环绕着白色的盘状物上，在开放时看起来下面好像放着碟子。
株高90厘米　冠幅30厘米

南斯拉夫风铃草
Campanula portenschlagiana
♀ 多年生植物　139页

翠雀
Delphiniums
♀ 多年生植物　198～201页

'祖母最爱' 香石竹
Dianthus 'Gran's Favourite'
♀ 多年生植物　204页

荷包牡丹
Dicentra spectabilis
♀ 多年生植物　207页

高山刺芹
Eryngium alpinum
♀ 多年生植物　223页

丛生花菱草
Eschscholzia caespitosa
♀ 一年生植物　228页

'白花' 大根老鹳草
Geranium macrorrhizum 'Album'
♀ 多年生植物　叶片常绿，具香气，白色的花朵于夏季开放。
株高50厘米　冠幅60厘米

'约翰逊' 牛津老鹳草
Geranium × oxonianum 'A.P.Johnson'
♀ 多年生植物　这种丛生的植物能够开放出银粉色的花朵。
株高30厘米　冠幅30厘米

'白花' 血红老鹳草
Geranium sanguineum 'Album'
♀ 多年生植物　株形紧凑，叶片具裂，花朵白色。
株高20厘米　冠幅30厘米

'五月花' 林地老鹳草
Geranium sylvaticum 'Mayflower'
♀ 多年生植物　261页

'斯特拉斯登女士' 水杨梅
Geum 'Lady Stratheden'
♀ 多年生植物　262页

花葵，一年生
Lavatera，Annuals
♀ 一年生植物　340页

白花百合
Lilium candidum
♀ 球根花卉　346页

'贵族乐队' 多叶羽扇豆
Lupinus Band of Nobles Series
♀ 多年生植物　用播种法繁殖的优良混色品种，花穗高大，花朵双色。
株高1.5米　冠幅75厘米

'夏特莱' 羽扇豆
Lupinus 'The Chatelaine'
多年生植物　深粉色与白色相间的复色花朵，开放在所排成的高大塔尖状尖状花序上。
株高90厘米　冠幅75厘米

岩石园适用植物

岩石园与假山石为种植小型植物的良好之地，以欣赏者能够近距离观看。而高台花坛的土壤被改良后也适合种植这些植物，它们常需要良好的排水或特殊的混合基质。多数植物易于管理，无需特别处理就可以使它们更具吸引力；岩石园艺能够成为有吸引力的嗜好。

掌叶铁线蕨
Adiantum pedatum
♀ 耐寒蕨类植物　　　　　　　　　　　75页

黄花茖葱
Allium moly
♀ 球根多年生植物　　　　　　　　　　84页

丛生牛舌草
Anchusa cespitosa
♀ 高山植物　植株具白色中心的蓝色花朵于春季在狭窄的叶片间开放。
株高5～10厘米　冠幅15～20厘米

拉氏点地梅
Androsace carnea subsp.*laggeri*
♀ 多年生植物　　　　　　　　　　　　89页

拟牛生草点地梅
Androsace sempervivoides
♀ 高山植物　莲座状生长的叶片呈松散的垫状，花呈粉色，春春开放。
株高2.5～5米　冠幅15～20厘米

山地无心菜
Arenaria montana
♀ 多年生植物　　　　　　　　　　　　98页

'复仇'海石竹
Armeria maritima 'Vindictive'
♀ 多年生植物　叶片狭窄，集生成圆丘，茎秆纤细，花朵深粉色。
株高15厘米　冠幅20厘米

'布雷星罕粉'南庭荠
Aubrieta × cultorum 'Bressingham Pink'
多年生植物　绿色的叶片呈垫状生长，在春季时其上缀着重瓣的粉色花朵。
株高5厘米　冠幅60厘米
(*：原著为：*Aubrieta × Cultorum* 'Bresssingham Pink'，正确为：*Aubrieta × Cultorum* 'Bressingham Pink'。——译者注)

岩生金庭荠
Aurinia saxatilis
♀ 多年生植物　　　　　　　　　　　110页

'巴加泰勒'紫叶小檗
Berberis thunbergii f.*atropurpurea* 'Bagatelle'

♀ 灌木　　　　　　　　　　　　　118页
'伯奇'风铃草
Campanula 'Birch Hybrid'
♀ 多年生植物　生长强健，株形扩展，钟形的花朵深蓝色。
株高10厘米　冠幅50厘米

'大花'查米索风铃草
Campanula chamissonis 'Superba'
♀ 高山植物　浅绿色的叶片呈莲座状生长，初夏，在它们之上会开放出浅蓝色的花朵。
株高5厘米　冠幅20厘米

科西嘉番红花
Crocus corsicus
♀ 春花型球根花卉　　　　　　　　　185页

'拉布尔布勒'石竹
Dianthus 'La Bourboule'
♀ 多年生植物　　　　　　　　　　　205页

'鲁比·菲尔德'双距花
Diascia barberae 'Ruby Field'
♀ 多年生植物　心形的叶片呈垫状生长，在夏季时其上密缀着深鲑粉色的花朵。
株高25厘米　冠幅60厘米

仙女木
Dryas octopetala
♀ 常绿灌木　深绿色的叶片呈垫状生长，白色的花朵于春季开放，尔后会结出被茸毛的果实。
株高10厘米　冠幅1米

矮龙胆
Gentiana acaulis
♀ 多年生植物　　　　　　　　　　　256页

'芭蕾女郎'老鹳草
Geranium 'Ballerina'
♀ 多年生植物　　　　　　　　　　　258页

山地水杨梅
Geum montanum
♀ 多年生植物　　　　　　　　　　　262页

'玫瑰纱'满天星
Gypsophila 'Rosenschleier'
♀ 多年生植物　　　　　　　　　　　267页

'亨菲尔德光辉' 半日花
Helianthemum 'Henfield Brilliant'
⚥ 灌木　　　　　　　　　　　　　　　280页

鸡冠鸢尾
Iris cristata
⚥ 多年生植物　匍匐枝在湿润的土壤中会生长出优美的扇形小丛,丁香蓝色与白色相间的花朵于春季开放。
株高10厘米

'凯瑟琳·霍奇金' 鸢尾
Iris 'Katharine Hodgkin'
⚥ 具球根多年生植物　　　　　　　　315页

湖鸢尾
Iris lacustris
⚥ 多年生植物　　　　　　　　　　　320页

'几维鸟' 扫帚状红茶树
Leptospermum scoparium 'Kiwi'
⚥ 灌木　　　　　　　　　　　　　　342页

子叶离子苋
Lewisia cotyledon
⚥ 多年生植物　　　　　　　　　　　344页

白缘蓝壶花
Muscari aucheri
⚥ 具球根多年生植物　　　　　　　　376页

'哈韦拉' 水仙
Narcissus 'Hawera'
⚥ 球根花卉　　　　　　　　　　　　379页

'彻丽·英格拉姆' 西亚脐果草
Omphalodes cappadocica 'Cherry Ingram'
⚥ 多年生植物　　　　　　　　　　　388页

腺叶酢浆草
Oxalis adenophylla
⚥ 具球根多年生植物　　　　　　　　394页

'粉花' 九叶酢浆草
Oxalis enneaphylla 'Rosea'
球根花卉　具褶边的灰绿色叶片丛生,粉色的花朵于初夏开放。
株高8厘米　冠幅15厘米

查坦胡奇' 拉帕姆福禄考
Phlox divaricata subsp.*laphamii* 'Chattahoochee'
⚥ 多年生植物　　　　　　　　　　　419页

'布思曼' 道格拉斯福禄考
Phlox douglasii 'Boothman's Variety'
⚥ 多年生植物　　　　　　　　　　　419页

'玛丽·玛斯林' 小福禄考
Phlox nana 'Mary Maslin'

多年生植物　枝条扩展,亮猩红色的花朵于夏季开放。
株高20厘米　冠幅30厘米

'大拇指汤姆' 细海桐
Pittosporum tenuifolium 'Tom Thumb'
⚥ 常绿灌木　　　　　　　　　　　　437页

哈勒白头翁
Pulsatilla halleri
⚥ 多年生植物　　　　　　　　　　　461页

欧洲皱叶苣苔
Ramonda myconi
⚥ 多年生植物　　　　　　　　　　　465页

岩生毛茛
Ranunculus calandrinioides
⚥ 多年生植物　　　　　　　　　　　466页

迷迭香,匍匐组
Rosmarinus officinalis Prostratus Group
⚥ 灌木　　　　　　　　　　　　　　498页

'詹金斯' 虎耳草
Saxifraga 'Jenkinsiae'
⚥ 高山植物　　　　　　　　　　　　516页

虎耳草,南方实生苗组
Saxifraga Southside Seedling Group
⚥ 多年生植物　　　　　　　　　　　516页

长生草
Sempervivum tectorum
⚥ 多年生植物　　　　　　　　　　　525页

夏弗塔蝇子草
Silene schafta
⚥ 多年生植物　　　　　　　　　　　526页

亚麻叶郁金香,巴塔林组
Tulipa linifolia Batalinii Group
⚥ 球根花卉　　　　　　　　　　　　555页

土耳其郁金香
Tulipa turkestanica
⚥ 球根花卉　　　　　　　　　　　　555页

'利蒂希娅' 毛蕊花
Verbascum 'Letitia'
⚥ 亚灌木　　　　　　　　　　　　　563页

匍匐婆婆纳
Veronica prostrata
⚥ 多年生植物　　　　　　　　　　　565页

灰叶穗花婆婆纳
Veronica spicata subsp.*incana*
⚥ 多年生植物　　　　　　　　　　　565页

暖色花材植物

将色彩艳丽的暖色植物成片栽种，在充沛的日光照射下观赏效果最好，在你的花园中能够找到一块理想的向阳之地，应该使用那些喜高温环境的种类。其间混栽一些生长着深绿色

与紫色叶片的植物（参阅606页）能够强化所产生的炽热效果。需要记住的是，当这些如火的色彩跃入你的眼帘时，可能会有空间变得较为狭窄之感觉。

瓦氏面具花
Alonsoa warscewiczii
♀ 多年生植物，不耐寒   86页

'火焰' 蓝目菊
Arctotis × hybrida 'Flame'
♀ 多年生植物，不耐寒 雏菊状的花朵微红金色，花瓣背面银灰色，叶片银灰色。'桃花心木'（'Mahogany'）与'红色魔术'（'Red Magic'）也是被推荐的品种。
株高45～90厘米 冠幅30厘米

'灯塔' 落新妇
Astilbe 'Fanal'
♀ 多叶雾冰藜   107页

毛叶雾冰藜
Bassia scoparia f.*trichophylla*
♀ 一年生植物 叶片羽状，初生时呈绿色，尔后转为火红色，最终在夏季时呈紫色。
株高0.3～1.5米 冠幅30～45厘米

'亮橙' 秋海棠
Begonia 'Illumination Orange'
♀ 多年生植物，不耐寒   114页

'吉卜赛女人节' 黄金盏
Calendula 'Fiesta Gitana'
♀ 一年生植物   33页

'辉煌' 柠檬红千层
Callistemon citrinus 'Splendens'
♀ 常绿灌木，不耐寒   129页

'伽林夫人' 美亚凌霄
Campsis × tagliabuana 'Madame Galen'
♀ 攀缘植物   140页

橙金' 红花
Carthamus tinctoria 'Orange Gold'
♀ 一年生植物 亮丽的蓟状花朵簇生，可作为优良的干花。
株高30～60厘米 冠幅30厘米

'安伯·伊冯·阿诺' 菊花
Chrysanthemums 'Amber Yvonne Arnaud'
♀ 多年生植物，不很耐寒   154页

'温迪' 菊花
Chrysanthemums 'Wendy'
♀ 多年生植物，不很耐寒   156页

'日出' 蛇目菊
Coreopsis tinctoria 'Sunrise'
♀ 一年生植物 直立的枝条抽生于中绿色的叶丛间，花朵单生，雏菊状，对蜜蜂具吸引力。
株高60厘米 冠幅30厘米

'大花' 轮叶金鸡菊
Coreopsis verticillata 'Grandiflora'
♀ 多年生植物 花序松散，深黄色的花朵初夏开放。
株高60～80厘米 冠幅45厘米

'金星' 雄黄兰
Crocosmia 'Lucifer'
♀ 多年生植物   184页

'哈玛里金' 大丽花
Dahlia 'Hamari Gold'
♀ 多年生植物，不很耐寒   195页

'佐罗' 大丽花
Dahlia 'Zorro'
♀ 多年生植物，不很耐寒   195页

'鲁珀特·兰伯特' 双距花
Diascia 'Rupert Lambert'
♀ 多年生植物，不很耐寒 植株呈垫状生长，花穗自夏季至秋季间抽生，花朵具距，深暖粉色。
株高20厘米 冠幅可达50厘米

'诺奎科' 猩红凹药花
Embothrium coccineum 'Norquinco'
♀ 灌木，耐寒性不确定 植株呈直立生长，在初夏时能够开放出蜘蛛状的猩红色花朵。
株高20厘米 冠幅30厘米

加州花菱草
Eschscholzia caespitosa
♀ 一年生植物   228页

'珊瑚' 倒挂金钟
Fuchsia 'Coralle'
♀ 灌木，不耐寒   246页

勋章花
Gazanias
♥ 多年生植物，不耐寒 254页

'金羽' 糙日光菊
Heliopsis helianthoides var.*scabra* 'Goldgefieder'
♥ 多年生植物 花朵重瓣，雏菊状，金黄色，中部绿色，在生长着粗糙叶片的坚韧枝条之上开放。
株高90厘米 冠幅60厘米

'杏黄' 鸢尾
Iris 'Apricorange'
♥ 多年生植物 316页

'日奇' 鸢尾
Iris 'Sun Miracle'
♥ 多年生植物 319页

'群蜂归巢' 火炬花
Kniphofia 'Bees' Sunset'
♥ 多年生植物 329页

'格雷吉诺格金' 橐吾
Ligularia 'Gregynog Gold'
♥ 常绿灌木 345页

'唐纳德·沃特勒' 伊特鲁里亚忍冬
Lonicera etrusca 'Donald Waterer'
♥ 攀缘植物 枝与芽颜色发深，被红晕，果实亮橙色。
株高4米

皱叶剪秋萝
Lychnis chalcedonica
♥ 359页

'怀特考夫特猩红' 铜红猴面花
Mimulus cupreus 'Whitecorft Scarlet'
♥ 多年生植物，不耐寒 枝条扩展，管状的猩红色花朵于夏季开放。
株高10厘米 冠幅15厘米

'光神' 东方罂粟
Papaver orientale 'Aglaia'
♥ 多年生植物 花蕾鲑肉色，花瓣基部呈樱桃粉色。
株高45～90厘米 冠幅60～90厘米

'标灯' 东方罂粟
Papaver orientale 'Leuchtfeuer'
♥ 多年生植物 花色橙色，花瓣基部具黑斑，叶片银白色。
株高45～90厘米 冠幅60～90厘米

'巫术' 天竺葵
Pelargonium 'Voodoo'
♥ 多年生植物，不耐寒 408页

'切斯特猩红' 钓钟柳
Penstemon 'Chester Scarlet'
♥ 多年生植物，不很耐寒 411页

'火鸟' 钓钟柳
Penstemon 'Schoenholzeri'
♥ 多年生植物 411页

'火尾' 抱茎棱花蓼
Persicaria amplexicaulis 'Firetail'
♥ 多年生植物 植株强健，多分枝，在直立枝条上能够生长出高大的亮红色"瓶刷"状花序。
株高可达1.2米 冠幅可达1.2米

'晚霞' 新西兰麻
Phormium 'Sundowner'
♥ 多年生植物，不很耐寒 425页

'魔鬼之泪' 直蕊流光花
Phygelius × *rectus* 'Devil's Tears'
♥ 灌木 429页

'吉布森猩红' 委陵菜
Potentilla 'Gibson's Scarlet'
♥ 多年生植物 443页

'史贝克橙' 杜鹃
Rhododendron 'Spek's Orange'
♥ 落叶灌木 471页

'亚历山大' 月季 ('哈利克斯')
Rosa Alexander ('Harlex')
♥ 大花丛生月季 480页

'金色风暴' 沙氏金光菊
Rudbeckia fulgida var.*sullivantii* 'Goldsturm'
♥ 多年生植物 500页

红花鼠尾草
Salvia coccinea 'Pseudococcinea'
♥ 多年生植物，不很耐寒 505页

曲沟花
Streptosolen jamesii
♥ 攀缘植物，不耐寒 植株蔓生，叶片小型，深绿色，碟状橙色花朵呈圆簇状开放。
株高2～3米 冠幅1～2.5米

'赫敏·格拉修夫' 旱金莲
Tropaeolum majus 'Hermine Grashoff'
♥ 一年生攀缘植物 552页

具苞伞兰
Veltheimia bracteata
♥ 具球根多年生植物，不耐寒 560页

冷色花材植物

呈冷色调的蓝色、紫色与乳白色看起来总是显得典雅，能够用来产生距离的错觉。当黄昏降临时，冷色系的花朵就开始在逐渐变暗的光线中绽放，从而给花园里增添了晚间情趣。交错生长在一起的大量青葱叶片能够减弱夏季持续增加的炎热，为了获得更为轻松明快的视觉感受，可以选择一些生长着灰色与银白色叶片的植物进行种植（参阅608页）。

红缘莲花掌
Aeonium haworthii
🏆 多肉植物 76页

'蓝色多瑙河'藿香蓟
Ageratum houstonianum 'Blue Danube'
🏆 一年生植物　植株低矮，灌木状，能够开放出繁茂的薰衣草蓝色被茸毛花朵。呈较深蓝色的'蓝色视野'（'Blue Horizon'）也是被推荐的品种。
株高20厘米　冠幅30厘米

蓝花葱
Allium caeruleum
🏆 球根花卉 82页

'洛登保皇党'牛舌草
Anchusa azurea 'Loddon Royalist'
🏆 多年生植物 89页

假麻升
Aruncus dioicus
🏆 多年生植物　在湿润之地，植株能够生长出成簇的蕨状叶片，与羽状乳白色花序。
株高20厘米　冠幅30厘米

南靛草
Baptisia australis
🏆 多年生植物 111页

雷氏北美百合
Camassia leichtlinii
🏆 球根花卉　暮春，植株长出的星形绿白色的花朵排成塔尖状开放。
株高20厘米　冠幅30厘米

'华丽'聚花风铃草
Campanula glomerata 'Superba'
🏆 多年生植物 138页

'蓝王冠'矢车菊
Centaurea cyanus 'Blue Diadem'
🏆 一年生植物　花朵深蓝色。
株高20～80厘米　冠幅15厘米

地被旋花
Convolvulus sabatius
🏆 拖曳状多年生植物 168页

裂叶蓝钟花
Cyananthus lobatus
🏆 多年生植物 189页

小菜蓟
Cynara cardunculus
🏆 多年生植物 191页

'乔托'翠雀
Delphinum 'Giotto'
🏆 多年生植物 199页

'巴特勒勋爵'翠雀
Delphinium 'Lord Butler'
🏆 多年生植物 200页

'泰晤士米德'翠雀
Delphinium 'Thamesmead'
🏆 多年生植物 201页

鲁塞尼亚蓝刺头
Echinops ritro subsp.*ruthenicus*
🏆 多年生植物　为呈金属蓝色的蓝刺头，植株生长着银白色的布满蛛网纹的叶片。
株高60～90厘米　冠幅45厘米

'牛津蓝'保加特刺芹
Eryngium bourgatii 'Oxford Blue'
🏆 多年生植物　带刺的叶片具银白色脉，蓝色的蓟状花朵被银白色苞片，开放在植株的分枝上。
株高15～45厘米　冠幅30厘米

三裂刺芹
Eryngium × tripartitum
🏆 多年生植物 224页

绿花夏风信子
Galtonia viridiflora
🏆 球根花卉　暮夏植株长出的雪滴花状绿白色花朵，呈塔尖状排列开放于灰绿色的带状叶片的中间。
株高可达1米　冠幅10厘米

白花玄参木
Hebe albicans
🏆 灌木 272页

'紫烟' 哈尔克玄参木
Hebe hulkeana 'Lilac Hint'
♀ 灌木　绿色的叶片具光泽，自暮春与初夏间，植株会长出由薰衣草蓝色花朵所构成的细长花枝。
株高60厘米　冠幅60厘米

'查茨沃斯' 天芥菜
Heliotropium arborescens 'Chatsworth'
♀ 多年生植物，不耐寒　花朵深紫红色，香气极浓，为受欢迎的夏季花坛材料。
株高60～100厘米　冠幅30～45厘米

'爱抚' 玉簪
Hosta 'Love Pat'
♀ 多年生植物　　　　　　　　　　292页

'罗尔夫·菲德勒' 紫星花
Ipheion 'Rolf Fiedler'
♀ 球根花卉，不耐寒　蓝色的星形花朵在春季时开放。叶片蓝绿色。
株高10～12厘米

'奥里诺科河流' 鸢尾
Iris 'Orinoco Flow'
♀ 多年生植物　　　　　　　　　　317页

'斯马杰之礼物' 西伯利亚鸢尾
Iris sibirica 'Smudger's Gift'
♀ 多年生植物　　　　　　　　　　311页

'云端' 西伯利亚鸢尾
Iris sibirica 'Uber den Wolken'
♀ 多年生植物　　　　　　　　　　311页

大薰衣草，荷兰组
Lavandula × *intermedia* Dutch Group
♀ 灌木　　　　　　　　　　　　　338页

'天蓝' 纳博讷亚麻
Linum narbonense 'Heavenly Blue'
♀ 多年生植物，耐寒性不确定　植株丛生，能够开放出大量碟形、每朵只能持续一天的浅蓝色花朵。
株高30～60厘米　冠幅45厘米

'精灵贝尔斯' 领圈花
Molucella laevis 'Pixie Bells'
♀ 一年生植物　叶片浅绿色，塔尖状的花序不明显，每个的花朵由浅绿色的贝壳状萼片所环绕。
株高60～90厘米　冠幅23厘米

'花束' 勿忘草
Myosotis 'Bouquet'
♀ 一年生植物　花开繁茂，株形紧凑，被推荐的还有低矮的品种 '海蓝'（'Ultramarine'）。
株高12～20厘米　冠幅15厘米

'马赫迪' 宿根福禄考
Phlox paniculata 'Le Mahdi'
♀ 多年生植物　　　　　　　　　　422页

甜肺草，银叶组
Pulmonaria saccharata Argentea Group
♀ 常绿多年生植物　　　　　　　　460页

'杰克曼蓝' 芸香
Ruta graveolens 'Jackman's Blue'
♀ 灌木　灰蓝色的羽状叶片密生，花序暗黄色，把它们剪去有利于叶片的生长。在操作时应该戴上手套，与叶片接触也可能会引起过敏反应。
株高60厘米　冠幅60厘米

蟹甲叶鼠尾草
Salvia cacaliifolia
♀ 多年生植物，不耐寒　　　　　　504页

'蓝色之谜' 南美鼠尾草
Salvia guaranitica 'Blue Enigma'
♀ 多年生植物，不很耐寒　　　　　506页

'克莱夫·格里夫斯' 高加索蓝盆花
Scabiosa caucasica 'Clive Greaves'
♀ 多年生植物　　　　　　　　　　517页

'天蓝' 灌木石蚕
Teucrium fruticans 'Azureum'
♀ 灌木　不很耐寒　枝条被白毛，叶片灰绿色，夏季，深蓝色的花朵呈轮生状开放于短塔尖状花序上。
株高60～100厘米　冠幅2米

'休伊特' 偏翅唐松草
Thalictrum delavayi 'Hewitt's Double'
♀ 多年生植物　　　　　　　　　　542页

'雪莉蓝' 婆婆纳
Veronica 'Shirley Blue'
♀ 多年生植物　叶片灰绿色，被毛，碟形的蓝色花朵排列成塔尖状开放，花期自暮春至仲夏。
株高30厘米　冠幅30厘米

白色主题花园植物

单色花园为许多园艺工作者所青睐，大概是因为许多白色的花朵具香气之故，使用最为广泛的为白色主题花园。包括品种在内的叶片与叶丛的颜色，呈银白色与灰白色的植物也被认为可以点缀其间。为了减轻在配植时的单调性，添加少量的淡黄色或浅蓝色花朵常会有所帮助——这些植物有助于增加实际观赏效果。

'白光'　迷人银莲花
Anemone blanda 'White Splendour'
❀ 球根花卉　　　　　　　　　　　　90页

'奥诺林·乔伯特'　银莲花
Anemone × *hybrida* 'Honorine Jobert'
❀ 多年生植物　　　　　　　　　　　91页

'鬼火'　落新妇
Astilbe 'Irrlicht'
多年生植物　颜色发深具缺刻的粗糙叶片，与直立开放的白色被茸毛花朵能够形成良好的对比。
株高50厘米　冠幅50厘米

'玛丽·鲍塞劳特'　铁线莲
Clematis 'Marie Boisselot'
❀ 攀缘植物　　　　　　　　　　　162页

'索纳塔白'　波斯菊
Cosmos bipinnatus 'Sonata White'
❀ 一年生植物　　　　　　　　　　176页

心叶二节芥
Crambe cordifolia
❀ 多年生植物　　　　　　　　　　181页

'白左'　希伯番红花
Crocus sieberi 'Albus'
❀ 球根花卉　　　　　　　　　　　185页

'哈玛里新娘'　大丽花
Dahlia 'Hamari Bride'
❀ 多年生植物，不耐寒　这种半仙人掌型的大丽花之花朵为纯白色，为适合参加展览的受欢迎的品种。
株高1.2米　冠幅60厘米

'阳光一现'　翠雀
Delphinium 'Sungleam'
❀ 多年生植物　　　　　　　　　　201页

伞花溲疏
Deutzia setchuenensis var.*corymbiflora*
❀ 灌木　植株多分枝，树皮褐色，剥落，植株能够开放出大量的白色花朵。
株高2米　冠幅1.5米

'白花'　荷包牡丹
Dicentra spectabilis 'Alba'
❀ 多年生植物　　　　　　　　　　207页

白花毛地黄
Digitalis purpurea f.*albiflora*
❀ 二年生植物　　　　　　　　　　210页

'白光'　松果菊
Echinacea purpurea 'White Lustre'
❀ 多年生植物　枝条坚韧，所开放的乳白色花朵，具金黄色圆锥形花心。
株高80厘米　冠幅45厘米

'史普林伍德白'　肉粉欧石楠
Erica carnea f.*alba* 'Springwood White'
❀ 常绿灌木　　　　　　　　　　　219页

'柔白'　四齿欧石楠
Erica tetralix 'Alba Mollis'
❀ 常绿灌木　　　　　　　　　　　221页

三叶美吐根
Gillenia trifoliata
❀ 多年生植物　　　　　　　　　　263页

'布里斯托尔美女'　满天星
Gypsophila paniculata 'Bristol Fairy'
❀ 多年生植物　　　　　　　　　　266页

六柱花缎木
Hoheria sexstylosa
❀ 常绿乔木　　　　　　　　　　　290页

'安娜贝尔'　树八仙花
Hydrangea arborescens 'Annabelle'
❀ 灌木　　　　　　　　　　　　　297页

'多花'　圆锥绣球
Hydrangea paniculata 'Floribunda'
❀ 灌木　　　　　　　　　　　　　299页

栎叶绣球
Hydrangea quercifolia
❀ 灌木　　　　　　　　　　　　　300页

'比威克天鹅' 鸢尾
Iris 'Bewick Swan'
多年生植物　具皱边的花朵白色，有亮橙色须状突起。
株高1米　冠幅30厘米

扁竹兰鸢尾
Iris confusa
♀ 球根多年生植物　　　　　　　312页

'奶昔' 西伯利亚鸢尾
Iris sibirica 'Crème Chantilly'
多年生植物　　　　　　　　　311页

'哈普斯威尔之福'　西伯利亚鸢尾
Iris sibirica 'Harpswell Happiness'
多年生植物　　　　　　　　　311页

'美树子' 西伯利亚鸢尾
Iris sibirica 'Mikiko'
多年生植物　　　　　　　　　311页

白花银扇草
Lunaria annua var.*albiflora*
♀ 二年生植物　为银扇草的白色变种。
株高90厘米　冠幅30厘米

白花麝香锦葵
Malva moschata f.*alba*
♀ 多年生植物　　　　　　　　370页

'爱尔兰女皇' 水仙
Narcissus 'Empress of Ireland'
♀ 球根花卉　　　　　　　　　380页

白花草芍药
Paeonia obovata var.*alba*
多年生植物　为上好的植物，小叶圆形，微灰色，花朵纯白色，其蓓蕾极具吸引力。
株高60～70厘米　冠幅60～60厘米

'白纸黑字'　东方罂粟
Papaver orientale 'Black and White'
♀ 多年生植物　　　　　　　　398页

'夏雪' 假龙头花
Physostegia virginiana 'Summer Snow'
多年生植物　花穗垂生在直立的枝条顶端，叶片中绿色，花朵纯白色。
株高1.2米　冠幅60厘米

'西辛赫斯特白'　肺草
Pulmonaria 'Sissinghurst White'
多年生植物　　　　　　　　　460页

'白花' 白头翁
Pulsatilla vulgaris 'Alba'
♀ 多年生植物　　　　　　　　462页

'重瓣' 乌头叶毛茛
Ranunculus aconitifolius 'Flore Pleno'
♀ 多年生植物　　　　　　　　465页

'冰山' 月季
Rosa Iceberg 'Korbin'
♀ 丰花丛生月季　　　　　　　483页

'哈迪夫人' 月季
Rosa 'Madame Hardy'
♀ 灌木月季　　　　　　　　　493页

'玛格丽特·梅利尔' 月季
Rosa Margaret Merril 'Harkuly'
♀ 丰花丛生月季　　　　　　　483页

'兰布林校长' 月季
Rosa 'Rambling Rector'
♀ 蔓生月季　　　　　　　　　487页

'贝尼登' 悬钩子
Rubus 'Benenden'
♀ 灌木　　　　　　　　　　　499页

'纯洁' 郁金香
Tulipa 'Purissima'
球根花卉　仲春，在植株矮粗的花梗上能够开放出硕大的纯白色花朵。
株高35厘米

马蹄莲
Zantedeschia aethiopica
多年生植物　　　　　　　　　576页

可在黏质土壤中栽种的植物

黏质土壤无论是湿或干均难于挖掘。这种土壤很容易藏匿蛞蝓，而且在春季时升温缓慢，因此常被称为冷土，但是它通常富含营养物质，如果能够添加大量的有机物，则能够变得十分肥沃。应该避免在黏质土壤中栽培来自高地的花卉，如高山植物或那些在你所处的气候条件下耐寒性不确定的植物。

'希德寇特紫' 阔裂风铃草
Campanula latiloba 'Hidcote Amethyst'
♀ 多年生植物　仲夏,在敦实的花梗上能够开放出发红的紫色的杯状花朵。
株高90厘米　冠幅45厘米

'波兰精神' 铁线莲
Clematis 'Polish Spirit'
♀ 攀缘植物　植株开花晚，花朵单生，紫色、小型，具红色花药。
株高5米　冠幅2米

'黄枝' 匍茎山茱萸
Cornus stolonifera 'Flaviramea'
♀ 灌木　　　　　　　　　　　　　　172页

'约翰·沃特勒' 枸子
Cotoneaster × *watereri* 'John Waterer'
♀ 常绿灌木　　　　　　　　　　　180页

'罗莎琳德' 优雅溲疏
Deutzia × *elegantissima* 'Rosalind'*
♀ 灌木　　　　　　　　　　　　　202页
（*：原başça为: *Deutzia* × *elegantissima* 'Rosalind'，正确为: *Deutzia* × *elegantissima* 'Rosalind'。——译者注）

紫花蚊子草
Filipendula purpurea
♀ 多年生植物　　　　　　　　　　239页

裸蕊老鹳草
Geranium psilostemon
♀ 多年生植物　　　　　　　　　　261页

'金娃娃' 萱草
Hemerocallis 'Stella de Oro'
♀ 多年生植物　　　　　　　　　　286页

'九州' 圆锥绣球
Hydrangea paniculata 'Kyushu'
♀ 灌木　植株形直立的品种，叶片具光泽，花朵大型，乳白色。
株高3~7米　冠幅2.5米

西伯利亚鸢尾，品种
Iris sibirica cultivars
♀ 多年生植物　　　　　　　　　　311页

'一线希望' 光叶忍冬
Lonicera nitida 'Silver Lining'
常绿灌木　呈圆丘状的灌木，每枚小型叶片均具细小的白边。
株高1.5米　冠幅1.5米

'太阳神' 枸骨叶十大功劳
Mahonia aquifolium 'Apollo'
♀ 常绿灌木　　　　　　　　　　　366页

'喷火' 水仙
Narcissus 'Jetfire'
♀ 球根花卉　　　　　　　　　　　379页

钟花桃叶蓼
Persicaria campanulata
多年生植物　呈小簇的粉色钟形花朵在开展的枝条上绽放。
株高90厘米　冠幅90厘米

'赫敏之披风' 山梅花
Philadelphus 'Manteau d' Hermine'
♀ 灌木　　　　　　　　　　　　　417页

'橘红' 金露梅
Potentilla fruticosa 'Tangerine'
♀ 灌木　多细枝，整个夏季植株都能开放出具红晕的黄色花朵。
株高1米　冠幅1.5米

'琥珀皇后' 月季
Rosa 'Amber Queen'
♀ 丰花丛生月季　　　　　　　　　482页

'安东尼·沃特勒' 绣线菊
Spiraea japonica 'Anthony Waterer'
♀ 灌木　　　　　　　　　　　　　533页

'戈德史密斯' 聚合草
Symphytum 'Goldsmith'
多年生植物　这种株形扩展的植物生长着边缘呈金黄色的心形叶片，植株能够开放出浅蓝色、乳白色与粉色的花朵。
株高30厘米　冠幅30厘米

'凯瑟琳·哈夫迈耶' 欧丁香
Syringa vulgaris 'Katherine Havemeyer'
♀ 灌木　　　　　　　　　　　　　539页

可在砂质土壤中栽种的植物

砂质壤土的有利之处是容易挖掘、便于打洞，由于它们以后排水迅速，因此几乎可在全年的任何时间里使用。但是养分也会随迅速排走的水分而流失，因此重要的是应该添加有机物质以改善土壤结构，保湿增肥。用来种植叶片银白色与稍畏寒的植物非常适宜。

'白丰' 大叶醉鱼草
Buddleja davidii 'White Profusion'
♀ 灌木　　　　　　　　　　　　　　125页

'黄昏' 帚石楠
Calluna vulgaris 'Darkness'
♀ 常绿灌木　　　　　　　　　　　130页

'塔普洛蓝' 巴纳特蓝刺头
Echinops bannaticus 'Taplow Blue'
♀ 多年生植物　植株生长强健，蓟状，生长着蓝色的球状花序。
株高1.2米　冠幅60厘米

'世外桃源' 灰叶欧石楠
Erica cinerea 'Eden Valley'
♀ 常绿灌木　　　　　　　　　　　220页

奥利弗刺芹
Eryngium × oliverianum
多年生植物　　　　　　　　　　　223页

'桃花' 鼠刺
Escallonia 'Peach Blossom'
♀ 常绿灌木　植株多分枝，拱形，粉白相间的花朵暮春开放。
株高2.5米　冠幅2.5米

达氏桉
Eucalyptus dalrympleana
♀ 常绿乔木　植株生长迅速，成形的叶片呈绿色，树皮白色。
株高20米　冠幅8米

西班牙染料木
Genista hispanica
灌木　初夏，小型具刺的植株能够开放出大量的小型黄色花朵。
株高75厘米　冠幅1.5米

拜占庭唐菖蒲
Gladiolus communis subsp.*byzantinus*
♀ 球根花卉　　　　　　　　　　　263页

'小姑娘' 火炬花
Kniphofia 'Little Maid'
♀ 多年生植物　　　　　　　　　　330页

'花叶' 花葵
Lavatera arborea 'Variegata'
♀ 二年生植物　为常绿植株，生长势弱，生长着繁茂的彩色叶片。花朵紫色，翌年开放。
株高3米　冠幅1.5米

'罗斯' 花葵
Lavatera × clmentii 'Rosea'
♀ 灌木　　　　　　　　　　　　　339页

荷包蛋花
Limnanthes douglasii
♀ 一年生植物　　　　　　　　　　351页

大果月见草
Oenothera macrocarpa
♀ 多年生植物　　　　　　　　　　386页

'希德寇特粉' 钓钟柳
Penstemon 'Hidcote Pink'
♀ 多年生植物　为良好的花坛用钓钟柳品种，在花穗上开放着小型的管状粉色花朵。
株高60~75厘米　冠幅45厘米

'默西黄' 松叶钓钟柳
Penstemon pinifolius 'Mersea Yellow'
常绿灌木　植株低矮、扩展，细长的黄色花朵夏季开放。
株高40厘米　冠幅25厘米

'长穗' 阿芬桃叶蓼
Persicaria affinis 'Superba'
♀ 多年生植物　　　　　　　　　　413页

'长穗' 穗花蓼
Persicaria bistorta 'Superba'
♀ 多年生植物　　　　　　　　　　414页

'晨光' 金露梅
Potentilla fruticosa 'Daydawn'
♀ 灌木　　　　　　　　　　　　　442页

'威尔莫特小姐' 尼泊尔委陵菜
Potentilla nepalensis 'Miss Wilmott'
♀ 多年生植物　　　　　　　　　　444页

'淡黄宝石' 迷迭香叶绵杉菊
Santolina rosmarinifolia 'Primrose Gem'
♀ 常绿灌木　　　　　　　　　　　513页

可在钙质土壤中栽种的植物

大多数植物能在中性或微碱性的土壤中生长，但是有些种类确实喜欢灰质或钙质土壤，其中包括像杜鹃花那样重要的植物与喜酸性土壤的山茶，并包括翠雀、铁线莲与石竹。但是土壤的品质是重要的：其必须经过添加有机质进行改良，因为贫瘠、浅薄的钙质土壤难于栽好植物。

'白花' 耧斗菜
Aquilegia vulgaris 'Nivea'
☿ 多年生植物   94页

'悦粉' 大叶醉鱼草
Buddleja 'Pink Delight'
☿ 灌木   在植株紧凑的圆锥形穗状花序上，能够开放出亮粉色的花朵。
株高3米　冠幅5米

'第一红' 大叶醉鱼草
Buddleja davidii 'Royal Red'
灌木   125页

'日金' 醉鱼草
Buddleja × *weyeriana* 'Sungold'
☿ 灌木   为具吸引力的品种，夏季，在花穗上开放着金黄色的花朵。
株高4米　冠幅3米

南欧紫荆
Cercis siliquastrum
☿ 乔木   147页

'白雪' 贴梗海棠
Chaenomeles speciosa 'Nivalis'
☿ 灌木   为贴梗海棠的品种，在春季时能够开放出纯白色的花朵。
株高2.5米　冠幅5米

'鲍查德伯爵夫人' 铁线莲
Clematis 'Comtesse de Bouchaud'
☿ 攀缘植物   165页

'早花' 铁线莲
Clematis 'Praecox'
☿ 攀缘植物   这个不同寻常的杂交品种为攀缘植物，其小型的白蓝相间之花朵聚生，呈泡沫状绽放。
株高2～3米

'贝特曼小姐' 铁线莲
Clematis 'Miss Bateman'
☿ 攀缘植物   162页

淡粉铃兰
Convallaria majalis var.*rosea*
多年生植物   这个铃兰的花朵为暗粉色的变种，能够释放出人们所熟悉的甜香。

株高23厘米　冠幅30厘米

斯特恩枸子
Cotoneaster sternianus
☿ 常绿灌木   180页

'蓝色尼罗河' 翠雀
Delphinium 'Blue Nile'
☿ 多年生植物   198页

'罗彻斯特之骄傲' 溲疏
Deutzia scabra 'Pride of Rochester'
灌木   植株的树皮剥落，枝条具吸引力，那具香气的重瓣浅粉色花朵，为其主要特点。
株高3米　冠幅2米

高山石竹
Dianthus alpinus
☿ 多年生植物   灰色的叶片呈垫状生长，植株能够开出呈粉色的具香气花朵。
株高8厘米　冠幅10厘米

三角叶石竹
Dianthus deltoides
☿ 多年生植物   深绿色的叶片呈垫状生长，在夏季的几个星期里，植株都能开放出繁茂的小型粉色花朵。
株高20厘米　冠幅30厘米

'莫尼卡·怀亚特' 香石竹
Dianthus 'Monica Wyatt'
☿ 多年生植物   205页

'红色瀑布' 欧洲卫矛
Euonymus europaeus 'Red Cascade'
☿ 灌木   231页

花白蜡
Fraxinus ornus
☿ 乔木   树冠圆形，多分枝，白色花朵引人注目，在秋季时植株呈亮丽的紫色。
株高15米　冠幅15米

'海蒂·安' 倒挂金钟
Fuchsia 'Heidi Ann'
☿ 灌木，不耐寒   植株直立，灌木状，能够开放出粉红相间的重瓣花朵。
株高45厘米　冠幅45厘米

'繁荣' 倒挂金钟
Fuchsia 'Prosperity'

♀ 灌木　为生长旺盛、耐寒的植物，开放着粉红相间的重瓣花朵。
株高45厘米　冠幅45厘米

'吸铁石' 雪花莲
Galanthus 'Magnet'

♀ 球根花卉　　　　　　　　　　　　250页

'佳节' 半日花
Helianthemum 'Jubilee'

♀ 灌木　这种小型灌木生长着亮绿色的叶片，能够开放出重瓣的黄色花朵。
株高20厘米　冠幅30厘米

东方嚏根草
Helleborus orientalis

多年生植物　粉色、白色与绿色的花朵，在初春时呈俯垂状开放。
株高45厘米　冠幅45厘米

'银皇后' 枸骨叶冬青
Ilex aquifolium 'Silver Queen'

♀ 常绿灌木　　　　　　　　　　　305页

'里基' 玉兰
Magnolia 'Ricki'

♀ 灌木　　　　　　　　　　　　　365页

柳叶玉兰
Magnolia salicifolia

♀ 灌木　　　　　　　　　　　　　365页

'瓦达之回忆' 柳叶玉兰
Magnolia salicifolia 'Wada's Memory'

♀ 灌木　　　　　　　　　　　　　365页

'乡村红' 二乔玉兰
Magnolia × *soulangeana* 'Rustica Rubra'

♀ 灌木　　　　　　　　　　　　　365页

西康玉兰
Magnolia wilsonii

♀ 灌木　　　　　　　　　　　　　365页

黑桑
Morus nigra

♀ 乔木　黑桑为生长期长，树形独特的耐寒乔木，能够结出美味可口的果实。
株高12米　冠幅15米

'西比尔' 山梅花
Philadelphus 'Sybille'

♀ 落叶灌木　植株呈半圆形，在初夏时能够开放出具浓香的杯状白色花朵。
株高1.2米　冠幅2米

'冈女' 樱
Prunus 'Okame'

♀ 乔木　　　　　　　　　　　　　456页

'太白' 樱
Prunus 'Taihaku'

♀ 乔木　　　　　　　　　　　　　457页

'火焰山' 矮扁桃
Prunus tenella 'Fire Hill'

♀ 灌木　春季在植株直立的分枝上，能够开放出大量单生的深粉色花朵。
株高1.5米　冠幅1.5米

白头翁
Pulsatilla vulgaris

♀ 多年生植物　　　　　　　　　　461页

'查里斯·乔利' 欧丁香
Syringa vulgaris 'Charies Joly'

♀ 灌木　　　　　　　　　　　　　538页

'科茨沃尔德美人' 毛蕊花
Verbascum 'Cotswold Beauty'

♀ 多年生植物　　　　　　　　　　561页

可在酸性土壤中栽种的植物

钙元素是存在于石灰石与白垩中的一种植物营养，在酸性土壤里含量不多。而那些极其美丽的观赏植物，像杜鹃、石楠与马醉木，仅在缺钙的土壤中才能很好生长。它们多数种类喜土壤肥沃的无日光直射明亮之处，在条件不理想的地点可以将其种植在大盆或花槽中，但是应该选择杜鹃科植物专用基质。

'乌头叶'日本枫
Acer japonicum 'Aconitifolium'
♀ 灌木   65页

裂叶青枫
Acer palmatum var.*dissectum*
♀ 灌木   株形呈圆丘状，叶片具细缺刻，在秋季时转为黄色。
株高2米   冠幅3米

'青龙'青枫
Acer palmatum 'Seiryu'
♀ 灌木   植株直立，叶片丝裂，在秋季时转为橙色。
株高2米   冠幅1.2米

Andromeda polifolia 'Compacta'
灌木   89页

'伦纳德·梅塞尔' 山茶
Camellia 'Leonard Messel'
♀ 常绿灌木   134页

'鸣海湾' 茶梅
Camellia sasanqua 'Narumigata'
♀ 常绿灌木   135页

'黛比' 威廉斯山茶
Camellia × williamsii 'Debbie'
♀ 常绿灌木   花朵半重瓣，深粉色。
株高2～5米   冠幅1～3米

'爱丁堡' 岩须
Cassiope 'Edinburgh'
♀ 常绿灌木   143页

红花百合木
Crinodendron hookerianum
♀ 常绿灌木   182页

'二色' 钟花杜鹃
Daboecia cantabrica 'Bicolor'
♀ 常绿灌木   193页

'威廉·布坎南' 钟花杜鹃
Daboecia cantabrica 'William Buchanan'
♀ 常绿灌木   193页

吊钟花
Enkianthus campanulatus
♀ 灌木   215页

高山树欧石楠
Erica arborea var.*alpina*
♀ 常绿灌木   218页

'埃斯特里拉金' 树欧石楠
Erica arborea 'Estrella Gold'
♀ 常绿灌木   花朵白色，具芳香，在青柠檬色的叶片间开放。枝条先端黄色。
株高1.2米   冠幅75厘米

'科夫堡' 睫毛欧石楠
Erica ciliaris 'Corfe Castle'
♀ 灌木   220页

'戴维·麦克林托克' 睫毛欧石楠
Erica ciliaris 'David McLintock'
♀ 灌木   220页

'伊森' 灰叶欧石楠
Erica cinerea 'C.D.Eason'
♀ 灌木   220页

'菲德勒金' 灰叶欧石楠
Erica cinerea 'Fiddler's Gold'
♀ 灌木   220页

'温德尔布鲁克' 灰叶欧石楠
Erica cinerea 'Windlebrooke'
♀ 灌木   220页

'拉特克利夫' 春欧石楠
Erica erigena 'W.T.Ratcliff'
♀ 常绿灌木   株形紧凑，叶片绿色，花朵红色。
株高75厘米   冠幅55厘米

'尼曼斯花园' 香花木
Eucryphia xnymansensis 'Nymansay'
♀ 常绿灌木   230页

'柠檬黄' 倭金缕梅
Hamamelis × intermedia 'Pallida'
♀ 灌木   271页

‘蓝波’八仙花
Hydrangea macrophylla ‘Blue Wave’
⚥ 灌木　这个半球型的八仙花品种能够为环境增加典雅且绚丽的景观，在每个花序上开放着大小相同的蓝色花朵。
株高1.5米　冠幅2米

高莛鸢尾
Iris delavayi

阔叶山月桂
Kalmia latifolia

光叶杜鹃
Leiophyllum buxifolium

‘天蓝’栖岩草
Lithodora diffusa ‘Heavenly Blue’

‘黑人’紫玉兰
Magnolia liliiflora ‘Nigra’

蓇香叶绿绒蒿
Meconopsis betonicifolia

大花绿绒蒿
Meconopsis grandis

‘森林之火’马醉木
Pieris ‘Forest Flame’

‘羞愧’马醉木
Pieris japonica ‘Blush’

被粉报春
Primula pulverulenta

‘贝多芬’杜鹃
Rhododendron ‘Beethoven’

‘多拉·阿马泰斯’杜鹃
Rhododendron ‘Dora Amateis’

‘金妮·吉’杜鹃
Rhododendron ‘Ginny Gee’
⚥ 矮生杜鹃　株形紧凑，花朵粉色，随着开放渐变为近白色。
株高60～90厘米　冠幅60～90厘米

粉紫杜鹃
Rhododendron impeditum
⚥ 矮生杜鹃　花期春季，届时繁茂开放的薰衣草蓝色花朵几乎完全遮挡住了灰绿色的叶片。
株高60厘米　冠幅60厘米

‘帕莱斯特里纳’杜鹃
Rhododendron ‘Palestrina’

‘妙龄少女’杜鹃
Rhododendron ‘Rose Bud’

‘福维克玫瑰红’杜鹃
Rhododendron ‘Vuyk’s Rosyred’

‘红云’香茵芋
Skimmia japonica ‘Rubella’

大花延龄草
Trillium grandiflorum

蓝莓
Vaccinium corymbosum

越橘，珊瑚组
Vaccinium vitis-idaea Koralle Group

可在贫瘠土壤中栽种的植物

绝大多数植物在理想的土壤中能够生长得更好是不争的事实，但有些种类在没有经过精心准备与仔细耕作的贫瘠土壤中照样生长得很好。

许多一年生植物具有占据开阔之地的优势，它们会因土壤改良与较大植物的入侵而灭绝，因此使用它们是很好的选择，但是有些灌木与多年生植物也能在这种环境中存活。

'月光'蓍草
Achillea 'Moonshine'
♀ 多年生植物   73页

青蒿
Artemisia abrotanum
♀ 灌木 这种小型的灌木叶片绿色，具细裂，能够散发出令人愉快的香气。
株高1米 冠幅1米

'帝王蓝'大叶醉鱼草
Buddleja davidii 'Empire Blue'
♀ 灌木   125页

'蓝丘'蕊木
Ceanothus 'Blue Mound'
♀ 常绿灌木   144页

'纯金'早花金雀花
Cytisus × *praecox* 'Allgold'
♀ 灌木   192页

'沃敏斯特'早花金雀花
Cytisus × *praecox* 'Warminster'
♀ 灌木 枝条拱状生长，在春季时其上密缀以乳白色的花朵。
株高1.2米 冠幅1.5米

紫花岩蔷薇
Cistus × *purpureus*
♀ 常绿灌木   159页

'茅膏菜'丛生花菱草
Eschscholzia caespitosa 'Sundew'
一年生植物 株形低矮规整，灰色的叶片具裂，花朵浅黄色。
株高15厘米 冠幅15厘米

'蓝狐'蓝羊茅
Festuca glauca 'Blaufuchs'
♀ 观赏草类   238页

'炫耀'天人菊
Gaillardia 'Dazzler'
♀ 多年生植物   249页

小亚细亚染料木
Genista lydia
♀ 灌木   255页

詹姆斯·斯特克 赭叶玄参木
Hebe ochracea 'James Stirling'
♀ 常绿灌木   274页

常青屈曲花
Iberis sempervirens
♀ 常绿灌木   302页

'粉云'猥实
Kolkwitzia amabilis 'Pink Cloud'
♀ 灌木   331页

阔叶香豌豆
Lathyrus latifolius
♀ 攀缘植物   334页

'特威克尔紫'狭叶薰衣草
Lavandula angustifolia 'Twickel Purple'
♀ 常绿灌木   337页

花葵，灌木
Lavateras, Shrubs   339页

灌木糙苏
Phlomis fruticosa
♀ 常绿灌木   418页

'伊丽莎白'金露梅
Potentilla fruticosa 'Elizabeth'
♀ 灌木   442页

毛刺槐
Robinia hispida
♀ 灌木   478页

'柠檬皇后'绵杉菊
Santolina chamaecyparissus 'Lemon Queen'
常绿灌木 叶片银白色，革质，圆形的花朵浅黄色，小型。
株高60厘米 冠幅60厘米

'银斑'百里香
Thymus vulgaris 'Silver Posie'
常绿灌木 为叶片彩色、花朵粉色的百里香品种。
株高15～30厘米 冠幅40厘米

可在潮湿土壤中栽种的植物

排水不良之地对于绝大多数植株来说是不适宜的。根系需要呼吸。如果土壤中的缝隙被水填满，则多数花卉的根系就会腐烂，这种地方仅有边缘植物或水生植物依然能够存活。然而如果土壤长期保持湿润状态，则会有许多美丽的花卉茁壮生长，如果植株仅是在几天内被水淹，则依然能够存活。

‘帝王’胶桤木
Alnus glutinosa ‘Imperialis’
♀ 乔木 　　　　　　　　　　　85页

‘佩克欧’皱叶落新妇
Astilbe × crispa ‘Perkeo’
♀♀ 多年生植物 　　　　　　　106页

‘精灵’落新妇
Astilbe ‘Sprite’
♀♀ 多年生植物 　　　　　　　107页

‘重瓣’草原碎米荠
Cardamine pratense ‘Flore Pleno’
♀♀ 多年生植物 　为重瓣的草原碎米荠，在春季时能够开放出丁香粉色的花朵。
株高20厘米　冠幅20厘米

‘林荫大道’豆形果扁柏
Chamaecyparis pisifera ‘Boulevard’
♀ 松柏类植物 　　　　　　　151页

‘西伯利亚’红瑞木
Cornus alba ‘Sibirica’
♀ 灌木 　　　　　　　　　　169页

盾叶草
Darmera peltata
♀♀ 多年生植物 　　　　　　　197页

‘迪克斯特’圆苞大戟
Euphorbia griffithii ‘Dixter’
♀♀ 多年生植物 　在秋季时苞片变为橙色。
株高75厘米　冠幅1米

‘可爱’粉红蚊子草
Filipendula rubra ‘Venusta’
♀♀ 多年生植物 　　　　　　　240页

阿尔泰贝母
Fritillaria meleagris
♀ 球根花卉 　　　　　　　　243页

云南鸢尾
Iris forrestii
♀♀ 多年生植物 　　　　　　　314页

黄花菖蒲
Iris pseudacorus
♀♀ 多年生植物 　　　　　　　310页

杂色鸢尾
Iris versicolor

♀♀ 多年生植物 　　　　　　　311页

‘格雷吉诺格金’橐吾
Ligularia ‘Gregynog Gold’
　　　　　　　　　　　　　　345页

‘维多利亚皇后’半边莲
Lobelia cardinalis ‘Queen Victoria’
　　　　　　　　　　　　　　354页

美洲水芭蕉
Lysichiton americanus
　　　　　　　　　　　　　　359页

堪察加水芭蕉
Lysichiton camtschatcensis
　　　　　　　　　　　　　　360页

拟山柳珍珠菜
Lysimachia clethroides
♀♀ 多年生植物 　　　　　　　360页

‘金叶’串钱珍珠菜
Lysimachia nummularia ‘Aurea’
♀♀ 多年生植物 　　　　　　　361页

荚果蕨
Matteuccia struthiopteris
♀ 耐寒蕨类植物 　　　　　　370页

红猴面花
Mimulus cardinalis
♀♀ 多年生植物 　　　　　　　373页

王紫萁
Osmunda regalis
♀ 耐寒蕨类植物 　　　　　　392页

报春花属，灯台型
Primula Candelabra Types
♀♀ 多年生植物 　　　　　　　450页

齿叶报春
Primula denticulata
♀♀ 多年生植物 　　　　　　　444页

粉红报春
Primula rosea
♀♀ 多年生植物 　　　　　　　451页

‘大花’羽叶鬼灯檠
Rodgersia pinnata ‘Superba’
♀♀ 多年生植物 　　　　　　　479页

可在潮湿荫蔽之地栽种的植物

那种没有树木、多天荫蔽、土壤潮湿的地方，为适合林地植物生长的环境。由于乔木下的土壤不易失水，因此适合更多的植物生长，像来自喜马拉雅山脉和南非的植物。特别是当土壤呈酸性时，则更适合栽培藜芦、百合和蕨类植物。

海滨花园适用植物

海滨花园是多风的(参阅对面页)，离岸边较近的植株会被携带海盐的风所笼罩。然而从总体上看，栽培在那里的植物通常不会受到霜冻危害。银白色与常绿的植物常能在这里苗壮生长，风力如在花园里能够有所减弱，则很多种类的植物都能在那里很好生长。令海滨花园管理者感到特别骄傲的是八仙花这类植物。

荔莓
Arbutus unedo
🏆 常绿乔木　　97页

达尔文小檗
Berberis darwinii
🏆 常绿灌木　　116页

球花醉鱼草
Buddleja globosa
🏆 灌木　　126页

三叶墨西哥橘
Choisya ternata
🏆 常绿灌木　　153页

海滨二节荠
Crambe maritima
多年生植物　叶片银蓝色，白色的花朵开放在花序的分枝上，尔后植株结出种荚。
株高60厘米　冠幅60厘米

'金边'埃宾胡颓子
Elaeagnus × ebbingei 'Gilt Edge'
🏆 常绿灌木　　214页

'威廉斯'欧石楠
Erica × williamsii 'P.D.Williams'
🏆 灌木　　221页

'罗纳德光辉'鼠刺
Escallonia 'Donard Radiance'
🏆 常绿灌木　花朵粉红色，夏季开放。
株高2.5米　冠幅2.5米

'艾维'鼠刺
Escallonia 'Iveyi'
🏆 常绿灌木　　227页

熊掌木
× Fatshedera lizei
🏆 常绿灌木　　237页

'波普尔夫人'倒挂金钟
Fuchsia 'Mrs Popple'
🏆 灌木　　244页

'大拇指汤姆'倒挂金钟
Fuchsia 'Tom Thumb'
🏆 灌木　　244页

'梅里斯特·伍德白'温顿海岩蔷薇
× Halimiocistus wintonensis 'Merrist Wood Cream'
🏆 常绿灌木　　268页

'艾丽西娅·阿默斯特'玄参木
Hebe 'Alicia Amherst'
🏆 常绿灌木　植株生长强健，叶片中绿色，花朵深紫罗兰色。
株高1.2米　冠幅1.2米

'鲍顿圆冠'柏叶玄参木
Hebe cupressoides 'Boughton Dome'
🏆 灌木　　272页

'银皇后'玄参木
Hebe 'Silver Queen'
🏆 常绿灌木　　275页

'妖媚'玄参木
Hebe 'La Séduisante'
🏆 常绿灌木　大型的叶片微染以紫色，花朵紫红色，暮夏开放。
株高1米　冠幅1米

'阿尔托纳'八仙花
Hydrangea macrophylla 'Altona'
🏆 灌木　　298页

'杰弗里·查德邦德'八仙花
Hydrangea macrophylla 'Geoffrey Chadbund'
🏆 灌木　为能够开放出深红色花朵的半球型八仙花品种。
株高1米　冠幅1.5米

岩生红茶树
Leptospermum rupestre
🏆 灌木　　341页

树羽扇豆
Lupinus arboreus
🏆 灌木　　358页

大齿树紫菀
Olearia macrodonta
🏆 常绿灌木　　387页

'银粉'银叶菊
Senecio cineraria 'Silver Dust'
🏆 二年生植物　　54页

致谢

The publisher would like to thank the following for their kind permission to reproduce the photographs:

Key: a-above; b-below/bottom; l-left; r-right; c-centre; ca-centre above; cl-centre left; cr-centre right; br- below/bottom right; bc-below/ bottom centre; t-top; tc-top centre; tr-top right

6 Marianne Majerus Garden Images. 12 GAP Photos; Marcus Harpur. 28 Unwins Seeds Ltd (c). 29 Photos Horticultural (t); Garden Picture Library; Friedrich Strauss (b). 30 Garden World Images; Lee Thomas (b). 31 Thompson & Morgan (c); A Z Botanical; Julia Hancock (b). 32 Thompson & Morgan (t). 33 A Z Botanical; Malcolm Thomas (t). 34 Garden World Images (t); A Z Botanical; Peter Etchells (c). 35 Thompson & Morgan (t) (c); A Z Botanical; Christer Andreason (b). 36 Garden Picture Library; Jerry Pavia (c). 37 Garden Picture Library; J.S. Sira (t); Juliette Wade (b). 38 Unwins Seeds Ltd (b); Thompson & Morgan (c). 39 Thompson & Morgan (t); Photos Horticultural (c); Garden World Images; Trevor Sims (b). 40 GAP Photos; Visions (t); Unwins Seeds Ltd (t). 41 Garden World Images; Garden Picture Library; John Glover (c). 42 Suttons Seeds (c) (c). 43 Garden World Images (t) (c). 45 Photos Horticultural. 46 Suttons Seeds (c). 47 Unwins Seeds Ltd (b); Thompson & Morgan (c). 48 Unwins Seeds Ltd (t); Thompson & Morgan (c); A Z Botanical; Dan Sams (b). 49 Unwins Seeds Ltd (c). 50 John Glover (t); Suttons Seeds (c). 51 Unwins Seeds Ltd (b) (c). 52 Thompson & Morgan (c). 53 Thompson & Morgan (c). 55 Thompson & Morgan (c). 57 Suttons Seeds (t); Thompson & Morgan (b). 60 GAP Photos; Martin Hughes-Jones (b). 63 GAP Photos; Elke Borkowski (t). 64 Marianne Majerus Garden Images (t) (b). 79 GAP Photos; Richard Bloom (b); J.S. Sira (t). 80 Alamy Images; Steffen Hauser/botanikfoto (b). 85 Getty Images; Nacivet (b). 86 Alamy Images; Holmes Garden Photos (b). 87 GAP Photos; Christina Bollen (t). 88 GAP Photos; Richard Bloom (t). Marianne Majerus Garden Images (b). 97 GAP Photos; Maayke de Ridder (b). 100 GAP Photos; Geoff Kidd (b). 104 GAP Photos; Martin Hughes-Jones (b). 109 Garden World Images; Francoise Davis (b). Getty Images; Jayme Thornton (t). 110 GAP Photos; Jonathan Buckley (t). 114 GAP Photos; Visions (tr). 115 Garden World Images; Gilles Delacroix (tc). 129 Garden World Images; Gilles Delacroix (t). 132 GAP Photos; S&O (tr). 142 GAP Photos; Mark Bolton (b). 145 GAP Photos; Dave Bevan (b). 146 Garden World Images; Gilles Delacroix (b). 149 The Garden Collection; Pedro Silmon (bl). 150 The Garden Collection; Derek Harris (b). 151 GAP Photos (t). 170 Garden World Images; MAP/ Arnaud Descat (b). 176 GAP Photos; Marcus Harpur (b); The Garden Collection; Liz Eddison (t). 180 Derek Gould (bl). 181 GAP Photos; Gerald Majumdar (b). 182 Harpur Garden Library (t). 187 GAP Photos; Martin Hughes-Jones (t). 188 Garden World Images; MAP/Frédéric Didillon (t). 194 Caroline Reed

(tl). 195 Andrew Lawson (ca). 202 Photolibrary：Andrea Jones (t). 210 Getty Images：

Rob Whitworth (b)；Elaine Hewson (t). 213 Caroline Reed (t). 225 Clive Nichols (b). 230 The Garden Collection：Torie Chugg (t). 232 GAP Photos：Dave Bevan (t). Garden World Images：Gilles Delacroix (b). 237 Garden Exposures Photo Library (t). 238 GAP Photos：Visions (b). 244 A Z Botanical：Geoff Kidd (br). 251 GAP Photos：Geoff Kidd (b). 256 Garden World Images：Glenn Harper (t). 259 Marianne Majerus Garden Images (bc). 261 Marianne Majerus Garden Images (cr). 266 GAP Photos：J.S. Sira (t). 269 Photolibrary：J.S. Sira (t). 279 Caroline Reed (t). 283 GAP Photos：John Glover (b). 284 The Garden Collection：Nicola Stocken Tomkins (b). 285 GAP Photos：Martin Hughes-Jones (b). 294 Garden World Images：MAP/Frédéric Tournay (b).

296 GAP Photos：Howard Rice (t). 303 Clive Nichols (tr). 307 Garden World Images：Trevor Sims (tr). 311 GAP Photos：J.S. Sira (tc). 321 GAP Photos：

J.S. Sira (b). 332 Garden World Images：Gilles Delacroix (b). 336 GAP Photos：Lee Avison (t). 344 GAP Photos：Friedrich Strauss (t). 351 Photolibrary：Paroli Galperti (b). 357 Garden World Images：Gilles Delacroix (t). 358 Garden World Images：Lee Thomas (t). 369 Marianne Majerus Garden Images (b). 370 GAP Photos：John Glover (t). 371 Marianne Majerus Garden Images (b). 372 GAP Photos：Ron Evans (t). 373 Getty Images：Richard Bloom (b).

374 GAP Photos：Jo Whitworth (t). 379 Harpur Garden Library (br). 380

Marianne Majerus Garden Images (cl). 390 Photolibrary：Chris Burrows (b). 397 GAP Photos：Jo Whitworth (b). 399 Clive Nichols (b). 403 Alamy Images：William Tait. 416 GAP Photos：Martin Hughes-Jones (b). 423 GAP Photos：Adrian Bloom (t). 426 GAP Photos：

Neil Homes (t). 431 GAP Photos：Martin Hughes-Jones (b). 434 GAP Photos：

J.S. Sira (t)；Garden Picture Library：J.S. Sira (tl). 444 Marianne Majerus Garden Images (b). 452 GAP Photos：Visions (b). 454 GAP Photos：Pernilla Bergdahl (t). 461 GAP Photos：Martin Hughes-Jones (b). 464 GAP Photos：Martin Hughes-Jones (b). 480 Photolibrary：Dennis Davis (tr).

484 GAP Photos：Dave Bevan (l). 498 GAP Photos：Neil Holmes (t). 503 Marianne Majerus Garden Images (b). 508 GAP Photos：Rob Whitworth (t).

513 GAP Photos：Jo Whitworth (t). Marianne Majerus Garden Images (b). 515 Garden World Images：Philip Smith (b). 526 GAP Photos：Martin Hughes-Jones (b). 540 Marianne Majerus Garden Images (t). 541 GAP Photos：Richard Bloom (t). 543 Photolibrary：John Glover (b). 547 GAP Photos：Visions (b). 548 GAP Photos：Howard Rice (t). 558 Garden World Images：Ashley Biddle (b). 570 GAP Photos：Martin Hughes-Jones (b). 574 Alamy Images：Frank Paul (b). 561 Harry Smith Collection (br).

All other images © Dorling Kindersley
For further information see:
www.dkimages.com

PUBLISHER'S ACKNOWLEDGMENTS

Dorling Kindersley would also like
to thank:
Text contributors and editorial assistance
Geoff Stebbings, Candida Frith-Macdonald, Simon
Maughan, Andrew Mikolajski, Sarah Wilde, Tanis
Smith and James Nugent; at the Royal
Horticultural Society, Vincent Square: Susanne
Mitchell, Karen Wilson and Barbara Haynes
Design assistance Wendy Bartlet,
Ann Thompson
DTP design assistance Louise Paddick
Additional picture research Charlotte Oster,
Sean Hunter; special thanks

also to Diana Miller, Keeper of the Herbarium at
RHS Wisley
Index Ella Skene

First Edition
Managing Art Editor Lee Griffiths
DTP Design Sonia Charbonnier
Production Mandy Inness
Picture Research Sam Ruston,
Neale Chamberlain

Revised Edition
RHS Editor Simon Maughan
RHS Consultant Leigh Hunt
Picture Research Sarah Hopper
Editor Fiona Wild

THE ROYAL HORTICULTURAL SOCIETY

For over 200 years, the Royal Horticultural
Society, Britain's premier gardening charity, has
been promoting horticultural excellence by
providing inspiration through its shows, gardens,
and expertise. Membership of the
RHS brings many benefits to anyone interested in
gardening, whatever
their level of skill, and membership subscriptions
represent a vital element of the Society's funding.

To find out more about becoming
a member, contact:

RHS Membership Department
PO Box 313, London, SW1P 2PE

0845 062 1111

www.rhs.org.uk

译者的话

我们应中国农业出版社之邀翻译本书，感到十分荣幸。《名优花卉手册》为英国皇家园艺学会的精典著作，共囊括了数量多达3 000余种以花卉为主的植物。该书最大特点是图文并茂，便于查阅。因此，有着很强的实用性。显然，能够将该书所介绍的植物之形态特征、管理要点、栽种方法等介绍给我国读者是十分有益的。无论是专业人员，还是业余人员，只要一书在手便可知晓天下花卉之大概。从而能够使我们较为清楚地了解到当今国外花卉的应用情况，并对我国的相关产业发展起到促进作用。

在本书的翻译合同签订后，责任编辑提出要求：要将本书的花卉学名，即其拉丁名称译成中文，这确实使我们感到了巨大的压力，因为英国皇家园艺学会《名优花卉手册》一书所涉及的植物，很多没有相应的中文名称，也就是说，要想完成这项工作，必须由我们自己来翻译，进行中文定名。稍有生物学常识的人可能都会知道，要将植物的学名译成某国的正名并非易事，因为进行这项工作的前提不仅需要了解其拉丁文含意，还应掌握该种植物的形态特征与资料。显然，仅靠本书在形态上所提供的只言片语将它译成准确的中文名称实属难事，并非是随手拈来就可以解决的。加之在本书中这些没有中文名称的花卉品种很多是用德文、法文、荷兰文、日文、意大利文等表述的，这更是加大了工作难度。由于这些需要首次翻译出中名的花卉多达2 000余个，其工作量庞大，已经超出了这本著作所要翻译的英文内容。

中国虽然被有些人称为"世界园林之乡"，然而在翻译过程中这种曾为很多人引以自豪的说法却令人感到十分担忧。我国确实地域辽阔，植物资源十分丰富，然而必须清楚，目前在世界花卉市场上主要流通的是品种而不是原种，在面前数目繁多、琳琅满目的花卉中，由中国人培育出的又有几多？以本书为例，经译者核查，在所介绍的大众化观赏植物中，竟然有50余个属、400余个种、1 000余个品种目前还没有它们的中文名称，因此无法在现有中文资料中查阅到，而只能靠我们来根据其拉丁文进行定名。

在本书的翻译过程中，行文力求做到通俗易懂，符合相关专业习惯。然而，由于东西方文化背景的不同，加之目前国外园艺的迅猛发展，有些专业名词以前国内并未见到，而在本书中首次出现，例如"敷石花坛"等，这种差异对了解国外的花卉文化、丰富我国的园艺内容是十分有益的。

需要说明的是，由于《名优花卉手册》一书所介绍的植物种类繁多，因此对于著者来说，难免会出现一些疏漏。虽然绝大多数已由译者查出，并进行改正，但是考虑到版面美观、篇幅所限等，对于本书的这类问题，我们除对个别地方加以中文注释外，对多数不妥之处只是进行了修改，而未做详细说明。经验丰富的译者可能十分清楚，有时从原文字面上看译文内容是正确的，但实际所翻译出的结果却是错误的。例如在本书中很多地方的"berry"（浆果）一词，最初我们都"忠实"地将其进行了翻译，但是这种做法用在文章中有时却是错误的，因为具体到个别花卉，则可能是"核果"或"坚果"等，而无法反映出其正确的形态。为了减少这种情况出现，我们竭尽全力，尽可能地根据自己的分类学知识将所发现的问题予以纠正。尽管如此，由于本书所涉及的植物种类繁多，我们不可能完全抛开原文字面去解决这些本应是著者所做的事情。

综上所述，加之我们因教学、科研、学习任务繁忙，以及时间仓促，水平所限，故在译文里难免有不妥、疏漏、笔拙之处，还望广大读者不吝赐教，为之斧正，谢谢各位！

译者
2005年8月于北京